한그릇
뚝딱
이유식

한 그루의 나무가 모여 푸른 숲을 이루듯이
청림의 책들은 삶을 풍요롭게 합니다.

소아청소년과 의사 아빠의

리얼 코칭 **닥터오 이유식**

이유식

오상민 · 박현영 지음

청림Life

Prologue

저는 평범한 소아청소년과의사입니다.
저는 현재 두 아이의 아빠이기도 합니다.

평범한 소아청소년과의사로 살다가 '아빠'라는 특별한 사람이 되려고 하니 어려운 점이 한두 가지가 아니었습니다. "나만 믿어. 웬 걱정이야?"라고 아내를 다독거렸지만, 막상 아이를 키워보니 소아청소년과의사인 저도 당황스러운 일들이 참 많이 벌어지더군요. 이것이 바로 '육아'의 세계가 아닐까요?

블로그 '닥터오의 육아일기'는 승아가 태어나면서부터 써내려가기 시작했습니다. 이 당황스러운 육아 경험을 초보 아빠엄마들에게 예고(?)해야겠다, 그리고 조금이라도 육아를 쉽고 즐겁게 생각하면 좋겠다 하는 것이 제 생각이었습니다.

소박하게 시작한 블로그는 생각보다 많은 분들이 찾아오기 시작했고, 승아 또래 아이들의 이야기도 많이 들려주셨어요. 자식 키우는 보람과 기쁨, 그 반면의 고충을 함께 나누며 육아는 더 좋은 일이 되었습니다. 승아의 성장과정을 응원해주시는 여러분들이 계셨기 때문에 승아를 키우는 기쁨이 더 커져갔지요.

그러다가 어느덧 승아가 이유식을 시작하게 되었습니다. 평소 요리하는 것을 좋아하는 아내에게 승아의 이유식을 포스팅해보면 어떨까 제안해보았죠. 승아엄마는 흔쾌히 수락하였으나 아마도 쉬운 일이 아니었을 겁니다.

이유식 정보를 이웃들에게 나눠준다는 마음으로 매끼니 다른 식단을 짰습니다. 그렇게 꼬박 1년을 키워냈지요. 완모에 이유식도 다양하게 잘 먹었기 때문일까요. 승아는 크게 아프지 않고 잘 크고 있어요.

이토록 많은 요리를(혹은 이유식을) 어떻게 아이에게 해주느냐고 지레 겁을 먹는 분들도, 아이 키우는 것만으로도 힘들다고 불평하는 분들도, 다양한 이유식을 시도해보다가 지쳐서 포기한 분들도 분명 있을 겁니다. "이 모든 이유식을 1년 동안 반드시 아이에게 먹여야 합니다."라고 말하려는 게 아니에요. 좀 더 다양한 레시피를 통해 아이에게 해주는 이유식이 스트레스가 아닌 즐거움으로 바뀌길 바라는 마음에서 책으로 엮은 거지요.

시간을 쪼개어 장을 보고, 재료를 일일이 다지고, 불 옆에서 땀나도록 이유식을 저어가며 아마도 여러분은 그렇게 이유식을 만들게 될 거예요. 그렇게 힘들게 만들었는데 어떤 날은 아이가 입도 떼지 않을 때도 있겠지요. 힘든 시간이 시작되겠지만, 아이에게 내 손으로 맛있는 음식을 만들어주는 일은 분명 행복한 일입니다. 이유식을 만들면서 재료가 가진 고유의 맛을 깨닫기도 할 테고, 새롭게 응용해보는 등 어느덧 요리를 즐기고 있는 자신을 만나게 될 거예요. 덕분에 아이는 다양한 재료와 식감을 배우게 되겠지요.

승아 역시 어떤 시기에는 잘 먹지 않고 식탁의자에 앉기만 해도 울 때가 있었어요. 맛있는 음식을 앞에 두고 수저를 자꾸만 떨어뜨리고, 놀고 싶어 하기도 했지요. 저도 말은 "몇 끼니 굶어도 괜찮아요. 억지로 먹이지 마세요."라고 쿨하고 자신 있게 조언했지만, 우리 부부도 안 먹는 승아 앞에서 조바심을 내고 한숨을 쉴 때가 있었어요.

몇 번을 그렇게 하다가 다시 객관적인 시선으로 아이의 식사를 지켜보게 되었고, '원칙은 배신하지 않는다'는 제 육아관에 따라 나름의 이유식 식사규칙을 정하고 꾸준히 이유식과 유아식을 진행하다 보니 어느새 승아는 입을 쩍쩍 벌리고, 더 달라고 손을 흔들게 되었습니다. 유아식을 진행하는 지금도 간 없이 다양한 채소로 반찬을 해주어도 승아가 편식하지 않고 잘 먹는 것은 다양한 이유식을 시도한 덕이 컸다고 생각합니다.

승아엄마 역시 만드는 노하우가 쌓여 아이 반찬 조리시간이 빨라졌어요. 누구에게나 그런 시간이 분명 찾아올 테니 힘내세요.

객관적인 판단이나 진단도 중요하지만, 아이를 먹이고 기르면서 누군가로부터의 진심이 담긴 위로와 강한 믿음만큼 양육자를 힘나게 하는 일은 없겠지요. 물론 그 상대가 배우자일 수도 부모님일 수도 있습니다. 이 책 또한 여러분에게 따뜻한 위안과 믿음이 되기를 간절히 바라봅니다.

끝으로 우리 부부에게 너무나도 소중한 복덩이 우리 승아, 연아. 누구보다 부지런하고 사랑스러운 나의 아내, '닥터오의 육아일기' 블로그를 통해 크고 작은 육아 고민을 나눠주시는 블로그 이웃분들, 열심히 책을 만들어준 편집자 양춘미 씨에게 감사의 말을 드리고 싶습니다.

승아아빠

Contents

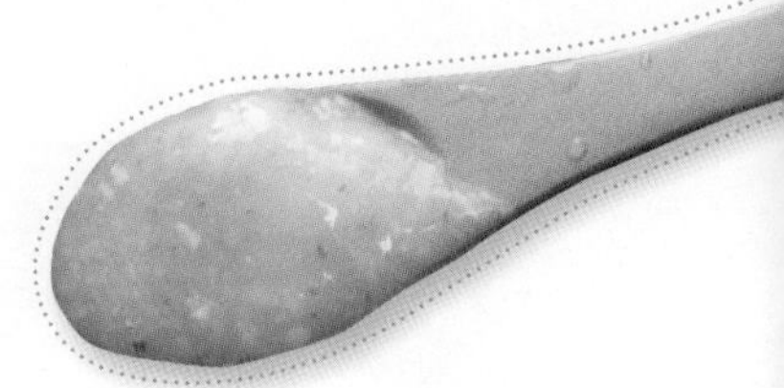

초기이유식

중기이유식

첫째 달

둘째 달

중기 간식

후기이유식

첫째 달

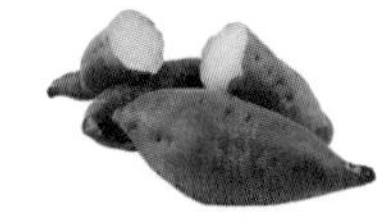

둘째 달

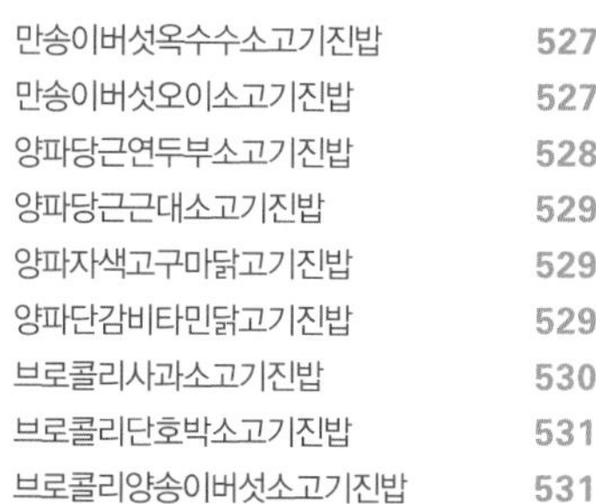

후기 간식

완료기이유식

간식

INDEX

승아네 맛내기 비법

육수

소스

핸드메이드 식품

초기

감자

단호박

달걀노른자

배

브로콜리

비타민

애호박

양배추

오이

완두콩

청경채

콜리플라워

중기

감자

고구마

귀리

근대

단호박

달걀

애호박

양배추

양파

연근

오이

옥수수

완두콩 · 강낭콩

자두

적채

찹쌀

청경채

콜리플라워

콩나물

파인애플

파프리카

후기

가지

감자

게살

고구마 · 자색고구마

곶감

귀리

귤

근대

기장

늙은호박

단감

단호박

달걀

당근

대추

두부 · 연두부

들깨 · 참깨 · 흑임자

딸기

래디시

마늘종

망고

멜론

무

바나나

밤

아욱

애호박

양배추 · 양상추

양파

연근

오이

옥수수

완두콩 · 검은콩

우엉

잣

적채

청경채

콜라비

콩나물

토마토

파프리카

현미

호두

홍시

흑미

특식 ㄱㄴㄷ순

완료기

특식 ㄱㄴㄷ순

간식

과일즙

과자 및 쿠키

두유

라떼

매시

무침 · 조림 · 볶음

버무리

- 배죽을 맞추는 육수는 레시피 중에서 소고기나 닭고기를 삶은 물을 이용합니다.
- 재료 손질은 처음 등장하는 재료가 아닌 이상 간결하게 표현하였으며, 손질법이 궁금하다면 "Mom 이유식 따라잡기" 중 '재료 손질법'을 참고해주세요.
- 일반적으로 껍질을 벗겨서 사용하는 재료들(오이, 비트, 감자, 고구마, 사과, 배 등)은 껍질을 벗겨야 한다고 따로 명시하지 않았습니다. 과정 사진을 참고하여 껍질 유무를 확인해주세요.
- 재료 부분에 명시된 분량은 결과적으로 요리에 투하하는 양을 말합니다. 예를 들어 단호박 50g이면 껍질과 씨를 제외한 부분 50g을 의미합니다.
- 소고기와 닭고기는 전체적으로 '삶아서 다진다'라고 표현하였으나 입자 크기는 "Dr.Oh 이유식 이해하기" 중 '시기별 입자 크기 살펴보기'를 참고하여 시기별로 입자 크기를 조절해주세요.

이유식 초기 중기 후기 완료기를 표로 정리해둔 것은 '꼭 이렇게 먹여라'가 아니라 '승아가 먹은 것'과 '첨가하면 좋을 만한 식재료들'을 정리해둔 것입니다. 따라서 어떻게 이유식 스케줄을 짜야 할지 고민스러운 분들만 참고로 봐주세요.

승아의 스케줄에는 그렇게 하지 않았지만, 중기에 먹인 재료 중에는 초기에 적용 가능한 것들도 있어요. 옥수수나 청경채 등 말이지요. 그러므로 표가 절대적이라고 생각하지 말고 아이에 맞춰서, 책 속 여러 조언에 맞추어 잘 진행해주세요. 이유식을 진행하면서 가장 큰 포인트는 초기와 중기에는 3~4일의 간격으로, 후기에는 2~3일의 간격을 유지하여 새로운 재료를 첨가해야 한다는 점이에요. 완료기는 비교적 마음을 내려놓고 진행해도 된다고 말씀드리고 싶습니다. 꼭 그럴 필요는 없지만, 승아의 완료기를 진행해온 것처럼 간격을 두고 새로운 식재료를 첨가하면 좀 더 안정적으로 진행할 수 있어요.

권고하는 식재료 첨가 속도, 다른 집 아이의 이유식 진행 속도를 조급하게 따라가려고 할 필요도 없고, 여러 가지를 먹여보고 싶어서 전반적인 이유식 스케줄을 무시하지도 마세요. 그렇다고 해서 너무 느긋하게 진행하면 1년 안에 아이에게 먹여볼 수 있는 수많은 다른 질감과 식감의 재료들을 놓치게 되니 내 아이의 템포에 맞추되, 성실하게 진행해보길 바랍니다.

건강한 닥터오 이유식

Dr.Oh 이유식 이해하기
Mom 이유식 따라잡기

언제부터 시작하면 되나요?

이유식은 언제쯤 시작하면 좋을까요? 가장 확실히 말해줄 수 있는 건 '아이가 원할 때' 시작하라는 것입니다. 그럼 아이가 원하고 있는지 어떻게 알아볼 수가 있을까요? 다음의 내용이 단서가 될 수 있습니다.

1. 내뱉기 반사extrusion reflex(혀로 밀어내는 것)가 없어질 때
2. 아이가 음식에 대해 관심을 보일 때(쩝쩝거린다든지 어른들이 먹는 것을 보고 침을 흘린다든지)
3. 허리를 세워 30분 이상 앉아 있을 수 있을 때
4. 체중이 출생 시의 2배 이상이 되었을 때

하지만 아이가 주는 단서만으로 이유식을 시작해서는 안 돼요. 모든 일에는 때가 있는 법이거든요. 이유식을 너무 빨리 시작하면 음식 흡인의 위험이 있고 몇몇 논문에 따르면 비만의 위험이 생길 수도 있다고 되어 있습니다. 알레르기성 질환에 노출될 가능성도 높다고 하지요. 반대로 너무 늦게 시작하면 어떻게 될까요? 철분결핍(모유수유 아기의 경우), 발육부진, 구강운동의 늦어짐, 유동식에 대한 거부감, 알레르기성 질환(천식, 아토피 등)의 부작용이 생길 수 있습니다. 무엇보다 아이가 준비되지 않았을 때 강요하게 되면 먹는 것에 대한 트라우마를 아이가 갖게 될 수도 있지요. 따라서 이유식 시기에 대한 다음의 객관적인 지표를 참고하도록 합니다.

즉, 4~6개월 사이에 시작하는 것이 적당하되, 아이가 분유를 먹는지 모유를 먹는지에 따라 시작 시기를 결정합니다. 그러나 아이마다 발육상태나 엄마의 젖량이 다르기 때문에 완모 아기라 해도 6개월을 반드시 채울 필요는 없어요. 더 일찍 시작해도 괜찮습니다. 모유수유 아기는 분유수유 아기에 비해 위장관 감염을 비롯한 감염성 질환과 알레르기 질환이 상대적으로 적게 발생합니다. 또한 6개월 이후에 이유식을 소개한다고 해도 철분결핍에 의한 빈혈이 상대적으로 덜 생깁니다.

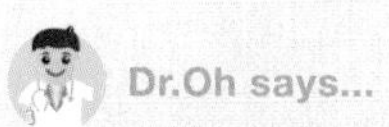

승아의 경우, 완모 중이었기 때문에 만 6개월을 채우고 하는 것이 좋았겠지만 승아엄마의 모유량이 적고 수유텀이 늘지 않았으며, 또 승아가 구강운동을 시작하고 음식에 관심을 보이는 등 신호를 주었기 때문에 만 5개월을 채운 뒤부터 이유식을 시작하였어요.

이른둥이 이유식 시작 시기

37주 넘어 태어난 아이와 20주대에 태어난 아이를 같이 생각해서 이유식을 시작하면 안 됩니다. 대학병원 신생아실에서 백일 이상 있다가 나오는 아이들도 있으니까요. 37주쯤 태어나서 만삭아의 성장패턴을 가지고 있다면 만삭아에 기준한 이유식 시작 시기에 맞춰주고, 20주대의 이른둥이의 경우, 직접 아이를 관찰할 수 있는 전문의와 상의한 뒤 이유식을 시작해볼 것을 추천합니다. 20주대에 태어난 아주 작은 아이들은 아이의 상태와 몸무게 성장 발달 상황에 맞게 이유식을 뒤로 늦춰서 하는 것이 좋습니다. 교정연령과 아이의 발달상황을 모두 염두에 두고 시작하세요.

Dr.Oh 이유식 이해하기

무엇부터 먹이면 되나요?

일반적으로 엄마들은 이유식을 '곡류–채소–소고기–과일' 등의 순서로 도입합니다. 하지만 저는 '곡류–소고기–채소–과일' 순서로 진행하길 권하고 있습니다.

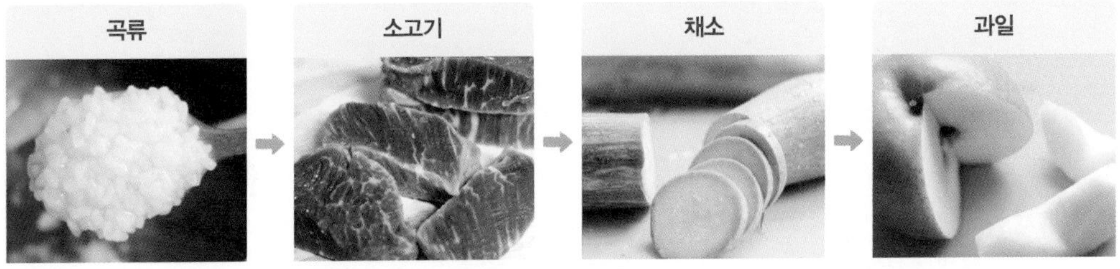

최신 의학자료에 의하면 소고기를 통해 철분과 아연을 흡수하도록 권하고 있기 때문에 소고기로 먼저 시작하고 이상이 없으면 채소와 과일을 첨가하는 방법을 선택하세요. 특히 소고기를 도입한 후에는 매끼 이유식에 되도록 소고기를 함께 넣어주세요. 앞에서도 말했지만 모유수유를 하는 아이는 철분과 아연 등의 영양소 흡수에 신경을 써주어야 합니다. 물론 분유수유 아기도 마찬가지입니다. 이유식을 시작하는 5~6개월 정도가 되면 분유나 모유만으로 성장하는 아이의 철분 필요량을 따라갈 수가 없습니다.

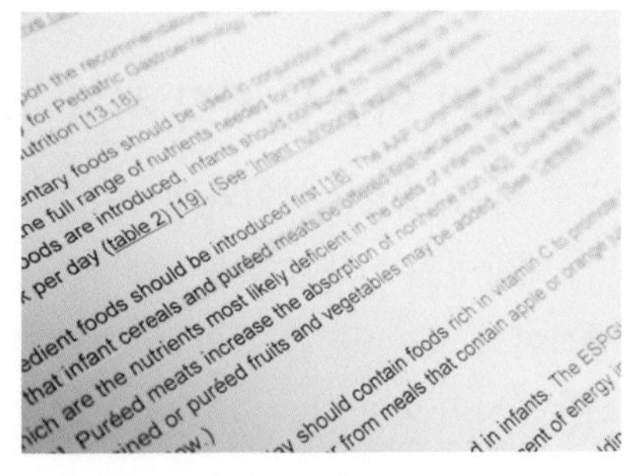

소고기가 중요한 이유

저는 소아청소년과의사로서 아이에게 비건vegan 식단을 절대 권하지 않습니다. 고기는 단백질과 철분 보충, 아연 흡수를 위해 꼭 필요한 음식이에요. 모유수유 아기나 분유수유 아기 등에 관계없이 이유식을 시작하는 아이라면 쌀미음을 4일 진행한 뒤 소고기 미음을 시작하도록 합니다.

고기는 어쩌다 한 번, 혹은 일주일에 몇 번 정해서 주는 것이 아니라 매일매일 필요한 섭취량을 채워주어야 합니다. 시중에 나온 이유식 책을 보면 메뉴 소개에 '완두콩미음' '시금치죽' '감자진밥' 이런 식으로 되어 있는데 편의상 그런 것일 뿐, 항상 소고기나 닭고기 등을 함께 넣어주도록 합니다.

고기를 먹어야 하는 시기

학계와 의사들 사이에서도 '고기는 언제까지 먹여야 하나?'에 대한 여러 의견들이 있습니다. 만 3세 이전에는 동물에서 공급되는 필수 아미노산의 섭취가 중요합니다. 제 의견은 '두뇌 발달이 왕성한 3~4세까지는 고기를 매일 먹이는 것이 좋다'입니다.

가끔 얼굴이 정말 하얀 아기들이 진료실을 찾아오는데 검사해보면 빈혈이 있어 헤모글로빈 수치가 낮게 나옵니다. 고기를 먹이고 있느냐고 엄마에게 물어보면 고기나 철분에 대해 깊이 생각하지 않은 엄마들이 대부분이었어요. 이유식이나 유아식을 할 때는 아기에게 필요한 영양에 대해 깊이 생각해볼 필요가 있습니다.

이유식 고기 사용설명서

다짐육 vs 덩어리 고기

갈아내어 파는 '다짐육'보다는 덩어리 고기를 사서 다지는 것이 좋습니다. 다짐육은 어떤 부위를 썼는지 정확히 알 수 없고 기름기가 너무 많을 수도 있습니다. 또 아이가 커가면서 입자 크기를 늘려가며 다져주어야 하기 때문입니다. 아이가 거북스러워하고 소화도 제대로 안 될 것 같은데 굳이 입자 크기를 조절하여 다져주는 것이 의미가 있느냐고 묻는 분들도 있는데 언제까지 아이에게 갈아낸 고기를 줄 수는 없을 거예요. 잎채소, 뿌리채소, 밥알, 그리고 고기까지 모든 아이가 섭취하는 음식은 서서히 입자 크기를 조절하는 게 좋아요.

소고기 부위

양지 같은 부위의 경우 기름기가 많기 때문에 맛이 좋아요. 하지만 굳이 기름기 있는 부위를 쓸 이유가 없다는 것이 저의 생각입니다. '절대 안 된다'라는 의견보다는 기름기가 적은 안심 등을 쓰는 것을 추천합니다. 기름기가 많은 부위에는 포화지방산이 많기 때문에 성인에게도 그다지 좋을 것이 없어요. 반면 사태나 설도 부위는 지방은 적지만 다소 질긴 편입니다. 그런데 우둔이나 채끝살은 지방이 적고 부드러운 편이니 사용해도 괜찮습니다.

핏물 제거

핏물을 빼야 하는 건 고기 누린내나 잡내를 제거하기 위함이에요. 핏물을 제거하지 않고 조리를 하면 끓으면서 나오는 핏물이 서로 엉겨 붙게 되고 맛이 깔끔하지 않다는 단점이 있습니다. 그러나 핏물을 빼지 않더라도 영양학적으로는 전혀 상관없어요.

고기 핏물 제거에 있어서는 논란이 있지만 사실 핏물을 빼고 안 빼고는 중요하지 않습니다. 중요한 것은 '고기는 매일 정량을 먹어야 한다는 것' '육수뿐 아니라 살코기도 먹어야 한다는 것'입니다.

냉동고기

가끔 "냉동된 고기를 사도 돼요?"라는 질문을 받는데, 사서 안 될 이유는 없습니다. 다만 고기는 한 번에 사서 보통 손질하여 냉동보관을 하게 되는데 냉동고기를 사면 해동한 뒤 다시 냉동하고 또 해동하여 사용하는 셈이 됩니다. 그러므로 냉장유통된 고기를 사서 냉동하여 해동한 뒤 사용하는 것을 더 추천합니다.

Dr.Oh says...

승아의 이유식에 사용하는 고기는 육수를 낼 때는 반나절 정도 핏물을 빼서 사용했고, 미트로프 등 굽는 음식을 조리할 때에는 육즙이 필요하다 생각되어 핏물을 빼지 않는 등 상황에 따라 다르게 진행하였습니다.

Dr.Oh 이유식 이해하기

얼마나 먹이면 되나요?

처음 이유식을 시작할 때는 '몇 숟가락'으로 시작을 합니다. 그러고 나서 몇 mL씩 딱 정해놓고 주는 게 아니라 서서히 양을 늘려가는 거예요. 초기부터 중기, 그리고 후기, 완료기까지 아이가 받아들이는 것을 보며, 변의 양상과 먹는 양을 봐가며 양은 적당히 늘려가도록 하세요.

그러나 엄마가 정해놓은 양을 아이가 소화해내지 못한다고 해서 조바심을 낼 필요는 없습니다. 8개월까지는 아이의 주식이 모유(또는 분유)이기 때문에 아이가 이유식을 안 먹는다고 해도 심각하게 걱정할 필요가 없어요. 가끔 양에 집착하여 먹지 않고 거부하는 아이를 보면서 좌절감을 느끼는 엄마들도 있는데, 그러지 마세요.

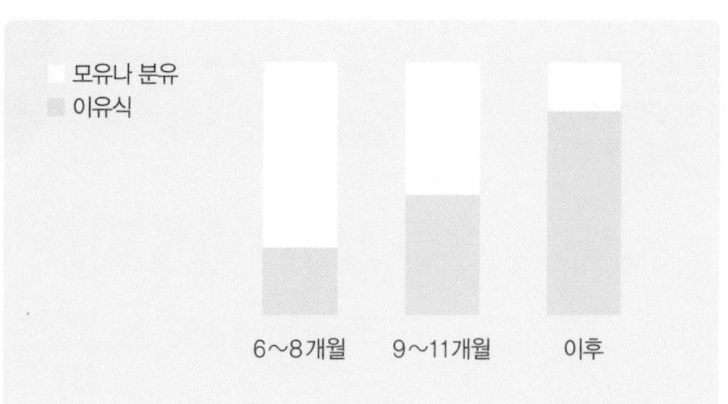

6~8개월 사이에는 전체 섭취 칼로리에서 모유나 분유를 통해 약 80%를, 이유식을 통해 20%를 섭취합니다. 이때 모유나 분유는 700mL 이상을 먹어야 하지요. 9~11개월 사이에는 전체 칼로리의 약 60%를 모유나 분유에서, 40%를 이유식이나 간식에서 얻습니다. 이때 모유나 분유는 600mL 이상을 먹어야 하지요. 이렇게 점차 이유식의 비중을 늘려가며 돌이 되면 900칼로리 정도를 섭취할 때 주로 음식에서 칼로리를 얻어야 합니다.

	시작 후 며칠	초기 (4~6개월)	중기 (6~8개월)	후기 (9~11개월)	완료기 (12개월 이후)
완성 이유식 총량	한두 숟가락으로 시작	아이마다 다르고, 서서히 늘려간다		1/2컵 (150~200mL)	밥 60~70g 반찬 20~30g
분유/모유량 (완료기 : 생우유)	–	800~1000mL	700~800mL	500~600mL	400~500mL
총 칼로리 (몸무게당)	–	85~95칼로리	80~85칼로리	80칼로리	80칼로리
횟수	–	1~2회	2~3회	3회	3회

언제 먹이면 되나요?

이유식을 먹이는 시간은 이유식을 진행해나가는 데 있어서 아주 중요합니다. 아이가 거부감 없이 이유식을 받아들여야 하기 때문이지요. 수유 후 이유식을 권하는 이유는 아이가 기분이 아주 좋은 상태에서 이유식을 받아들이라는 의미에서입니다. 그런데 중기나 후기로 갈수록 아이가 이유식 따로 수유 따로 하게 되면 끼니수가 너무 많이 늘어나게 되어 비만의 원인이 될 수 있고 규칙적이지 않은 식사를 하게 됩니다. 혹은 이유식만 먹고 젖이나 분유를 거부할 수도 있지요. 그러므로 아래와 같은 시간으로 진행해보는 것을 추천합니다.

	초기		중기		후기		완료기
	첫째 달	둘째 달	첫째 달	둘째 달	첫째 달	둘째 달	전체
이유식 형태	미음	아주 진죽	진죽	된죽	아주 진밥	진밥	진밥
먹는 시간	오전 10시		오전 11~12시 오후 5~6시		아침 8~9시 점심 12~1시 저녁 6~7시		아침 8~9시 점심 12~1시 저녁 6~7시
끼니수	한 끼		두 끼		세 끼		세 끼
수유 횟수	6회		5회	4회	4회	3회	2회(간식)

초기 이유식

초기 이유식을 진행할 때 아이가 이유식에 대한 거부감을 나타낸다면 '오른쪽(왼쪽) 수유–이유식–왼쪽(오른쪽) 수유' 순서로 수유 중간에 이유식을 끼워줘도 괜찮습니다. 어른들의 식사시간에 함께 앉아 먹는 것이 좋지만, 초기 이유식을 할 때에는 한 끼만 먹게 되므로, 일과 중 오전과 오후의 중간쯤 식사시간을 정해두는 것이 적당합니다.

중기 이유식

중기로 가서 두 끼를 먹이게 되면 한 끼 정도는 어른들의 식사시간에 먹는 것을 연습합니다. 오전 11~12시 사이에 한 번, 오후 5~6시 사이에 한 번 먹이는 게 좋겠지요.

후기 이유식

후기로 가서 세 끼를 먹이게 되면 어른들의 식사시간과 분위기를 익히며 함께 먹을 수 있도록 아침, 점심, 저녁 시간을 맞추는 것이 좋습니다.

완료기 이유식

완료기 이유식 역시 후기 이유식 때처럼 세 끼를 먹이면서 어른들의 식사시간과 분위기를 익히며 먹을 수 있도록 시간을 맞추도록 하세요.

5

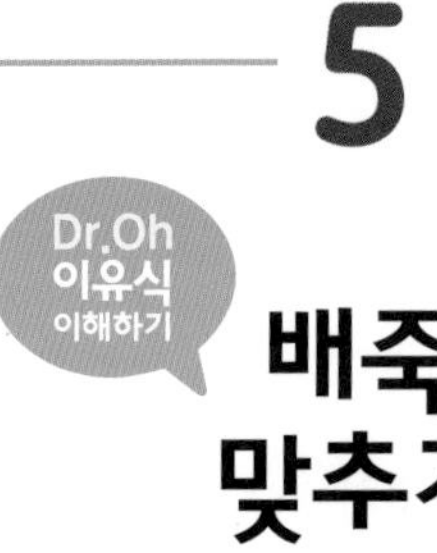

배죽 맞추기

승아엄마도 이유식을 조리하면서 10배죽, 8배죽, 5배죽 이런 이유식의 '배죽'을 어떻게 맞추어야 할지 곤혹스러워할 때가 있었어요. 배죽은 쌀 분량의 배로 물을 넣는 것이라고 이해하면 됩니다. 따라서 쌀이 15g이고 10배죽을 해야 한다면, 물이 150mL 필요한 것이지요.

배죽 = 쌀 분량의 배로 물 넣는 것

그런데 분량의 물과 재료를 넣어서 끓이다 보면 뭉근해지기 때문에 10배죽을 한다고 해서 딱 10배죽이 된다기보다 되질 때도 있습니다. 따라서 물은 여유 있게 준비하여 완성된 미음의 흐르기를 보면서 잘 조절해주도록 하세요.

너무 되게 하면 처음 유동식을 받아들이는 아이에게 변비가 생길 수도 있고, 너무 묽게 하면 양이 많아져 아이가 반도 못 먹고 버리게 되니 정해진 양의 고기와 채소를 섭취하지 못하는 셈이지요.

그리고 배죽을 맞출 때의 물은 되도록 소고기나 닭고기를 삶은 육수를 사용해보세요. 그러면 이유식이 더욱 맛있어져요.

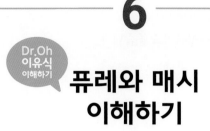

퓨레와 매시 이해하기

6개월이 지난 아이들에게 핑거푸드를 시작하기 전 줄 수 있는 간식은 갈아낸 과일, 과일주스, 그리고 퓨레 정도가 있어요. 이유식이 아직 익숙하지 않은 아이에게 이렇게 수분감이 없는 음식을 주어도 되나 고민하는 엄마들이 있을 텐데 일단 이유식을 시작하는 초반에는 변비로 고생하는 아이들이 의외로 꽤 많기 때문에 퓨레나 매시는 이유식에 아이가 어느 정도 적응을 하면 시작해주세요.

퓨레 puree
과일이나 삶은 채소를 으깨어 물을 조금만 넣고 걸쭉하게 만든 음식

매시 mash
부드럽게 으깬 음식

쉽게 말해 퓨레는 매시보다 수분감이 있는 형태로 조리하면 됩니다. 초반부터 수분감이 없는 간식은 부담이 될 수밖에 없는데 주로 삶은 형태로 물을 넣고 농도를 조절하는 퓨레 형태의 간식을 초기에 주고, 중기로 들어가면서 매시 형태로 제공해주세요.

퓨레는 감자, 당근, 고구마 등을 삶아서 만드는 게 일반적이며, 수분감이나 청량감을 더해주고 싶다면 오이나 과일 등을 섞어 만들어주어도 좋습니다.

Dr.Oh says...

퓨레를 처음 접하는 승아는 목이 메일까봐 수박을 갈아 함께 주었어요. 숟가락을 들고 있는 엄마 손까지 끌어당겨가며 열심히 달려들어 먹었다고 하네요.

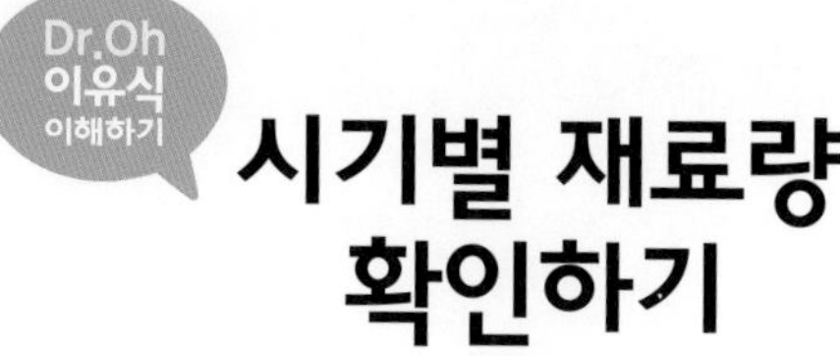

시기별 재료량 확인하기

이유식은 완료기에 가서 제대로 '밥'을 먹기 위한 준비과정입니다. 아이에게 맞춰서 서서히 늘려 가도록 하세요.

채소(한 끼 기준)

※채소 종류에 따라 달라질 수 있음

초기		중기		후기		완료기
첫째 달	둘째 달	첫째 달	둘째 달	첫째 달	둘째 달	전체
5~10g	10~20g	20g	20~25g	25~30g	30~35g	40~50g

여러 가지 채소를 배합할 때는 조금 더 양을 늘려 섞어 주어도 되고, 또 중기나 후기로 넘어갔다 하더라도 아이가 거부감을 느끼는 듯 보이면 20g 주려고 했던 것을 다시 15g으로 줄여도 됩니다. 언제나 아이의 상황에 맞추어 조절하세요.

쌀(곡류, 한 끼 기준)

초기		중기		후기		완료기
불린 쌀		불린 쌀		진밥		진밥
첫째 달	둘째 달	첫째 달	둘째 달	첫째 달	둘째 달	전체
15g	15~20g	20~25g	30g	40g	50g	50~60g

불린 쌀을 갈아서 이유식을 만들다가 후기와 완료기로 가면서 진밥 형태로 줍니다.

육류(소고기 및 닭고기, 하루에 먹을 총량)

초기		중기		후기		완료기
첫째 달	둘째 달	첫째 달	둘째 달	첫째 달	둘째 달	전체
5g	5~10g	20g	20g	30~40g	40~50g	50g

"채소죽만 주어서는 안 된다." "철분 보충을 위해 매일매일 소고기를 넣은 죽이나 진밥을 먹여야 한다."라고 저는 이 책에서 아낌없이 강조하고 있습니다. 초기 한 끼를 먹일 때는 총량을 모두 넣어주고, 중기에는 한 끼에 10g씩 두 끼를, 후기에는 한 끼당 약 15g씩 첨가해주면 대략 양이 맞춰집니다.

간식(퓨레나 매시, 핑거푸드, 한 끼 기준)

초기		중기		후기		완료기
첫째 달	둘째 달	첫째 달	둘째 달	첫째 달	둘째 달	전체
30~50g		50~80g		80~100g		100~120g

말 그대로 간식이기 때문에 이것으로 배가 불러 이유식을 거부하지 않도록 다 먹어야 한다는 강박관념 없이 아이가 즐기면서 먹을 수 있도록 해주세요.

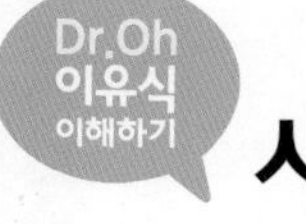

시기별 입자 크기 살펴보기

엄마들이 이유식을 진행하면서 가장 큰 과제라 생각하는 것 중 하나가 입자 크기 늘리기일 것입니다. 구역질하는 아이에게도, 잘 씹지 않고 삼켜버리는 아이에게도, 자주 아픈 아이에게도, 이유식을 뱉어버리는 아이에게도, 이가 남들보다 늦게 나는 아이에게도 입자 크기를 늘리는 것을 꼭 해주어야 합니다. 특히 초기 이유식을 진행할 때 입자 크기를 조절하는 것이 중기 이유식을 시작하는 데 큰 도움이 됩니다. 초기라고 해서 무조건 10배죽 흐르는 물기 상태의 미음을 먹이는 것이 아니라, 초기 이유식 안에서도 초 · 중 · 후반으로 나누어 그때그때 먹이는 농도와 입자를 늘려 중기의 죽 형태, 후기의 진밥 형태까지 서서히 도착할 수 있도록 하세요.

쌀(곡류)

	초기	중기	후기	완료기
입자	**첫째 달** : 미음 형태로 아주 곱게 갈아냄	**첫째 달** : 끓였을 때 밥알이 조금 보이되 흘러내리도록 불린 쌀을 3등분 정도로 갈아냄	**전체** : 진밥을 지어 사용함	**전체** : 약간 진밥을 지어 사용함
	둘째 달 : 약간의 덩어리가 지도록 조금 덜 갈아냄	**둘째 달** : 끓였을 때 밥알의 형태가 잘 드러나도록 불린 쌀을 2등분 정도로 갈아냄		

채소

	초기	중기	후기	완료기
입자	**첫째 달** : 곱게 갈아 체에 내림	**첫째 달** : 잘게 다져냄	**첫째 달** : 3~5mm 크기로 썰어냄	**전체** : 1cm 크기로 썰어냄
	둘째 달 : 곱게 갈아줌	**둘째 달** : 3mm 크기로 썰어냄	**둘째 달** : 5~8mm 크기로 썰어냄	
애호박	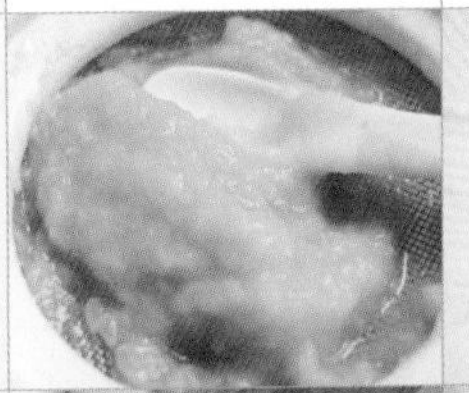			
브로콜리			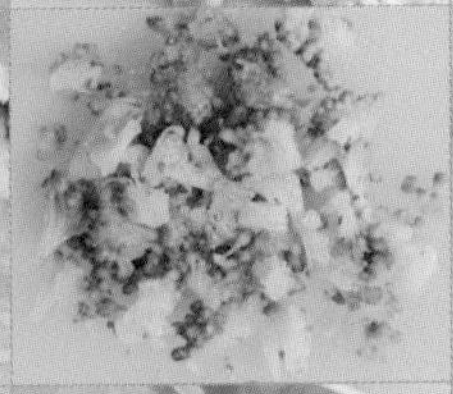	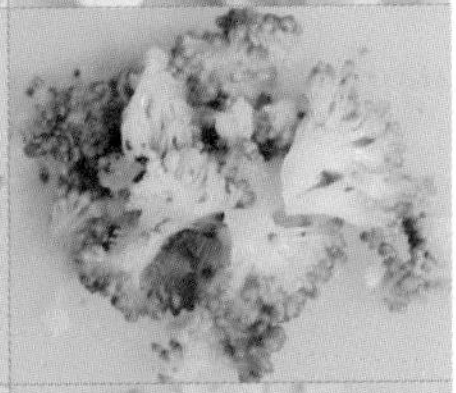
완두콩				

육류(소고기 및 닭고기)

초기에는 삶은 뒤 잘게 다져 절구에 빻아주고, 중기, 후기에는 잘게 다지거나 적당한 크기로 썰어 넣습니다.

	초기	중기	후기	완료기
입자	**첫째 달** : 잘게 다져 절구에 넣고 빻아 보푸라기 형태로 줌	**첫째 달** : 1~2mm 크기로 썰어냄	**첫째 달** : 3mm 크기로 썰어냄	**전체** : 5mm 크기로 썰어냄
	둘째 달 : 잘게 다져냄	**둘째 달** : 2mm 크기로 썰어냄	**둘째 달** : 3~5mm 크기로 썰어냄	
소고기				

간식(퓨레나 매시, 핑거푸드)

만약 아이가 매시를 부담스러워하면 물기가 있는 퓨레 형태로 주어도 됩니다. 또한 핑거푸드를 거북스러워하면 시기가 되었더라도 매시로 만들어주어도 좋습니다

	초기	중기	후기	완료기
입자	**전체** : 물기가 있는 형태의 퓨레	**첫째 달** : 퓨레 및 매시 **둘째 달** : 매시 및 핑거푸드 (버무리, 머랭쿠키 등), 수프, 스무디, 젤리나 양갱	**전체** : 손으로 집어먹을 수 있게 깍둑썰기한 과일, 제과류(파운드케이크, 찜케이크, 굴림찐빵 등), 푸딩, 치즈볼, 피자, 두유, 팬케이크	**전체** : 후기와 같음
간식	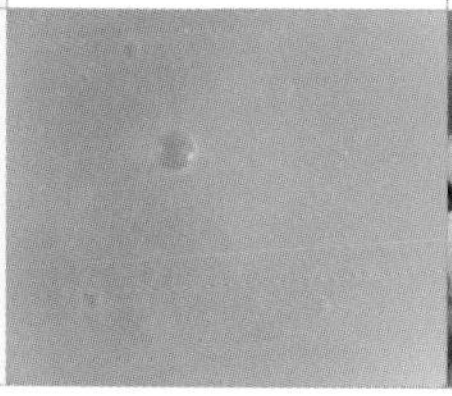			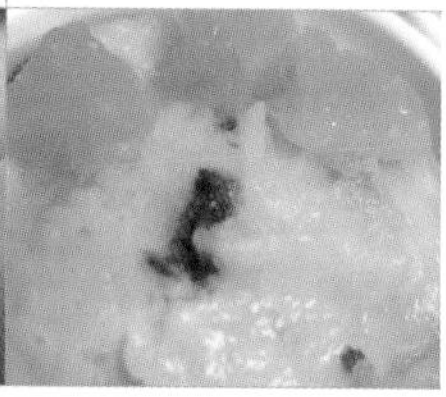

아이가 잘 먹지 않고 헛구역질 하는 이유

아프지 않은 정상 컨디션의 아이라면 아이가 이유식을 먹으면서 헛구역질을 이유는 몇 가지를 생각해볼 수 있습니다.

1. 입자가 너무 큰 경우
2. 숟가락이 너무 크거나 깊게 들어간 경우
3. 한입에 들어가는 양이 너무 많은 경우
4. 향이나 맛이 거북한 경우

만약 아이가 헛구역질을 하면서 힘들어하면 전 단계로 잠시 넘어가서 다시 시작해도 됩니다. 완료기가 조금 늦어진다고 해서 아이의 발달이나 먹는 것에는 크게 문제가 없어요. 물론 서너 달씩 늦춰지는 건 안 되겠지만 아이의 상황에 맞춰서 진행하세요.

씹는 연습하기

아이가 잘 씹지 못할수록 입자 크기 조절을 통해 씹는 연습이 필요합니다. 아주 큰 입자를 주거나 생채소, 생과일을 뚝뚝 썰어주지 않는 한, 죽처럼 끓인 이유식이 기도로 넘어가 위험할 상황은 거의 생기지 않습니다. 물론 이런 구역질을 하며 힘들어하는 아이에게 무리해서 입자 크기를 늘려도 아이가 이유식 자체를 거부해버리게 될 수 있으므로 주의해야 합니다.

일단 이유식 외 다른 것을 통해 씹는 연습, 입안에서 오물거리는 연습을 시키세요. 저는 쌀과자를 추천하는 편입니다. 또, 씹는 연습과 소근육 운동을 가능하게 하는 이 책의 중기 간식 레시피를 참고해보세요. 간식 종류의 핑거푸드를 잘 활용해보면 아이에게 씹는 기회를 주면서 씹는 연습을 시킬 수 있습니다.

씹는 연습이 필요한 이유

아이는 씹으면서 식감을 느끼고 저작근을 사용하게 되는데, 이런 일련의 행동들은 두뇌 발달에 아주 좋은 영향을 미칩니다. 성인이 되어서도 잘 씹지 않고 음식물을 삼켜버리는 사람들이 간혹 있지요. 탄수화물은 상당 부분 씹으면서 분비되는 아밀라아제로 소화되기 때문에 잘 씹지 않는 습관은 소화장애를 불러옵니다. 아이에게는 씹는 것 자체가 의미가 있으니 잘 씹는 습관을 갖게 해주세요.

채소가 그대로 변으로 나오는 경우

입자 크기가 커지면 변에 그대로 나오기도 하는데, 과연 흡수가 되는 것인지 걱정하는 엄마들이 많습니다. 일부 흡수되고 일부 배설되는 형태일 텐데, 무엇보다 중요한 건 입자 크기가 늘어나면 조리시간도 함께 늘어나야 한다는 것이에요. 덩어리째 채소가 변으로 그냥 나온다는 것은 채소가 충분히 무르지 않다는 얘기입니다. 입자는 크지만 아이가 잇몸으로 눌러 으깰 수 있을 정도로 무르게 조리해주세요.

9

컵으로 마시는 연습하기

6개월이 지나면 물을 꼭 먹여야 한다고 생각하는 분들이 많은데 물은 먹일 필요가 없습니다. 모유(분유)나 초기 단계의 이유식을 먹는 아이들이 물로 배를 불릴 필요가 없다는 뜻이지요. 단 여름철 더울 때 소량의 물을 먹이는 건 무관합니다.

흔히 빨대컵을 쓰는데 솔직히 저는 추천하지 않습니다. 일단, 아이들은 만 6개월이 넘어가면 컵으로 먹는 연습을 해야 하고, 어른들이 컵을 사용하듯 컵으로 마셔야 합니다.

외출을 하다 보면 빨대컵을 입에 물고 다니는 아이들을 많이 볼 수 있는데 그것은 아이에게 도움이 되지 않습니다. 목이 마르지도 않은데 하루 종일 마실 것을 달고 다니면 주식을 거부하게 되는 원인이 됩니다. 또 마시는 것이 만약 과즙이라면 치아부식이 생길 수 있지요. 그러므로 빨대컵을 연습시키지 말고, 그냥 주둥이가 있는 컵으로 마시기 연습을 시켜주세요. 빨대컵은 그냥 컵으로 가는 중간 단계라고 생각하면 됩니다.

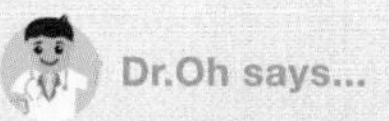

물이나 과즙을 따로 먹이는 것보다 늘 먹이는 한 번의 간식타임에 과일을 줄 때 과즙 따로, 과육 따로 하여 컵 연습을 해주면 됩니다. 승아도 처음 컵으로 먹였을 때는 잘 받아먹는 듯 했으나 갑자기 사레가 들려 그것이 괴로웠던지 컵을 거부하기도 했어요. 그런데 작은 컵으로 연습을 계속하고 그렇게 여러 번의 경험이 생기니 컵으로 마시는 일이 익숙해지더군요. 못할 것 같더라도 아이는 이미 준비가 되어 있고 어느덧 따라옵니다. 엄마가 아이를 믿고 기회를 주세요.

통곡류 시작하기

어른들도 소화가 안 된다며 꺼려하기도 하는 통곡류는 흔히 아이 이유식에 사용하면 안 된다고 생각하는 분들이 많습니다. 도정하지 않은 쌀이기 때문에 그렇다고 생각하는데, 쌀에 알레르기 반응이 없다면 현미에도 알레르기 반응이 없다고 보고 첨가해도 됩니다. 통곡류는 이유식 초기부터 가능합니다.

현미나 흑미 등으로 이유식을 해줄 때는 100% 현미나 흑미를 넣기보다는 백미와 섞어서(1/3 정도) 해주세요. 현미나 흑미 외에도 귀리, 보리, 찹쌀, 기장 등도 사용해보세요.

밀가루는 언제부터 가능할까

이유식을 시작하고, 얼마 후부터는 밀가루를 조금씩 뿌려주면서 글루텐 알레르기 테스트를 해보는 것이 좋습니다. 사실 초기 단계부터 테스트가 가능하지만, 정 불안하다면 6개월쯤부터 해보세요. 테스트의 목적도 있지만 밀가루, 글루텐에 대한 적응력을 주기 위함이지요.

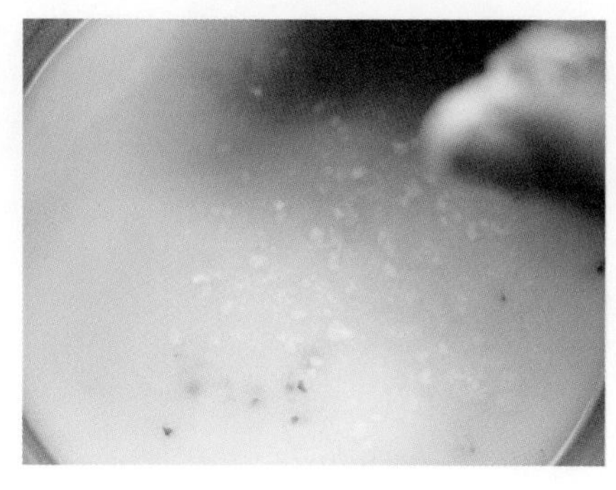

방법은 조리 중인 이유식에 밀가루 아주 소량(한 꼬집 정도)을 살짝 뿌려 끓이는 것입니다. 미국에는 글루텐 알레르기(뿐만아니라 견과류 등 각종 알레르기)를 가진 사람들이 많아 식료품이나 가공식품을 '글루텐 무첨가gluten-free'로 해서 판매하는 경우가 많습니다. 하지만 우리나라의 경우 밀가루 알레르기가 많지는 않으니 너무 걱정하지 않아도 됩니다.

단, 이상반응을 관찰해야 하기 때문에 새로운 식재료를 첨가했을 때는 뿌리지 않습니다. 식재료를 첨가한 세 번째 날이나 네 번째 날 정도에 뿌려서 관찰해보는 것을 추천합니다.

과일 시작하기

초기 이유식을 과할 정도로 조심스럽게 먹이는 엄마들이 많은데, 사실 6개월이 지나면 제한되는 채소나 과일이 적어집니다. 다만, 단맛을 조절해서 먹이고 싶다면, 단호박이나 고구마 등의 채소는 초기 식단에서도 조금 뒤로 미뤄주고, 과일 중에서도 수박이나 자두 등 당도가 있는 과일은 초기 중에서도 둘째 달에 주면 됩니다.

과일은 처음에 퓨레 형태로 삶아서 체에 내린 것을 주면 좋은데, 6개월 이후부터는 생과일 섭취가 가능합니다. 단 너무 많이 먹는 것은 좋지 않아요. 6개월 이전에 먹이는 과일은 별로 영양적으로 추천할 만한 것이 없기 때문입니다. 따라서 6개월 이후에 시작하면 됩니다. 신선하고 깨끗한 생과일을 갈아주거나, 익혀 갈아낸 방법인 퓨레로 만들어주세요. 시작하는 과일로는 사과, 배, 자두가 적당하며, 사실 6개월이 지났다면 크게 가려먹일 필요는 없습니다.

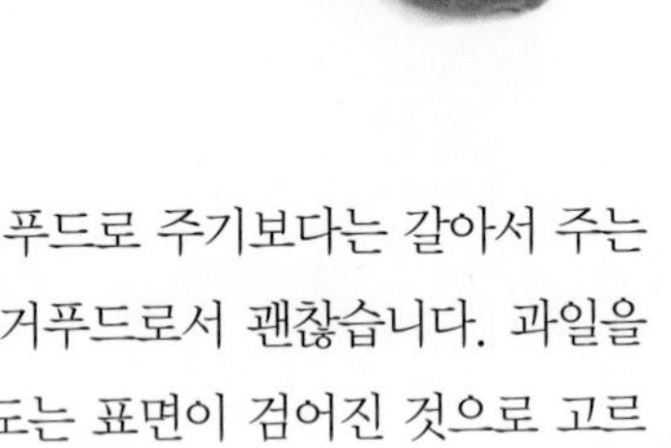

사과나 배 같이 다소 단단한 과일은 중후반으로 들어서도 핑거푸드로 주기보다는 갈아서 주는 것이 안전하며 멜론이나 망고, 바나나와 같이 무른 과일은 핑거푸드로서 괜찮습니다. 과일을 선택할 때에 바나나는 검은 반점이 있는 것을 고르고, 아보카도는 표면이 검어진 것으로 고르는 등 잘 익은 것을 구입합니다.

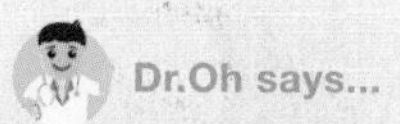

승아의 경우 사과와 배, 자두, 수박 등을 첫 과일로 시도해보았습니다. 첫 수저를 뜰 때에는 신 음식을 먹고 찡그리는 것처럼 과육의 식감에 적응을 못하는 듯 보이더니 며칠이 지나자 곧잘 받아먹었어요.

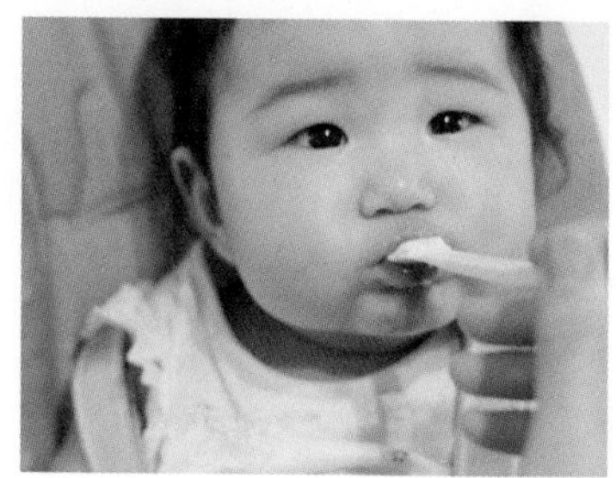

과일은 간식시간을 정해서 주도록 하되, 수시로 먹이지 않도록 합니다. 말 그대로 '간식'이기 때문에 아이가 배고프지 않을 때 먹이는 것이 아니라 수유와 그 다음 수유 사이에 아이가 배고파할 시간에 먹이도록 합니다.
과일을 먹이고 난 뒤에는 이유식을 먹었을 때와 마찬가지로 가제수건을 물에 적셔 잇몸을 마사지하듯 잘 닦아주도록 합니다.

과일 적당량

주스를 줄 때는 시중에 판매하는 '과일향 주스'를 사줄 것이 아니라 집에서 강판에 갈아 체에 내린 주스를 만들어주도록 합니다. 또한, 숟가락으로 떠먹이지 않고 컵으로 먹여야 하지요. 6개월이 지나면 컵으로 먹는 연습을 해야 하기 때문입니다.

	초기	중기	후기	완료기
조리법	갈아낸 생과일, 퓨레, 주스	저미거나 조각낸 부드러운 생과일, 주스	주스, 저미거나 씨를 제거한 신선한 과일	사과나 배 등 단단한 과일은 여전히 갈아먹이고, 딸기, 키위, 토마토 등은 생과일 그대로 잘라주어도 됨
가능한 과일	사과, 배, 자두, 바나나 등 특별한 제한 없음	오렌지, 복숭아, 수박 등 특별한 제한 없음	특별한 제한 없음	특별한 제한 없음
하루 제공량	퓨레 1회(100g 정도) 또는 주스 1회(1/2컵 이하)	1~2회	1~2회	1~2회

논란이 있는 과일

논란이 있는 과일은 토마토, 딸기, 포도 등이 있습니다. 어떤 사람은 초기부터 먹여도 된다, 어떤 사람은 중후기부터 먹이라고, 또 어떤 사람은 돌이 지나야 먹일 수 있다고 말합니다. 일단 조심해서 먹여야 하는 과일임에는 분명하지만 먹여서 문제가 되지 않는다면 크게 제한할 이유는 없습니다.

과일을 이유식에 쓰기

승아의 이유식 중에서도 과일을 이유식에 많이 사용했는데, 주로 단맛을 내는 사과나 배, 망고, 바나나 등이었습니다. 과일을 사용한 이유식을 먹일 때는 모든 끼니를 과일 이유식으로 먹는다든지, 며칠 연속으로 먹지 않도록 주의가 필요합니다. 그것이 문제라기보다 너무 단맛의 이유식만을 계속해서 주는 것이 썩 좋지 않기 때문입니다. 단맛이 음식의 주된 맛으로 아이가 인식해서는 안 되겠지요? 과일 이유식은 아이가 아플 때나 입맛이 달아났을 때 특별식 정도로 좋습니다.

단맛의 과일은 조리할 때 언제 넣든지 상관없지만 신맛을 갖고 있으면서 끓이면 단맛이 날아가 버리는 파인애플, 딸기, 자두 등의 과일은 중간에 넣지 말고, 모두 끓이고 난 마지막에 넣어 한 번 섞어준 뒤 불에서 내리는 식으로 하는 것이 좋습니다.

덜 익은 과일 주의

참고로 덜 익은 바나나나 감은 변비를 유발할 수 있어요. 변비가 있는 아이는 주의해서 먹여야 하지요. 반대로 검은 반점이 있는 잘 익은 바나나는 탄닌이 불용성에서 수용성으로 변하여 오히려 변비에 좋습니다. 바나나의 껍질에 붙은 얇은 줄기 같은 부분에 특히 집중되어 있는 팩틴 성분이 장 활동을 돕습니다. 감도 마찬가지입니다. 잘 익은 감을 보면 떫은맛이 없어지면서 검은 반점이 생기는데, 이것은 탄닌이 불용화된 흔적이에요. 잘 익은 감은 변비를 유발하지 않으니 식재료로 사용해도 됩니다.

12

아이들의 음료 바로 알기

물

6개월 이전의 건강한 아기는 별도로 물을 필요로 하지 않습니다. 모유나 분유로 충분한 수분을 흡수하고 있기 때문이지요. 하지만 이유식을 시작하면 상황이 달라집니다. 즉 반드시 필요하지는 않지만 식이패턴에 따라 물을 줄 수가 있습니다. 물론 많이 주면 안 되고, 날씨가 매우 덥거나 야외활동을 했을 때 소량으로 주는 정도가 좋습니다.

만약 이유식을 먹는 중간에 아이가 목말라 한다면 2회 이내로 물을 주도록 하세요. 물을 필요 이상으로 주게 되면 묽은 변을 보거나, 배가 불러서 모유나 분유 혹은 이유식을 거부하는 사태가 올 수 있으므로 주의합니다.

물을 먹일 때는 앞에서도 말했지만 빨대나 스푼이 아닌, 컵으로 먹이도록 합니다. 만 6개월 이후의 아이는 컵으로 먹는 연습을 할 수 있습니다. 이유식을 시작하고 얼마 지나지 않아 바로 연습을 시작하면 됩니다. 그리고 물은 꼭 끓여 먹이도록 합니다. 즉, 아이에게 물을 줄 때는 끓여서 식힌 물을 주세요.

보리차

어른들은 흔히 아이가 딸꾹질을 하면 이렇게 말하곤 합니다. "보리차 끓여먹여라." 그런데 보리차든, 물이든, 모유나 분유 외에 다른 수분을 수시로 먹여서는 안 됩니다. 당연히 배가 부를 수밖에 없겠지요. 배가 부르면 이유식이나 주식으로 먹어야 할 모유나 분유는 외면하기 마련이고요.

보리차 자체가 아이에게 나쁠 것은 없습니다. 이유식의 한 재료라고 생각하면 되지요. 다만 끓인 물보다 더 좋은 것이 없는데 굳이 보리차를 강조할 필요는 없습니다. 되도록 볶거나 구운 재료는 나중에 사용하는 게 좋기 때문입니다.

주스

만 12개월을 채우지 않은 아이에게 과일주스는 전혀 도움이 되지 않습니다. 주지 않도록 하세요. 12개월 이후 아이에게 주스를 줄 때는 젖병에 넣어 먹이지 말고 컵으로 먹입니다. 치아부식을 막기 위해서이지요. 또한 수시로 먹이지 말고, 밥을 먹은 후 간식과 함께 주는 게 좋습니다. 수시로 주면 밥맛을 잃어 이유식을 안 먹으려 들 수 있으며, 기저귀 발진이나 설사, 체중 과다의 원인이 될 수도 있어요. 주스를 줄 때는 과일을 직접 갈아서 먹이는 게 좋습니다. 시중에 판매하는 과일주스는 합성착향료의 도움을 받아 맛과 향을 내는 과일 '맛' 주스일 뿐입니다.

13 생우유 시작하기

"생우유는 언제부터 먹여야 할까요?" "생우유는 꼭 먹여야 하는 걸까요?" "생우유 말고 분유를 계속 먹이면 안 되나요?" "모유수유 중인데도 생우유를 먹여야 하나요?"

후기 이유식이 끝날 무렵 돌을 보내고 단유를 계획하고 나면 엄마들의 마음은 조급해집니다. 생우유를 먹여야 할 것인가, 말 것인가 하는 문제 때문이지요.

돌 전에 생우유를 먹이는 것은 금하고 있습니다. 그 이유는 아래와 같습니다.

1. 가공된 분유보다 소화흡수가 어렵다.
2. 고농도의 단백질 미네랄은 신장기능이 미성숙한 아이에게 무리가 된다.
3. 철분, 비타민C 등이 부족해서 철결핍성 빈혈을 일으킬 수 있다.
4. 생우유의 단백질은 돌 전에 미성숙한 아이의 위장점막을 자극해서 장출혈을 일으킬 수도 있다.
5. 아이에게 필요한 필수지방도 부족한 편이다.

그러므로 돌 이후에 생우유를 먹이도록 권하고 있습니다. 하지만 그 또한 500mL 미만으로 제한하는 것이 좋아요. 우유량이 많다 보면 식사량이 줄어들게 되어 영양불균형이 생길 수 있습니다.

돌이 지났다면 일반적인 생우유를 먹이는 것을 추천하며 두 돌 전에는 저지방이나 무지방 우유를 먹이면 안 됩니다. 지방이 반드시 필요한 나이이기 때문이지요. 아이가 너무 살이 쪄서 비만이나 성인병 등 위험에 노출된 특수한 경우에는 반드시 소아청소년과 전문의와 상의하여 2% 저지방 우유를 먹일 수는 있겠지만 이런 경우가 아니라면 일반 생우유를 먹이도록 합니다.

분유에서 우유로 바꿀 때

바로 바꿔도 전혀 문제없습니다. 하루에 500mL 미만으로 분유 총량을 완전히 대체하여 주면 됩니다. 분유에 문제가 없었던 아이가 생우유에 반응을 보이는 가능성은 거의 없다고 보면 됩니다. 신선한 생우유를 컵으로 먹이도록 하세요. 우유는 보통 냉장보관되어 차가운데, 굳이 데울 필요는 없습니다. 다만 아이가 놀라거나 차가운 우유를 거북스러워하면 냉기가 가실 정도로만 살짝 실온에 두었다가 주세요.

Dr.Oh 이유식 이해하기

14 두유 바로 알기

두유는 콩과 물만 있으면 손쉽게 만들 수 있습니다. '콩을 갈아서 만든 콜로이드(밀크) 상태의 음료'가 바로 두유이기 때문이지요.

저는 아이에게 시판 두유를 사 먹일 거라면 두유 대신 우유를 먹이라고 권하는 편입니다. 시판 두유는 달고 맛있으니까 아이가 좋아할 수밖에 없어요. 아무리 '아기'들이 먹을 수 있는 두유로 나와 있더라도 그 성분을 자세히 보면 갸우뚱해질 수밖에 없지요. 흔히 시판 두유 성분에는 액상과당이 들어 있는데, 코카콜라에서 설탕 대신 액상과당을 넣어 시판한 뒤 굉장히 성공했다는 사실을 알고 있나요? 이 액상과당은 전분을 가수분해한 후 과당으로 이성질화한 포도당과 과당의 혼합액을 섞어 만든 것입니다. 이 자체가 나쁘다기보다 이 액상과당의 중독성이 위험한 것이에요. 영양가 없이 포만감을 주는 것 또한 문제이지요. 아이들이 이렇게 포만감을 주는 음료에 대해 중독성과 만족감을 느껴 밥은 멀리하고 두유만 달라고 떼를 쓰기도 합니다.

두유의 주성분인 콩에는 아이의 성장에 반드시 필요한 아연, 철분 등의 무기질의 흡수를 방해하는 피트산이 들어 있습니다. 많은 양의 콩을 먹는 것은 아이들에게 좋지 않을 수 있어요. 또한 식물성 에스트로겐인 피토에스트로겐도 들어 있는데, 두유에 들어 있는 피토에스트로겐이 신체에 미치는 영향이 크지는 않지만 과량의 섭취는 사춘기 이전의 아이들 특히 영유아에게 호르몬 관련 문제를 일으킬 수도 있습니다.

Dr.Oh 이유식 이해하기

흡인 주의하기

우리는 흔히 '사레들렸다'라는 표현을 많이 씁니다. '사레'가 바로 '흡인'이에요. 그리고 이물질이 폐로 들어가 생기게 되는 것이 바로 흡인성 폐렴aspiration pneumonia이라고 합니다. 즉, 흡인을 일으키게 되면 폐렴뿐 아니라 큰 기관지를 막게 되었을 때는 기도를 막아 아주 위험한 사고로 번질 수도 있습니다.

흡인을 막는 방법

• 서 있는 아이, 돌아다니는 아이, 차 속에 있는 아이에게 먹을 것을 주지 않기

'정해진 자리에서 돌아다니며 먹이지 마라'라고 권하는 것은 비단 습관의 문제만은 아닙니다. 돌아다니면서 먹으면 흡인을 일으킬 수 있는 가능성에 노출되기 쉽습니다.

• 이물질을 입안에 넣지 않도록 잘 살피기

저는 스티커가 목에 걸려 있어서 5일 동안 밥을 못 먹던 아이의 진료를 한 적이 있어요. 당시 아주 작은 스티커였기에 망정이지 동그랗고 조그마한 것은 아이의 기도를 막을 수 있기 때문에 매우 위험합니다. 단추, 비닐, 동전, 심지어 약병의 뚜껑 등 모든 것을 입에 넣고 삼킬 수 있기 때문에 이런 것들을 입에 넣지 않도록 잘 살펴야 합니다.

주의해야 할 음식 알아두기

• 밤

밤은 견과류로, 중기 후반이나 후기 이유식부터 활용해볼 수 있습니다. 그러나 밤이 의외로 수분이 적어 매시로 만들거나 쪄서 아이에게 먹일 때 사레들리는 일이 종종 있지요. 저 역시 병원에서 밤 먹다가 사레들렸다고 내원한 아이를 본 적이 있습니다. 전공의 때는 폐렴으로 치료를 받다가 기왕력을 확인했더니 밤 먹다가 사레들린 사실을 알게 되어 전신마취하고 기관지경으로 밤을 제거하여 폐렴 치료를 한 경우도 있었지요. 밤을 먹일 때에는 수분감 있는 과일을 갈아 함께 주거나, 입안을 적실 정도로 물을 주도록 합니다. 밤뿐만 아니라 밤고구마처럼 물기 없는 고구마도 마찬가지입니다.

• 빵

빵은 후기나 완료기에 가서 먹이게 되는데, 그냥 맨 빵을 아이에게 주는 것은 위험해요. 빵이 입안에서 침에 젖으면 목에 들러붙을 수 있기 때문이지요. 빵을 주게 될 때에는 반드시 토스트하여 주도록 합니다.

• 떡

떡은 아이뿐만 아니라 어른도 조심해야 할 음식이지요? 오죽하면 서울에서 근 5년간 떡을 먹다 기도폐쇄로 인해 76명이 사망했다는 기사가 나왔을까요. 떡은 버무리 정도의 포슬포슬한 질감이나 잘 분리되는 것이 아니라면 아이에게 주지 않도록 합니다.

• 과일

과일은 잇몸으로 으깨어지지 않는 딱딱한 것(사과, 배, 감 등)은 이가 제대로 나지 않고 씹는 연습이 되지 않은 아이에게는 위험해요. 그 전까지는 갈거나 매시 형태로 주는 게 좋습니다.

• 견과류

견과류(땅콩, 호두, 아몬드 등) 중 특히 땅콩은 흡인의 위험성이 큰 음식입니다. 기도를 막히게 할 가능성이 많아 절대로 그냥 통견과를 주어서는 안 됩니다. 땅콩 등의 견과류 크기는 영유아들의 기도 직경과 크기가 비슷해요. 반드시 으깨거나 갈아서 주도록 합니다.

• 딱딱한 과자

딱딱한 과자 역시 아이들의 치아가 제대로 나기 전까지는 입에 넣으면 녹는 과자를 주세요. 딱딱한 과자는 식도나 입 안에 상처를 낼 수 있을 뿐만 아니라 흡인의 위험도 있지요.

흡인이 가져올 수 있는 위험

• 질식

앞에서 언급한 흡인을 주의해야 할 음식들은 단순 흡인을 넘어 기도 질식으로 이어질 수 있습니다. 즉 자가 호흡 불가로 인한 장기와 뇌의 손상을 일으킬 수도 있지요. 질식이 되면 목소리도 안 나오고 얼굴이 파래지면서 기침도 하기 어렵습니다. 이 경우 완전히 기도가 막혀서 응급조치를 하지 않으면 아이에게 치명적일 수 있어요. 단 목소리가 나오고, 기침을 할 수 있다면 완벽한 기도 폐쇄가 아니니 손가락을 입에 넣어 구토시키는 등의 무리한 처치는 하지 않는 것이 좋습니다.

• 흡인성 폐렴

이물질이 큰 기관지 레벨을 넘어서 아래까지 내려간 경우에는 질식에 대한 위험은 없지만 이물질이 위치한 곳에서 염증을 일으켜 폐렴으로 진행될 수 있습니다. 지속적인 같은 부위의 폐렴과 치료가 잘 되지 않는 폐렴일 경우에 아이가 증상 있기 전에 사레들린 적이 있는지 확인해봐야 합니다.

흡인 응급조치

• 흡인인지 아닌지 판단하기

일단 기도가 막히면 청색증을 보입니다. 의식이 소실되기 시작하고 완전폐쇄는 목소리가 나오지 않고 울어도 소리가 나지 않지요. 심지어 기침도 나오지 않습니다. 아이가 기침을 하고 있다면 억지로 손을 입에 넣어서 음식물을 꺼내려 하기보다는 기침을 유도해서 압력에 의해 기도 내 이물질이 밖으로 나올 수 있게 도와주는 것이 좋습니다. 기침에 의해 나온 이물질이 다시 흡인되지 않게 머리를 아래쪽으로 두도록 합니다.

• 응급신고

가장 중요하고 가장 먼저 해야 할 조치입니다. 주변에 사람이 있다면 119로 전화할 것을 요청하고, 아무도 없다면 본인이 먼저 전화기를 들고 전화를 걸어야 합니다.

• 응급처치

구급차가 오기 전까지 해줄 수 있는 응급처치로는 하임리히법이 있습니다. 흔히 엄마들이 하는 실수가 손가락을 집어넣어 음식물을 빼내려 하는 것입니다. 그렇게 되면 아이가 음식물을 올리게 되어 그것이 올라오다가 다시 기도로 넘어가 질식할 수가 있습니다. 더 위험한 상황에 빠질 수도 있지요.

하임 리히법	1세 미만일 때	아이를 허벅지에 지지한 후 머리를 하부로 하여 한 손으로는 턱을 잡고 다른 손으로는 등을 친다. 아이를 돌려 명치 아랫부분(명치와 배꼽 사이)을 5회 정도 눌러준다. 그 후 음식물이 빠져나와 입 안에 맴돌고 있는지 손가락으로 훑어 확인해본다.
	1세 이상일 때	뒤에서 끌어안고 두 손을 맞잡은 채 복부를 압박한다. 6~10회 실시하고 이물질이 나오지 않으면 이를 반복한다.

• 치료

병원에서는 기관지 내시경을 통해 이물질을 확인하고 제거합니다. 곧고 굵은 내시경을 쓰기 때문에 아이는 전신마취 하에 수술방에서 이물질을 제거할 수밖에 없지요.

흡인이 있는 아이들의 80%는 만 3세 이전의 아이들입니다. 이 시기 아이들은 호기심이 많아 손에 잡히는 것은 모조리 입으로 가져가려고 하지요. 따라서 무조건 조심해야 합니다. 찰나의 실수로 아이를 위태롭게 할 수도 있고 전신마취 하에 시술을 하게 될 수도 있는 것이 바로 이물질 흡인이므로 늘 안전을 기하도록 합니다.

16

양치하기

이유식을 시작하면 이가 나지 않았어도 음식물이 들어가는 것이므로 입 청소를 해주는 것이 좋습니다. 즉 잇몸을 닦아주는 수준으로 하면 되지요.

치아 개수

치아의 개수는 평균적으로 '아기의 개월수-6'으로 계산하면 됩니다. 아이가 만약 만 10개월이라면 10-6을 하여 4개가 평균적이라고 할 수 있겠지요. 물론 이것은 평균적인 것이고 늦게 나는 아이도 빨리 나는 아이도 있으니 걱정하지 않아도 됩니다. 12개월부터 이가 나는 아이도 있습니다.

닦아주는 횟수

하루에 두 번, 이유식을 먹이고 나서 양치해주는 게 좋습니다. 치아관리는 일단 이유식을 시작하면서부터 가제수건을 적셔 입안 구석구석 닦아내어주면 됩니다. 개인적으로 화학성분으로 처리된 구강티슈보다 가제수건에 물을 묻혀 사용할 것을 권합니다. 순차적으로 실리콘 칫솔-유아 칫솔로 옮겨가되 거즈로 입안을 닦아내어주는 것은 계속해주세요.

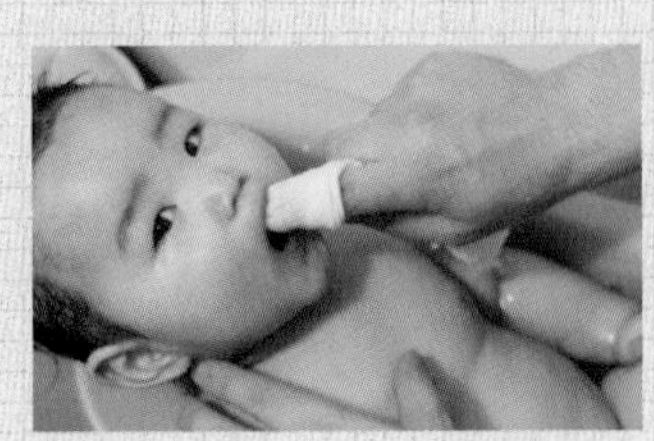

닦아주는 방법

❶ 잘 소독하고 삶은 가제수건에 깨끗하고 미지근한 물을 묻힌다.
❷ 입안 곳곳 잇몸 마사지를 해준다는 느낌으로 잘 닦아낸다.

Dr.Oh says...

승아의 경우 가제수건으로 입안을 닦아주다가 손가락에 끼워 입안을 훑어주는 실리콘 칫솔을 사용했어요. 그러다가 칫솔의 형태를 갖춘 '더블하트'의 실리콘 칫솔로 치아를 조금씩 닦아주다가 칫솔에 적응한 듯 보일 때 'totz' 칫솔을 사서 제대로 된 칫솔질을 시작했습니다. 이가 위로 네 개, 아래로 두 개 정도 날 무렵이었죠. 승아 앞에서 칫솔질 하는 모습을 보여주고 아기 칫솔 짧은 것을 들려주니 어느덧 곧잘 따라하더군요. 일찍부터 칫솔과 양치에 대한 거부감을 없애고 놀이처럼 해준다면 아이가 진짜 양치질을 해야 할 때 도움이 될 거예요.

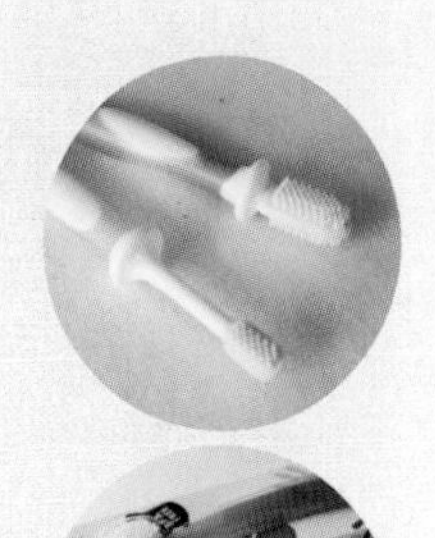

치약 사용에 관하여

불소가 함유된 치약은 최근까지 가글이 가능한 2세 이후부터 사용할 것을 추천했습니다. 그런데 최근에 미국소아치과협회에서는 유치가 나기 시작하면서부터 불소가 함유된 치약 사용을 추천하고 있습니다. 양치 중에 삼킬 가능성이 있는 불소의 함량이 문제를 일으킬 만큼 많지 않으며, 이보다 치아 우식증을 예방하는 것이 낫다는 결론이지요. 물론 어린이 치약 중에 불소 함량이 500ppm 정도로 성인 치약보다 적게 들어 있어야 합니다. 참고로 불소가 없는 치약은 논의의 대상이 아닙니다. 불소가 없는 치약은 우식증 예방에 효과적이지 않습니다.

17

Dr.Oh 이유식 이해하기

스스로 먹는 건 언제부터 가능한가요?

이유식을 먹여준다는 개념으로 진행하기보다 먹는 기회를 주는 것이라고 늘 염두에 두세요. 아이는 결국 스스로 먹어야 합니다.

저는 '스스로 먹기self-eating'의 시기는 후기 이유식 첫째 달부터 시작하길 추천합니다. 7~8개월을 얘기하는 분들도 많지만 승아의 이유식을 진행해보니 사실 쉽지 않은 일이었어요. 후기 이유식을 시작하는 만 9개월 정도가 되면 아이는 어른의 행동을 따라하려는 성향이 강하게 나타나고, 주관이 생깁니다. 뭔가 스스로 해보려고 하지요. 아이의 욕구가 다양해진 만큼 식탁에서의 자율성도 확보되어야 합니다. 물론 숟가락을 손에 쥐어주고 노출시켜주는 것은 그 이전부터 해주는 것이 좋습니다.

왜 스스로 먹게 하나

스스로 먹는 기회가 없는 아이들은 '이것은 나를 위해 먹는 것이다'라는 생각을 하지 않게 됩니다. "먹어야 돼. 아~ 해보자. 이만큼만 더 먹자."라고 엄마가 애걸복걸하면서 주게 되면 아이는 '이 밥은 엄마가 시켜서 엄마를 위해 먹는 것이다'라고 생각하게 됩니다. 당연히 먹는 일에 소극적이고 거부하는 일도 벌어지겠지요. 아이들이 밥 먹을 때 딴청피우고, 자꾸 벗어나려 하고, 관심을 끌기 위한 행동을 해서 화가 나겠지만 스스로 먹고 음식을 탐구하다 보면 자연스레 식사시간에 아이는 집중하게 됩니다. 하지만 엄마가 먹여주는 아이는 한자리에 앉아 받아먹기만 하

는 것이 지루해져 금방 딴짓을 하게 되지요. 식탁이 더러워지고, 아이가 서툴러도 여유 있게 생각하세요. 완료기를 시작하면서부터는 적어도 50%는 아이가 스스로 입에 가져가 먹게 하세요. 숟가락으로 음식을 푸는 것이 서툴다면 일정량 퍼서 그릇에 걸쳐두면 아이가 가져가 먹을 수 있습니다.

팁을 하나 드리자면 승아네 레시피 속 완료기 반찬에는 깍뚝 썰기보다는 채 썰기나 얇은 반달 썰기가 많이 들어갑니다. 얇게 반달 썰기를 해도 아이가 소화하는 데에 큰 문제가 없고 아이가 스스로 포크질이나 숟가락질을 하게 될 때, 깍뚝 썰기 하거나 다진 반찬보다 잘 퍼올려지고 떨어지지 않기 때문에 훨씬 수월합니다. '크지는 않을까' 걱정될 수도 있지만 무르게 조리하면 소화나 씹는 것에도 전혀 무리가 없습니다.

스스로 도구 사용

이유식 후기인 9~10개월부터 숟가락질을 연습할 필요가 있어요. 그리하여 12개월이 되면 아기는 컵으로 물을 마시고, 손이나 스푼을 이용해 스스로 먹는 일이 어느 정도 자연스러워져야 하지요. 물론 직접 떠서 입에 넣고 잘 먹는 정도까지를 말하는 것은 아니고, 뭔가 먹는 시늉 정도를 한다고 보면 됩니다.

• 중기 이유식

보통 만 7~8개월에는 중기 이유식을 진행합니다. 아이가 숟가락으로 먹기에는 무척 질 테지요. 입으로 가져가기도 전에 다 흘릴 수도 있어요. 그래서 중기 이유식 진행 중에는 숟가락을 식사시간에 쥐어주고 익숙해지게 하는 정도로 하고, 조금 되게 만든 간식 등을 줄 때 안전한 포크로 찍어준다든가 하는 정도로 시도해보는 것이 좋습니다.

• 후기 이유식

후기 이유식 진밥으로 넘어가면 숟가락에 밥을 떠서 앞에 놓아주도록 합니다. 꾸준히 연습하다 보면 아이도 익숙해질 거예요. 또한, 식기도 앞에 놓아주어 떠먹는 연습을 하게 합니다.

• 완료기 이유식

비로소 완료기 이유식을 진행하면서는 본격적으로 스스로 먹기 연습을 해야 하지요. 15개월쯤 되면 아이가 스스로, 지속적으로, 음식을 퍼서 숟가락을 입에 가져가고 먹는 정도가 되어야 합니다. 물론 흘릴 수도 있고, 초중반에는 잘 먹다가 뒤로 가서는 잘 먹지 못하거나 짜증을 내고 장난을 치려고 할 수도 있어요. 이때 엄마가 흘리거나 장난친다고 해서 아이를 책망하거나 수시로 주변을 정돈하고 닦는 행동을 하면 안 됩니다. 아이는 잘못한 줄 알고 움츠러들게 되지요. 그러면 스스로 먹기에는 진척이 없습니다.

Dr.Oh says...

승아도 스스로 먹기가 가능하도록 노력을 계속 했음에도 애쓰는 만큼 숟가락질, 포크질이 원활하지 않았어요. 또 원하는 음식을 원하는 만큼 먹으라고 하면 편식을 하기 십상이라 사실 온전히 넘겨주지 못했지요. 그럼에도 스스로 먹을 기회를 꾸준히 주었더니 어느새 스스로 먹기 시작하더군요. 저는 "15개월이면 스스로 먹을 수 있어야 합니다."라고 말씀드리곤 하는데요. 승아는 만 16개월쯤 숟가락질을 원활하게 할 수 있었어요.

먹다가 자꾸만 장난을 치는 아이

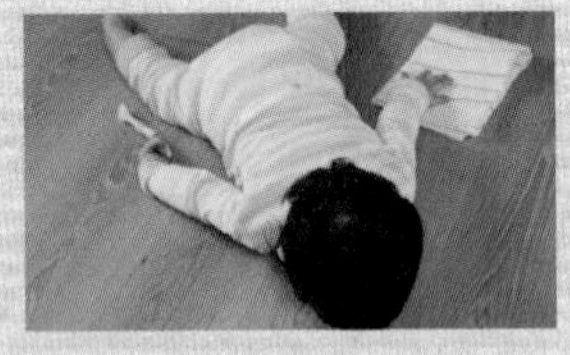

아이가 먹다가 짜증내고 심하게 장난을 칠 때는 차라리 먹이지 않는 게 좋아요. 이건 아주 효과적인 절대원칙입니다. 아이가 밥 먹는 것 자체에 집중하지 못하면 단호하지만 (절대 화는 내지 말고) 웃는 얼굴로 "그래, 그만 먹고 싶구나? 그럼 다음 끼니는 더 잘 먹어보자."라고 말해주세요. 그리고 정말 다음 끼니까지는 물 외 다른 것은 주지 않습니다. 물론 물도 많이 주면 안 되겠지요. 이렇게 하루 정도는 안 먹여도 됩니다. 엄마들은 이 하루를 참지 못해 뭐라도 먹이다가 이도저도 안 되는 경우를 참 많이 봅니다. 밥을 안 먹으니까 간식이라도 먹이고, 그러니까 배가 불러 밥을 더 안 먹게 되고… 이런 악순환의 연결고리를 엄마 스스로 만들지 마세요. 보통 아이들은 배가 고프면 먹게 되어 있으니 기다려보세요.

핑거푸드의 장점

'스스로 먹기'를 진행하는 건 생각만큼 쉽지 않아요. 엄마가 포크로 떠놓으면 그것을 가져다가 입에 가져가는 정도가 되지요. 그것도 몇 번 하다 보면 이내 싫증을 내고 손으로 가져가 게걸스럽게 먹기도 할 것입니다. 그럴 수 있다고 생각하면서 자연스럽게 유도하도록 하세요.

그런데 한참 핑거푸드로 손으로 먹는 것을 유도하다가 도구를 사용해 먹으라 하면 아이도 헷갈릴 수 있겠지요? 아이는 도구를 던지고 다시 손을 뻗어 음식을 먹는 일이 많을 거예요. 그래도 자연스레 숟가락의 용도를 알게 될 테니 걱정 말고 '엄마가 도와줘서 먹는다는 느낌'보다 '내 밥을 내가 먹는다는 느낌'이 들 수 있게끔 엄마는 소극적으로 식사를 도와주면 됩니다.

핑거푸드는 중기 이유식 때부터 하면 됩니다. 식탁에 아이를 참여시키기 위해 이보다 더 좋은 것은 없어요. 물론 후기로 가고 완료기로 갈수록 숟가락과 포크 등의 사용을 배워나가야 하지만 소근육 발달과 식사 참여에 핑거푸드는 좋은 매개체가 됩니다.

Dr.Oh 이유식 이해하기

물건을 떨어뜨리는 아이

아이가 물건을 떨어뜨리는 행동은 보통 9~10개월쯤부터 시작됩니다. 지극히 자연스러운 행동이에요. 원인과 결과, 즉 인과관계를 파악하게 되는 인지발달의 한 과정이지요. 놓치면 떨어지고(중력의 발견), 떨어지면 소리가 나고, 떨어진 것을 엄마가 주워서 주면 그것까지도 배워가게 됩니다. 심지어 엄마가 떨어뜨린 것을 주워서 아이에게 주면 엄마에 대한 애착과 신뢰감을 쌓아갈 수 있어요. 그럼에도 저는 주워주지 않는 방법을 택하고 있습니다. 왜냐면 떨어뜨리는 장소가 식사하는 의자이고, 떨어뜨리는 시간이 식사시간이기 때문입니다.

떨어뜨리는 것은 자연스러운 행동이고, 당연히 아이에게 하지 말라고 하면 안 됩니다. 화내서도 안 돼요. 다만, 그 행동을 식사시간에 하는 것은 안 된다는 것을 알려주어야 해요. 즉 밥 먹을 때는 밥 먹는 것에 집중해야지, 장난을 치거나 다른 것을 탐구하는 것은 바람직하지는 않다는 것을 알려줍니다. 그럼 아이가 식사시간에 물건을 떨어뜨렸을 때 어떻게 하면 좋을까요? 아래를 참고하세요.

1. 아이가 밥 먹다가 물건을 떨어뜨리면 아무 대처도 하지 말고 무관심으로 일관한다.
2. 화내거나 '안 된다'고 훈육하려 하지 않는다.
3. 떨어뜨린 물건은 다시 주워주지 말고 치우지도 말고 그 자리에 둔다.

4. 아이가 먹는 것에 집중하지 못하고 주워 달라고 너무 심하게 보채도 반응을 보이지 않는다.
5. 엄마는 엄마의 식사를 하고, 아이가 다시 먹기를 기다린다.
6. 너무 보채서 식사를 지속하기 어렵다면 아이를 내려준다(아이는 식사에 대한 욕구나 배고픔보다 놀고 싶은 욕구가 더 강한 상태이기 때문이다).
7. 아이가 식사를 시작도 못한 상태에서 혹은 몇 술 뜨지 못한 상태에서 이런 상황이 생기면 물을 조금 줘 본다든가 하는 방법으로 주의를 환기시킨다.

아이들의 식기 선택

조리도구나 아이의 식기는 플라스틱보다는 스테인리스나 실리콘을 사용하는 것이 좋아요. 식기를 선택할 때는 사기나 유리처럼 잘 깨지는 종류보다는 아이가 던져도 깨지거나 위험하지 않아야 하겠지요. 사기나 유리로 된 제품은 위험하기도 하거니와 아이가 그릇을 던질까봐 혹은 깨뜨릴까봐 조마조마하고 초초해하며 먹는 걸 지켜볼 필요가 없기 때문이에요. 아이에게 "안 돼!"라고 말하기 이전에 엄마는 사고가 벌어질 만한 조건을 만들지 않는 편이 낫습니다.

Dr.Oh says...

승아엄마의 식기에 사기로 된 오븐용라든가 예쁜 그릇류를 소개하였지만 사진이나 조리를 위한 것일 뿐, 승아에게 덜어줄 때에는 다른 용기를 사용한다는 점, 오해하지 마세요.

식사예절 가르치기

완료기 식사태도

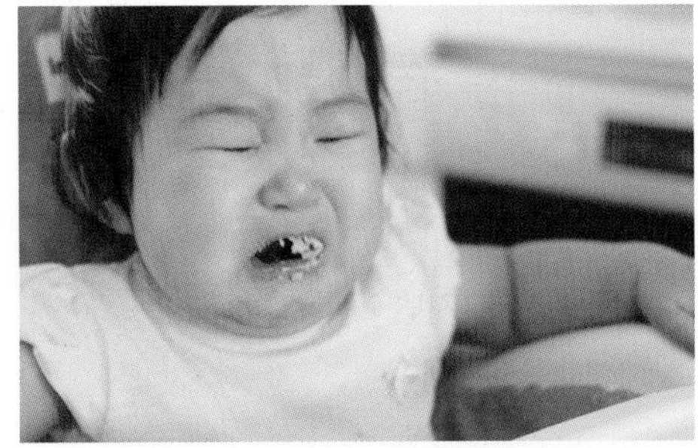

완료기 이유식은 정말 중요합니다. 죽 형태의 식사를 진행해오다가 새로운 방법으로 식사를 하게 되고, 완벽한 어른의 밥상과 비슷하게 먹게 되기 때문이지요. 완료기 식탁을 통해 아이는 밥 먹는 법과 음식의 맛을 배우게 됩니다. 또한 예절도 배우게 되지요.

아이는 어른들이 하는 모든 행동, 아이에게 해주는 모든 것들을 식탁 위에서 배우고 따라합니다. 아이가 식탁에서 장난치지 않도록, 밥 먹다가 장난감을 찾거나 휴대폰을 내놓으라고 행패부리지 않도록, 온가족 모두 모여 식사할 시간이 되면 함께 즐겁게 식사를 하도록, 여러 가지 반찬을 골고루 먹을 수 있도록, 밥 먹다가 자기 멋대로 돌아다니지 않도록, 식습관을 꼭 알려주도록 합니다.

이 시기 아이들은 자기 고집이 무척 강해져요. 엄마에게 자신이 원하는 것을 강하게 어필하고 들어주지 않으면 울거나 떼를 씁니다. 식사를 할 때 엄마가 먹는 것과 아이가 좋아하는 어떤 것을 가지고 흥정을 하면 안 됩니다. 밥을 먹다 식탁의자를 벗어나 다른 놀이를 하고 싶어 발버둥치고 떼를 쓰기 시작하면 단호하게 먹이는 것을 중단하세요. 절대로 아이를 쫓아다니며 먹이면 안 됩니다. 〈뽀로로〉 만화를 틀어놓은 TV 앞에 상을 가져다놓고 먹이는 것도 안 됩니다. 혹은 식탁 위에 장난감이나 아이가 좋아하는 책, 휴대폰 동영상 등을 놓고 먹이는 것도 절대 안 돼요. 초기나 중기까지는 아이가 식탁에 앉아 집중할 수 있는 시간이 짧은 편이지만, 후기나 완료기 이유식을 진행할 정도가 되면 아이는 먹는 것 자체에만 집중하여 먹는 시간이 늘어납니다. 그것을 믿고, 다른 것으로 아이를 달래가며 먹이지 마세요. 엄마의 '먹이는 태도' 불량은 아이의 '먹는 태도' 불량을 가져옵니다.

식탁 위 예절

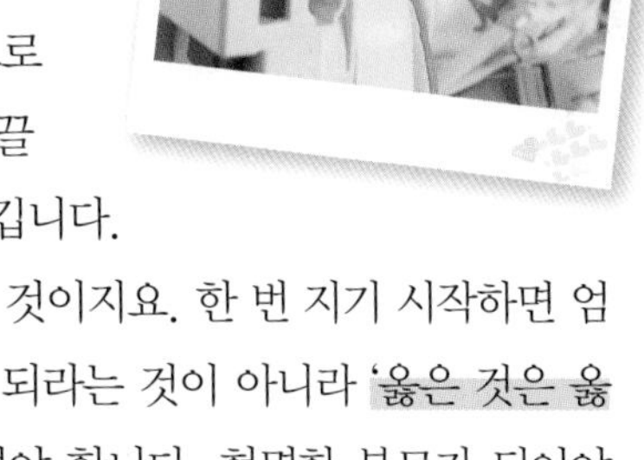

안 먹으면 그냥 두세요. 좇아다니며 "한 술만~" 사정하는 것도, "이거 먹으면 저거 보여줄게." 하며 달래는 것도 하지 않도록 합니다. 그렇게 이야기를 하면 아이에게 지는 거예요. 아이에게 이긴다는 표현이 좀 이상하지만 아이에게 지지 않는 것은 굉장히 중요한 일입니다.

엄마는 아이를 지도하고 바른 길로 이끌어나가야 할 사람으로서 일관성이 있어야 합니다. 아이가 원하는 대로 이것저것 끌려가며 해주다 보면 아이는 그것을 이용할 정도의 꾀가 생깁니다. 바른 길은 아니지만 내가 원하는 방향대로 엄마를 끌고 가는 것이지요. 한 번 지기 시작하면 엄마는 계속 아이에게 끌려 다니게 돼요. 무조건 엄한 엄마가 되라는 것이 아니라 '옳은 것은 옳다' 말하고, '아닌 것을 아니다'라고 가르쳐줄 수 있는 엄마여야 합니다. 현명한 부모가 되어야 하겠지요.

아이가 안 먹겠다고 버티면 그 끼니는 그냥 넘겨버리도록 합니다. 성인이 그렇듯 아이도 입맛이 없을 수 있어요. 억지로 한 숟갈 한 숟갈 애쓰지 말고, 아이가 식사에 대한 부정적인 기억이 생기기 전에 그런 행동은 하지 않도록 합니다.

식탁 위의 예절을 가르치다 보면 "안 돼!"라든가 "아니야." 등의 부정적인 언어를 사용하게 되는 경우가 많습니다. 그런데 식사는 아이에게 항상 즐겁고 신나는 공간이어야 합니다. 그런데 부정적인 언어를 듣고 지적받고, 혼이 나는 식탁은 아이에게도 즐거울 리가 없겠지요. 안 되는 일에도 "Yes!"하라는 것이 아니라, 아이가 안 되는 일을 하면 과한 반응보다는 일단 무시하고, 아이가 칭찬받을 만한 일을 하면 칭찬해주라는 이야기입니다. 아이가 그만 먹고 싶다는 신호를 보내면 쿨하게 “Yes!”합니다. 엄마 기준에 너무 조금 먹었다 싶어도 아이가 원하지 않으면 식탁에서 내려 보내세요. 아이는 자신이 먹을 수 있는 양과 먹고 싶을 때가 있는데 이것이 늘 엄마의 요구를 충족시킬 수는 없습니다.

먹는 공간

먹는 공간은 늘 지정석이어야 합니다. 다른 곳으로 벗어나 오물오물 씹는다는 것은 절대 안 된다는 생각으로 이유식을 진행해야 하지요. 이유식뿐만 아니라 간식(과일이나 빵 등)도 마찬가지입니다. 그리고 그 장소는 어른들이 먹는 장소와 동일한 것이 좋습니다.

어른들은 식탁에서 먹으면서 아이의 밥은 거실에 밥상을 펴놓고 주지 마세요. 되도록이면 어른들의 식사시간에 같은 장소에서 먹이도록 합니다. 보통 이 원칙은 아이가 아프거나 주양육자가 바뀌면서 엄마나 양육자의 측은지심으로 깨질 때가 많은데 아이가 아파도 지켜야 할 규칙이에요. 아픈 아이가 먹지 않는다고 해서 쫓아다니며 먹일 필요는 없습니다. 육아에서의 절대 원칙은 ‘양육자의 일관성’임을 잊지 마세요.

육아의 X-man에 대처하는 방법

‘공동의 육아’를 하다 보면(이를 테면 시어머니와, 친정어머니 혹은 보모 등과 함께 아이를 본다면) 엄마인 나의 의견이 묵살당하고 아이에게 좋지 않은 것들을 권하는 X-man이 생기기 마련입니다. 엄마는 정석을 따라가며 아이에게 천천히 맛의 세계를 경험하게 해주고 싶어도, 주양육자가 엄마가 아닌 경우, 혹은 엄마와 할머니가 아이를 같이 키울 경우 엄마의 요구가 묵살당하는 경우가 많습니다. 이러한 문제는 아이를 먹일 때에 가장 많이 일어납니다. 만약 이렇게 아이의 식습관을 방해하는 X-man이 있다면, 충분한 대화가 필요합니다. ‘이러저러해서 이것이 좋고, 이렇게 하는 것이 아이의 성장에 더 좋다. 지금은 아이가 건강한 맛을 싫어하고 자극적인 것에 더 큰 반응을 보일 수 있지만 서서히 알게 해주고 싶은 것이 내 마음이다’라는 것을 마찰이 있더라도 강하게 어필해볼 필요가 있습니다. 이 또한 어렵다면 공동양육자를 영유아검진에 함께 간다든지 육아책이나 이유식책을 함께 읽고 공부하는 시간을 가지며 전문가의 견해를 알아가는 것도 좋은 방법이 되겠지요.

20 새로운 음식 첨가하기

이유식을 먹일 때, 특히 처음 고형식을 소개할 때, 혹은 새로운 음식을 첨가하여 줄 때 중요하게 해야 할 일이 한 가지가 있습니다. 바로 아기에게 이상반응이 없는지 체크하는 것이지요. 처음 고형식을 먹거나 새로운 음식을 먹은 아기들은 피부발진이나 구토, 설사 등의 이상반응을 보일 수 있습니다. 그러므로 아이의 상태를 잘 관찰하고 이상반응을 보인다면 해당 재료를 최소 한 달 정도 후에 다시 시도해보세요. 그렇다고 이유식 자체를 중단하라는 것은 아니며, 이전에 먹어 괜찮았던 재료로 조리해주세요. 그리고 이상반응이 없어진 뒤, 또 다른 재료를 소개해주세요. 이 정도로 흐트러지는 스케줄은 이유식 진행 전반에 큰 문제를 끼치지 않으니 너무 걱정하지 않아도 됩니다. 조리를 할 때 푹 익혀서 알레르기 반응을 최소화할 수 있도록 합니다. 아래는 새로운 음식을 첨가할 때 이상반응을 지켜봐야 할 기간입니다.

초기	중기	후기	완료기
3~4일	3~4일	2~3일	제한없음

새로운 재료는 오후에 먹일 것이 아니라 오전에 먹여 활동 시간에 아이가 괜찮은지 확인해주세요.

21

알레르기 주의하기

이유식을 중기 정도 진행하다 보면 재료에 대해 조금 둔감해질 수 있습니다. 물론 특별히 알레르기 체질이 아니라면 너무 긴장해가며 먹일 필요는 없어요. 하지만 새로운 재료를 첨가해주는 간격은 계속 잘 지켜주어야 합니다.

모든 식품이 문제될 수 있지만, 특별히 '더' 주의해야 할 식품들이 있어요. 심각한 알레르기 반응이 일어난 아이의 경우 정확한 알레르겐(알레르기 원인물질)을 파악해보는 것이 도움이 되므로 보통 알레르기 반응 검사를 할 때는 보통 아래와 같이 더 주의해야 할 음식들을 위주로 검사합니다.

분유 및 우유 · 생선(참치, 연어, 대구살 등) · 달걀 · 갑각류(새우나 바닷가재 등)
땅콩 · 열매 견과류 · 콩(호두, 피스타치오, 피칸, 캐슈넛 등) · 밀

가려움이나 부종, 홍반의 정도가 아니라 '아나필락시스anaphylaxis' 정도의 리액션으로 이어지면 문제는 심각합니다. 아나필락시스는 알레르겐에 의한 심각한 전신 반응으로, 섭취가 아닌 단순한 노출만으로도 쇼크로 이어질 수 있어 굉장히 주의해야 해요. 미국처럼 환자가 많지는 않지만 국내에도 이런 환자들이 있습니다.

일단 이유식을 초기에 조심스레 시작하고 지켜보면서 특별한 알레르기 반응을 보이지 않는다면 6개월 이후, 혹은 중기 이유식을 시작하면서부터는 다양한 재료를 3~4일 간격으로 시도해 보도록 합니다. 논란이 되고 있는 재료들에 대한 저의 생각은 다음과 같습니다.

논란의 재료들

• 달걀 노른자와 흰자

과거에는 달걀을 돌부터 먹이고 처음엔 노른자만 먹인 뒤 이상이 없으면 흰자를 먹이라고 권고했었어요. 달걀 흰자에는 알레르기 유발 성분이 있기 때문인데 최신 지견에 따르면 이유식 초기부터 노른자를 먹이고 이상반응이 보이지 않으면 다음번에는(1~2개월 후쯤) 흰자까지 먹여 볼 수 있습니다. 단 완전히 익혀서 먹이고, 돌 이전까지 일주일에 1회 정도만 사용하는 게 좋습니다. 돌 이전에는 노른자의 콜레스테롤 흡수를 많이 하지 않도록 합니다.

• 우유

생우유는 돌이 지나면 먹이도록 합니다. 치즈나 요거트 등을 중기부터 먹이는 경우도 많은데, 유제품은 천천히 먹이는 것이 좋아요. 후기나 완료기 이유식에 가서 무염분 치즈나 무가당 요거트를 시작합니다(생우유에 대한 이야기 58쪽 참고).

• 씨 있는 과일

과일은 만 6개월이 지나면 시작하되, 직접 갈아내어 주도록 합니다. 시판 주스는 되도록 먹이지 마세요. 포도나 귤도 늦게 먹이라고도 하는데 정확히 날짜를 정해놓고 지키지 않아도 됩니다. 딸기와 토마토 등은 알레르기를 유발할 수 있어서 돌 이후 시작하라고 하는데 이 역시 이상이 없다면 먹여도 됩니다. 하지만 주의해서 나쁠 것이 없으니 정 걱정스러우면 1년 정도는 기다렸다 먹이도록 합니다(과일에 대한 이야기 52쪽 참고, 주스에 대한 이야기 57쪽 참고).

• 꿀

꿀은 반드시 돌 이후 먹이도록 해야 합니다. 흔히 '보톡스'라고 알려져 있는 보톨리늄 톡신Botulinum toxin 때문이지요. 보톨리늄균이 체내에 들어오면 면역력이 낮고 위 산도가 낮은 영아들의 위장관에서 발아증식하게 됩니다. 이 독소는 아이에게 위험할 수 있어요. 신경이나 근육마비 등이 생길 수도 있습니다.

• 생선

흰살 생선은 중기부터, 새우나 갑각류도 이상이 없으면 중기부터 먹여도 됩니다. 연어나 참치 같은 큰 생선은 먹이사슬의 윗 단계에 있으므로 중금속에 대한 우려로 최대한 나중에 먹이는 것이 좋습니다.

Dr.Oh says...

승아에게 큰 생선을 먹이게 된다면 그 시기는 두위(머리둘레)가 성인 두위와 비슷해지는 4세 이후가 될 것 같습니다.

• 견과류, 오일

견과류와 오일 역시 문제가 되지 않는다면 중기부터 시작해도 되지만 견과류의 경우 위험요소가 있으므로, 후기부터 조금씩 시도해보도록 합니다. 이상반응이 없어도 이유식 만들 때 오일을 많이 사용하는 것은 좋지 않습니다. 지방은 꼭 필요하지만 과도한 섭취는 좋을 리 없어요. 견과류와 오일의 고소하고 당기는 맛을 너무 일찍 노출시키지 않는다는 의미도 있습니다. 또한 견과류는 아이가 꽤 자란 후에도 통으로 주는 것은 권하지 않습니다. 흡인의 위험 때문입니다(흡인에 대한 이야기 61쪽 참고).

• 잡곡가루

이유식 대신 다양한 가루가 한꺼번에 들어가 있는 미숫가루나 선식, 생식 등을 물에 개어주면 안 됩니다. 돌 이후에는 성인들이 먹는 음식을 진행해도 큰 무리가 없지만 알레르기가 있는 아이라면 그 역시 조심해서 먹여야 하지요.

영유아기 때 피부 이상반응 등이 나타난다고 해서 심각한 걱정은 하지 않아도 됩니다. 우유나 밀, 달걀, 콩 알레르기 등의 80~90%가 5세 이전에 없어지는 것으로 알려져 있어요. 물론 평생 가는 알레르기도 있긴 합니다. 특히 견과류나 해산물 종류의 알레르기가 그러하지요.

한편 알레르기에 의한 것은 아니지만 6개월 이후로 먹여야 할 음식들이 있어요. 바로 시금치, 당근, 배추, 비트 등입니다. 이들 채소는 질산염 함량이 높은 편이라 6개월 이전 아이들에게는 심각한 빈혈을 일으킬 수도 있습니다. 특히 냉장고에 보관하면 질산염 함량이 더 높아지므로, 6개월 이후 이유식에 첨가하되, 한번 사용하고 남은 재료는 냉장고에 보관하지 말고 어른들의 요리에 사용하도록 합니다.

Dr.Oh says...

전문가들의 견해는 다를 수 있지만 저의 경우 승아의 이유식을 해줄 때 너무 예민하게 생각하지 않았어요. 일단 승아가 알레르기가 없었고, 저는 '먹여서 문제되지 않는 것은 먹여도 된다' 라는 입장이기 때문이에요. 또한 너무 늦게 먹여도 해당 식품에 대해 알레르기를 유발할 수 있다는 레퍼런스가 있습니다. 제가 레지던트이던 시절만 해도 돌 이전의 아기는 달걀을 먹을 수 없다고 하였어요. 지금은 6개월 이후 노른자가 괜찮으면 흰자를 바로 시도해보라고 합니다. 혹시라도 예전 이유식 책을 보며 진행 중이라 한다면 업데이트된 자료를 한 번씩 들추볼 필요가 있습니다. 현대의학은 통계와 역학조사의 산물이에요. 2008년보다는 2017년에 쌓인 자료와 결과물이 더 많고, 이에 기반한 정보들이므로 가장 최신 의견을 따르는 것이 옳다고 생각합니다.

이유식을 거부해서 알레르기를 체크할 수가 없을 때

일단 이유식을 시작했다면 아이가 거부한다고 해서 무작정 중단하는 것은 바람직하지 않아요. 아이에게 알레르기 반응이 나타난 것이 아니라면 더더욱 그렇습니다. 아이가 이유식을 거부한다면 특정 재료 때문인지, 단순히 이유식을 먹기가 싫은 것인지, 식탁의자에 앉아 있는 시간이 힘든 것인지 원인을 파악해봐야 해요.

이유식을 진행하는 내내 아이가 거부한다고 며칠을 건너뛸 수는 없습니다. 그러다 보면 스케줄도 엉망이 되고 새로운 식재료를 첨가하기가 더 어려워지지요. 그러면 더욱 심각한 거부 반응을 불러올 수 있습니다. 또한 이유식 단계별로 새로 첨가하는 야채에 대해 알레르기 반응을 지켜보아야 하므로, 아이가 단순히 거부한다고 하여 중단하지 말고 같은 재료를 또 다시 시도해보고 그래도 거부한다면 해당 재료는 나중에 먹여도 됩니다. 꼭 먹여야 한다고 조바심 낼 필요는 없습니다. 간혹 아이가 거부한다고 하여, 혹은 어떤 재료에 알레르기 반응을 보였다고 하여 완전히 이유식을 중단하고 수유만 하는 경우가 있는데 재료를 바꿔서라도 이유식은 일관성 있게 진행해야 합니다.

22

잘 안 먹는 아이들

이유식을 잘 먹던 아이가 왜 갑자기 거부하는 걸까요? 원인은 몇 가지 정도로 유추해볼 수 있습니다.

1. 아프다.
2. 몸에 변화가 있다.
3. 궁금한 것이 많아지고 만지고 싶고 돌아다니고 싶어지면서 제자리에 앉아 있기 싫다(9~10개월이 되면서).
4. 원래 안 먹는다.

1번과 2번의 경우 당연하다고 생각하세요. 그 시기를 지나면 좋아지니 크게 걱정할 필요 없습니다. 그런데 3번의 경우, 아이가 기거나 걷기 시작하면 하고 싶은 게 참 많아지지요. 제자리에 20~30분 동안 앉아 있으라는 것은 고문과도 같아요. 아이가 식탁의자에 앉아서 먹는 것에 집중하는 시간은 5분 정도에 불과해요. 이럴 때 어찌되었건 먹이고 보자면서 돌아다니는 아이를 쫓아다니며 먹이면 안 됩니다. TV나 휴대폰을 앞에 두고 먹여도 안 되지요. 육아는 장기전이므로 며칠 잘 먹이기 위해 모든 원칙을 무너뜨리지 마세요.

엄마들은 아이가 안 먹기 시작하면 별별 생각이 다 듭니다. '숟가락이 입에 들어가면 거북스럽나?' '이유식 입자가 너무 큰가?' '먹이는 시간이 잘못되었나?' 물론 이렇게

의심하는 것들이 원인일 수 있지요. 여러 가지 가능성을 두고 시도해보세요. 시행착오를 겪고 좌절도 하겠지만 그러면서 방법을 찾게 될 것입니다.

식탁을 재미있게 하기

먹기를 거부하는 아이를 억지로 식탁의자에 앉혀두면 의자에 앉히기만 해도 자지러지게 울거나 의자만 봐도 울게 돼요. 아이에게도 나름의 트라우마가 생겨버린 거예요. 의자에 앉으면 '하기 싫은 것을 시킨다' '내가 싫어하는 일을 엄마가 하라고 한다'라고 기억이 자리 잡게 되지요. 그럴 때는 식탁을 재미있게 해주세요. 집중력을 쉽게 잃어버리는 시기의 아이들입니다. 좋아하는 작은 인형을 손에 쥐어줘도 좋고, 노래를 불러주거나 도란도란 말을 걸어도 좋습니다.

Dr.Oh says...

승아의 경우 러닝홈까지 올려놓고 먹였다가 사운드북으로만 가지고 먹였다가 작은 인형을 손에 쥐어주는 등 식탁에 앉혀놓기 위해 애를 썼을 때가 있었어요. 러닝홈까지는 좀 과한 면이 있지만 사운드북으로 잠시 환기시킨다든가 식사 전에 작은 인형을 손에 들려주는 것, 식탁에 스티커를 붙여주는 것 등은 괜찮습니다. 온갖 경험 끝에 확실히 말할 수 있는 건 스스로 먹기를 시작하고 아이가 성장해가면서 식사시간을 어느새 즐기고 주도적으로 참여하게 된다는 것입니다. 힘든 시기 타협하지 말고 엄마만의 현명한 방법으로 지나가길 바랍니다.

아이는 아직 '설득'이 가능한 나이가 아니기 때문에 식탁에 대한 긍정적인 인식을 심어주는 것이 필요합니다. 단, 식사가 시작되면 흥미를 유도했던 인형, 장난감, 책 등은 조용히 치워주세요. 식사할 때는 식사에 집중해야 하니까요. 식탁에 앉아 있는 것에 흥미를 느끼게 해주는 자극제 정도로만 사용하는 것이 좋습니다.

핑거푸드를 적극 활용하기

아이가 받아먹는 것을 지루해할 수도 있어요. 이 시기 아이들은 자율성이 굉장히 극대화됩니다. 뭐든 자기 손으로 하고 싶은데 자꾸 엄마가 떠먹여주니 지루해하는 것이지요. 따라서 식탁에서 자의로 하는 일 하나, 타의로 하는 일 하나 정도를 동시에 부여해주는 것도 좋은 방법입니다. 엄마가 먹여주기도 하고 자기가 손으로 앞의 음식을 집어 먹게도 하는 겁니다. 핑거푸드로 활용 가능한 반찬(완자나 동그랑땡 등)이 있을 때마다 승아는 굉장히 흥미를 보이며 밥을 잘 먹었답니다. 만 9개월을 채우면 숟가락과 포크 등을 쥐어주고 스스로 먹기도 시작해보세요.

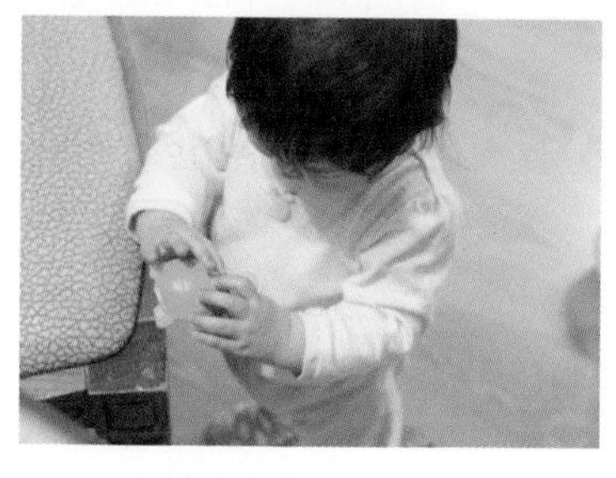

쉬어가기

아이가 너무 보챈다면 식탁의자에서 먹다가 1회 정도는 잠시 내려주어 쉬는 시간을 가져도 좋습니다. 우는 아이를 그 자리에서 달래어 다시 먹이는 일은 거의 불가능하지요. 오히려 식탁 위에서의 부정적인 기억만 강화시켜줄 뿐이에요. 여러 번 이렇게 하는 건 의미가 없고 1회 정도 아이가 진정될 때까지 쉬도록 합니다. 다만, 다른 곳으로 데려가지 말고 식사시간이 아직 끝나지 않았다는 것을 알고 있어야 하므로 식탁 주변에서 먹을 때 가지고 놀던 장난감을 쥐어주는 수준으로 합니다. 쉬는 시간을 너무 오래 가져도 안 되겠지요.

중단하기

분명히 쉬어가며 달랬는데도 다시 앉히면 또 울고 안 먹으려 들 때가 있겠지요. 그럴 때는 식사를 중단하세요. 식탁 위의 전쟁 8할은 엄마의 욕심과 기대에서 시작됩니다. 아이는 배가 고프면 먹게 되어 있어요. 아침을 잘 안 먹었다면 그 사이 간식을 주지 마세요. 그럼 점심은 잘 먹을 거예요. 만약 점심도 잘 안 먹었다면 보채더라도 저녁을 먹을 때까지 아무것도 주지 마세요. 저녁은 잘 먹을 겁니다. 하루 정도는 안 먹일 생각하면서 기다리세요. 다만 '안 먹이겠다'고 다짐해놓고 간식을 챙겨주는 엄마들이 있는데, 간식도 절대 주지 않아야 해요. 밥은 끼니 때마다 시도하되, 안 먹으면 그냥 식탁에서 내려주라는 이야기입니다. 한 끼당 시도하는 시간은 20~30분 정도로 생각하세요.

해도 괜찮아요 vs 하면 안돼요

Do	Do Not
식사하기 전 간단한 인형이나 사운드북 정도는 활용해도 괜찮아요.	식사 중 아이가 과하게 집중할 만한 놀이나 TV 등의 영상 매체를 활용하지 마세요.
아이가 너무 울면 잠시 중단했다가 진정되면 다시 시작하세요.	울 때 억지로 입에 넣지 마세요. 흡인의 위험이 있습니다.
아이가 먹기 위해 입을 벌릴 때까지 기다렸다가 넣어주세요.	입을 벌린 틈을 타 순간적으로 먹을 것을 넣지 마세요.
핑거푸드(동그랑땡, 생선볼 등의 반찬)를 활용하세요.	간식(과자나 고구마, 치즈 등)을 식사시간 핑거푸드로 활용하지 마세요. 아이는 더 좋아하는 것만 먹으려고 합니다.
끼니를 잘 먹지 않으면 다음 간식은 주지 마세요.	밥을 안 먹어서 안쓰러운 마음에 간식이라도 챙겨먹이자고 하지 마세요.
늘 주방의 식탁 앞에서 본인의 의자에서 먹이도록 하세요. 그곳에서 먹지 않는다고 다른 방법을 시도할 필요는 없습니다.	식탁의자를 거부한다고 해서 돌아다니는 아이를 쫓아다니며 먹이지 마세요.
늘 즐거운 분위기에서 가족들과 함께 먹도록 하세요. 여건이 허락하지 않는다면 아침이나 저녁 중 한 끼 정도라도 꼭 온가족이 먹을 수 있도록 노력해보세요.	아이는 식사시간에 먹이고 엄마는 아이가 잘 때 숨죽여 먹지 마세요. 아이에게 전혀 긍정적이지 않습니다.
늘 정해진 시간(후기부터는 꼭 아침-점심-저녁시간)에 맞추어 먹이도록 하세요.	이유식을 한 번 정도 건너뛴다든가 아이가 배고파한다고 아무 때나 먹이지 마세요. 식사에 대한 개념은 어릴 때부터 만들어집니다.
만 10개월 이상이 되면 음식을 깨지지 않는 그릇에 조금 담아주어 수저를 쥐게 하세요. 사용감을 익히기 시작해봅니다.	10개월 이상이 되면 숟가락 사용을 유도하고 15개월부터는 스스로 먹게 하고 먹여주지 말아야 합니다.
스스로 먹을 수 있도록 도와주세요. 아이가 핑거푸드를 먹거나 수저를 사용할 때 주변을 어지럽히더라도 느긋하게 봐주세요.	어지럽힌다고 해서 중간 중간 닦아주거나 원망하는 투의 말을 하면 안 됩니다. 현재 아이가 어지럽히는 것은 절대 나쁜 행동이 아닙니다. 아이는 배워나가고 있어요.

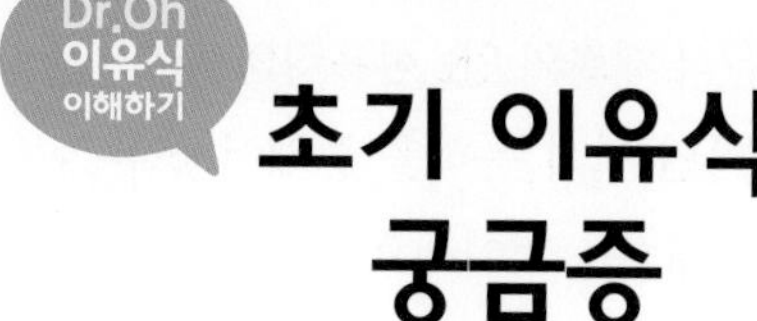

23 초기 이유식 궁금증

이유식을 반드시 먹여야 하나요?

항간에 이유식을 먹일 필요가 없다, 1년이 지난 이후에 시작해도 된다 등의 말이 떠돌고 있더군요. 저는 말도 안 되는 일이라 생각합니다. 이유식이라는 것은 아이가 고형식에 적응해나가는 식이과정이고 시작해야 할 적정시기에 시작해야 합니다. 모유와 분유의 철분과 영양소만으로 성장기 아이에게 충분하지 않습니다. 6개월 이후 필요로 하는 철분량이 늘어나면 더욱 그러하지요. 영양적인 측면 외에도 아이의 성장과 발달과정의 한 부분이기 때문에 이유식은 반드시 해야 해요. 음식의 질감을 느끼고 씹고 자기가 원하는 음식을 찾고 하면서 아이는 발달하는 겁니다.

아이가 먹는 양에 집착하게 돼요

저 역시 객관적인 지표로 권장량을 써두긴 했지만 이 양에 신경 쓰지 마세요. 어떤 전문가도 정확하게 단언할 수 없습니다. 처음에는 아이에게 소개해준다는 개념으로 서서히 늘려가는 게 포인트예요. 아이가 몇 수저를 먹었는지 세어가며 신경 쓰지 말고 열심히 독려해주고 이유식을 소개해주는 것이 엄마의 역할입니다. 먹는 양보다는 아이가 거부감 없이 받아들이게 하는 것이 가장 중요합니다.

대변의 변화가 정상적인지 모르겠어요

이유식을 시작하면서 가장 크게 느끼는 변화가 대변과 관련된 것이겠지요. 정상적인 대변 양상은 하루에 1~2회 정도로 힘들지 않게 변을 누는 형태를 갖는 것입니다. 하루 3~4번의 변이나 조금 무르거나 단단한 형태의 변은 문제가 되지 않습니다. 아이들마다 편차가 있지요. 대변은 이유식 재료의 양, 섬유질의 정도, 묽기에 따라서 다양해질 수 있습니다. 만약 아이에게 변비가 있다면 먼저 음식을 통해서 섬유질을 늘리고 수분보충을 하면서 섬유질과 솔비톨이 많은 과일과 채소를 먹이세요. 그래도 좋아지지 않는다면 소아청소년과를 방문하여 약물적인 치료를 병행하는 게 좋습니다. 대부분 엄마들은 변비에 대해 쉽게 생각하고 음식과 식습관만으로 조절하려고 하는데 절대 그렇게 해서는 안 됩니다. 만약 2주 이상 변비 증상이 지속되고 음식에 의해 호전되지 않는다면 병원을 방문하여 상담받아야 합니다.

아이가 설사를 하는데 이유식을 멈춰야 하나요?

하루 4~5번의 설사가 아닌 일반 변을 본다면 정상적으로 볼 수 있어요. 아이가 장운동이 활발해서 그렇습니다. 아이가 먹고 난 뒤 위대장반사gastrocolic refex에 의해서 장운동이 활발해진 거예요. 성장 발달이 양호하다면 걱정하지 말고 지켜보세요. 설사와 잦은 변을 본다고 해서 먹는 것에 큰 변화를 줄 필요는 없습니다. 장염일 때도 마찬가지이지요. 원래 먹던 음식으로 빨리 돌아가는 것이 좋아요. 이유식을 끊고 쌀미음만 먹는다든지 분유만 먹이라는 분들도 있는데 아이의 영양 불균형을 초래할 수 있고 장기적으로 봤을 때는 장염에서 회복이 늦어질 수 있습니다. 물론 설사량이 많고 아이의 컨디션에 따라서 음식을 조절할 수는 있겠지만 음식에 큰 변화를 주지는 마세요. 과일과 기름진 음식 정도만 제한해주세요. 변에 음식이 그대로 나온 경우에는 되도록 음식 조리를 할 때 충분한 시간을 두고 아주 무르게 익혀주세요. 아직 씹는 기능이 원활하지 못하거나 소화기능이 미숙한 것도 원인이기 때문입니다.

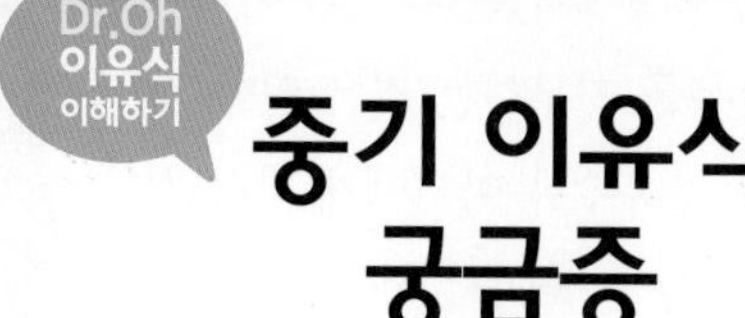

중기 이유식 궁금증

변에 재료가 그대로 나와요

이유식을 진행하는데 변에 그대로 나오는 것을 보며 불안한 엄마들이 많습니다. 제대로 흡수가 안 되는 걸까 하고요. 특히 잎채소의 경우가 그런데 청경채나 시금치, 비타민 등을 먹이면 충분히 그럴 수 있습니다. 흡수가 아예 안 된다기보다 일부는 흡수, 일부는 배출하는 형태라 볼 수 있어요. 만약 그렇지 않고 변 형태의 대부분이 그냥 야채가 뭉뚱그려진 것이라면 그것은 좀 고민해봐야 합니다. 입자를 좀 더 작게 하거나, 입자를 유지하되 조리시간을 더 길게 하여 무르게 만들어주세요.

이유식을 아이가 다 먹지 못하면 소고기 섭취가 제대로 안 되나요?

이유식을 만들 때 정해진 소고기량이 있습니다(42쪽 참고). 아이가 정해진 분량의 이유식을 먹도록 유도해야겠지만 어려운 일이지요. 일단은 정량을 먹이도록 애쓰되, 만약 이것이 어렵다면 소고기량을 조금 넉넉하게 사용하세요. 모유수유 아기의 경우 분유수유 아기보다 철분부족의 문제가 있기 때문에 신경을 써야 합니다.

입자를 늘려야 하는데 아이가 씹지를 않아요

씹는 것도 연습이 필요합니다. 승아 역시 쌀과자를 쥐여주면서부터 오물오물 씹기 시작했지요. 무른 과일이나 입에 넣으면 녹아내리는 쌀과자 같은 것으로 핑거푸드를 시작해보세요. 혹은 책 속 다양한 간식 레시피를 활용해 흥미를 불러일으켜주세요. 아이가 자연스레 오물거리기 시작할 겁니다. 입자를 늘리기 시작하면 재료가 충분히 물러지도록 익혀주세요.

이유식은 잘 먹는데 분유를 거부해요

중기 이유식을 진행할 때까지는 분유(또는 모유)는 부식이 아니라 주식입니다. 이유식을 시작하면서 분유를 거부하는 것은 엄마 젖에 애착이 강한 모유수유 아기보다는 분유수유 아기에게 나타납니다. 중기 이유식까지는 이유식과 수유를 붙여서 하는데 이유식은 잘 먹는데 분유를 거부할 때에는 분유를 먼저, 이유식을 나중에 먹이고 반대의 경우에는 이유식 먼저, 분유를 나중에 먹여보세요. 그런데도 안 되는 경우에는 여유를 가지고 지켜보세요. 새로운 음식을 접하면서 생기는 자연스러운 현상이니까요.

아이가 잘 먹는데 좀 더 빨리 진행하면 안 되나요?

안 됩니다. 귀찮고 힘들겠지만 초기에는 10배죽, 중기에는 5배죽, 후기에는 진밥 순으로 서서히 진행해야 합니다. 중기를 해야 할 시기에 진밥을 먹이거나 밥을 먹이는 등 생각보다 급하게 진행하는 분들이 많습니다. 변비가 생기거나 소화가 덜 될 수 있으니 꼭 지켜주세요.

아이가 잘 안 먹는데 간을 해주면 안 되나요?

소금이나 간장으로 간을 해주거나 설탕이나 올리고당 등 감미료로 맛을 더하는 것은 늦으면 늦을수록 좋습니다. 최대한 늦게 접하게 해주세요. 특히나 돌 이전의 아이에게 자극적인 맛이 익숙해지게 하는 것은 추천하지 않습니다.

후기 이유식 궁금증

어떻게 먹이면 되나요?

후기 이유식에 접어들면 정말 먹다가 하루가 다 간다 싶습니다. 만드는 일과 먹이는 일이 엄마를 참으로 힘들게 하지요.

보통 중기에는 수유와 식사를 붙여할 것을 권하고 후기에는 수유와 식사를 붙여하지 않아도 된다고 합니다. 실제로 적용해보니 하루 종일 먹지 않기 위해서는 후기에도 붙여하는 것이 좋다고 봅니다. 단, 수유를 먼저 한 뒤 이유식을 나중에 주는 것이 아니라 이유식을 먼저 먹여 배를 불리고 수유는 나머지를 보충해주는 정도로만 하는 거죠.

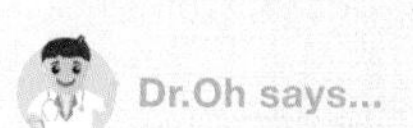

후기 이유식을 시작한 승아는 아침 6시에 일어나서 첫 수유를 하고, 8시에 가족과 함께 아침밥을 먹습니다. 낮잠을 9시~9시 반쯤 자고, 10시쯤 일어나서 간식을 먹습니다. 그리고 12시에 두 번째 수유와 이유식을 붙여서 하지요. 이때가 가족과 함께 먹는 점심 식사입니다. 놀다가 3시나 3시 30분쯤 잠이 들고, 4시쯤 일어나 오후 간식을 먹습니다. 이때 수유를 붙여 할 때도 있고 건너뛸 때도 있습니다. 그리고 가족들과 함께 6시나 6시 반쯤 저녁식사를 하고 마지막 수유를 붙여 합니다. 이렇게 하면 수유는 세 번으로 줄고, 간식을 포함하여 먹는 횟수는 총 5번이 됩니다. 점점 이유식 식사 위주의 일과로 조정되겠지요.

얼마나 먹이면 되나요?

후기 이유식을 진행하는 9~11개월 사이에는 전체 칼로리의 약 60%를 모유나 분유에서 40%를 이유식이나 간식에서 얻습니다. 이때 모유나 분유는 600mL 이상을 먹게 되지요. 분유수유 아기도 이유식을 먼저 하고, 나중에 수유로 보충해주는 식으로 하여 점점 주식이 밥이 되도록 천천히 유도해주면 됩니다.

입자 크기를 어떻게 늘려가야 할지 애매해요

모든 것은 급할 게 없어요. 서서히 진행하세요. 아이가 잘 먹는다고 빨리 진행할 필요도 없고, 아이가 거부하여 진행이 늦어진다고 조급해할 필요도 없습니다. 다만 후기 이유식인데 아직도 채소나 고기를 갈아서 주거나 잘게 다져주는 일은 바람직하지 않습니다. 반대로 중기나 후기 진행 중에 아이가 죽은 안 먹어도 밥알은 먹는다며 성인이 먹는 된밥을 주는 일도 좋지 않습니다. 아이가 나중에 먹는 것을 더욱 거부할 수 있어요. 또한 안 먹는다고 해서 간을 해주거나 질감을 조절하기보다 젖을 수시로 물려 배를 불리고 있는 것은 아닌지, 아이가 앉는 의자가 불편하지 않은지, 먹이는 방법에 문제가 있는 건 아닌지 먼저 살펴보도록 합니다.

특식이 반드시 필요한가?

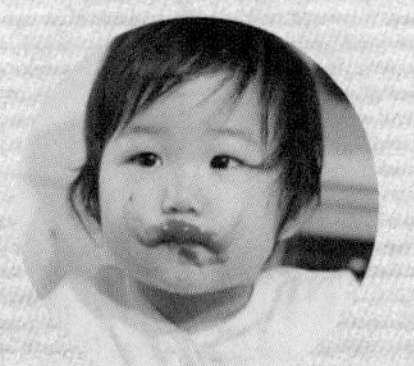

엄마는 고생스러울 수 있지만 후기 이유식부터 해주는 특식은 아이에게 의미 있는 일이 됩니다. 아이가 음식을 입으로만 먹는 것이 아니라 눈으로 보고 손으로 느끼며 먹기 때문이에요. 매번 해주기 어렵고 감당이 안 된다면 가끔 아이가 입맛을 잃었을 때 해주도록 합니다.

완료기 이유식 궁금증

꼭 밥을 먹여야 하나요?

완료기 이유식을 하는 중 이런 궁금증이 생길 수 있겠지요. "꼭 밥을 먹여야 할까?" 맞아요. 꼭 밥을 안 먹여도 됩니다. 5가지 식품군을 생각하여 맞춰주면 돼요. 주식 위주로 구성하되, 가끔 빵과 고기 등을 함께 주는 식단을 식품군을 생각하여 주세요. 그래도 밥 위주로 줘야 하는 이유는 아이는 밥과 반찬을 먹는 식습관을 어린이집에 가서도, 학교에 들어가도, 사회생활을 하면서도 계속하게 될 것이기 때문이지요. 식품군(단백질, 탄수화물, 지방, 무기질, 비타민)을 잘 생각하여 식단을 짜주되 아이의 영양보충에 이상이 없도록 신경 쓰면 됩니다.

밥과 반찬을 따로 주나요?

이제 '죽'이 아닌 제대로 된 요리나 반찬을 해주어야 합니다. 완료기는 정말 이유식을 완료하는 기간이에요. 어른이 먹는 것과 같은 반찬을 더 무르고 소화하기 좋은 식감으로, 간을 하지 않은 채 주는 것이 완료기 이유식의 기본입니다. 이제 무른 밥과 반찬으로 상을 차리도록 합니다. 반찬의 수가 많을 필요도 없어요. 2~3개 정도의 반찬과 함께 밥을 주도록 합니다.

간식을 꼭 챙겨야 하나요?

완료기에 들어서면 모유나 분유를 완전히 끊거나 혹은 그 양을 많이 줄이게 됩니다. 아이가 걸음마를 시작하면 활동을 활발히 하여 더 많은 칼로리 소모를 가져오고 그만큼 주식을 먹는 중

간에 간식을 많이 찾을 수 있습니다. 과일도 좋고, 빵이나 구운 고구마나 단호박 등을 생우유와 함께 주면 됩니다. 중요한 점은 간식이 필수가 아니라는 점이에요. 하루에 몇 회 꼭 주어야 한다기보다는 아이의 성향에 따라 판단하세요. 간식을 먹으면 밥을 잘 먹지 않는 아이에게는 간식은 생략하고, 주식으로 충분하지 않고 간식도 중간에 먹여줘야 하는 아이라면 당연히 챙겨주세요. 다만 시도 때도 없이 먹이는 것은 안 됩니다. 돌이 지나면 생각보다 불필요한 것들까지 사서 먹이는 분들이 있습니다. 젤리나 캔디(캔디는 흡인의 위험이 있으므로 더더욱 위험합니다), 초콜릿, 캐러멜 등은 일찍 노출시켜 좋을 것이 없어요. 영양가 있는 좋은 간식을 해주도록 하세요. 어떤 종류의 군것질이든지 아이가 칭얼댈 때 달래는 수단으로 쥐어주면 안 된다는 점을 명심하세요.

날것의 음식은 주면 안 되나요?

신선한 채소와 과일, 견과류를 날것으로 먹는 것은 우리 몸에 좋습니다. 그러나 아기에게는 매우 단단한 과일이나 견과류를 날것으로 주는 것은 굉장히 위험합니다. 앞에서도 말했지만 흡인의 위험이 있지요. 날것의 생선이나 덜 익힌 고기 등을 주는 것도 위험합니다. 아기에게 줄 음식은 음식의 맛과 풍미를 생각하기 이전에 안전하게 주는 것이 가장 중요해요. 가끔 진료실에서 "김치나 된장찌개, 회 등은 언제 먹이면 되나요?"라고 묻는 분들이 있습니다. 선택의 문제이지만 이렇게 자극적이거나 날것의 음식은 최대한 늦게 먹일 것을 권합니다. 짜지 않은 백김치 등은 간을 시작할 때부터 먹여도 되겠지만 간장게장처럼 짜면서 날것인 음식, 회와 같이 완전히 익히지 않은 음식은 먹이지 마세요.

세 끼를 딱 맞춰야 하나요?

'세 끼니를 꼭 먹여야 할까?' 생각하는 분들이 있을지 모르지만 저는 꼭 먹이라고 권합니다. 아침, 점심, 저녁, 아이의 세 끼니 식사를 제대로 챙겨주세요. 여기에서 말하는 '제대로'라는 것은 몇 첩 반상을 차려내라는 것이 아니라, 선식이나 과일로 끼니를 때우지 말라는 것입니다.

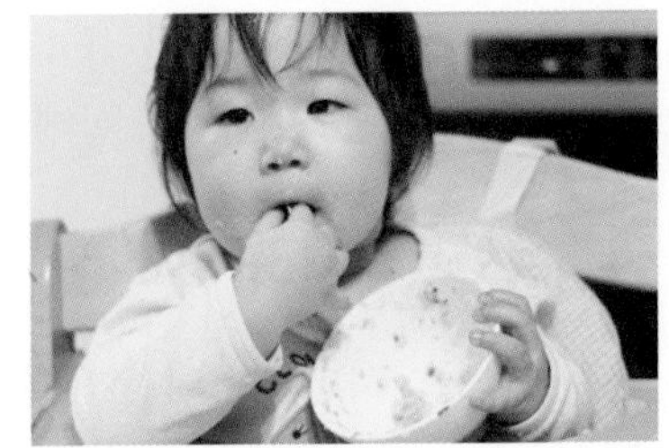

체중이 늘지 않아요

완료기에 들어서고 아이가 돌이 지나면 체중 증가 추세는 확연히 줄어듭니다. 키가 크고 몸무게가 잘 늘지 않아서 아이가 말라보일 수 있지요. 돌 전 급성장기에 체중 증가를 생각하고 걱정하는 분들이 많은데 그럴 필요는 없습니다. 초등학교 들어갈 무렵에 20kg 정도가 된다고 보면 됩니다.

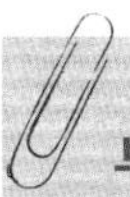

부엌에서의 안전사고 조심

완료기를 진행하는 아이들의 경우 주방 출입이 잦아집니다. 먹기 위해서뿐만 아니라 수시로 드나들며 서랍도 열고 물을 달라며 정수기 앞에 서 있기도 하지요. 이때 조심해야 하는 것이 안전사고입니다. 엄마의 부주의함으로 아이가 치명적인 상처를 입을 수가 있어요. 정수기는 아이의 손이 닿는 곳에 있으면 절대 안 되고, 서랍을 여닫을 수 있는 곳에는 유리그릇 등 깨질 수 있는 식기를 두면 안 됩니다. 아이와 같은 식탁에서 식사 중이라면 뜨거운 국물은 어른들도 되도록 식혀서 식탁에 올려두세요. 화상은 정말 치명적일 수 있어요. 날카로운 것들(포크나 칼 등)도 아이의 손이 닿을 만한 곳에는 두지 않습니다. 아이들의 안전사고는 순식간에 생깁니다. 또, 낙상사고도 주의할 것 중 하나입니다. 식탁의자에서 아이들이 곧잘 일어서는데 먹고 있는 아이를 절대 혼자 두면 안 돼요. '잠깐' 하는 사이에 안전사고는 일어난다는 점을 명심하세요.

27 상황별 추천 이유식

감기에 걸렸을 때

무엇이 되었든 수분보충을 할 수 있을 만한 부드러운 음식을 주면 됩니다. 아이들이 아프면 먹기 힘들어 하고, 목 넘김을 어려워하지요. 쌀죽만 주지 말고 굶기지도 마세요. 평소 주던 식재료를 사용하되 좀 더 수분감 있게 부드럽게 만들어주면 됩니다. 아이가 아파서 잘 먹지 못하는데 입자의 크기를 맞추어야 한다는 고집은 버려도 됩니다.

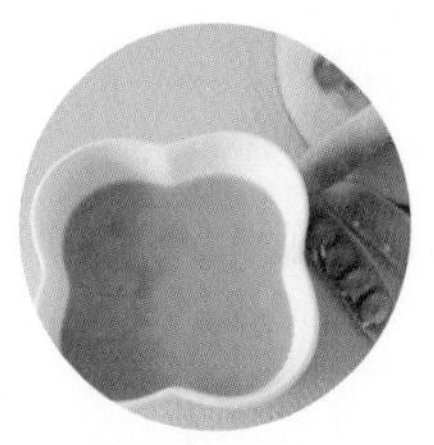

단호박완두콩소고기미음
(235쪽)

비타민오이소고기미음
(231쪽)

찹쌀배소고기죽
(341쪽)

변비가 있을 때

변비가 있을 때 기본적으로 추천하는 것은 수분(물), 과일, 뿌리채소, 잡곡입니다. 이것에 있는 섬유소가 수분을 함유하여 장운동을 돕습니다. 과일의 솔비톨 성분도 변비에 도움이 되지요. 이러한 식재료로는 사과, 배, 복숭아, 잘 익은 바나나 같은 과일이 대표적입니다. 옥수수도 변비와 이뇨작용에 좋은 식품이에요.

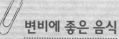

변비에 좋은 음식

1. 섬유질이 많은 음식(고구마, 단호박, 양배추, 양상추 등)
2. 수분이 많은 음식(주스류)
3. 솔비톨이나 팩틴이 있는 음식(과일)

• 쾌변을 돕는 이유식

귀리소고기타락죽
(320쪽)

귀리파프리카부추소고기죽
(319쪽)

사과시금치귀리소고기진밥
(417쪽)

미역소고기진밥
(682쪽)

단호박양배추소고기죽
(273쪽)

비타민양배추소고기미음
(230쪽)

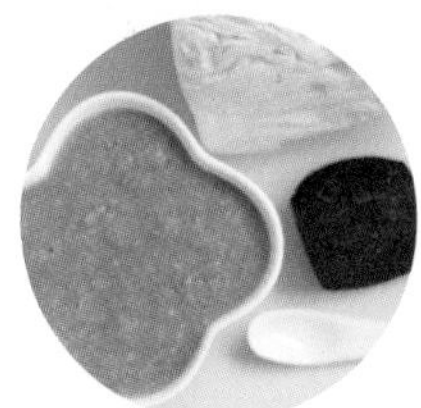

비트양배추소고기죽
(297쪽)

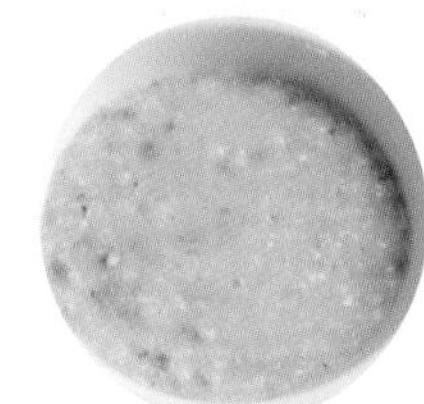

단호박브로콜리양배추소고기죽
(273쪽)

배추말이크림소스
(478쪽)

적채배닭고기죽
(276쪽)

적채브로콜리고구마소고기죽
(277쪽)

시금치적채닭고기죽
(328쪽)

비트브로콜리닭고기진밥
(499쪽)

비트콜리플라워소고기죽
(299쪽)

아보카도비트소고기진밥
(408쪽)

토마토소스배추말이밥
(710쪽)

고구마양상추닭고기진밥
(521쪽)

고구마콜라비닭고기진밥
(520쪽)

고구마아보카도닭고기진밥
(420쪽)

토마토고구마소고기진밥
(441쪽)

단호박치즈퐁듀
(626쪽)

단호박쌀수제비
(460쪽)

아욱단호박양파소고기진밥
(536쪽)

• 쾌변을 돕는 주스

시금치바나나스무디
(657쪽)

아보카도바나나스무디
(375쪽)

딸기바나나요거트스무디
(656쪽)

바나나사과요거트스무디
(654쪽)

멜론바나나스무디
(374쪽)

무화과바나나스무디
(374쪽)

파프리카바나나스무디
(375쪽)

사과비트요거트스무디
(860쪽)

단호박참깨스무디
(657쪽)

골드키위요거트스무디
(655쪽)

망고요거트스무디
(656쪽)

멜론요거트스무디
(655쪽)

멜론오이주스
(658쪽)

토마토주스
(660쪽)

무화과복숭아주스
(376쪽)

사과양배추당근주스
(659쪽)

비트사과주스
(659쪽)

사과파프리카주스
(376쪽)

• **쾌변을 돕는 간식**

망고아보카도샐러드 (651쪽)

망고요거트무침 (652쪽)

단호박요거트무침 (652쪽)

가스파쵸 (649쪽)

토마토아보카도마리네이드 (648쪽)

삼색고구마경단 (380쪽)

자색고구마라떼 (653쪽)

고구마잣스틱 (673쪽)

고구마치즈수프 (643쪽)

고구마푸룬매시 (359쪽)

고구마사과매시 (352쪽)

고구마비타민매시 (358쪽)

단호박굴림찐빵 (672쪽)

단호박무스케이크 (633쪽)

단호박달걀찜 (662쪽)

단호박양갱 (649쪽)

단호박대추매시
(361쪽)

단호박아보카도사과버무리
(369쪽)

단호박푸딩과 바나나푸딩
(362쪽)

단호박바나나사과매시
(356쪽)

단호박푸룬매시
(359쪽)

고구마상투과자
(675쪽)

토마토사과수프
(644쪽)

설사를 할 때

대표적으로 설사를 멈추게 하는 음식은 감입니다. 비타민C가 풍부한 감의 탄닌 성분은 설사를 멎게 하기도 하지요. 밤은 영양소가 풍부한 식재료로 몸이 회복하는 데에 탁월합니다. 연근도 설사에 좋아요. 설사가 생기면 먹이는 것을 모두 중단하거나 흰죽만 끓여 먹이는 경우가 많은데 저는 흰죽만 먹이는 것을 추천하지 않습니다. 전해질과 수분을 보충해주는 것이 포인트이고 평소처럼 고기와 야채를 넣은 영양가 있는 죽이나 밥을 지어주면 됩니다. 단, 달거나 기름기 많은 음식, 과일류 등은 당분간 금합니다.

설사에 좋은 음식

1. 수분감 있는 음식(탈수 교정)
2. 야채, 고기(단백질), 골고루 섭취

설사에 피해야 하는 음식

과일 등 단 음식과 기름기 많거나
찬 음식은 피할 것

당근요거트수프
(648쪽)

홍시요거트스무디
(654쪽)

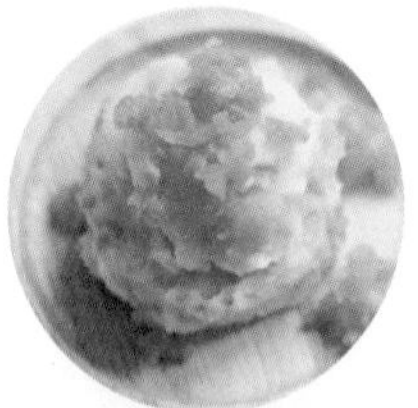
감자당근매시
(354쪽)

찹쌀강낭콩완두콩소고기죽
(340쪽)

찹쌀비타민대구살죽
(266쪽)

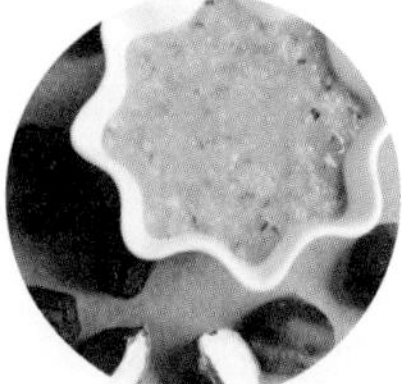
찹쌀대추밤소고기죽
(341쪽)

연근검은콩소고기진밥
(412쪽)

연근연두부소고기죽
(345쪽)

밤대추호두닭고기진밥
(485쪽)

단감부추소고기진밥
(439쪽)

단감대추닭고기진밥
(438쪽)

밤달걀닭고기죽
(337쪽)

두부완두콩소고기죽
(347쪽)

감자완두콩소고기미음
(240쪽)

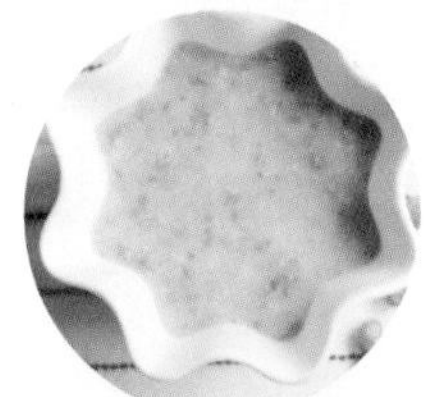
당근완두콩소고기죽
(269쪽)

완두콩당근치즈닭고기진밥
(509쪽)

오이당근양송이버섯소고기진밥
(524쪽)

당근오이소고기죽
(269쪽)

완두콩오이소고기진밥
(395쪽)

오이감자소고기진밥
(422쪽)

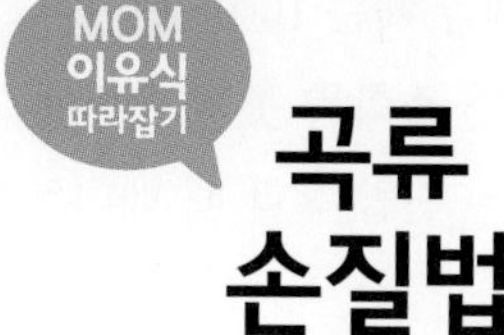

곡류 손질법

쌀

쌀은 알레르기 반응이 적은 음식 중 하나로, 이유식에 가장 처음 사용하기 좋은 재료입니다.

찹쌀

찹쌀은 소화에 좋습니다. 백미가 아닌 다른 곡류(현미, 찹쌀 등)도 간격을 두고 시도해보세요. 초기에는 찹쌀을 믹서에 곱게 갈아서 사용합니다.

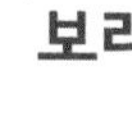

보리

변비에 좋은 보리는 흰쌀에 비해 식이섬유가 많아요. 이유식에 넣을 때는 쌀의 전량을 보리로 대체하는 것보다 부담이 없도록 백미와 보리를 2:1 비율로 섞어 만드세요.

흑미

흑미에는 노화와 질병을 유발하는 활성산소를 억제하는 안토시아닌이라는 성분이 검은콩보다 4배, 몸에 좋은 각종 무기염류는 백미의 5배 이상 함유되어 있습니다. 흑미는 백미보다 소화가 잘 안 되어 대변에 그대로 나오는 경우가 있어요. 살짝 갈아서 백미와 1:1 정도의 비율로 섞어 쓰는 것도 방법이에요.

현미

현미로 이유식을 해줄 때는 100% 현미를 쓰기보다 1/3 정도로만 섞어주도록 합니다. 아이가 소화를 못해 대변에 그대로 나오는 경우가 있기 때문이에요. 그럴 때는 진밥을 할 때 백미는 통으로 넣고 현미는 살짝 갈아 넣도록 합니다.

흑임자(검은깨)

DNA의 활성작용을 돕는 성분이 들어 있는 검은깨는 변을 부드럽게 해줍니다. 통깨보다 소화되기 좋게 갈아내어 사용하고, 소고기나 닭고기 등의 단백질과 비타민이 많은 채소를 함께 넣어 만들어주세요. 깨 종류를 사용할 때는 소화가 되지 않을 수 있기 때문에 통깨보다는 살짝 갈아 깨소금 형태로 사용하세요.

손질법

❶ 통깨를 준비한다.
❷ 부드럽게 믹서에 갈아낸 뒤 사용한다.

MOM
이유식
따라잡기

육류 손질법

소고기

소고기는 아이의 철분 보충을 위해 필요한 아주 중요한 이유식 재료입니다. 이유식에 쓸 소고기의 부위는 기름기가 적은 안심을 사용하는 것이 좋아요. 흔히 '이유식 다짐육'이라고 포장된 것을 많이 쓰는데 다짐육은 어느 부위를 어떻게 넣었는지 정확히 알 수 없고, 그렇기 때문에 지방이 들어가 있는 경우가 많아요. 덩어리째 사다가 조리하는 것이 바람직합니다.

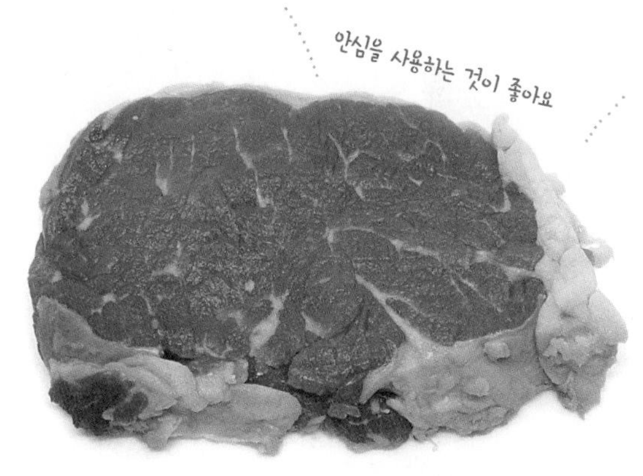

안심을 사용하는 것이 좋아요

손질법

❶ 덩어리 고기를 준비한다.

❷ 소고기의 지방이나 힘줄을 제거하여 손질한 뒤 덩어리째 삶아 시기별 입자 크기를 고려하여 다진다.

닭고기

닭고기 역시 초기 이유식부터 사용할 수 있습니다. 단 소고기 위주로 가되 가끔 대체하면 좋겠어요. 만약 후기 이유식 중이라면 두 끼는 소고기, 한 끼는 닭고기로 대체하는 등 조절해보세요. 닭은 힘줄 부분이나 껍질 부분을 제거한 안심을 사용합니다. 만약 닭봉이나 닭다리살을 이용할 경우 살코기 부위만 가려내어 사용하면 됩니다.

손질법

❶ 덩어리 고기를 준비한 뒤 껍질이나 힘줄을 제거하여 손질한다.
❷ 덩어리째 삶은 뒤 시기별 입자 크기를 고려하여 다진다.

돼지고기

돼지고기는 후기 이유식부터 먹여보았어요. 소고기나 닭고기가 철분 섭취를 위해 '더' 좋다는 것이지 돼지고기를 초기부터 먹이면 안 된다는 것은 아니라고 해요. 굳이 먹이지 못할 이유가 없지만 소고기가 더욱 양질의 단백질과 철분을 제공한답니다. 어쨌든 저는 후기 이유식에 와서 돼지고기와 소고기를 함께 넣은 동그랑땡이나 만두, 덮밥류 등을 시도해보았어요. 부위는 소고기와 마찬가지로 기름기가 적은 등심이나 안심을 사용하세요. 앞다리, 뒷다리살, 등심, 안심 등은 모두 지방이 적고 사용하기 적당한 부위랍니다.

손질법

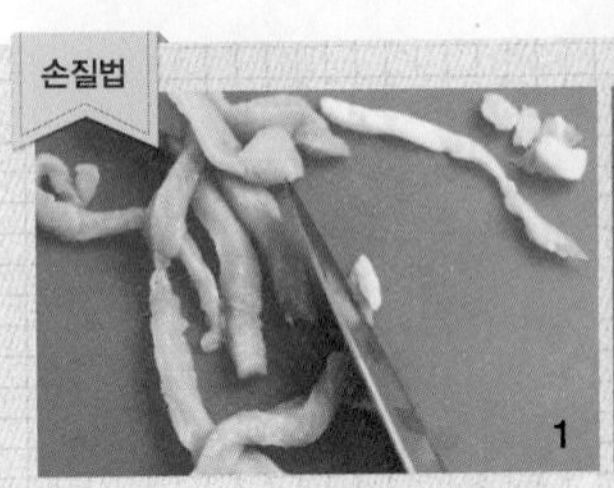

❶ 덩어리 고기를 준비한 뒤 껍질이나 힘줄, 비계 등을 잘라낸다.
❷ 레시피에 맞게 다져서 사용한다.

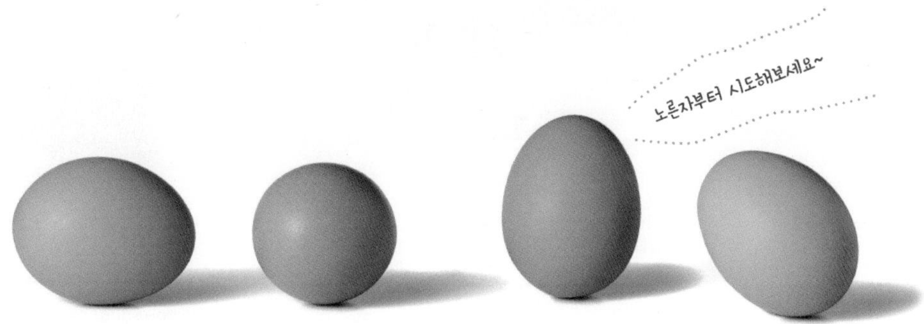

달걀

달걀의 노른자는 6개월 이후 시도해봐도 좋아요. 노른자가 괜찮다면 흰자는 1~2개월 뒤에 추가해볼 수 있습니다. 노른자에는 비타민D가 풍부하며, 두뇌회전과 집중력 향상에 좋은 콜린과 레시틴이 함유되어 있습니다.

Ⓐ 잘 풀어서 체에 걸러 알끈을 제거한 뒤 사용한다.

Ⓑ 삶은 뒤 사용한다.

채소 손질법

브로콜리

브로콜리는 비타민C와 베타카로틴 등 항산화 물질이 풍부한 아주 좋은 식재료입니다. 쪄서 먹는 것이 영양소가 덜 파괴돼요. 그런데 브로콜리의 줄기에는 섬유질이 많아 질기고 소화가 안 될 수 있기 때문에 초중기 이유식을 할 때는 꽃 부분만 사용하도록 합니다. 후기로 가면서 작은 줄기도 포함하여 조리합니다.

데치는 것보다 찌는 게
영양소 파괴가 적어요~

손질법

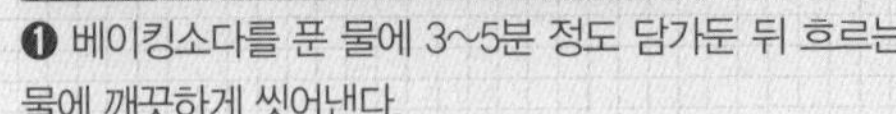
❶ 베이킹소다를 푼 물에 3~5분 정도 담가둔 뒤 흐르는 물에 깨끗하게 씻어낸다.

❷ 끓는 물에 살짝 데쳐 사용한다.

양배추

양배추는 단단하고 겉잎이 푸르되 줄기가 너무 굵지 않은 것을 골라야 해요. 양배추는 줄기가 먼저 썩기 때문에 보관할 때도 줄기는 자르고 잎만 따로 싸서 보관하면 좋습니다. 특히 줄기 부분은 질기고 딱딱하며 섬유질이 너무 많아서 이유식에는 잎만 쓰도록 합니다.

손질법

❶ 양배추의 줄기 부분은 제거하고 잎 부분만 잘라내어 사용한다.
❷ 끓는 물에 살짝 데쳐 사용한다.

애호박

애호박은 섬유소와 비타민, 미네랄이 풍부합니다. 애호박의 달콤한 맛은 아이의 구미를 당기게 하여 초기 이유식에 시도하기 아주 좋은 식재료예요. 애호박은 겉과 속이 무르지 않은 것을 고르되, 되도록이면 무농약이나 유기농으로 구입하세요. 애호박 양쪽 끝 부분은 질길 수 있으므로 잘라내고 몸통만 사용합니다. 초기와 중기 때는 껍질을 벗겨 사용하고 그 이후로는 껍질째 썰어 사용하세요.

손질법

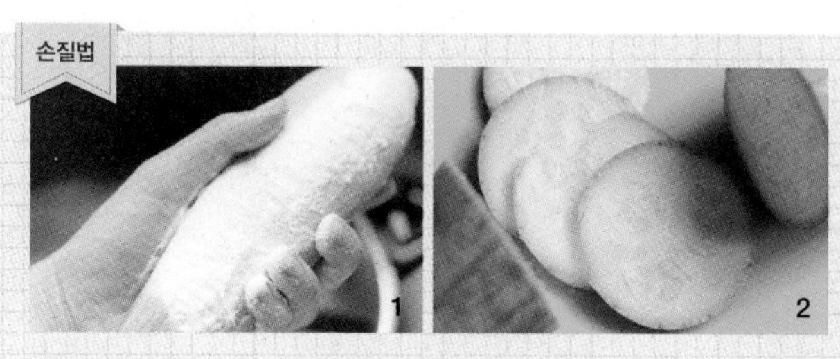

❶ 베이킹소다를 묻혀 애호박 껍질을 닦은 뒤 흐르는 물에 씻는다.
❷ 애호박 양쪽 끝 부분을 제거한 가운데 몸통 부분만 잘라내어 사용한다.

완두콩

통조림이나 까 있는 콩을 사는 것보다 완두콩은 껍질째로 파는 것을 사서 손질하는 편이 더욱 좋아요. 완두콩은 3~4월에 파종하여 6월에 수확하므로 제철에 더 신선하고 맛있습니다. 이후에는 완두콩을 구하기 힘들어지므로, 구입해서 냉동해두었다 사용하면 좋아요. 초중후기 모두 목에 걸릴 수 있으니 껍질은 벗겨냅니다. 생콩의 껍질을 벗기는 일은 굉장히 오래 걸리고 번거로워요. 무르게 삶은 뒤 벗겨내거나, 불려두었다가 벗기면 훨씬 수월해집니다. 흡인의 위험이 있기 때문에 모든 콩류는 통으로 주어서는 안 돼요. 꼭 시기별 입자 크기 고려하여 다진 뒤 조리하세요. 완두콩에는 소량의 청산이 들어 있어 하루 40g 이상 먹지 않는 것이 좋지만 두뇌활동을 돕는 비타민B1도 포함되어 있으므로 적당량의 완두콩은 성장기 아이에게 좋습니다.

손질법

❶ 끓는 물에 푹 무르게 삶은 뒤 흐르는 물에 씻는다.

❷ 껍질을 벗긴 뒤 사용한다.

오이

이유식 초중반을 진행하는 중이라도 굳이 알레르기를 걱정하여 오이의 씨를 뺄 필요는 없어요. 껍질만 벗겨서 사용하면 됩니다. 단단한 껍질은 완료기까지 항상 벗겨서 조리하고, 초기에는 강판에 갈아서 넣지만 중후반에는 해당 시기의 입자 크기에 맞춰 썰어 넣으세요. 오이는 비타민C가 풍부한 알카리성 식품이라 건강에 좋지만 그 특유의 향이 싫어 성인이 되어서도 먹기를 거부하는 경우가 꽤 있잖아요. 따라서 이유식에 자주 사용하여 아이에게 익숙한 식재료가 되게 해주세요.

손질법

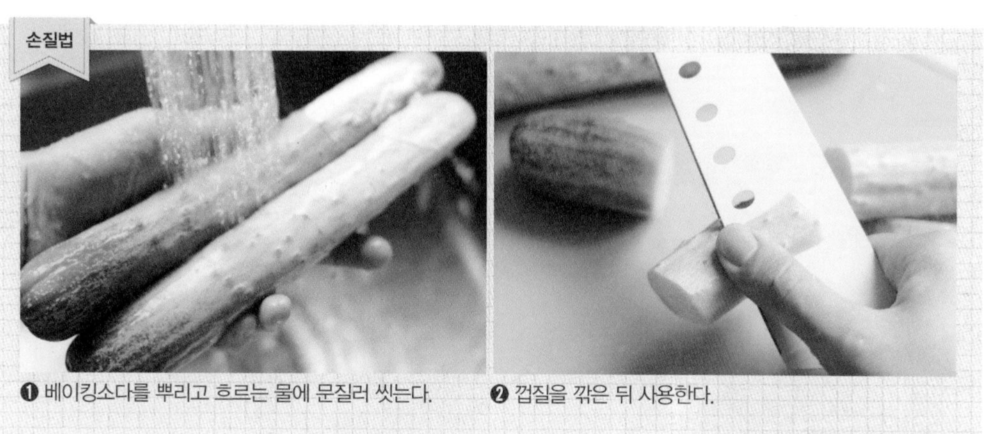

❶ 베이킹소다를 뿌리고 흐르는 물에 문질러 씻는다.

❷ 껍질을 깎은 뒤 사용한다.

비타민채

주로 '비타민'으로 불리는 비타민채는 '다채'라고도 하는데, 쌈채소로 많이 쓰입니다. 비타민채는 비타민A와 수분이 풍부하지요. 또한 철분과 칼슘 등의 영양분이 풍부한 녹황색 채소이기 때문에 초기 이유식 재료로 좋습니다. 줄기 부분은 아이에게 질길 수 있으므로 잎 부분만 잘라내어 사용합니다. 비타민채를 비롯한 잎채소는 끓는 물에 살짝 데쳐서 사용합니다. 데친 잎을 뭉친 채로 썰면 간혹 큰 잎이 그냥 들어가기도 해요. 데친 뒤에는 잎을 고르게 편 뒤에 썰어보세요. 비타민채는 생협이나 한살림에 가면 1년 내내 볼 수 있는 구하기 쉬운 채소 중 하나예요.

손질법

❶ 베이킹소다를 푼 물에 3~5분 정도 담가둔 뒤 흐르는 물에 씻는다.

❷ 잎 부분만 끓는 물에 살짝 데친 뒤 사용한다.

청경채

쉽게 구할 수 있는 잎채소 중 하나가 청경채입니다. 청경채에는 니코티아나민이 풍부하여 천연 자양강장제로 불리기도 하지요. 칼슘도 풍부하기 때문에 이유식 재료로 매우 좋아요.

손질법

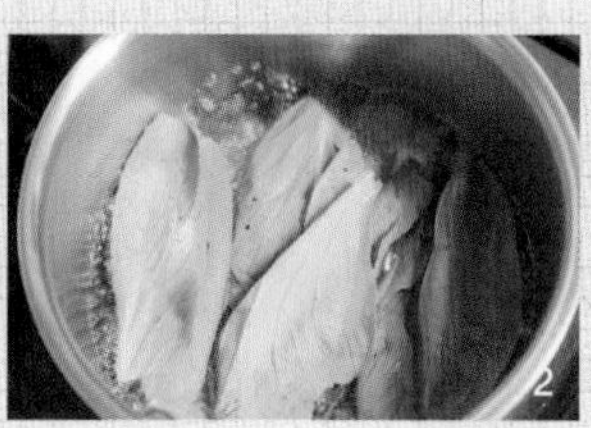

❶ 청경채는 잎 부분만 잘라내어 흐르는 물에 깨끗하게 씻는다.
❷ 끓는 물에 살짝 데친 뒤 사용한다.

콜리플라워

콜리플라워 100g을 먹으면 하루에 필요한 비타민C의 총량을 섭취할 수 있다는 말이 있습니다. 그 정도로 비타민이 풍부하지요. 물론 비타민 외에도 양배추나 배추에 비해 식이섬유 함유량도 많습니다. 초중반까지 섬유질이 많지 않은 꽃 부분만 잘라 사용하고 후기로 가서는 작은 줄기도 포함하여 조리하도록 합니다. 브로콜리보다 좀 더 부드러워 아이 이유식에 사용하기도 좋아요.

손질법

❶ 베이킹소다를 푼 물에 3~5분 정도 담가둔 뒤 흐르는 물에 깨끗하게 씻는다.
❷ 꽃 부분만 끓는 물에 살짝 데친 뒤 사용한다.

부추

부추에는 비타민A, 비타민B, 비타민C와 카로틴, 철 등이 풍부해요. 부추를 처음 이유식에 사용할 때 잎이 넓은 부추는 아이에게 다소 부담스러운 입자일 수 있어요. 따라서 얇은 솔부추(영양부추)를 사용하세요. 부추를 이유식에 넣으면 정말 향긋하답니다.

손질법

❶ 베이킹소다를 푼 물에 3~5분 정도 담가둔다.
❷ 흐르는 물에 깨끗하게 씻은 뒤 사용한다.

파프리카

파프리카를 생으로 먹으면 단맛과 약간의 매운맛이 함께 느껴지고 오이처럼 청량한 맛도 납니다. 그런데 파프리카를 끓이면 매운맛은 사라지고 단맛과 청량한 맛만 남기 때문에 이유식 재료로 매우 좋아요. 특히 비타민C가 풍부하고, 보기만 해도 색깔이 현란하여 눈도 즐겁게 해주지요. 파프리카의 껍질은 성인이 먹어봐도 다소 질기기 때문에 껍질은 얇게 벗겨서 사용합니다. 완료기에는 껍질째 조리해도 괜찮습니다. 미리 데칠 필요는 없고 생으로 썰어서 사용합니다.

손질법

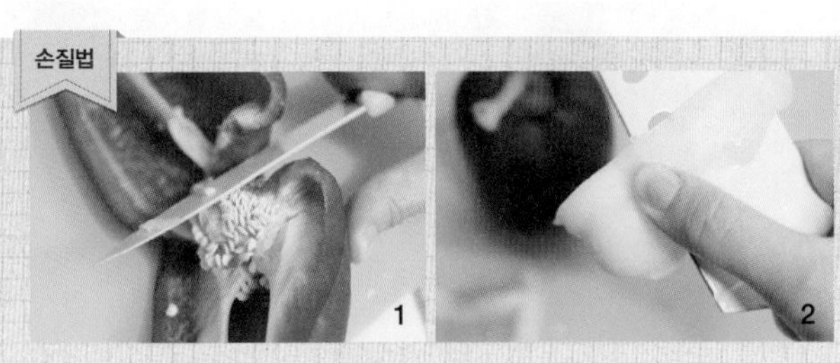

❶ 흐르는 물에 깨끗하게 씻은 뒤 속의 씨를 발라낸다.
❷ 껍질을 깎은 뒤 사용한다.

비트

비트 특유의 붉은 색으로 예쁜 이유식을 만들고 싶다면 육수를 낼 때 비트를 넣어 삶아도 되고, 그냥 생비트를 다져서 조리할 때 넣어도 돼요. 단, 비트는 애호박이나 양파 등의 채소보다 익히는 시간이 더 소요되니 참고하세요. 비트나 시금치, 당근 등은 냉장고에 오래 둘수록 질산염 수치가 올라가므로, 한 번 만들고 남은 야채는 어른이 소진하도록 합니다. 이 책에 있는 비트약식, 비트버무리, 비트사과주스를 만들어 간식으로 주어도 좋아요. 저는 토마토페이스트나 수제 케첩에 갈아 넣어 소진하기도 했답니다. 그러면 색이 정말 예뻐져요.

손질법

❶ 껍질을 깎은 뒤 사용한다.

❷ 육수에 비트를 넣고 삶은 뒤 사용한다.

고구마

고구마에 따라 섬유질이 많은 것도 있는데, 그런 것은 아이에게 부담이 될 수 있어요. 적당한 섬유질을 가진 고구마를 사용하도록 합니다. 참고로 밤고구마가 호박고구마에 비해 섬유질이 적은 편이에요. 초기 이유식 때는 으깬 고구마를 칼로 다시 다져주세요. 그러면 섬유질이 분리됩니다. 으깰 때는 절구에 빻는 것보다 칼등으로 눌러주는 게 더 편하답니다.

손질법

❶ 오븐에 껍질째 구운 뒤 껍질을 벗겨 사용한다.
❷ 찜기에 껍질째 찐 뒤 껍질을 벗겨 사용한다.

감자

감자는 비타민C가 월등히 많습니다. 시금치는 3분만 데쳐도 비타민C가 절반으로 줄어드는데 감자는 40분간 쪄도 3/4이 남아 있어요. 그만큼 열에 의한 손실이 적기 때문에 다른 요리보다 조리시간이 긴 이유식 재료로 좋습니다.

손질법

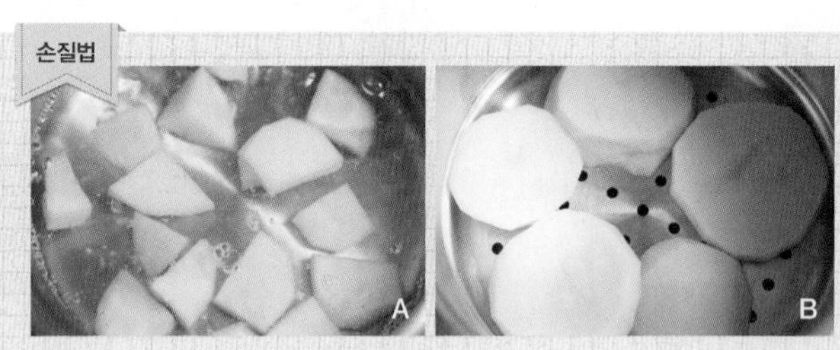

Ⓐ 껍질을 깎아 물에 삶은 뒤 사용한다.
Ⓑ 찜기에서 찐 뒤 사용한다(납작하게 썬 뒤에 찌면 더 빨리 익는다).

단호박

단호박의 맛을 이유식에서 제대로 느끼게 해주고 싶다면 삶거나 찌고, 혹은 구워서 으깨어 넣으세요. 으깨어 손질할 때는 절구에 빻아도 좋지만 그러면 덩어리가 안 풀어지는 경우가 있으므로 고구마와 마찬가지로 칼등으로 눌러서 으깨면 좋아요. 중기나 후기로 가게 되면 입자를 느낄 수 있도록 다져서 사용하고요. 남은 단호박은 씨를 긁어내고 랩을 씌워 보관하도록 합니다.

❶ 깨끗하게 씻어 씨를 제거한다.
❷-A 찜기에 찐 뒤 껍질을 벗기고 사용한다.
❷-B 접시에 물을 얕게 담아 전자레인지에 넣고 3~5분 정도 돌린 뒤 껍질을 벗기고 사용한다.
❷-C 끓는 물에 삶은 뒤 껍질을 벗기고 사용한다.

옥수수

옥수수는 껍질을 까서 조리해야 합니다. 간혹 껍질을 꼭 까줘야 하는지 물어보는 분들이 있는데 성인이 옥수수를 먹었을 때를 떠올려보면 금방 궁금증이 해소될 거예요. 성인에게도 옥수수 껍질은 까끌까끌하고 입안에서 맴돌며 잘 떨어지지 않잖아요. 이런 껍질이 혹시나 아이 목에 걸릴 수가 있으므로 이유식 진행하는 동안 되도록이면 껍질을 까서 이유식에 넣어주세요. 삶거나 불려서 까면 더 수월해져요.

❶ 옥수수 알맹이는 한꺼번에 삶는다.
❷ 삶은 옥수수는 찬물에 담가 체에 걸러 물기를 제거한다.
❸ 껍질을 깐 뒤에 사용한다.
❹ 미리 제철에 사서 얼려놓고 그때그때 써도 된다.

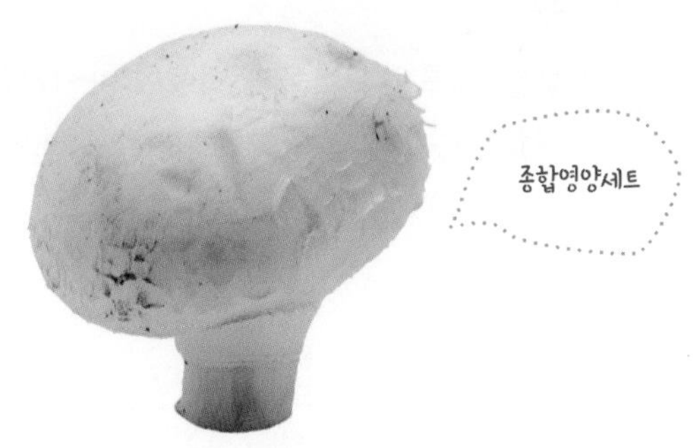

양송이버섯

버섯은 채소와 과일류의 무기질과 육류의 단백질을 고루 갖춘 종합영양세트입니다. 양송이버섯은 버섯 중에서도 단백질 함량이 가장 높습니다. 다른 버섯에 비해 식감이 부드럽고 질기지 않아 처음 소개하는 버섯으로 좋아요.

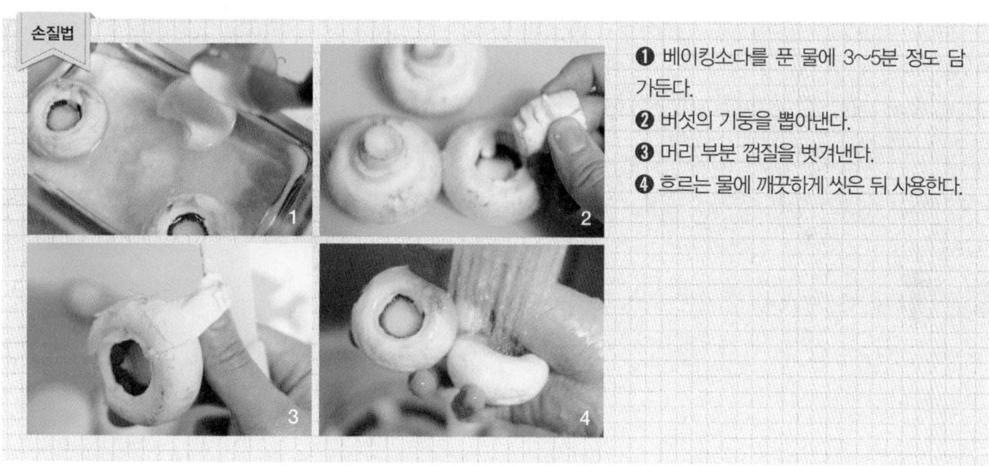

❶ 베이킹소다를 푼 물에 3~5분 정도 담가둔다.
❷ 버섯의 기둥을 뽑아낸다.
❸ 머리 부분 껍질을 벗겨낸다.
❹ 흐르는 물에 깨끗하게 씻은 뒤 사용한다.

양송이버섯을 추가하여 아이에게 이상반응이 없었다면 새송이버섯, 팽이버섯 등 다른 버섯을 이용해도 좋습니다. 후기나 완료기로 가면서는 황금송이버섯이나 만송이버섯, 느타리버섯 등도 쓸 수 있어요. 참고로 황금송이버섯은 '송이버섯'이 아닌 '팽이버섯'을 품종화해 인공재배한 버섯이에요. 그러므로 팽이버섯을 먹여보았다면 부담 없이 시도해보세요. 특히 식이섬유가 풍부해 변비예방에 좋아요. 백만송이버섯은 '느티만가닥버섯'이 정식 명칭입니다. '만가닥버섯'이라고도 하지요. 콜레스테롤 합성을 억제하고 배설시키는 효과가 있습니다. 무기질과 비타민C가 풍부해 면역력 증강에 좋습니다.

무

무는 여름보다 가을과 겨울에(10~12월) 그 맛이 훨씬 좋아요. 전분분해효소가 있어 음식의 소화흡수를 도와줍니다. 무를 고를 때는 단단하고 잔뿌리가 많지 않은 것을 고르고, 흙이 묻은 채로 신문지에 싸서 보관합니다.

손질법

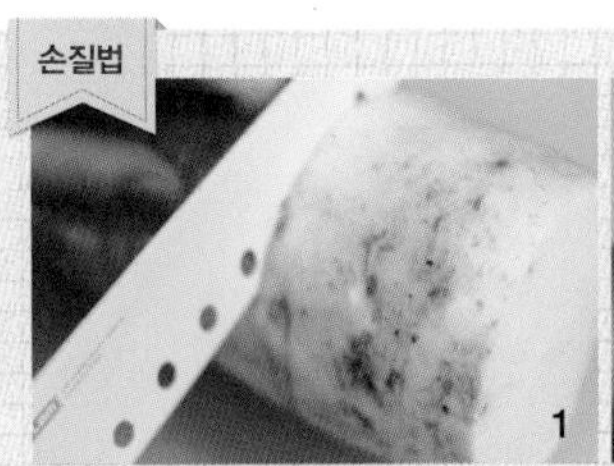

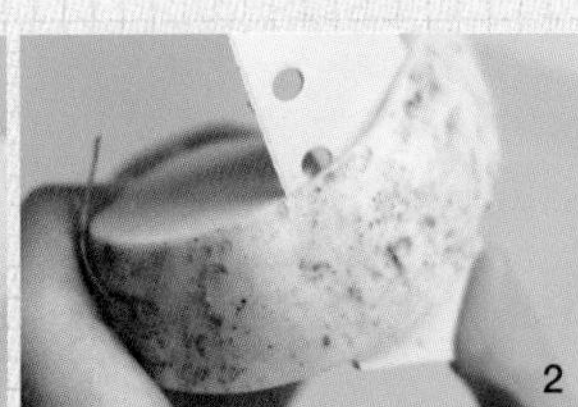

❶ 무는 흐르는 물에 깨끗하게 씻는다.
❷ 껍질을 깎은 뒤 사용한다.

시금치

시금치는 비타민A, 비타민B1, 비타민B2, 비타민C 그리고 칼슘과 철분이 풍부합니다. 시금치에 풍부한 철분과 엽산은 빈혈을 예방하고 향과 맛이 강하지 않아 아이에게 소개하기 더없이 좋은 잎채소예요. 시금치는 데쳐서 이유식에 넣어야 하는데 시금치의 수용성유기산들이 데치지 않고 사용하면 칼슘과 결합해 불용해성수산칼슘이 되어 결석의 원인이 될 수 있기 때문입니다. 살짝 데치면 수용성인 유기산들이 제거돼요.

손질법

❶ 베이킹소다를 푼 물에 3~5분 정도 담가둔 뒤 흐르는 물에 깨끗하게 씻는다.
❷ 잎 부분만 끓는 물에 살짝 데쳐 사용한다.

콩나물

콩나물은 머리 부분을 사용해도 되지만 비린 맛이 싫다면 콩은 빼주세요. 또 머리 부분을 넣으면 콩을 무르게 익힐 때까지 시간이 너무 오래 걸려 재료를 익히는 시간을 맞추기 곤란해지기도 하니 몸통 부분만 사용하는 게 좋습니다. 꼬리 부분은 아스파라긴산이 많지만 질겨서 아이에게 부담이 될 수 있으니 잘라내어 사용합니다.

손질법

❶ 흐르는 물에 깨끗하게 씻는다.
❷ 머리와 꼬리를 잘라내어 몸통 부분만 사용한다.

연근

비타민C와 식이섬유가 풍부한 연근은 오랫동안 삶아서 무르게 만들어야 해요. 생각보다 쉽게 물러지지 않기 때문에 압력밥솥을 이용해 익히는 것도 좋은 방법입니다. 갈변이 심한 재료 중 하나인데, 간장에 조려낼 때는 갈변되면 색변화를 알 수 없어 조림 시간을 맞추기 어렵지만 간장에 조려낼 것이 아니기 때문에 그냥 조리 직전 손질하여 조리하는 것이 좋아요.

손질법

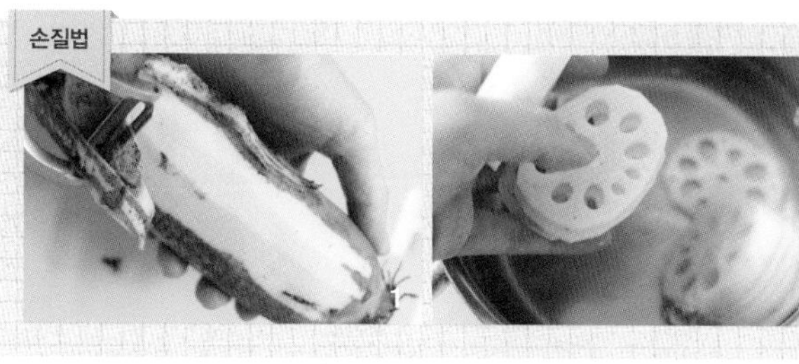

❶ 흐르는 물에 깨끗하게 씻은 뒤 껍질을 벗긴다.
❷ 끓는 물에 삶은 뒤 사용한다

우엉

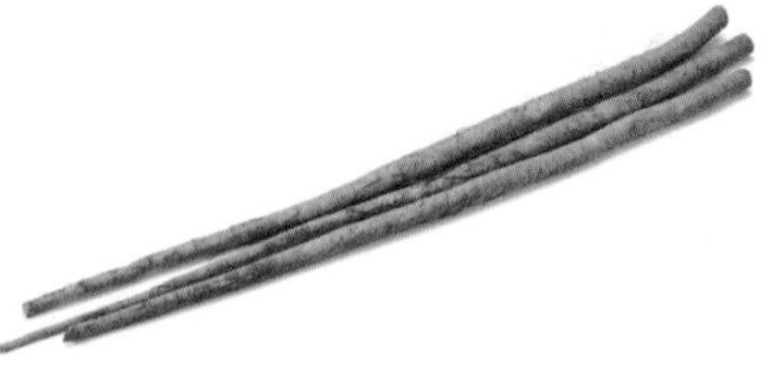

우엉도 연근처럼 쉽게 물러지지 않기 때문에 오랫동안 익혀야 합니다. 우엉은 신장 기능을 좋게 하고 섬유질이 풍부해요. 변비에 좋은 재료 중 하나이지요.

손질법

❶ 흐르는 물에 깨끗하게 씻은 뒤 껍질을 벗긴다.
❷ 끓는 물에 삶은 뒤 사용한다.

가지

가지는 수분이 많고 익히면 식감이 매우 부드럽습니다. 단백질과 탄수화물, 지방의 함유량이 낮아 영양가 높은 채소는 아니지만 가지의 색을 구성하는 성분인 안토시아닌(보라색), 나스신(자주색), 히아신(적갈색) 등은 질병의 예방과 항암효과에 뛰어납니다. 가지를 이유식 재료로 쓸 때는 소고기나 두부(단백질)나 무기질, 비타민이 풍부한 채소를 함께 넣어 조리해보세요. 가지는 선명한 보라색의 매끈하고 곧은 것을 구입합니다. 껍질은 조리해도 다소 질긴 편이라 처음에는 깎아내고 아이가 어느 정도 적응하면 껍질째 사용하세요.

손질법

❶ 가지는 흐르는 물에 깨끗하게 씻어 꼭지 부분을 제거한다.
❷ 껍질을 깎은 뒤 사용한다.

토마토

대표적인 슈퍼푸드인 토마토는 알칼리성 건강식품이에요. 토마토의 빨간색은 카로티노이드라는 물질 때문인데 특히 리코펜lycopene이 주성분입니다. 붉은 색소인 리코펜은 세포의 산화 방지에 도움이 되어 항암 효과도 있어요. 비타민A, 비타민C, 비타민B, 비타민B2를 고루 갖춰 비타민의 제왕이라 불리기도 합니다. 특히 비타민C의 경우 토마토 1개에 하루 섭취 권장량의 절반이 들어 있어요. 이렇게 우리 몸에 유용한 토마토는 돌 이후에 먹이라는 견해가 많습니다. 그런데 토마토는 '알레르기 가능성이 많은' 식품이지 '알레르기 유발' 식품은 아니에요. 그러므로 문제가 없다면 먹여도 된답니다. 다만, 알레르기 체질이거나 특정 음식에 대해 알레르기 반응을 계속 보였다면 늦게 먹이도록 합니다.

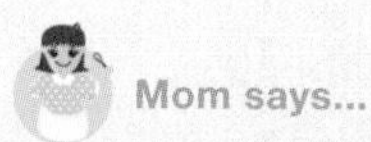
Mom says...

파인애플이나 토마토 등 산도 높은 과일을 먹고 나면 일시적으로 입 주변이 불긋불긋 일어날 수 있는데, 지속되는 발진이 아니라면 걱정하지 않아도 된대요. 승아도 항상 토마토 먹을 때에는 살짝 울긋불긋해졌거든요. 일시적으로 일어났다가 금방 가라앉곤 했어요.

토마토는 조리방법에 따라 리코펜 흡수율이 다른데 대부분의 채소는 익혀 먹으면 영양소가 파괴되지만 토마토는 익혀 먹으면 더 높아집니다. 토마토에 열을 가하면 리코펜이 토마토 세포벽 밖으로 빠져나와 우리 몸에 잘 흡수되는 것이지요. 리코펜과 지용성비타민은 기름에 익힐 때 흡수가 잘 되고요. 특히 토마토소스에 들어 있는 리코펜의 흡수율은 생토마토의 5배에 달합니다. 사과와 마찬가지로 토마토에도 팩틴이 풍부해 변비에도 좋아요. 토마토를 조리할 때에는 스테인리스 조리기구를 쓰도록 합니다. 산도가 낮기 때문에 알루미늄 조리기구를 사용하면 알루미늄이 용출될 수 있기 때문이지요.

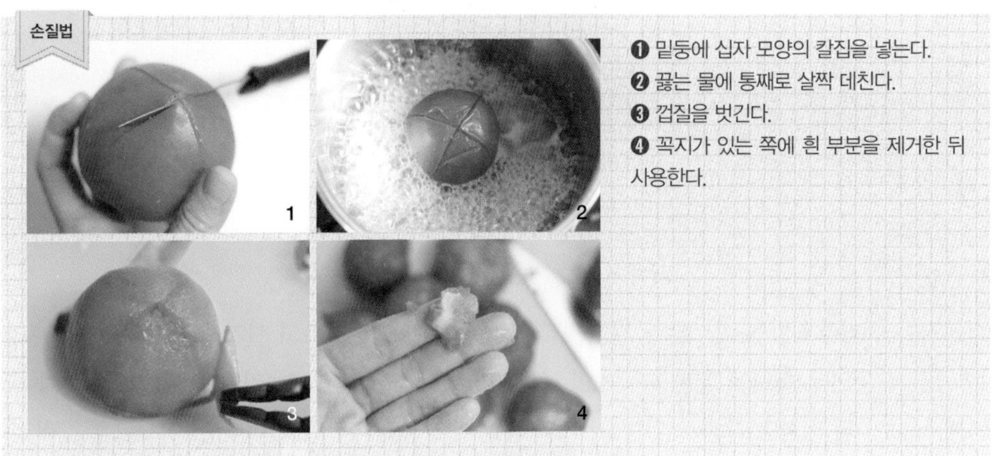

❶ 밑둥에 십자 모양의 칼집을 넣는다.
❷ 끓는 물에 통째로 살짝 데친다.
❸ 껍질을 벗긴다.
❹ 꼭지가 있는 쪽에 흰 부분을 제거한 뒤 사용한다.

4 과일 손질법

아보카도

숲에서 나는 버터 아보카도는 비타민과 미네랄이 많은 영양가 높은 열대과일이에요. 불포화지방산인 라놀산으로 이루어진 양질의 지방을 함유하고 있지요. 아보카도는 겉껍질이 검은 것을 선택하도록 합니다. 검은 것일수록 속이 잘 익었어요. 잘 익은 아보카도는 딱딱하지 않고 버터의 질감과 비슷하며 껍질도 쑥 벗겨져요. 안에 크고 단단한 씨앗이 있으므로 그 씨앗을 중심으로 반을 갈라 칼집을 낸 후, 양쪽을 잡고 다른 방향으로 비틀면 손쉽게 씨앗과 과육이 분리된답니다.

왼쪽이 잘 익은 것,
오른쪽이 덜 익은 것

손질법

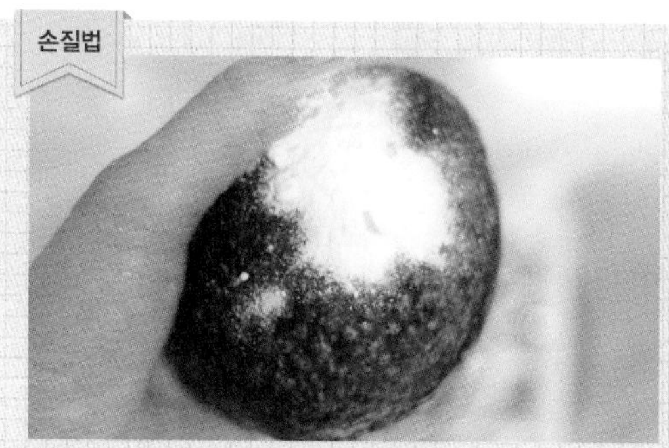

❶ 베이킹소다로 껍질을 깨끗하게 닦아준 뒤 흐르는 물에 헹군다.

❷ 칼집을 빙 둘러서 내준 뒤 양쪽을 잡고 반대 방향으로 비틀어 껍질과 씨를 제거하여 사용한다.

파인애플

파인애플을 이유식에 넣으면 상큼한 맛이 납니다. 파인애플에는 단백질 분해효소인 브로멜린이 있어 소화를 도와줘요. 조리할 때 처음부터 넣기보다는 조리가 끝나갈 때쯤 넣어 한 번 휘저으며 마무리해주세요. 처음부터 넣어 오래 끓이면 신맛만 남게 돼요.

손질법

1

2

❶ 베이킹소다와 구연산을 넣은 물에 10분 정도 담가둔 뒤 흐르는 물에 깨끗하게 씻는다.
❷ 슬라이스하여 껍질을 깎아낸 뒤 사용한다.

사과

사과의 펙틴은 변비에 좋아요. 사과는 풍미도 아주 좋아 양식요리의 소스에 넣기도 하고 간식류에 넣기에도 알맞습니다. 사과를 사용하면 이유식이 달콤하고 상큼해집니다.

손질법

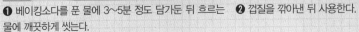

❶ 베이킹소다를 푼 물에 3~5분 정도 담가둔 뒤 흐르는 물에 깨끗하게 씻는다.

❷ 껍질을 깎아낸 뒤 사용한다.

배

배는 이유식을 만들 때 여러모로 사용됩니다. 배는 특히 수분감이 많고 당도가 높아 배시럽을 만들어 베이킹할 때 쓰기도 했고, 여러 반찬용 소스에도 사용했어요. 이유식을 조리할 때 재료를 갈거나 다지고, 적당한 크기로 썰어 해보는 등 다양한 방법으로 조리해보세요. 단, 입자를 키울 때는 푹 익혀 아이가 잇몸으로 으깨어 잘 소화할 수 있도록 합니다. 하지만 배의 단맛도 단맛입니다. 이유식에는 가끔씩 넣어주세요.

손질법

1

2

❶ 베이킹소다를 푼 물에 3~5분 정도 담가둔 뒤 흐르는 물에 깨끗하게 씻는다.
❷ 껍질을 깎아낸 뒤 사용한다.

단감과 곶감

감은 비타민A, 비타민B가 풍부하고 비타민C는 100g 중 30~50mg이 함유되어 있습니다. 껍질을 까보았을 때 검은 반점이 있는 것을 사용하세요. 검은 반점은 떫은맛을 내는 탄닌 성분이 불용화된 흔적인데 탄닌 성분이 남아 있는 감은 변을 굳게 하여 변비를 유발할 수 있습니다.

곶감은 완숙되기 전의 감을 말린 것이에요. 당도도 높고 쫄깃해서 아이들이 좋아하고 표면의 하얀 가루는 당분이 농축된 것이니 걱정하지 않아도 됩니다.

손질법

A

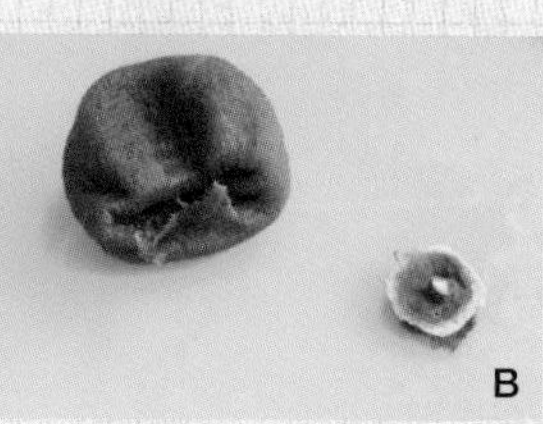

B

Ⓐ 단감은 깨끗하게 씻어 껍질을 벗긴 뒤 사용한다.
Ⓑ 곶감은 꼭지를 따낸 뒤 사용한다.

대추

대추는 푹 삶아서(대추 우린 물도 사용하고 싶다면 육수와 함께 넣어도 좋아요) 체에 내릴 수도 있지만 이 역시 손실분이 많고 잘 내려지지 않습니다. 푹 삶으면 껍질이 쉽게 벗겨지므로, 껍질을 벗겨 알맹이를 다져서 사용해보세요. 생대추는 설사를 유발할 수 있으므로 돌 이후에 먹이도록 합니다. 대추를 넣은 이유식은 달콤해서 아이가 아주 잘 먹습니다.

❶ 베이킹소다를 푼 물에 3~5분 정도 담가둔다.
❷ 흐르는 물에 깨끗하게 씻는다.
❸ 끓는 물에 대추를 넣고 주름이 없어질 정도로 푹 삶는다.
❹ 껍질을 벗기고 씨를 제거한 뒤 사용한다.

호두

견과류는 삶는다고 하여 물러지는 것이 아니므로, 흡인의 위험이 있으니 꼭 갈거나 잘게 다져서 만들도록 합니다. 호두에는 불포화지방산이 풍부하여 두뇌 건강에 아주 좋아 성장기 아이들에게 추천합니다. 호두는 그냥 먹으면 씁쓸한 맛도 나고, 호두알만 골라 판매하는 제품들 역시 어떻게 가공 유통되었는지 걱정이 될 테니 아래의 방법대로 손질하여(전처리를 해서) 먹으면 좋아요.

손질법

❶ 끓는 물에 넣어 10분 정도 삶는다.
❷ 건져낸 호두는 깨끗하게 씻는다.
❸ 호두의 물기를 닦아낸다.
❹ 180도 오븐에서 10분 정도 구워준 뒤 사용한다(오븐이 없다면 팬에서 타지 않게 약불로 구워준다).

해조류 손질법

새우

새우는 칼슘과 타우린이 풍부해 성장발육에 효과적인 식품입니다. 특히 이유식에 새우를 넣게 되면 감칠맛이 나지요.

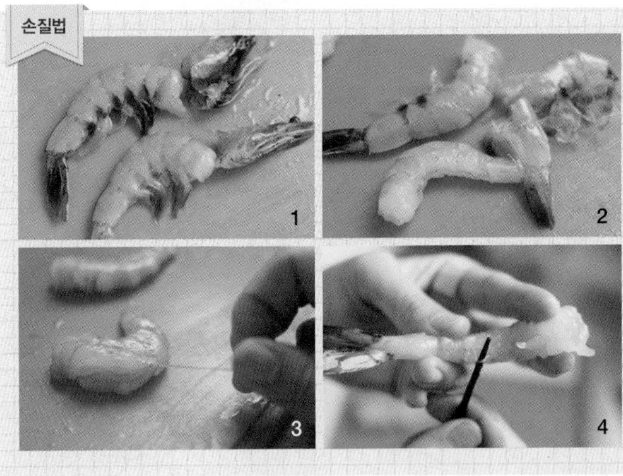

❶ 머리를 떼어낸다.
❷ 껍질을 벗겨낸다.
❸ 등의 내장을 제거한다.
❹ 배 부분의 내장도 제거한 뒤 사용한다.

게

꽃게를 쪄서 발라내어 사용해도 되고 유기농숍의 발라진 대게살을 사용해도 좋아요. 달짝지근한 게살은 지방이 적어 담백하고 이유식에 넣으면 맛이 좋습니다. 꽃게는 1~4월이 제철으므로 이 시기에는 생물의 신선한 게를 골라 푹 익혀서 조리해보세요.

손질법

❶ 게는 깨끗하게 씻어 조각낸 뒤 찜기에 넣고 푹 찐다. ❷ 살을 발라내어 사용한다.

홍합

홍합은 두뇌활동에 좋은 오메가3 지방산이 풍부합니다. 잘 먹을까 싶었는데 토마토페이스트를 넣어 스튜를 해주었더니 한 그릇 뚝딱 했어요.

손질법

❶ 칫솔로 껍질을 깨끗하게 씻어낸다. ❷ 수염은 잡아당겨서 뺀 뒤 사용한다.

전복

전복에는 비타민과 미네랄이 풍부합니다. 내장도 사용해도 돼요. 내장은 모래집을 제거한 뒤 사용하세요. 아르기닌이라는 아미노산 함량이 높아 성장발육에 좋아요.

손질법

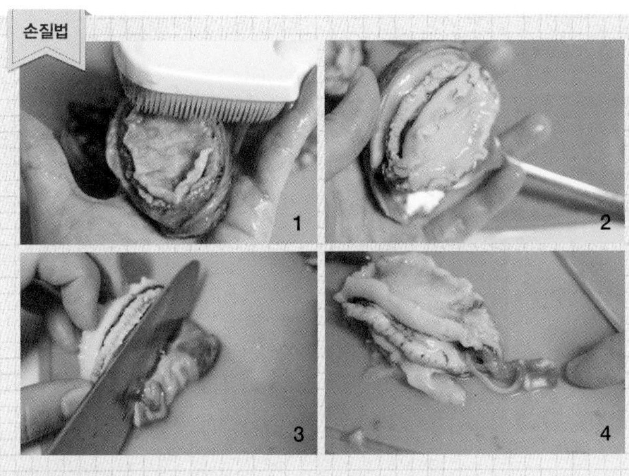

❶ 솔로 구석구석 잘 닦아낸 뒤 깨끗하게 씻는다(솔은 면적이 넓되, 거칠지 않은 부드러운 미세모가 좋다).
❷ 숟가락을 이용해 껍질에서 분리한다.
❸ 내장을 제거한다.
❹ 전복 앞 부분은 칼집을 내어 이빨을 잡아당겨 제거한 뒤 사용한다.

매생이

매생이 30g에는 엽산과 철의 하루 권장량이 들어 있어요. 매생이는 겨울이 제철입니다. 반죽에 넣어 전을 부쳐도 맛이 좋고 국을 끓여도 한 그릇 뚝딱이에요. 다른 해조류처럼 질깃하거나 미끌거리지 않고 정말 부드러워요.

손질법

❶ 넓은 볼에 찬물을 담아 매생이를 넣고 흔들어 이물질이 빠지게 한 뒤 체에 받쳐 흐르는 물에 씻어낸다.
❷ 1번의 과정을 3~4회 정도 반복하여 물기를 짠 뒤 사용한다.

MOM 이유식 따라잡기

재료 보관하기

블로그에 이유식을 올리기 시작하면서 가장 많이 받는 질문 중 하나가 "이유식은 며칠 분량을 만들어두었다가 주면 되나요?"라는 것이었어요. 조리한 음식을 담아 냉동한 뒤 해동하여 주는 것보다 그때그때 만들어 먹이는 것이 가장 좋겠지만 엄마의 여력과 시간이 안 된다면 하루에 먹을 이유식을 한꺼번에 만들어 냉장 보관한 뒤 데워서 주거나 한꺼번에 일주일치를 만들어 냉동 보관하여 하나씩 해동해서 주세요. 해동은 전자레인지보다 끓는 물에 중탕으로 데우는 것을 추천합니다.

재료손질을 하다 보면 초기 이유식 때 아기가 먹는 분량이 겨우 5g이나 10g 정도이기 때문에 재료 낭비라는 또 다른 복병을 만나게 됩니다. 그래서 소고기, 채소, 갈아낸 쌀 등은 날 것으로 냉동시켜 두었다가 이유식을 만들 때마다 꺼내어 쓰면 도움이 됩니다.

쌀 보관하기

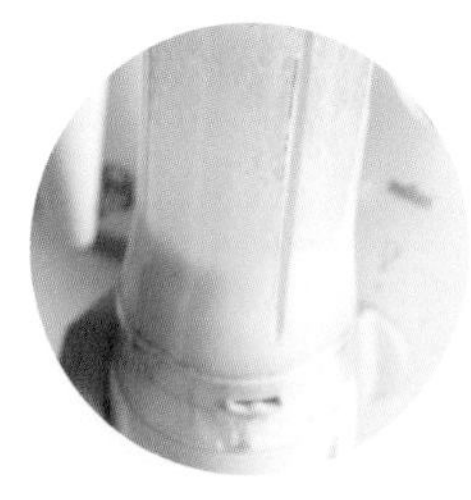

불린 쌀알에 물을 약간 넣고 득득 갈아서 얼려둡니다. 요즘 판매되는 얼음큐브는 한 칸에 정해진 g이 있기 때문에 굳이 저울에 측정하지 않아도 돼요. 얼린 쌀은 따로 용기에 담아 밀폐보관하면 됩니다. 사용할 때는 소고기를 넣고 끓여낸 육수에 넣어두면 금방 녹습니다. 여기서 주의할 점! 반드시 녹인 후 끓여야 쌀이 뭉치지 않아요.

소고기 보관하기

소고기 역시 시기별로 5~15g씩 소분하여 용기에 넣어 얼립니다. 얼린 고기는 마찬가지로 다른 밀폐용기에 담아 보관하세요.

채소 보관하기

채소의 경우 초기 이유식 때는 믹서나 강판에 갈아서 물을 살짝 섞은 뒤 얼음큐브에 담아 얼립니다. 물을 약간 섞지 않으면 큐브 형태로 잘 유지되지 않거든요. 냉동실에 넣어두고 큐브 하나씩 꺼내어 물을 섞어 녹이는 방법으로 이유식을 만들면 좀 더 쉽습니다.

7

이유식 해동하기

만약 이유식을 많이 만들어둔 뒤 냉동해두었다면 해동하여 아이에게 줘야겠지요? 이유식을 해동하는 방법은 여러 가지가 있습니다.

냄비에서 다시 끓이기

얼린 이유식은 잘 떨어지지 않으므로 온수에 통째로 담갔다가 겉면이 녹아서 떨어질 정도가 되면 냄비에 넣고 뜨끈하게 다시 데워줍니다.

중탕하기

이유식의 뚜껑을 열어 냄비에 물을 넣고 중탕합니다.

전자레인지에 데우기

전자레인지에 해동 기능을 이용하여 해동합니다.

8

MOM 이유식 따라잡기

이유식 시작 전 필요한 도구 알아보기

식기보관함

아이의 식기는 어른의 식기와 분리보관하는 것이 좋습니다. 교차위험을 막기 위해서라고 보면 됩니다. 곡류 등을 갈아낼 믹서기 또한 따로 관리합니다. 칼과 도마는 교차위험이 가장 큰 조리기구이므로 채소용과 육류, 어류를 조리할 도마와 칼은 꼭 나누어 사용하세요.

칼과 도마의 교차위험

칼과 도마에서의 교차오염 정도를 알아보기 위해서 한 실험 중 결과가 충격적인 것이 있었어요. 육류에 대장균 약 100,000마리를 인위적으로 오염시킨 후, 칼과 도마를 이용하여 자른 결과, 칼에서는 약 1,000마리, 도마에서는 약 100마리로 교차오염된 것입니다. 또한 오염된 조리기구를 이용해 자른 채소도 약 1,000마리의 대장균이 오염된 것으로 나타났지요. 그러므로 칼과 도마는 육류용, 생선용, 채소용 등 따로 분리하여 사용합니다.

특히 청양고추나 김치 등 자극적인 음식을 써는 성인용 칼과 도마와는 분리사용하는 것이 좋습니다. 요즘에는 뜨거운 물에 소독이 가능한 시트 도마가 있으니 소독이 가능한 조리용품을 구입하는 것을 추천합니다. 불가피하게 한 가지 도마와 칼로 사용하게 된다면, 재료가 바뀔 때마다 흐르는 물에 10초 이상 확실하게 씻어주세요.

– Dr.Oh

저울

저울은 꼭 필요한 것은 아니지만, 이유식 책을 옆에 놓고 조리해야 한다면 도움이 될 겁니다. 특히 철분섭취를 위해 정해진 양을 먹이면 좋은 육류라든가 분량에 따라 맛이 달라질 수 있는 소스류 등의 재료 무게를 재볼 때 필요합니다. 아이에게 직접 베이킹을 해서 간식을 준다면, 베이킹은 계량이 생명이므로 반드시 필요하겠지요. 이 저울은 2007년 제가 베이킹을 시작할 무렵에 구매한 만 원대 제품인데 지금까지 배터리 한 번 갈지 않고 잘 쓰고 있답니다. 굳이 비싼 제품을 구매할 필요는 없어요.

도마

도마를 고를 때에는 몇 가지 고려해볼 것들이 있습니다.

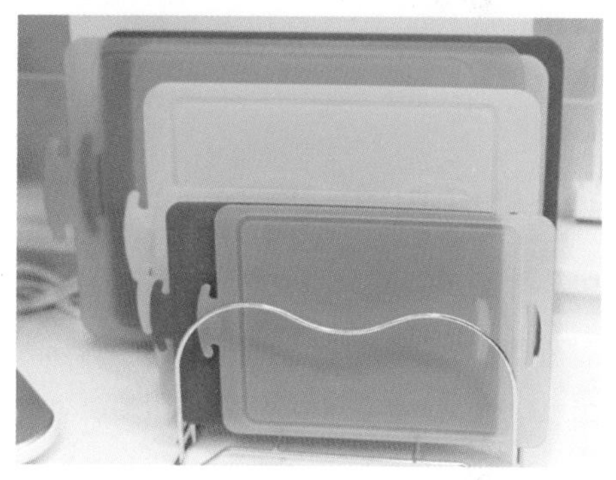

첫째, 칼 패임이 적은가?
둘째, 그러면서도 적당히 칼이 잘 먹어 부상의 위험은 없는가?
셋째, 소독이나 세척이 가능한가?
넷째, 보관이 용이한가?

저는 나무나 유리, 시트 도마도 써보았는데, 위 네 가지 조건을 모두 만족시키는 것은 실리콘 재질의 도마였습니다. 너무 딱딱해 칼이 안 먹지도 않고, 칼이 잘 먹으면서 패임도 많지 않습니다. 이유식 도마는 사실 클 필요가 없어 '소' 사이즈로 여러 개 구입하여 과일, 고기, 어류, 채소 등 구분하여 사용하세요.

앞에서 잠시 언급했지만 도마는 채소류, 육류, 어류, 과일용 도마를 따로 사용하는 것이 좋습니다. 고기와 생선을 동시에 썰면 각각의 미생물이 도마의 틈새에서 자리 잡은 후 교차오염될 수 있기 때문이에요. 또 양파를 썰다 같은 도마에서 사과를 썰면 매운 향이 배어들게 됩니다.

칼

칼은 너무 안 들어도 탈, 너무 잘 들어도 탈이라지요. 그래도 칼을 구매할 때 가장 1순위로 고민해봐야 하는 것이 '절삭력'입니다. 잘 드는 칼을 조심해서 사용하길 권합니다. 처음에 저는 코팅된 항균칼을 사용했었는데 어느새 코팅이 벗겨지더군요. 음식에 들어가면 좋지 않을 것 같아, 바로 다른 칼을 구입했습니다.

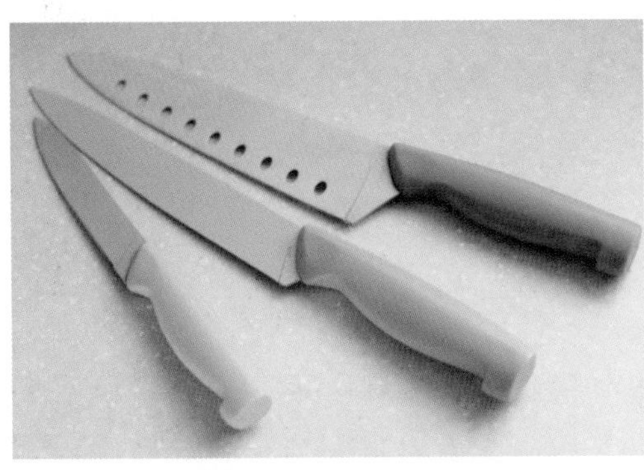

편수냄비 및 미니팬

이유식 준비물에 빠지지 않고 등장하는 것이 바로 이 편수냄비이지요. 편수냄비는 여러 끼니를 한꺼번에 만들어놓을 때 용이하고, 아래 미니팬은 한두 끼니 정도를 조리할 때 좋습니다. 팬이지만 깊이가 어느 정도 있어 냄비처럼 활용 가능하지요. 완료기와 유아식을 진행하면서도 굉장히 잘 활용하고 있습니다. 전도 부치고, 나물도 볶고, 죽도 끓이고, 볶음밥도 만드는 저에게는 만능팬으로 통하고 있답니다.

미니 압력솥

저는 압력솥의 오랜 팬(?)입니다. 압력솥 하나면 뭐든 다 할 수 있지요. 여름에는 어른들 닭도 고아드리고, 매일 아침 남편에게는 추를 올려 따끈한 밥 한 그릇 내어주고, 또 가끔씩은 약식을 만들어 간식도 해먹곤 하지요. 미니 압력솥(2~3인용)은 완료기에 가서 진밥을 짓거나, 책의 레시피 중에는 약밥이나 대나무통밥, 오리백숙, 갈비찜 등을 만들 때 활용했습니다. 우엉이나 연근 등 다소 조리하는 데 시간이 오래 걸리는 것들은 압력솥으로 단기간에 조리해내기도 했어요. 그러면 영양분 파괴도 줄어들지요.

미니 찜기

그냥 삼발이를 놓고 냄비에서 쪄도 되고 사이즈 상관없이 어떤 찜기든 사용해도 무관합니다. 제가 쓰고 있는 찜기는 미니 사이즈로 나온 건데 이 찜기로는 승아의 간식(쌀가루 버무리, 완자, 굴림찐빵, 만두, 설기, 달걀찜 등)과 반찬을 만들 때 활용했습니다. 쓰면서 그 어느 것보다 참 잘 샀다고 생각했던 도구예요. 찜기 밑바닥에는 면보를 깔아 쓰기도 했고 실리콘으로 만든 '떡시루깔개'를 쓰기도 했어요.

믹서 또는 푸드 프로세서

처음에는 두 가지 믹서를 사용했습니다. 유리 믹서(오른쪽)와 미니 플라스틱 믹서(왼쪽)였어요. 사실 믹서는 사용해보면 플라스틱 바디와 유리로 된 바디의 차이가 큽니다. 강화유리 바디가 훨씬 튼튼하고 안정적이에요. 그런데 쌀알을 갈아낼 때는 이 유리 믹서를 쓰면 쌀이 너무 곱게 갈아지고 입자 조절이 잘 안 된다는 단점이 있어요. 그래서 중기까지 쌀을 갈아낼 때에는 미니 믹서를 사용했어요. 용도에 따라 다르게 사용하면 좋아요. 믹서는 콩을 갈아 만든 두유라든가 콩국수, 스무디류, 소스류, 과일젤리, 수프 등을 만드는 데 도움이 됩니다. 그런데 만약 이유식 때문에 믹서를 사야 한다면 푸드 프로세서(켄우드) 하나 사는 것도 괜찮은 것 같아요. 미니 믹서는 용량이 부족하고 유리 믹서는 무거웠는데 푸드 프로세서는 두 가지 단점을 잘 보완해줍니다. 쌀, 고기, 잎채소, 양배추, 브로콜리 등등 모두 갈 수가 있어요. 특히 오징어도 잘 갈아지기 때문에 이유식 완료기 단계나 유아식 시기 완자나 어묵을 만드는 데 굉장히 편할 거예요. 입자 크기도 조절되기 때문에 이유식 단계별로 조절이 가능하답니다.

도자기 이유식 조리기

이유식 조리기를 구입했는데, 출산선물로 또 한 세트를 선물받았어요. 그래서 플라스틱과 도자기 두 소재 모두 사용해보았습니다. 도자기로 만들어진 조리기가 훨씬 잘 갈아지고 즙도 잘 짜지더라고요. 환경호르몬 걱정에서도 자유롭고요. 그래서 도자기 제품을 추천합니다. 한 세트에 즙짜개, 절구와 절구공, 체, 강판 등이 모두 들어 있어 이곳저곳에 많이 사용됩니다. 사과나 배처럼 단단한 과일을 갈아주거나(강판), 초기나 중기 이유식 때 채소를 갈아내는(강판이나 절구) 용도, 또 후기로 가면서 책 속 레시피에 있는 과일을 이용한 특식이나 젤리 등의 간식을 만들 때(즙짜개) 유용하게 사용되었어요.

아이스큐브(좋지 않은 예)

쌀알을 갈아서 이유식을 만드는 초기와 중기 때는 꽤나 유용하게 사용했지만 사실 구매에 실패한 제품이라고 생각해요. 처음에 저는 PE재질의 제품을 구매해 사용했습니다. 내용물도 잘 빠지고 무독성에 사용하기도 편리했지만, 얼린 내용물을 빼려다 보니 밑바닥이 다 깨져버리더라고요. 그렇다고 얼린 것을 다시 녹여 뺄 수도 없고 눈물을 머금고 버려야만 했습니다. 게다가 뚜껑과의 밀착력이 좋지 않아 작은 사이즈의 제품은 뚜껑을 덮는다기보다는 그냥 얹어놓는 수준이었어요.

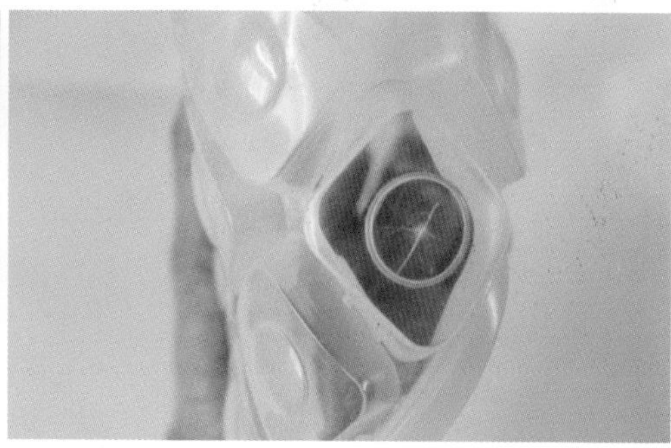

아이스큐브(좋은 예)

앞에서 말한 대로 깨지는 아이스큐브 때문에 다시 구매한 것이 이 실리콘 재질의 아이스큐브예요. 모든 아이스큐브는 위생적으로 뚜껑이 잘 밀폐되는 것이 좋은데, 실리콘 재질의 아이스큐브도 잘 밀폐되지 않고 뚜껑 역할을 하는 수준이더라고요. 그럴 때는 이 용기를 또 다른 밀폐용기에 넣어 얼려보세요. 부피가 부풀어도 깨지지 않는 재질인 실리콘이 적당한 것 같아요. 재료를 넣어 얼렸다가 밑면만 살짝 눌러주면 잘 빠진답니다.

조리도구

스패츌러나 집게, 볶음 주걱 등은 조리할 때 자주 사용되는 도구입니다. 헤드 부분이 실리콘으로 되어 있는 제품이 많이 나오는데요. 손잡이는 플라스틱이거나 스테인리스 재질로 되어 있는 것도 있습니다. 저는 스테인리스 손잡이에 실리콘 헤드의 스패츌러를 사용했어요. 몸통과 헤드가 분리되어 세척에 용이했습니다. 또 생협의 나무숟가락을 작은 사이즈 한 개, 큰 사이즈 한 개를 구입해서 볶음요리 할 때도 쓰고, 요거트 만들 때에도 사용했습니다.

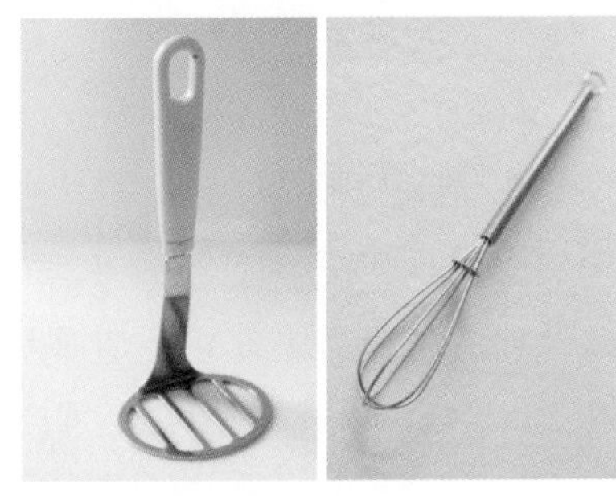

감자 으깨기와 미니 휘스크

감자 으깨기는 작은 사이즈를 구매했는데 좀 더 큰 것을 샀으면 편했을 걸 싶은 후회가 남았고, 휘스크는 미니 사이즈이지만 편리하게 사용했어요. 달걀 1개를 풀 때에는 큰 휘스크를 사용할 수도 없고, 젓가락으로 하면 잘 풀어지지 않기 때문이에요.

이유식 보관용기

이유식 보관용기는 주로 유리용기였어요. 뜨거운 것을 담아야 했기에 내열용기여야 했고, 한 번 먹을 분량을 담아내기에는 이만한 게 없었거든요. 이유식이 꽤 진행될 때까지 잘 사용했습니다. 스스로 먹기 연습을 시작하기 전까지 보관뿐만 아니라 그냥 이유식 그릇으로 쓰기도 했습니다.

이유식 수저

숟가락은 참 말도 많고 탈도 많았어요. 승아가 안 먹는 이유와 잘 먹는 이유를 모두 여기에서 찾곤 했으니까요. 그만큼 여러 개를 사서 실험(?)해봤답니다. 처음에는 1번의 '더블하트' 숟가락을 이용했어요. 노란색 손잡이의 숟가락은 이유식을 먹일 때, 분홍색 손잡이는 과즙이나 퓨레를 먹일 때 사용했지요. 처음 접하는 숟가락으로 부담 없이 괜찮았습니다. 그 다음은 2번의 '먼치킨' 실리콘 스푼과 '누크' 플라스틱 스푼과 포크를 사용했어요. 누크의 경우 핑거푸드 숟가락 연습할 때 포크만 주로 많이 사용했고, 먼치킨 실리콘 스푼은 이유식하는 내내 사용도가 가장 좋았답니다. 갑자기 아이가 숟가락을 세게 물어버리는 시기가 있었는데 그때도 헤드 부분이 말랑한 이 숟가락을 사용해서 안심이 되었어요. 3번은 완료기부터 유아식 진행할 때까지 가장 사용 빈도가 높았던 '누비몬스터' 숟가락과 포크입니다. 처음에 스스로 먹기를 할 때 이 숟가락의 독특한 모양이 승아의 호기심을 자극했어요. 또 직접 떠먹을 때 잘 떠올려져 참 좋습니다. 그리고 4번은 '실리만' 이유식 스푼인데 가장 추천합니다. 대 사이즈를 사서 초기 이유식부터 썼습니다. 처음 이유식을 소개할 때부터 셀프피딩 전까지 사용하기 좋은 것 같아요.

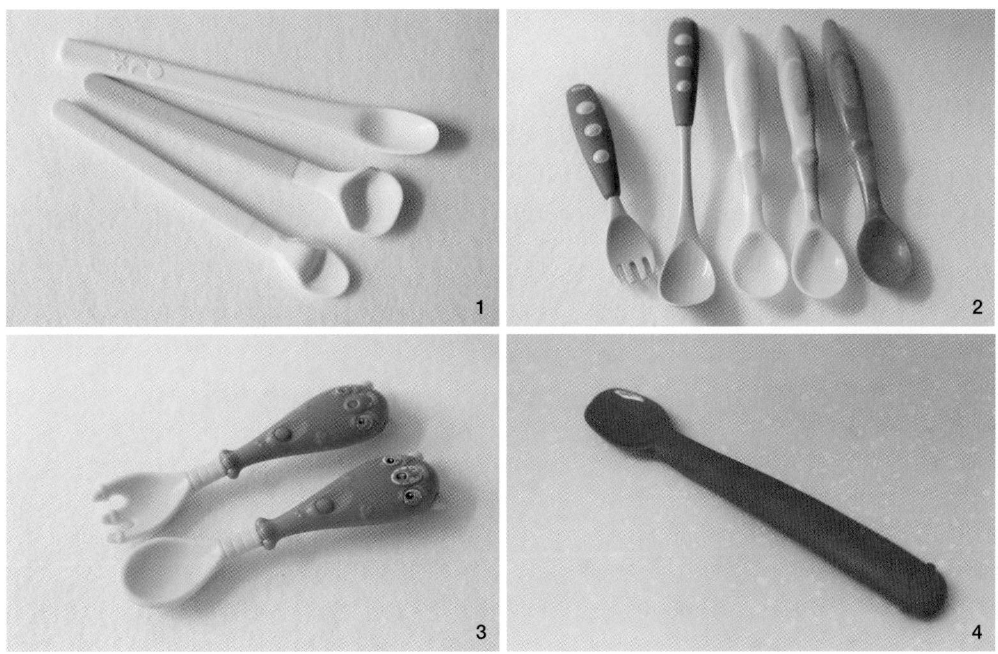

그릇과 물컵

그릇은 승아가 스스로 먹기를 시작하면서 구입했어요. 마트에 가서 남편과 예쁜 분홍색 세트를 사왔지요. 물컵은 처음에는 플라스틱 작은 그릇에 담아주다가 이유식 후반쯤으로 오니 승아가 컵으로 마시기를 제법 잘했어요. 그래서 컵을 사다주었더니 손잡이를 잡고 대견하게 혼자 잘 마시더군요.

오일과 오일스프레이

저는 요리에 따라 올리브오일을 쓰기도 했지만 주로 한살림에서 판매하는 현미유를 사용했어요. 그리고 사용할 때에는 최소화하여 사용했어요. 그렇게 할 수 있었던 것은 오븐과 오일스프레이 때문에 가능했어요. 오븐에서 구워내면 오일을 아주 소량만 사용해도 육즙이 있는 요리가 완성되거든요. 특히 크로켓류를 만들 때는 오일스프레이로 오일을 칙칙 뿌려주면 살짝 유분감을 줄 수 있습니다.

베이킹 용품

베이킹을 할 때 자주 사용되는 핸드믹서예요. 특히 머랭을 만들 때 유용합니다. 이 기구는 약 7년 전 베이킹을 시작하면서 사두었던 건데, 지금까지 문제 한 번 없이 잘 사용하고 있어요. 짤주머니는 쿠키를 만들 때나 상투과자 만들 때 머핀을 팬닝할 때 등에 쓰였어요. 실리콘 주머니라 세척해서 계속 사용이 가능하답니다. 쿠키 틀은 크랩케이크 등을 쩌낼 때 사용했어요.

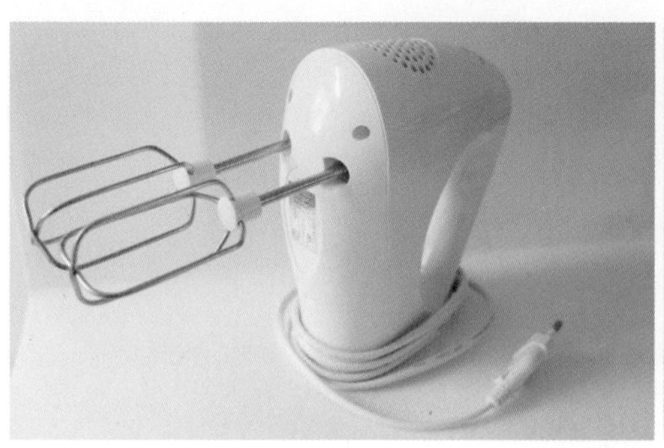

아기식탁

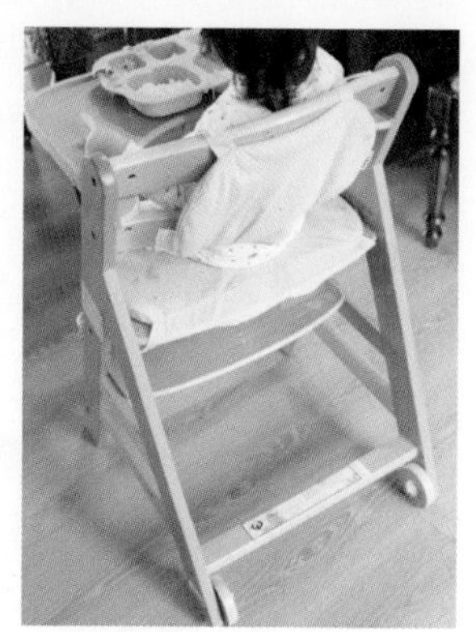

승아의 첫 식탁의자는 몸을 잘 가누지 못하는 아이들에게 적합했지만 아이가 크면서 많이 답답해했어요. 게다가 여기저기 홈은 또 얼마나 많은지…… 엄마인 저는 식사시간이 두 배로 힘들었습니다. 그렇게 한참 고생하다가 원목 식탁의자로 바꿨어요. 식탁의자를 구매할 때는 다음과 같은 사항을 고려해야 합니다.

첫째, 엄마가 치우고 닦기 편해야 해요. 아이가 이리저리 묻히고 음식물을 던져도 화내지 않고 웃으며 지켜봐주려면 일단 뒤처리가 편해야겠지요. 홈이 많거나 이음새가 많으면 그만큼 음식물이 잘 낍니다. 단순한 디자인을 사세요.

둘째, 주방의 구석에 두어도 거슬리지 않는 것을 사세요. 처음에는 아주 거창한 디자인의 것을 튼튼해 보인다고 샀다가 주방에서 제가 그 다리에 걸려 넘어진 게 한두 번이 아니었거든요.

셋째, 접이식은 위험할 수도 있어요. 공간효율성을 위해 접이식 의자를 살 수도 있겠지만, 접어놓았다가 넘어질 수도 있기 때문이지요. 아이는 무엇이든 눈에 보이면 잡아당길 때가 있습니다. 승아 역시 자기 키의 두 배가 넘는 식탁의자를 리어카처럼 밀고 다녔다니까요.

넷째, 벨트는 몸에 딱 붙는 3점식보다 아이가 흘러내리는 정도를 막는 헐거운 것으로 사세요. 첫 식탁의자는 3점식이었는데 아이가 답답해하는데다가, 벨트를 채우려다가 살이 집혀 다친 적이 있거든요. 내구성도 중요하지만 편리함도 못지않게 중요하다는 것을 생각하고 구매하세요.

턱받이

처음에는 '음식물이 흘러내리니까 이것이 좋겠다!' 하면서 받침이 있는 플라스틱 턱받이를 두 개나 샀습니다. 초보 엄마티 팍팍 낸 거죠. 아이가 단 한 번도 이걸 차려고 하지 않았어요. 얼마나 딱딱하고 껄끄러워 답답했겠어요. 그래서 단추를 채워 옷처럼 입을 수 있는 면으로 된 턱받이를 생협에서 주문했더니 참 편리했답니다. 결국 두 개 사서 잘 쓰고 있어요. 옷을 보호하려고 입히는 턱받이라면, 옷을 포기하거나 옷과 같은 턱받이를 사길 조언합니다.

몰드

승아네 레시피 중에는 양갱이나 젤리류가 참 많지요? 이가 나지 않은 아이에게 이보다 더 좋은 간식은 없어요. 위는 양갱몰드이고 아래는 젤리몰드인데, 실리콘 재질이라서 오븐에서도 사용이 가능해 빵도 구워낼 수 있어요. 둘 다 있다면 유용하게 쓰일 거예요. 양갱몰드와 젤리몰드는 베이킹숍에서 쉽게 구입할 수 있어요.

오븐용기

오븐에 넣는 용기는 주로 오븐용 도자기나 실리콘 용기를 썼어요. 특식을 해줄 때(프리타타나 그라탕 등) 아주 유용하지요. 용기는 대형마트에서 쉽게 구할 수 있을 거예요.

유리용기

유리용기는 주로 주스를 만들어두거나 푸딩용으로 사용했어요. 푸딩용기는 오븐 사용이 안 되지만 찜기에는 넣을 수 있어요(물론 오븐 사용이 되는 푸딩용기도 있습니다). 생과일을 갈아내어 담아두었던 주스용 병은 오랫동안 그대로 두면 안 돼요. 좁은 병의 입구에 미생물이 번식하기 쉽기 때문이지요.

여행용 가방 및 용기

여행을 갈 때의 이유식을 어디에 담을지 많이 고민스럽지요? 저는 보냉가방을 이용했어요. 밖으로 냉기나 수분이 새어나오지 않아 추천합니다. 완료기에 반찬을 먹기 시작하면서 여행갈 때나 외출할 때 사진처럼 작은 일회용기를 구입해 소분하여 챙겨가 끼니별로 꺼내어 먹도록 했답니다.

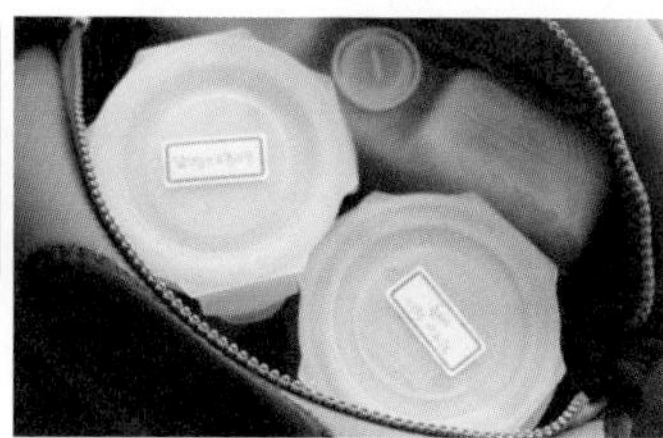

조리도구 세척하기

도마

도마를 쓰고 나면 흠집도 생기고 홈이 파이게 되지요. 계속 그냥 물에만 씻어 사용하면 당연히 비위생적입니다.

❶ 왕소금과 식소다, 식초를 약간 풀어 수세미로 박박 닦아낸다.
❷-A 매트를 살균수로 닦아낸다.
❷-B 살균수를 뿌려 일단 말린다.
❷-C 베이킹소다를 푼 물에 넣고 끓인다.
❸-A 끓는 물을 붓는다.
❸-B 햇빛에 말린다.

방법2-C로 할 때는 에서 다른 조리기구도 함께 넣고 끓여주면 좋겠지요. 그런데 사실 이 과정을 매일 한다는 건 힘들어요. 일주일에 한 번 정도 그렇게 나고 나머지는 방법1을 한 뒤에 방법3 정도로 진행해도 좋겠습니다.

이유식 용기 및 조리도구

기본적으로 어른들의 용기와 이유식 용기를 따로 보관하고 있습니다. 이유식 용기 중 가장 활용도가 높은 글라스락은 다음과 같은 방법으로 소독합니다. 일주일에 한 번 정도 이렇게 소독하고 나머지는 끓는 물을 자주 부어주면서 소독합니다.

세척법

❶ 베이킹소다를 푼 물에 담가 끓인다.

❷ 깨끗하게 헹군 뒤 햇볕에 말린다.

수세미

수세미 역시 어른용과 승아용이 따로 있습니다. 어른들이 쓰는 수세미는 고추장이나 청양고추가 들어간 된장찌개 냄비를 닦을 일이 있는데 이것으로 아이의 식기를 닦을 수는 없겠지요.

세척법

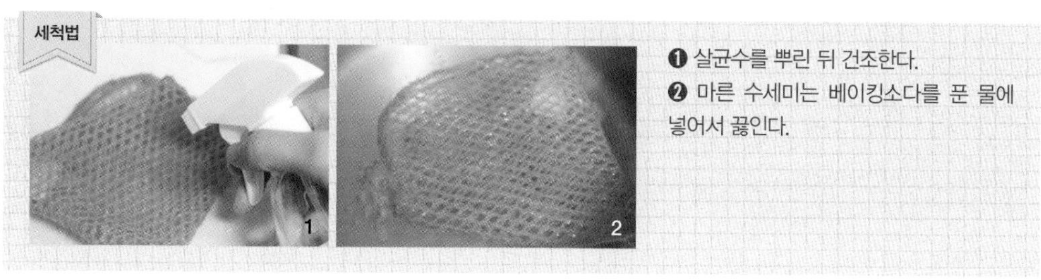

❶ 살균수를 뿌린 뒤 건조한다.

❷ 마른 수세미는 베이킹소다를 푼 물에 넣어서 끓인다.

스테인리스 팬

사실 스테인리스 재질의 팬을 눌러붙지 않게, 또 새것처럼 쓰기는 쉽지가 않아요. 일단 새 제품을 샀다면 다음과 같은 순서로 세척해보세요.

세척법

❶ 키친타올에 소량의 오일을 묻힌다.
❷ 바닥을 비롯해 전면, 홈이 파인 곳 등을 잘 닦아낸다.
❸ 베이킹소다와 과탄산, 식초를 소량 넣으면 거품이 바글바글 화학작용이 일어난다.
❹ 수세미로 박박 닦는다.
❺ 물로 닦아 내지 않고 물을 부어 2~3분 정도 끓인다.
❻ 다시 한 번 닦아내면 반들반들 윤이 난다.

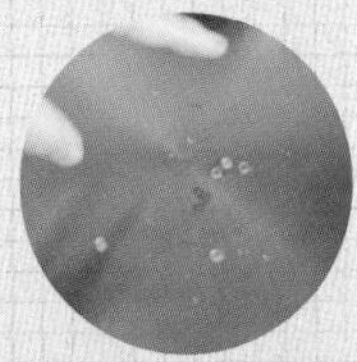

Tip. 스테인리스 팬을 사용할 때는 물을 튀겼을 때 방울이 굴러다닐 정도의 온도로 예열한 후, 잠시 식혀두었다가 사용하세요.

승아네 간식 만들기

한천과 젤라틴 사용에 대하여

한천은 우무를 주재료로 만드는 거예요. 저는 베이킹용으로 나오는 가루로 된 한천을 사용하고 있는데, 실 한천도, 우뭇가사리도 이용할 수 있어요. 그렇다면 왜 생과일로 안 먹이고 젤리류로 먹이는지 궁금한 분들이 있을 텐데요. 저는 대부분 생과일을 갈아내거나 다져서 먹였어요. 물론 말랑한 과일은 그대로 주었고요. 그럼에도 가끔씩은 젤리나 푸딩류로 변형시켜 다채로운 질감을 아이에게 소개해주고 싶었어요. 색다른 핑거푸드인 젤리는 승아가 참 좋아했답니다.

한천가루

판 젤라틴

한천은 우무로 만든 식물성, 젤라틴은 동물성이라는 차이가 있어요. 무엇이 더 좋다 말할 수는 없겠지요. 젤라틴의 경우, 단백질이기 때문에 과일 섭취시 부족한 단백질을 보충해줄 수 있다는 장점이 있습니다. 반면 한천의 경우 단백질은 부족하지만 섬유질이 풍부하답니다. 초중기에는 전분을 이용한 젤리 레시피를 이용해보고, 한천이나 젤라틴은 후기 이유식부터 소개해주세요. 젤라틴은 판형이 있고 가루형이 있는데 어느 것을 써도 무방해요.

레시피 속 분유와 모유에 대하여

승아는 완모 아기예요. 하지만 간식을 만들 때는 분유물을 썼습니다. 모유가 항상 부족한 편이었거든요. 간식도 모유로 만들면 좋겠지만 분유가 주식인 아이도 있으므로 완모 아기라 하더라도 간식까지 모유에 집착하지 않아도 돼요. 분유나 모유를 활용한 간식은 특히나 아이가 아플 때나 밥을 거부할 때 배가 고프지만 잘 먹지 못하는 아이의 영양보충을 위해 수프나 스무디를 해줄 때 유용해요. 기본적인 레시피 함량은 100mL로 하고 있는데 돌이 지난 아이에게는 이를 생우유로 대체할 수 있습니다.

과자, 빵, 떡에 대하여

극성스럽다고 말할지 모르지만, 소금과 설탕을 배제한 식단을 유아식에서도 계속 고집하고 있는 저는 시중의 빵이나 쿠키가 승아가 먹기에는 너무 달고 짭짤하다고 생각해요. 그래서 이 책에서 소개한 다양한 레시피를 이용해 응용하면서 과자나 빵, 떡을 거의 만들어서 주고 있습니다. 유아식을 진행하는 지금도 승아가 "빵!" 하고 찾곤 하는 머핀은 주말에 5~8개 정도 만들어두었다가 한두 개는 주말에 먹이고 나머지는 밀폐용기에 넣어 냉동시킨 뒤 "빵!" 하고 애교를 부리면 한 개씩 꺼내어 해동해주곤 해요.

떡은 아직 먹이지 않는 게 좋다고 해요. 유아식을 진행하는 지금도 제가 떡볶이 같은 것을 해주고 싶어 떡을 먹여도 되는지 남편에게 물어보면 "아직 아니에요."라고 대답해주거든요. 흡인의 위험이 있기 때문에 찰기가 있는 떡은 먹이지 않는 것이 좋다고 합니다. 다만 부스러질 정도로 포슬포슬한 설기류나 책 속 버무리 레시피 등은 아이가 먹기에 괜찮아요. 이유식을 진행하는 동안 승아에게 내내 좋은 간식이 되었답니다.

제과류는 직접 만들어 먹일 수 있었는데 쌀과자의 경우에는

집에서 만들 수가 없더라고요. 그래서 무염분이나 글루텐 무첨가 식품 등을 찾아 헤맸습니다. 승아는 현재 유아식을 하고 있지만 과자는 여전히 쌀과자만 주고 있어요. 과자는 이가 별로 나지 않은 아이들이 핑거푸드와 씹는 연습을 시작할 때 아주 유용한 수단이 됩니다.

11

MOM 이유식 따라잡기

오일 사용하기

조리할 때 쓰는 오일에는 여러 종류가 있어요. 고급유로 분류되는 것들이 올리브유, 포도씨유, 카놀라유, 쌀눈유 등이 있습니다. 예전에는 콩기름이나 옥수수유로 요리를 했었는데 바뀌는 추세이지요. 올리브유나 카놀라유 등을 사용하는 것은 불포화지방산의 함량이 높기 때문이에요. 승아네 이유식의 경우 거의 현미유를 사용했답니다.

아이의 음식을 조리할 때에는 들기름이나 참기름, 현미유를 포함한 고급유로 조리하되, 너무 많이 쓰지 않는 것이 좋아요. 오일로 재료를 익히기보다는 찌거나 삶아 재료를 익힌 후 가볍게 오일을 두른 팬에 살짝 구워주도록 합니다.

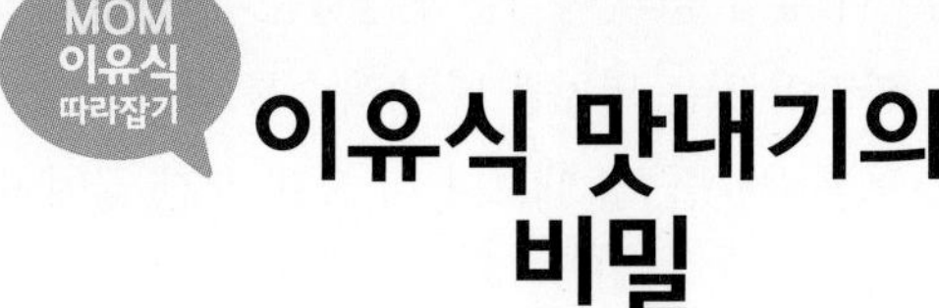

12 이유식 맛내기의 비밀

'완료기 전에는 간을 안 한다' '완료기에는 간을 조금씩 해도 된다' 둘 다 맞는 말이에요. 하지만 시기가 되었다고 해서 굳이 간을 할 필요는 없어요.
아이가 안 먹는 이유를 자꾸 '간'에서 찾으려고 하지 마세요. 간을 해주지 않아서가 아니라 그냥 잠시 먹기 싫은 기간일 수도 있으니까요. 승아도 가끔 이유식 투정이 계속되는 시기가 있었어요. 간을 해줘야 할까 고민할 때도 있었지만 '아직 아이는 짠맛에 대한 욕망이 없다'고 생각하고, 간 없이 해줄 더 맛있는 반찬이나 요리를 고민했어요. 그렇게 시기를 지나고 나니 신기하게 또 잘 먹더라고요.

간을 하지 않아도 맛있는 비밀, 바로 육수에 있습니다. 육수 또한 단계별로 해보세요. 처음에는 고기육수나 야채스톡만 사용하다가 다시마육수로, 그 다음은 멸치육수 등으로 말이지요. 이유식에 간을 하더라도 정말 약하게 해주어서 아이가 그 간에 너무 익숙해지지 않도록 하세요. 생각보다 우리의 혀는 음식의 간에 빨리 적응하게 되니까요. 혀가 짠맛에 익숙해지면 미각세포에 내성이 생겨 더 자극적인 맛을 원하게 될 거예요.

고기육수

승아네 이유식의 경우 고기가 매끼니 들어갑니다. 다른 재료들은 얼려서 사용하기도 하지만 고기는 그날그날 바로 삶아서 사용하였어요. 그래서 레시피 속 '육수'는 이때 삶는 물을 쓴 거예요. 기름기가 없는 부위라서 고기 맛이 나지 않을 거라 생각할 수 있겠지만 그렇지 않아요. 삶은 고기는 이유식에 넣고 고기를 삶은 물은 육수로 사용하는 것이 포인트입니다.

야채스톡과 치킨스톡

후기 이유식으로 가면서 잡채밥이나 덮밥 등의 특식을 진행했는데, 만들다 보면 감칠맛이 필요해요. 그렇다고 간을 해줄 수도, 짠맛이 있는 멸치를 넣어 육수를 만들기도 애매했지요. 그래서 생각한 것이 스톡Stock이었어요. 보통 육수를 낼 때보다 더 오랜 시간 끓여 맛을 진하게 우려낸 육수라 이해하면 된답니다.

만들기

야채스톡

재료 | 각종 야채(시금치, 당근, 양파 등), 물, 소고기, 다시마

❶ 냄비에 고기와 각종 야채를 담아서 1시간 정도 끓인다.

❷ 건더기를 건져낸 뒤 체에 걸러 맑은 육수를 걸러낸다.

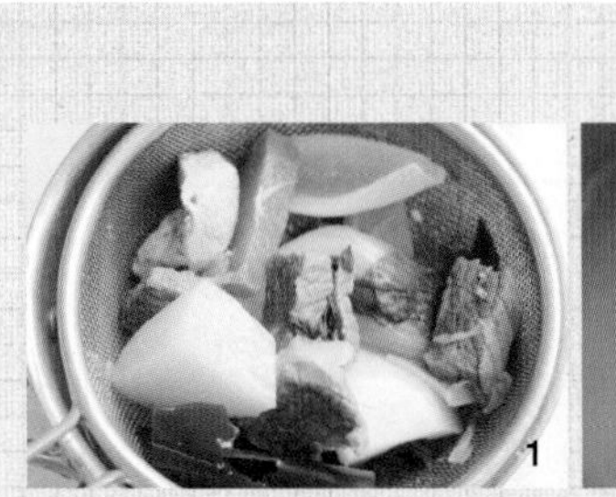

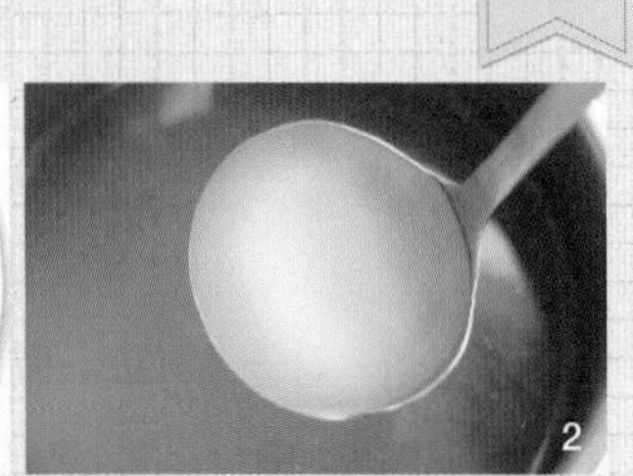

치킨스톡

재료 | 닭다리 3개, 각종 야채(무, 양파, 당근, 샐러리, 애호박 등), 물

❶ 냄비에 샐러리를 제외한 각종 야채를 담아서 끓인다.

❷ 중간 중간 거품이나 불순물을 걷어내면서 한소끔 끓었을 때 샐러리를 넣는다.

❸ 1시간 정도 끓인 뒤 면보를 깔아서 육수만 걸러낸다.

❹ 걸러낸 육수는 뚜껑을 덮고 식힌 뒤 냉장고에 넣어 1시간 정도 식히고 나면 위에 기름이 둥둥 뜨는데, 그 기름은 제거하여 맑은 육수를 사용한다.

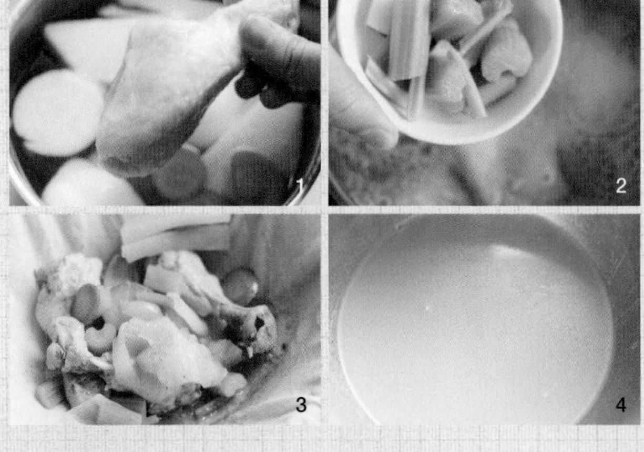

Tip. 야채스톡과 치킨스톡은 아이스큐브 등에 얼려두었다가 그때그때 꺼내어 녹여서 쓰면 됩니다.

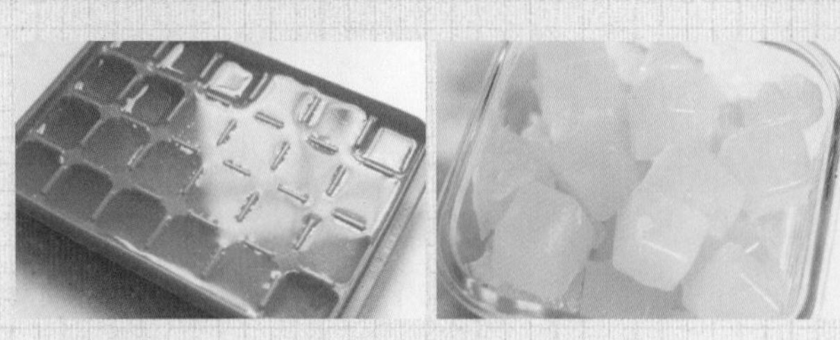

다시마육수

아이의 음식에 간은 되도록 늦게 해주도록 합니다. 돌이 지났다고 해서, 완료기가 끝났다고 해서 바로 성인의 음식처럼 간을 해서 먹이면 좋을 것이 없어요. 승아네 이유식에 다시마든지 멸치 같은 재료를 후기 후반이나 완료기에 가서 사용한 이유가 여기에 있습니다. 기본적으로 바다에서 나온 식재료는 짠맛이 있기 때문이지요. 바다에서 나온 재료(새우, 미역, 다시마, 멸치 등)를 사용할 때에는 쌀뜨물에 10분 정도 담가두었다가 사용합니다. 그러면 비린내도 많이 제거되고, 짠맛도 빠져요. 완료기 이유식을 하는 중에는 생선을 구워주기도 할 텐데 이때 역시 쌀뜨물에 담그면 비린내와 짠맛이 효과적으로 제거돼요. 다시마는 물에 반나절이나 하루 정도 불려두어 짠맛을 빼고 사용합니다. 다시마와 고기만 넣고 끓여도 좋지만, 야채를 넣으면 육수의 맛이 훨씬 좋아져요.

멸치육수

짠맛 때문에 멸치육수를 사용하지 않았는데, 완료기로 와서는 간을 하지 않는 대신 멸치육수를 사용했습니다. 멸치는 내장과 머리를 떼어내고 쌀뜨물에 담가 짠맛을 빼둔 뒤 냄비에 살짝 볶아내어 비린내를 제거하고 사용합니다.

과일즙

단맛을 굳이 대체할 필요가 있을까 생각할 수 있겠지만 간식을 해줄 때 그냥 쌀가루맛, 그냥 밀가루맛만을 줄 수는 없었기 때문에 간혹 단맛이 필요했어요. 꿀은 돌 이전에 쓰면 안 되잖아요. 그렇다고 설탕이나 시럽류도 자극적이고 맛이 강하기 때문에 고민스러웠지요. 승아네 이유식의 경우 단맛은 과일즙으로 대체하였습니다. 과일 중에서도 사과즙이나 배즙 등이 효과가 좋아요. 특히 배는 끓이면 뭉근해지고 걸쭉해지기도 하여 시럽과 비슷해진답니다.

이 외에도 망고나 감, 바나나 등은 그 자체로 당도가 꽤 있는 과일이라 무엇을 해주든지 아이가 잘 먹었습니다. 단 천연과일의 단맛도 단맛이기 때문에 이유식 초기에 일찍 단맛에 노출이 된다면 다른 음식을 잘 먹지 않을 수 있으니 조금씩 노출시키도록 합니다.

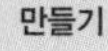

만들기

배시럽

재료 | 배 1개, 전분물(전분 1작은술+물 3작은술)

❶ 배는 껍질을 벗기고 믹서에 갈아서 체에 걸러준다.

❷ 냄비에 붓고 중불로 뭉근하게 끓이다가 전분물을 넣는다.

13

MOM 이유식 따라잡기

이유식 특급 소스 만들기

토마토페이스트

페이스트paste는 으깨어 만드는 소스를 말합니다. 특히 토마토페이스트는 한번 만들어두면 여러 요리에 활용이 가능해요. 파스타나 덮밥, 어디에 써도 좋지요.

만들기

3

재료 | 토마토 2개, 양파 1개, 사과 1/2개, 현미유 1/2큰술

❶ 토마토는 십자 모양으로 칼집을 낸 뒤 끓는 물에 데친다.

❷ 데친 토마토는 껍질을 벗긴 뒤 잘게 다진다.

❸ 양파는 껍질을 벗기고 얇채 채 썰어 현미유로 볶다가 색이 투명하게 익어 졸아들기 바로 전에 2번의 토마토를 넣고 끓인다.

❹ 사과는 강판에 갈아 3번에 넣고 국물이 자작해질 때까지 졸인다.

Tip. 완성된 토마토페이스트는 유리병에 넣고 사용하고 조리한 지 3~4일 이내에 먹는 것이 좋아요.

토마토케첩(토마토비트케첩)

뻑뻑하거나 담백하기만 할 수 있는 고기 요리에 함께 내어주면 정말 좋아요. 토마토만으로는 예쁜 색이 나지 않는데 비트를 이용하면 새빨갛고 맛있는 케첩이 만들어집니다.

만들기

재료 | 토마토 3알, 사과 3/4개, 양파 10g, 레몬즙 2큰술, 전분물(전분 1작은술+ 물 3작은술), 비트 10g

❶ 토마토는 십자 모양으로 칼집을 내어 끓는 물에 데친 뒤 껍질을 벗긴다.

❷ 1번의 토마토와 사과, 양파, 레몬즙을 넣고 함께 믹서에 간다.

❸ 체에 걸러 고운 즙만을 걸러낸다.

❹ 걸러낸 즙은 냄비에 부어 끓인 뒤 전분물을 조금씩 넣어가며 저어주고 어느 정도 걸쭉해지면 불에서 내린다.

Tip. 2번의 과정에서 비트도 함께 갈아주면 새빨간 케첩이 만들어집니다.

시금치페스토

페스토pesto는 바질로 만든 이탈리아 소스예요. 색부터 매우 건강해 보이는 초록색의 시금치페스토는 파스타나 볶음밥, 리조또 등에 활용하기 좋습니다. 바질은 시금치로 대체하고, 파마산치즈도 코티지치즈로, 넛맥과 같은 향신료는 배로 대체하여 아이가 먹어도 매우 맛있는 시금치페스토를 만들어보았어요.

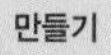

만들기

재료 | 시금치 1/3단, 배 1/4개, 잣 3g, 코티지치즈 1큰술, 현미유 1/2큰술

❶ 시금치는 깨끗하게 씻어 잎 부분만 듬성듬성 잘라둔다.

❷ 믹서에 1번의 시금치를 비롯한 잣과 강판에 갈아둔 배를 넣는다(그냥 생수를 넣어도 된다).

❸ 2번에 코티지치즈와 현미유를 넣고 믹서에 갈아준다 (코티지치즈 만드는 법 166쪽 참고)

불고기베이스

간을 하지 않는 불고기베이스는 완료기 이유식에서 많이 활용됩니다. 만약 간을 하고자 한다면 이 레시피에 간장 1작은술 정도만 넣으면 돼요. 갈비 등은 그렇지 않지만 불고깃감 소고기는 불고기베이스에 너무 오래 재워두면 고기가 다 녹아버려요. 2~3시간 정도만 재웠다가 볶아주세요.

만들기

재료 | 키위 1개, 배 30g, 양파 20g, 다진 마늘 3g

❶ 키위와 배는 껍질을 벗기고 듬성듬성 썰어둔다.
❷ 믹서에 1번과 양파, 다진 마늘을 넣어 함께 갈아준다.

두부마요네즈

기존의 두부마요네즈의 경우, 두부와 올리고당, 두유, 깨, 식초, 소금 등이 들어가요. 그런데 아이가 먹을 것이므로 승아네 두부마요네즈는 올리고당 대신 배, 두유와 식초 대신 요거트를 넣고 소금은 생략하였습니다.

만들기

재료 | 두부 1/2모, 요거트 2큰술(또는 두유), 참깨 1큰술, 갈아낸 배의 과육 1큰술

❶ 두부는 끓는 물에 데친다.
❷ 배는 갈아서 과육만 건져낸 뒤 믹서에 1번의 두부, 요거트, 참깨를 넣어 함께 갈아낸다(요거트 만드는 법 165쪽 참고).

Tip. 냉장보관하여 2일 이내에 먹습니다.

땅콩버터

색부터 무척 건강해보이는 땅콩버터는 식빵에 발라 내어주면 아이가 정말 잘 먹어요. 집에서 만든 땅콩버터는 고소함이 두 배입니다. 완료기 간식으로 해주세요.

만들기

재료 | 땅콩 60g, 아몬드 40g, 현미유 3큰술, 배시럽 3큰술

❶ 아몬드와 땅콩은 팬에서 살짝 볶는다.
❷ 믹서에 1번을 넣고 현미유, 배시럽과 함께 갈아낸다(배시럽 만드는 법 158쪽 참고).

딸기잼

배즙을 넣는 것만으로도 진득해지고 젤라틴 덕분에 딸기잼이 매우 탱글해집니다. 아래 레시피대로 만들면 덜 달고, 조금은 더 새콤한 딸기잼이 완성됩니다. 설탕을 넣어 만든 것은 아니지만 비교해봐도 손색이 없지요. 빨간 색감의 딸기잼을 만들고 싶다면 비트를 조금 갈아넣으세요.

만들기

재료 | 딸기 350g, 배 150g, 판 젤라틴 1/2장

❶ 딸기는 베이킹소다 푼 물에 담가 3분 정도 둔 뒤 흐르는 물에 깨끗하게 씻는다.
❷ 1번의 딸기와 배를 믹서에 넣고 함께 갈아낸다.
❸ 2번을 냄비에 부어 약불에서 오래도록 뭉근히 끓인다.
❹ 물에 불려두었던 젤라틴을 3번에 넣어 저어가며 끓인다.

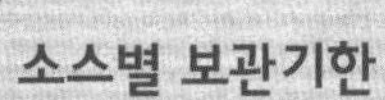

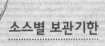

소스별 보관기한

보관방법	토마토 페이스트	시금치 페스토	배시럽	토마토 케첩	두부 마요네즈	땅콩버터	딸기잼
냉장	3~4일	일주일	일주일	일주일	2일	일주일	일주일
냉동	한 달	한 달	비추천	비추천	비추천	비추천	비추천

14

MOM 이유식 따라잡기

승아네 핸드메이드 식품들

돌이 지난 무렵부터 승아는 생우유를 가공한 치즈, 버터, 요거트 등을 먹이고 있어요. 시중에 파는 치즈는 모두 식염을 포함하고 있어서 직접 만들어보기로 하였습니다.

요거트

후기 이유식에 접어들면 가공유제품을 시도해볼 수 있습니다. 승아에게는 요거트를 제일 먼저 소개해주었는데, 발효종균에 우유만 더해서 실온에서 발효시키는 방식의 요거트이지요. 봄, 가을은 물론, 여름과 겨울에도 실온발효가 가능해요. 먹다가 조금 지저분해지면 어때요. 이렇게 사랑스럽게 먹는걸요.

만들기

분말종균으로 최초 배양 시

재료 | 요거트 스타터 1팩(5g), 우유 1000mL (무지방이나 고칼슘저지방우유가 아닌 성분무조정우유를 사용)

❶ 스타터를 살균한 유리병에 넣는다.
❷ 우유를 300mL 넣는다.
❸ 분말종균이 우유에 충분히 잘 섞이도록 저어준다.
❹ 가루가 어느 정도 섞이게 되면 나머지 우유 700mL를 숟가락으로 저어가며 넣어준 뒤 뚜껑을 덮어 실온에서 24시간을 배양한다.

Tip. 최초 배양을 할 때는 24시간, 지속 배양할 때는 8~12시간 정도 발효하는 게 중요해요.

지속 배양 시

재료 | 요거트 3큰술, 우유 500mL

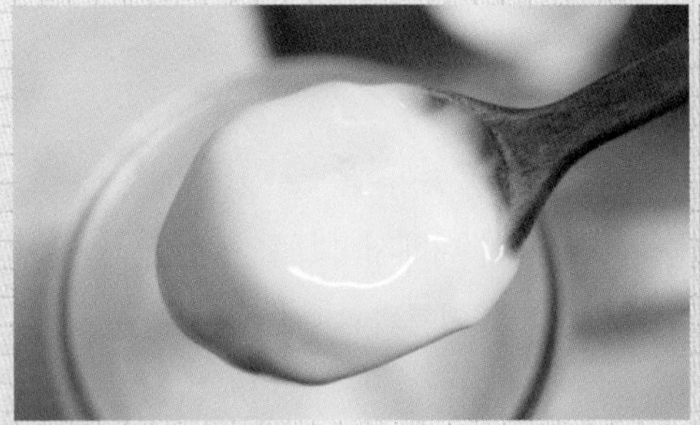

❶ 만들어두었던 요거트를 떠서 우유 100mL를 타서 잘 섞어준다.

❷ 어느 정도 걸쭉하게 섞이면 나머지 우유 400mL를 추가로 부어서 섞는다. 두 번째 발효이기 때문에 8~12시간 정도 발효하면 완성된다.

Tip. 모든 종균의 배양방법은 비슷하다고 보면 돼요. 요거트가 과발효되면 약간의 유청이 윗물처럼 뜨게 되는데 유청은 영양덩어리이니 먹으면 돼요. 다만, 요거트의 신맛이 강해집니다.

코티지치즈 Cottage cheese

집에서 만들 수 있는 연성치즈입니다. 우유에 스타터(또는 레몬즙)를 넣어 커드 형태의 단백질을 모아 만드는 것이 이 코티지치즈입니다. 우유를 한 번 끓여 코티지치즈를 만들면 유청이 남는데, 이 유청을 가지고 다시 한 번 끓여 만드는 것이 리코타치즈이지요. 비슷한 방법으로 생크림(더블크림)을 끓여 만드는 것은 티라미슈를 만들 수 있는 마스카포네치즈예요. 이중 유지방이 가장 적은 코티지치즈 레시피는 다음과 같습니다.

재료 | 우유 1000mL, 레몬즙 3큰술

❶ 우유를 부어 끓이다가 기포가 올라오면서 보글보글하면 불에서 내린다.

❷ 1번에 레몬즙을 넣고 2~3회 나무주걱으로 젓는다.

❸ 유리주전자에 담아 순두부처럼 유청과 단백질이 분리되길 기다린다.

❹ 베보자기나 면보에 넣어 유청을 빼주는데 높은 곳에 매달아 2시간 정도 두면 된다.

❺ 보자기에서 꺼내어 보면 이러한 커드가 생기는데 냉장고에 넣어두었다가 먹는다.

남는 부산물 활용 TIP!

유청 활용

우유 1000mL로 만들어지는 치즈는 아주 소량이에요. 나머지는 모두 유청인데, 이 유청은 베이킹할 때 넣을 수도 있고, 리코타치즈를 만들 수도 있습니다. 혹은 세안이나 목욕할 때 유청을 타서 사용해도 좋아요.

레몬껍질 활용법

1. 세척용

도마에 천일염을 뿌리고 레몬껍질을 잘라 수세미처럼 밀며 닦는다.

2. 싱크대 소독 및 탈취용

껍질을 잘라 개수대 거름망에 넣고 끓인 물을 부어 이대로 반나절 정도 방치해둔다.

3. 냉장고 탈취용

냉장고에 잘게 썬 레몬을 넣어 하룻밤 정도 둔다.

4. 전자레인지 탈취용

전자레인지에 잘게 썬 레몬에 물을 부어 2분 정도 돌린다.

5. 레몬필 만들기

레몬껍질의 노란 부분만 얇게 벗겨내어 잘게 다진 뒤 설탕이나 꿀에 졸인 후 말린다. 이는 베이킹에 사용하면 좋다.

버터

버터는 유지방을 응고시켜 만든 제품인데, 유지방, 수분, 단백질로 이루어져 있다고 보면 됩니다. 시중에 유통되는 버터를 구입할 때는 무염이나 냉장유통되는 버터를 구매하세요. 그 색은 보통 하얗습니다. 노란색의 버터도 있는데 이 차이는 소젖인지, 양젖인지, 염소젖인지에 따라 다르기도 하고 식용색소 처리 때문에 다르기도 합니다. 우리가 흔히 버터로 알고 있는 제품 중 원재료를 들여다보면 가공버터인 경우가 있어요. 버터의 탈을 쓴 가공버터인 셈이지요. 합성물질이 들어가는 것이니, 유크림 100%를 보고 사는 것이 낫습니다.

제가 집에서 버터를 만들겠다고 했더니 남편이 "버터를 어떻게 집에서 만들 수가 있어?"라며 눈이 휘둥그레졌는데, 만드는 게 생각보다 어렵지 않아요. 필요한 건 오직 생크림뿐이랍니다. 우유에서 비중이 적은 지방분만을 원심분리하여 살균충전한 식품이 바로 생크림이잖아요. 결국 생크림도 가공유제품인 셈인데 그러므로 '휘핑크림'이라고 되어 있는 것이나 식물성 생크림이 아닌, 원유로 만든 동물성 생크림을 구입하도록 합니다.

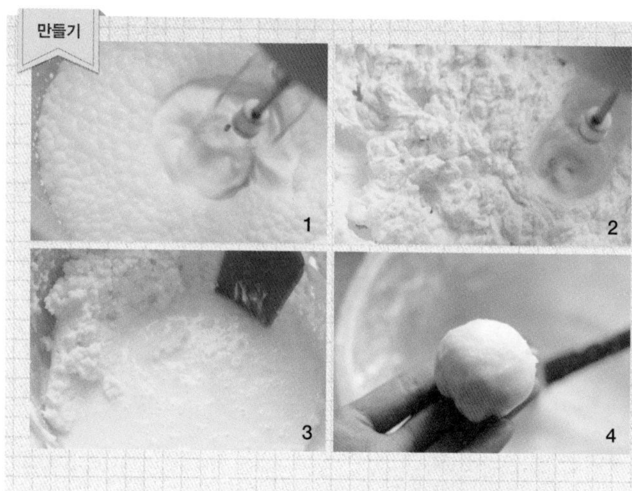

재료 | 생크림 500mL

❶ 생크림을 볼에 따르고, 휘핑을 시작한다.
❷ 점점 변화가 나타날 텐데 몽글몽글해진 뒤에도 더 휘핑한다.
❸ 그러면 액체가 생기는데 이 액체와 고체를 분리한다.
❹ 분리한 이 고체 형태가 바로 버터다. 지방질만 분리한 것이다.

Tip. 액체는 버터밀크Butter Milk라는 것인데 그냥 마셔도 되고, 베이킹을 할 때 사용하면 빵의 풍미가 정말 좋아요.

크림치즈

집에서 크림치즈 만들기 역시 굉장히 쉽습니다. 집에서 발효시킨 유산균 플레인 요거트만 있으면 돼요.

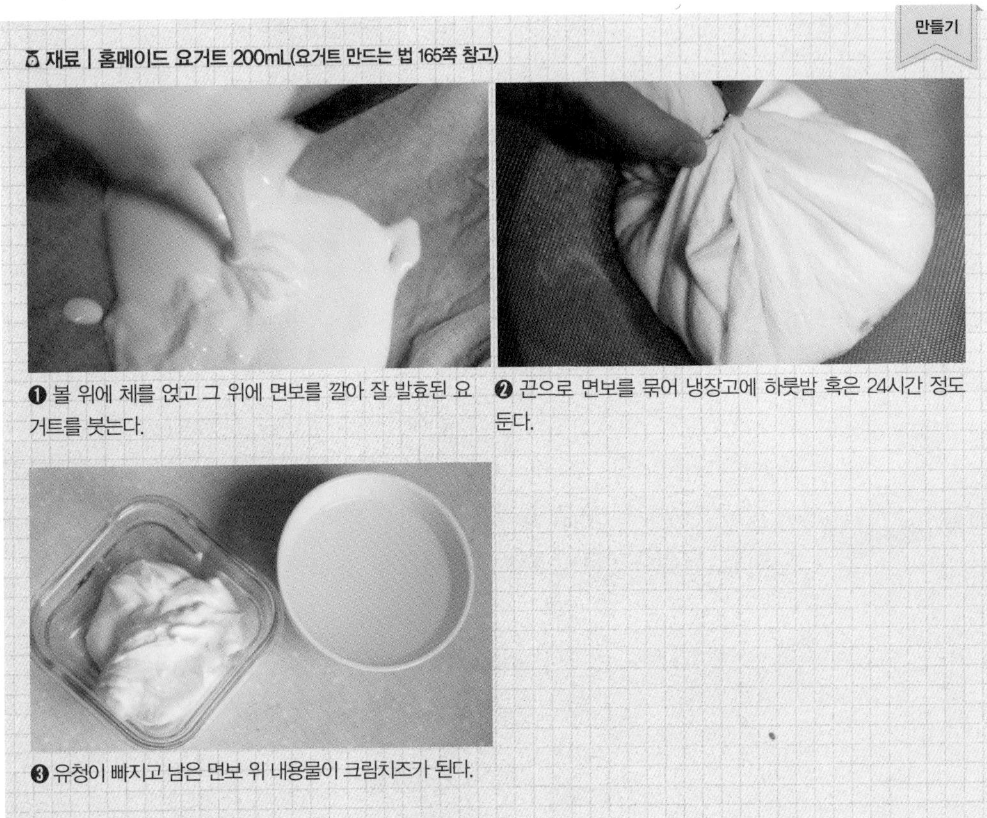

만들기

재료 | 홈메이드 요거트 200mL(요거트 만드는 법 165쪽 참고)

❶ 볼 위에 체를 얹고 그 위에 면보를 깔아 잘 발효된 요거트를 붓는다.

❷ 끈으로 면보를 묶어 냉장고에 하룻밤 혹은 24시간 정도 둔다.

❸ 유청이 빠지고 남은 면보 위 내용물이 크림치즈가 된다.

칼국수면(시금치칼국수)

칼국수면을 생협 등에서 사서 먹어도 좋겠지만 다음 레시피를 활용하여 만들어먹어도 좋아요. 특히 시금치칼국수의 경우 면 색깔도 예쁘고 더 맛있어요.

만들기

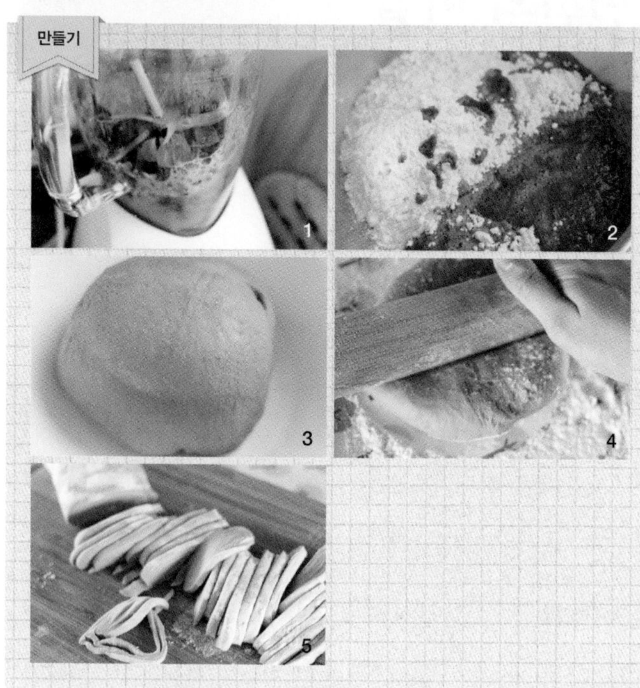

재료 | 시금치 100g, 물 180mL, 밀가루 400g, 현미유 1큰술

❶ 시금치는 물과 함께 믹서에 갈아낸다.
❷ 밀가루에 1번을 넣고 치대어 반죽한다.
❸ 반죽 도중 현미유도 약간 넣어 들러붙지 않게 한다.
❹ 밀대로 반죽을 얇게 밀어낸다.
❺ 얇게 밀어낸 반죽은 돌돌 말아서 일정한 간격으로 썰어낸다.

승아네 핸드메이드 식품 보관기한

보관방법	요거트	코티지치즈	버터	크림치즈
냉장	3일	3일	일주일	3일
냉동	비추천	비추천	한 달	비추천

15

아이가 잘 먹는 반찬의 비밀

'다지기'보다 '반달썰기'나 '채 썰기' '깍뚝 썰기' 등으로 손질하기

야채 본연의 질감을 아이가 느낄 수 있도록 해주세요. 아이가 소화하지 못할까 걱정된다면 얇게 썰어내어 무르게 잘 익히면 됩니다. 처음에는 뱉어낼지 모르지만 계속 시도하다 보면 아이도 익숙해져 오물오물 잘 씹게 돼요.

껍질째 조리하기

지금까지 가지라든가 애호박, 파프리카 등의 채소의 껍질을 벗겨내고 조리했는데 이유식 후기와 완료기에는 충분히 아이가 껍질을 소화해낼 수 있어요. 물론, 감자나 고구마, 연근, 우엉 등 어른 반찬을 만들 때도 벗겨 먹는 채소는 당연히 껍질을 벗겨 조리해야겠지요?

재료에 따라 다르게 손질하기

애호박은 반달썰기가 어울리고, 가지는 채를 썰거나 둥근 면을 살려 썰어내는 게 어울려요. 감자는 채 썰기나 깍둑 썰기, 무나 콜라비, 연근이나 우엉처럼 단단한 채소는 가늘고 얇게 썰어 조리하는 것이 좋습니다.

육수볶음하기

볶음요리나 나물요리를 하면 건강한 식재료가 들어간 반찬임에도 불구하고 오일을 쓰게 되니 아이에게 줄 때 신경이 쓰이더군요. 아이 반찬을 할 때는 특히 채소나 육류를 잘 익혀주어야 하기 때문에 오일만으로 조리하면 타기도 하고, 오일을 생각보다 많이 쓰게 됩니다. 그럴 때 육수를 사용해보세요. 육수를 채소의 양에 따라 적게는 50mL에서 많게는 100mL 정도로 자작하게 부어 물기가 흡수될 때까지 볶아내면 적절한 식감의 반찬이 완성됩니다. 간을 하지 않는 대신 멸치육수에 볶아내면 육수의 맛이 반찬에 잘 배게 됩니다.

저(무)수분요리하기

식재료 고유의 맛과 색, 영양을 최대한 살리는 저수분요리로 반찬을 만들어보세요. 물이나 오일 없이, 혹은 물(육수)을 평소 사용하던 양의 1/5 정도로 줄여서 약불에서 오래 익히면 재료에서 빠져나온 수분으로 조리할 수 있습니다. 열전도율이 높고 쉽게 식지 않는 스테인리스 팬을 사용하면 더 쉬워요.

오일 최소화하기

오일을 사용해 맛을 더 좋게 하고 싶다면, 채소를 넣어 볶기 전 오일을 넣고 살짝 달궈 양파나 마늘을 조금을 넣어 향을 낸 후 조리를 하거나 앞에서 말한 육수볶음이나 저수분요리를 한 뒤 살짝만 둘러 볶아주세요. 나물류의 반찬은 참기름으로 무쳐주거나 볶아낼 때 들기름 1/2작은술을 넣어 살짝 볶아내면 반찬이 더욱 고소해집니다.

소금(간장, 된장), 설탕 없이 맛내기

간을 절대 하면 안 된다거나 조미료 맛을 조금도 보여주지 말라는 것은 아니에요. 서서히 간에 적응하게 하는 것이 좋겠지요. 특히 24개월 이전 아기들에게는 최소한의 염분으로 반찬을 만들어주는 것이 좋아요. 그래서 승아의 반찬을 만들 때는 소금이나 간장, 된장, 설탕 등은 배제하고, 염분을 최소화한 다른 맛내기 방법을 생각해봤어요. 멸치육수로 볶아 멸치에서 우러나온 최소한의 염분만을 재료에 배게 한다거나 간장이나 된장 대신 감칠맛이 나는 채소인 토마토를 이용해 소스를 만들어 사용하기도 했지요. 혹은 바지락이나 게살, 새우 등 재료 자체에 염분이 있는 것들을 사용하면 아이의 구미를 당기게 하는 맛있는 반찬이 만들어집니다. 바다에서 온 재료들의 염분마저 최소화하고 싶다면 쌀뜨물에 담가두었다 사용해보세요.
설탕은 배나 사과 등 천연과일로 대체했습니다. 과일을 사용하지 않더라도, 아직 자극적인 맛에 길들여지지 않은 아기들은 익힌 채소의 달큰함만으로도 의외로 만족하고 좋아한답니다.

단순한 조리법 선택하기

승아의 반찬이나 특식이 뭔가 다양해보이지만 실은 조리법 자체가 화려하거나 어려운 것은 아니에요. 간식은 찌거나 굽는 방법을 주로 쓰고, 반찬을 만들 때는 볶거나 조려내는 방법이 주를 이루지요. 볶을 때는 주로 육수볶음으로 했고, 조려낼 때는 파프리카나 오이처럼 수분감이 많은 채소를 육수와 함께 갈아내어 쓰거나, 혹은 과일과 전분물로 탕수소스를 만들어 재료에 배도록 조려내기도 했어요.

오븐 활용하기

승아의 이유식과 반찬 전반에 걸쳐 아주 많이 사용되는 방법이 '오븐요리'인데요. 오븐은 재료의 수분이나 육즙이 빠지지 않으면서도 속까지 타지 않고 잘 구워낼 수 있어 요리하기도 편하고, 그래서인지 아이도 잘 먹어요. 저는 4년 전쯤 중고시장에서 산 전자레인지와 그릴 기능이 모두 있는 스팀오븐을 쓰고 있는데, 정말 잘 사용하고 있어요. 특히 이유식을 진행하면서는 더욱 활용을 잘하고 있지요. 만약 오븐이 없다면 저렴하고 작은 사이즈의 오븐을 구입해보길 추천합니다.

16

아이 반찬 만들기 팁

냉장고 정리하기

아이의 반찬을 어렵게 생각하지 마세요. 이 재료와 저 재료를 조합해야 이런 영양분이 나오고, 이 재료는 이 조리법이 어울리고 등을 생각하다 보면 엄마는 스트레스를 받을 수밖에 없잖아요. 그냥 쉽게 생각하세요. 냉장고 속 남은 채소를 모두 한데 넣어 볶거나 과일소스나 파프리카를 갈아 조려내어도 좋아요. 달걀물을 입혀 부쳐내는 것도 좋은 방법이지요.

성인식탁의 무염식을 생각하기

여러 재료들의 조합이 고민스러울 때는 성인용 반찬은 어떻게 해먹는지 떠올려보세요. 그래서 그 어떤 재료가 섞이면 좋은지 생각한 뒤 그 식탁의 축소판 무염버전 반찬을 만들어보는 거죠. 그러다 보면 성공하는 반찬, 실패하는 반찬도 생기고 아이가 어떤 조리법과 재료를 좋아하는지도 알게 된답니다.

제철재료 이용하기

육아휴직을 끝내고 워킹맘이 되고 나니 장보기가 쉽지 않더군요. 친환경 마트는 차를 타고 15분을 가야 해서 평소에는 인터넷 생협이나 한살림에서 장보기를 했어요. 부족한 것은 집 앞에 있는 농협 마트에 들리고요. 모두 유기농으로 해주면 좋겠지만 그리 쉬운 일은 아니지요. 저는 되도록 '국산'을 사는 것에 집중했고, 웬만하면 유기농숍에서 사려고 노력했습니다. 특별한 재료들(동물모양 파스타, 퀴노아, 오트밀 등)은 한국으로 직배송되는 아이허브 사이트를 이용했고요. 온라인 생협이나 한살림의 경우 해당 달에 제철인 상품을 메인화면에 소개해주고 있습니다. 제철재료가 무엇인지 알 수 있어 참 좋지요. 제철재료는 그 재료의 맛이 최고로 좋은 시기인데다가 신선하고, 영양가가 풍부해서 아이 반찬으로 제격입니다.

반찬거리는 미리 준비하기

저의 경우 승아가 잠들고 나면 육수를 우려내고, 내일 아침에 해줄 반찬거리를 준비합니다. 반찬에 사용하는 육수는 야채스톡이나 치킨스톡, 혹은 멸치육수 등을 사용해요. 사실 음식은 재료를 손질하는 데 많은 시간이 걸리잖아요. 조리 직전에 썰고 손질해야 맛이 더 좋겠지만 미리 저녁에 손질해두고 아침에 조리해도 괜찮습니다. 저는 다음날 메뉴를 미리 생각해두고 재료를 손질해서 밀폐용기에 담아놓은 뒤 아침에 육수로 물볶음만 해서 만들어두곤 합니다.

소스류는 주말에 준비하기

주말에 미리 소스류를 만들어두었다가 주중 요리에 활용해보는 것도 좋은 방법입니다. 단 시중에 판매되는 것만큼 보관기한이 길지 않으니 그주에 요리할 것들로 준비하면 좋겠지요(소스 만들기 및 보관기한 164쪽 참고).

관심 가지기

저는 원래 요리에 대한 관심이 아주 많았어요. 승아를 낳기 전에도 그랬고, 낳고 나서는 더 많아졌지요. 식당에 갔다가 맛있는 요리를 먹게 되면 맛을 기억해두었다가 조리법도 찾아보고 집에서 만들어보곤 한답니다. '나는 요리를 정말 싫어해' '내가 만든 건 정말 맛없어'라고 시도조차 안 하기보다 '해볼까?' '그래 나도 해보자' 하고 간단한 레시피부터 도

전해보세요. 아이가 잘 먹고 또 그 모습을 보면 뿌듯해지고 그러면서 또 시도해보는 등 어느덧 실력이 쌓일 거예요. 요리의 즐거움을 느껴보길 바랍니다. 그래도 너무 싫고 만드는 것 자체가 스트레스라면 좀 더 간단한 음식에 도전해보세요. 단순히 약간의 오일에 채소를 버무려 오븐에 구워낸다거나 고구마나 감자를 쪄서 으깨어 요거트에 비벼 샐러드를 만든다거나 다짐육을 사서 동그랗게 성형해 달걀물을 입혀 전을 부쳐준다거나 하는 것들 말이죠. 처음에는 복잡하고 시간이 오래 걸릴지 몰라도 숙달이 되면 순서에 맞게 척척해내게 될 거예요.

일상 반찬은 간단하게 만들기

승아에게 해준 특식은 재료 준비나 과정이 복잡합니다. 저도 특식을 해줄 때는 준비 과정이 길어서 틈이 날 때마다 준비하곤 했어요. 혹은 아버님이 아기를 봐주거나 승아의 사촌언니들이 와서 놀아줄 때를 찬스로 활용하기도 했어요. 특식은 말 그대로 특식입니다. 매일 반찬이 아니에요. 일상 반찬은 냉장고에 두었다 먹어도 맛이 크게 다르지 않은 나물이나 볶음류, 구하기 쉬운 채소로 간단하게 육수볶음해주세요. 엄마 스스로 지치면 안 되겠지요?

Mom says...

이유식을 진행하며 승아에게 정말 많은 종류의 특식을 해주었는데요. 블로그를 통해 참고가 된다는 여러 댓글에 힘을 얻어 더 열심히 만들곤 했어요. 아이에게 이토록 다양한 음식을 해줄 수 있다는 것을 보여주고 싶은 욕심도 생겼지요. 책 속 대부분의 특식 레시피는 유아식에서도 100% 활용할 수 있어요. 이유식으로 끝나는 것이 아니라 아이가 커서도 활용하면 좋을 레시피들이에요. 내 손으로 만든 음식으로 내 아이를 키우는 행복한 경험을 해보세요.

17

이유식 만들기 노하우

딱 정량대로 해야 하나요?

초기나 중기까지 쌀을 갈아서 미음이나 죽을 만들 때는 정량의 레시피를 맞춰왔습니다. 하지만 진밥 형태의 이유식 레시피는 사실 '정량'이 없어요. 책 속 레시피 분량도 모두 이 정도면 된다고 제안하는 것이지 딱 이렇게 넣어야 한다고 말하는 건 아니에요. 이유식은 그때마다 아이들이 먹는 만큼 조리하여 먹이면 됩니다. 적정선을 써놓긴 했지만 단정 짓는 건 아니에요. 남아도 괜찮다는 생각으로 만들어보세요.

재료 손질법을 반드시 따라야 하나요?

재료 손질법은 이유식뿐 아니라 어떤 요리든지 집집마다 다를 수 있잖아요. 제가 제안하는 방법은 그저 하나의 방법으로 받아들여주세요. 채소를 먼저 끓는 물에 데치고 다시 조리하는 것은 잘 익지 않거나 질길 수 있는 경우 그렇게 했어요. 또한 미리 익힌 뒤에 손질한 것이 더 손질이 쉬운 재료들도 있었어요. 연근과 애호박처럼 익는 데는 시간의 차이가 나는 재료들은 단단한 야채를 먼저 익히기도 했고요.

또, 재료마다 조금씩 손질법을 다르게 했습니다. 새우를 썰지 않고 다져서 넣는 것은 아이가 먹을 때 질긴 식감을 불편해하여 씹지 못하고 삼켰기 때문이고, 후기 이유식에 쌀이 아닌 진밥을 하여 했던 건 조리시간을 단축하기 위함이었지요. 하나의 방법이라고 생각해주세요.

재료는 언제까지 묵혀둘 수 있나요?

냉동되어 있던 재료를 쓰거나 냉장고에 너무 오래 두었던 재료를 사용하는 것은 당연히 싱싱한 재료를 썼을 때보다 좋지 않겠지요. 아이 이유식 조리 후 남은 음식은 어른들의 음식으로 사용하여 한 달 이상 냉동하거나 일주일 이상 냉장고에 방치해놓지 않도록 되도록 빨리 사용하는 게 좋습니다. 재료에 따라 아이 간식에 활용하는 것도 좋습니다.

농도 조절은 어떻게 하나요?

이유식을 만들다 보면 너무 되게 느껴지거나 너무 질게 느껴질 때가 있지요. 질지 않게 조리하려면 조리과정에서 신경을 쓸 수밖에 없습니다. 육수의 양을 줄인다든지 중기나 후기 이유식 진행 중이라면 채소를 먼저 익히고 나중에 밥을 넣는다거나 해서 말이지요. 반대로 되게 만들어졌고, 또 냉장보관이나 냉동보관을 하여 재가열하였을 때 심하게 되게 되었다면 먹이기 전에 물을 조금 넣어 섞어주어도 됩니다. 레시피에 육수(물)의 양에 너무 얽매이지 마시고요.

어떻게 하면 만드는 시간을 단축시킬 수 있나요?

저는 초기 이유식을 할 때 재료를 갈아서 얼려두었다가 당일 조리하는 방법으로 했습니다.
중기 때는 갈아낸 쌀과 채소, 고기, 식힌 육수를 함께 밀폐용기에 넣어두고 조리하는 방법을 사용했어요.

후기 이유식으로 가서는 야채만 손질해두었다가 당일 조리하였습니다. 후기 이유식을 할 때에는 진밥까지 따로 해야 하는데 아침에 일어나자마자 밥을 하고, 손질된 재료를 꺼내어 진밥을 짓는 식이었어요. 고기는 전날 끓여 만들어진 육수에 덩어리째 넣어두었다가 이유식 만들 때 손질하여 넣습니다.
고기완자 등은 이렇게 전날 만들어두고 밀폐용기에 담아 냉장고에서 숙성시켜도 좋겠지요.

특식을 만들어줄 때에는 보통 먹이기 직전에 만드는 것이 좋기 때문에 식단 중에서도 점심식사에 특식을 넣었어요. 재료는 전날 손질하고 조리는 승아의 낮잠시간에 맞춰서 하고요. 어려운 것 같지만 포인트는 재료는 미리 손질해두고 조리를 하는 것입니다.

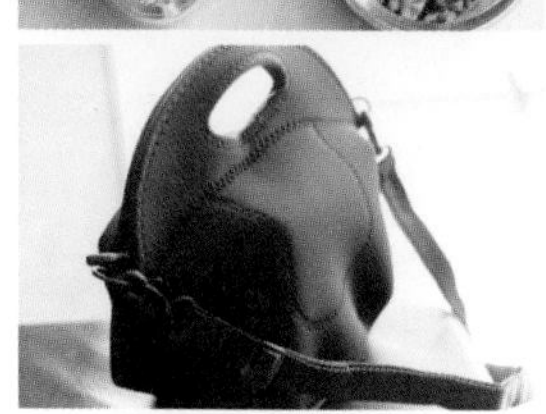

여행을 할 때는 어떻게 하면 좋을까요?

이유식을 진행하다 보면 특수한 상황에 놓일 때가 종종 있지요. 여행을 간다거나 하루 종일 바쁜 날이라든가……. 이럴 때는 미리 만들어두고 냉장 또는 냉동을 해놓고 해동해서 먹여야 하겠지요. 특히 더운 여름날에는 잘 얼려서 가져가야 합니다.
후기나 완료기에는 여행할 때 가져가기 좋은 레시피로 미리 만들어 여행을 가는 것도 하나의 방법입니다. 그럼 승아가 여행갈 때 챙겨갔던 여행용 이유식은 다음과 같습니다.

버섯콩나물야채밥 | 밥에 소스만 얹어 비벼먹는 거라 간단해요(678쪽 참고).

삼색밀쌈말이 | 숟가락 없이도 하나씩 집어먹어 간단히 끼니를 해결했어요(794쪽 참고).

멸치김주먹밥 | 맛이 좋아 잘 먹기도 하고, 김을 두르니 끈적하지 않아 좋았어요(687쪽 참고).

바지락죽 | 죽만큼 간단한 게 없겠죠. 전복죽 맛이 나는 꿀맛 죽입니다(708쪽 참고).

파인애플어묵볶음밥 | 볶음밥도 추천메뉴예요. 간단하고 아이가 좋아하니까요(692쪽 참고).

라이스크로켓 | 크로켓 종류도 영양보충과 간단함을 모두 충족시키는 좋은 요리예요(766쪽 참고).

꼬마김밥 | 작은 김밥 몇 개면 외출시 보채지도 않고 잘 먹어요(694쪽 참고).

이 외에도 이 책의 레시피에는 여행에 좋은 이유식이 많아요. 전복내장볶음밥, 감자게살진밥 프리타타(혹은 시금치 토마토 프리타타), 깨주먹밥, 삼색주먹밥, 카레라이스, 오니기리, 밥크로켓, 두부랑땡밥전 등 추천해요. 외출식 키워드는 '먹기 간단하고' '손에 묻지 않고' '한 그릇 음식' 등으로 정리해볼 수 있습니다.

18

쉽게 만드는 이유식 1
(쌀가루, 쌀알 이유식)

시판되는 쌀가루는 초기, 중기 1단계, 중기 2단계가 있습니다. 이를 이용해서 이유식을 만들어보았어요. 중기부터는 쌀가루를 잘 불려서 사용해주세요. 후기는 진밥이 아닌 쌀알로 했을 때의 레시피를 소개합니다. 참고로 두 끼 분량으로 늘려서 만들려면 물 양을 좀 더 잡는 게 좋습니다. 이를테면 쌀가루 12g을 하게 되면 물을 250~270mL쯤 잡아야 합니다. 조리하기에 더 편할 거예요.

초기 쌀가루 이유식

	쌀가루	고기	채소	물
첫째 달 (한 끼 기준)	6g	5g	5g	120mL
둘째 달 (한 끼 기준)	8g	8g	10g	160mL

만들기

❶ 쌀가루 6g을 계량합니다.

❷ 물 120mL 중 50mL를 먼저 넣어 잘 개어줍니다. 이때 찬 물을 사용하세요. 고기를 넣을 때도 마찬가지예요. 처음 붓는 물은 늘 찬물을 사용하도록 합니다. 따뜻한 물을 쓰면 개어지기 전에 익어서 재료가 뭉치게 됩니다.

❸ 잘 개어지면 센불에 올려서 끓입니다. 끓이는 동안 잘 저어주세요. 거품이 일어나면서 끓기 시작하면 중불로 줄여서 다시 몇 분간 끓입니다.

❹ 5분 정도 끓이면 풀처럼 눅진해집니다. 그러면 나머지 물 70mL를 부어 개어가며 끓여주세요.

❺ 3~5분 정도를 끓이고 나면 미음이 조금씩 투명해지며 쌀가루가 잘 익어요. 그러면 불에서 내려 식혀줍니다.

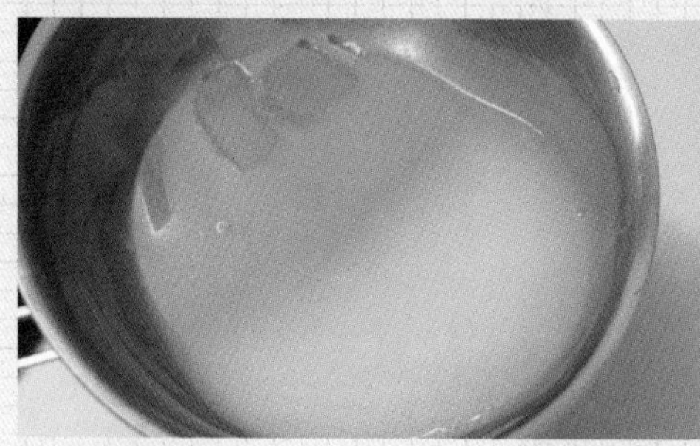

❻ 쌀미음은 너무 묽거나 너무 되지 않게 약간 흐르는 질감이면 적당합니다.

❼ 체에 걸러줍니다. 고기나 채소를 첨가한 경우 체에 거르는 일이 어려운데, 숟가락으로 눌러주면 잘 빠져나갑니다. 고기가 체 위로 많이 남게 된 경우 체에 거르기 위해 으깨는 동안 고기 입자가 작아졌기 때문에 함께 넣어주어도 됩니다.

중기 쌀가루 이유식

	불리기 전 쌀가루	고기	채소	물
첫째 달 (한 끼 기준)	8~10g	10g	15g	120~150mL

만들기

❶ 물 100mL에 재료를 넣고 개어준 뒤 끓입니다.
❷ 눅진하게 끓어오르고 쌀알이 투명하게 익으면 중불로 줄입니다.
❸ 물을 20~50mL 추가로 넣어가며 재료가 푹 익을 때까지 충분히 시간을 두고 익혀주세요.
❹ 완성!

	불리기 전 쌀가루	고기	채소	물
둘째 달 (한 끼 기준)	12~15g	10g	20~25g	170~200mL

만들기

❶ 물 100mL에 재료를 넣고 개어준 뒤 끓입니다.
❷ 눅진하게 끓어오르고 쌀알이 투명하게 익으면 중불로 줄입니다.
❸ 물을 70~100mL 추가로 넣어가며 재료가 푹 익을 때까지 충분히 시간을 두고 익히세요.
❹ 완성!

후기 쌀알 이유식

	불리기 전 쌀	고기	채소	물
첫째 달 (한 끼 기준)	15g	10~15g	25g	140mL
둘째 달 (한 끼 기준)	18g	15g	30g	150mL

❶ 물 100mL에 재료를 넣고 강불에서 5~6분 정도 끓이세요.
❷ 쌀알이 살짝 익고 물이 없어진 상태가 될 거예요.
❸ 물 40~50mL를 추가로 넣고 중불에서 5분 정도 저어가며 끓이세요. 익었는지 확인하고 불에서 내립니다.
❹ 완성!

19

MOM 이유식 따라잡기

쉽게 만드는 이유식 2 (큐브 이유식, 무계량 이유식)

큐브를 만들어 놓으면 일주일간 여러 가지 다른 메뉴로 끼니를 완성할 수 있다는 장점이 있습니다. 또한 계량을 하지 않아도 만들 수 있지요. 큐브를 구매한 뒤 대략 큐브 하나당 채소 무게, 고기 무게를 재서 감을 잡고 그에 맞춰 '몇 그램'이 아닌 '큐브 몇 개'로 레시피를 진행하는 거예요. 이유식이 훨씬 쉬워집니다. 얼린 큐브는 10~15일 안에 사용하세요.

채소 큐브 만들기

❶ 채소를 다듬어서 큐브에 나눠 담고 물을 자박하게 부어줍니다. 너무 가득 채우지는 마세요.

❷ 얼린 큐브는 용기에 옮겨 담은 뒤 사용합니다.

고기 큐브 만들기

만들기

고기는 손질하고 다진 뒤 큐브를 만드세요. 다진 고기를 샀을 경우에는 바로 큐브로 만들어두세요. 다진 고기일수록 부패 속도가 빠릅니다.

• 초중기 이유식 고기 큐브

초중기에는 덩어리 고기를 사다가 집에서 갈아 쓰는 게 좋아요. 정육점에서 갈아진 것을 쓸 수도 있겠지만 아무래도 어떤 부위에서 지방을 어느 만큼 제거하고 만드는지 모르니까요. 아무리 부위가 설도, 안심 등으로 정해져 있다 하더라도 지방은 모두 제거하지 않을 수도 있어요.

미니믹서나 그냥 일반 믹서기로는 고기 갈기가 쉽지 않아요. 고기는 푸드프로세서로 갈면 잘 갈립니다. 단 이 방법은 초중기에만 유효해요. 중후기에는 입자를 서서히 늘려주어야 하기 때문입니다.

• 중후기 이유식 고기 큐브(방법1)

중후기 때는 1회분을 덩어리로 소분해서 쓸 때마다 삶아 써보세요. 한 끼, 혹은 한 번에 끓일 만큼만 덩어리로 잘라 소분하여 큐브를 만들고, 이유식을 만들 때마다 끓여서 건져내고 이유식에 다져서 넣는 방법이에요. 이 방법의 장점은 육수를 따로 얼리지 않아도 된다는 거예요. 어차피 생고기를 삶았을 때 나오는 물이 육수니까요.

• 중후기 이유식 고기 큐브(방법2)

생고기를 썰어서 큐브를 만들 수도 있어요. 생고기를 채 썰고 다지는 방법이지요. 얼려서 큐브로 만들고 이유식을 만들 때마다 꺼내어 녹여 쓰는 거죠. 장점은 육수를 별도로 얼리지 않아도 된다는 거예요. 단점은 썰기 힘들고 입자의 크기가 잘 확인되지 않아 들쑥날쑥해진다는 점이에요.

• 중후기 이유식 고기 큐브(방법3)

덩어리째 삶아서 육수와 고기를 소분하여 큐브를 만드는 방법도 있습니다. 압력솥으로 덩어리 고기를 삶아서 이유식 시기에 맞는 크기로 손질하여 큐브를 만드는 것이지요. 제가 이 방법을 추천하는 이유는 오래 푹 삶아야 연해지는 소고기가 압력솥에 조리하고 나니 시간도 단축될뿐더러 엄청 연하고, 핏물을 안 빼도 누린내가 나지 않고 불순물이 없더라고요(정확하게 말하자면, 불순물이 압력솥의 뚜껑과 옆면에 들러붙더군요).

고기를 압력솥에 넣어 강불에 조리하는데(전기레인지는 강불, 가스레인지는 중불 정도), 압력솥 추가 오르고 나서도 10~15분 정도를 그대로 더 가열합니다. 불 줄이지 않고요. 그리고 불에서 내리면 됩니다. 만약 누린내가 걱정이 되면 핏물을 제거한 뒤 하면 돼요.

육수와 고기를 식힌 뒤에, 썰고 다진 뒤 큐브로 만들어주세요. 삶은 고기는 생고기에 비해 그램수가 줄어들어요. 예를 들면 10g의 소고기를 삶으면 7g이 되는 수준이지요. 그러므로 레시피에 소고기가 10g이라면 삶은 고기는 7g 정도로 맞춰 넣으면 됩니다. 고기를 넣고 육수를 찰랑하게 부어주세요. 남은 육수도 큐브로 만든 뒤 쓸 때마다 꺼내면 됩니다.

큐브로 이유식 만들기

❶ 고기와 채소 큐브는 각각 물에 담가 해동시킵니다. 해동할 때는 냉장해동해주세요. 실온 자연해동은 세균번식의 위험이 있습니다.

❷ 채소의 경우 조리할 때 넣어도 괜찮지만 쌀과 고기는 얼린 상태로 넣으면 절대 안 됩니다. 뭉친 상태에서 익어버리기 때문이지요. 꼭 해동 과정을 거친 뒤 조리 전에 잘 풀어주세요.

20

쉽게 만드는 이유식 3 (압력밥솥 이유식)

압력밥솥을 이용하면 가장 빠르고 쉽게 이유식을 만들 수 있습니다. 물론 초기 이유식부터 만들 수는 있지만 중기부터 사용하길 권합니다. 초기를 하기에는 양이 너무 적어서 밑바닥이 탈 수도 있고, 오히려 냄비 이유식보다 번거로울 수 있습니다. 그러나 압력밥솥 이유식은 완성되었을 때 물이 부족하면 좀 더 넣고 압력솥 그대로 더 끓여주고, 물이 많으면 그대로 더 끓여 수분을 날려주면 되기 때문에 편리합니다.

초기 압력밥솥 이유식

	쌀가루	고기	채소	물
첫째 달 (네 끼 기준)	28g	20g	20~30g	150mL
둘째 달 (네 끼 기준)	30g	32g	40g	200mL

만들기

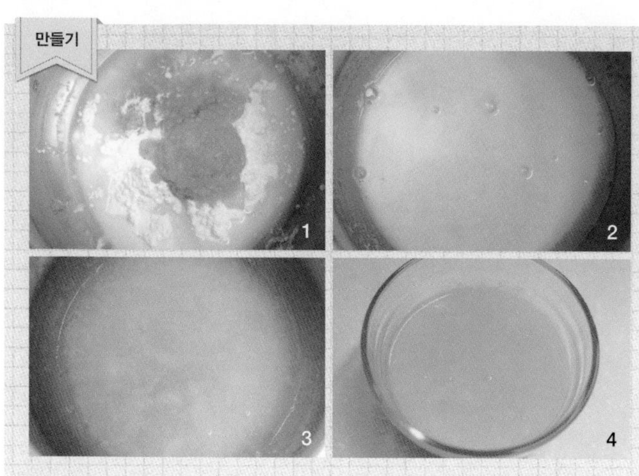

❶ 쌀가루와 채소, 분량의 물을 넣습니다.
❷ 잘 저어 불에 올립니다.
❸ 추가 오를 때까지 중불에 두었다가 추가 조금씩 움직이기 시작하면 바로 약불로 줄여 2분 정도 가열합니다. 뜸이 들면 꺼내어 저어주세요.
❹ 완성!

중기 압력밥솥 이유식

	불리기 전 쌀가루	고기	채소	물
첫째 달 (세 끼 기준)	35g	30g	45g	245mL

만들기

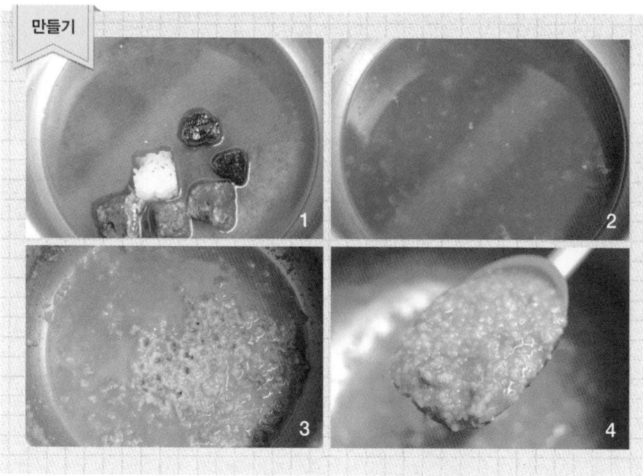

❶ 쌀가루와 채소, 분량의 물을 넣습니다.
❷ 고기와 쌀이 잘 풀어지게 한 다음 불에 올립니다.
❸ 추가 오를 때까지 강불로 끓이다가 추가 오르기 시작하면 바로 약불로 줄여서 2분 정도 가열합니다.
❹ 뜸이 들면 꺼내어 잘 휘저어주세요.

	불리기 전 쌀가루	고기	채소	물
둘째 달 (세 끼 기준)	45g	30g	60~75g	280mL

만들기

❶ 쌀가루와 채소, 분량의 물을 넣습니다.
❷ 고기와 쌀이 잘 풀어지게 한 다음 불에 올립니다.
❸ 추가 오를 때까지 강불, 추가 오르기 시작하면 바로 약불로 줄여 3분 정도 가열합니다.
❹ 뜸이 들면 꺼내어 잘 휘저어주세요.

후기 압력밥솥 이유식

	불리기 전 쌀	고기	채소	물
첫째 달 (세 끼 기준)	50g	35g	75g	210mL
둘째 달 (세 끼 기준)	60g	45g	90g	250mL

만들기

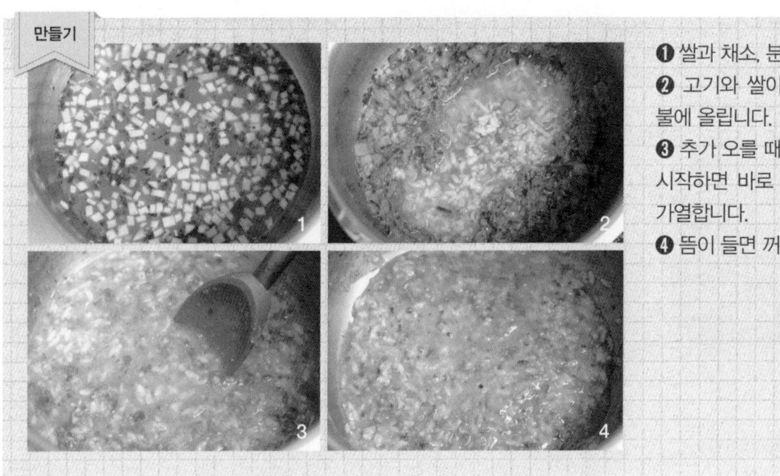

❶ 쌀과 채소, 분량의 물을 넣습니다.
❷ 고기와 쌀이 잘 풀어지게 한 다음 불에 올립니다.
❸ 추가 오를 때까지 강불, 추가 오르기 시작하면 바로 약불로 줄여 4분 정도 가열합니다.
❹ 뜸이 들면 꺼내어 잘 휘저어주세요.

21

쉽게 만드는 이유식 4
(오쿠 이유식)

조리시간이 길지만 서있지 않아도 되고 압력으로 조리하여 맛있고 조리할 때 물을 많이 쓰지 않아도 되는 저수분 방법이라 좋습니다. 가장 중요한 건 설거지가 나오지 않는 착한 방법이라는 거죠. 수분이 많이 필요한 이유식 재료(고구마나 단호박 등)가 있는 반면 재료 자체의 수분이 많이 나오는 것(무나 양파 등)도 있기 때문에 항상 같은 물 양으로 하면 다른 점도가 나옵니다.

오쿠 이유식

만들기

❶글라스락 하나를 넣습니다.
❷ 그 위로 한 개를 교차하여 포개어주세요.
❸ 내솥 아래 물을 채우고 약죽 또는 보양밥 기능에서 1시간 30분을 설정해 주세요.
❹ 시간이 되어 열어보면 미완성처럼 보이지만 저어보면 푹 잘 익은 상태라는 것을 알 수 있어요.

초기 오쿠 이유식

	불리기 전 쌀가루	고기	채소	물
첫째 달 (한 끼 기준)	7g	5g	5~10g	45mL
둘째 달 (한 끼 기준)	8g	8g	10g	50mL

만들기

❶ 쌀가루를 물에 잘 풀어서 오쿠에 넣어줍니다.
❷ 완성!

중기 오쿠 이유식

	불리기 전 쌀가루	고기	채소	물
첫째 달 (한 끼 기준)	8~10g	10g	15g	50~60mL
둘째 달 (한 끼 기준)	12~15g	10g	20~25g	60~80mL

만들기

❶ 재료들을 물에 잘 풀어서 오쿠에 넣어줍니다.
❷ 완성!

후기 오쿠 이유식

	불리기 전 쌀	고기	채소	물
첫째 달 **(한 끼 기준)**	15g	10~15g	25g	50mL
둘째 달 **(한 끼 기준)**	18g	15g	30g	55mL

만들기

❶ 재료들을 물에 잘 풀어서 오쿠에 넣어줍니다.
❷ 완성!

22

쉽게 만드는 이유식 5
(푸드 프로세서 이유식)

푸드 프로세서는 중후기로 가면서 좀 더 편한 이유식을 하고 싶은 분들에게 추천합니다. 사실 재료가 균일하게 손질되는 게 아니라서 아이가 느끼는 식감, 질감, 입자 크기가 균일하지 않다는 단점이 있지만 주부에게는 이보다 편한 것을 찾기 어렵지요.

잎채소 이용하기(시금치)

잎채소를 갈아낼 때는 깨끗하게 세척한 뒤 별도 손질없이 뿌리를 제외한 나머지 부분만 잘라 넣으면 됩니다.

푸드 프로세서

손으로 칼질

단단한 채소 이용하기(단호박)

깨끗하게 세척한 뒤 껍질을 벗기고 대충 썰어 넣으세요.

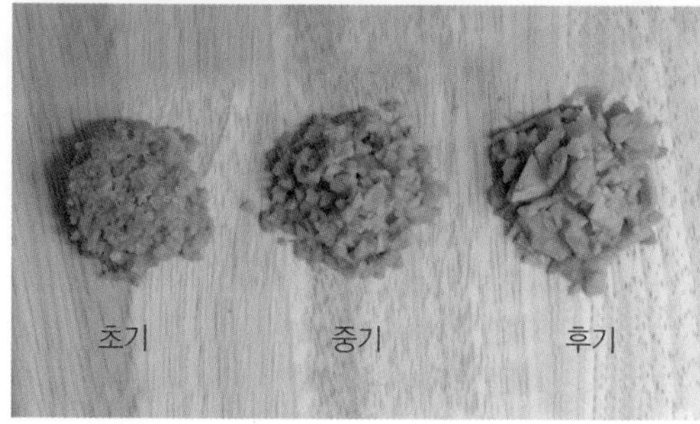

푸드 프로세서

손으로 칼질

MOM 이유식 따라잡기

이유식 식단 짜기

식단에 구애받으며 이유식을 만들 필요는 없습니다. 있는 재료를 섞어 먹이면 되겠지요. 책 속에는 권장 스케줄을 실어놓긴 했지만, 반드시 따를 필요는 없어요. 메뉴가 생각 나지 않을 때 참고용으로만 사용하길 바랍니다.

그렇다면 식단을 만들면 어떤 점이 좋을까요? 일단 영양소를 고르게 균형 있게 줄 수 있습니다. 주먹구구식으로 재료를 섞다 보면 겹치면 좋지 않은 재료나 일주일에 제한량을 두어야 할 재료들(이를 테면 콜레스테롤이 걱정되는 달걀이라든지), 하루에 제한을 두어 섭취해야 할 재료들(간식으로도 사용될 수 있는 과일이나, 치즈 등)을 너무 많이 먹이게 될 수도 있어요. 혹은 탄수화물만 있거나 채소만으로 이루어진 식사를 하게 할 수도 있지요. 물론 가끔은 괜찮겠지만 매끼니마다 같은 것을 먹이거나 며칠간 같은 것을 먹게 하여 생길 수 있는 문제 때문에 식단이 있으면 좋습니다.

아이에게 고른 영양소를 먹인다는 건 정말 좋은 일이잖아요. 상황이 여의치 않다면 2~3일치 정도를 조리하여 냉장 또는 냉동보관하여 먹이세요. '어제는 달걀을 먹었으니 앞으로 며칠은 달걀을 식단에서 빼자' 등의 생각은 필요합니다.

이유식 식단 및 스케줄의 장점

식단이나 스케줄을 미리 만들어놓고 이유식을 진행하면 그 나름의 장점이 있어요.

첫째, 엄마 나름대로 현명한 장보기를 할 수 있습니다.

이유식에 쓰이는 양은 아주 적어서 한 번 사두었을 때 최대한 소진하는 것이 좋아요. 성인의 요리에 사용한다면 좋겠지만, 손이 잘 가지 않는 재료일 수 있지요. 그럴 땐 식단 스케줄을 짤 때 그런 재료들을 3~4일 동안 배치하면 됩니다.

둘째, 아이가 과하게 섭취하지 않았으면 하는 재료들을 중복해서 자주 사용하는 것을 막을 수 있습니다.

이를테면 생각 없이 그때그때 만들어 주다 보면 과일을 첨가한 이유식+과일간식+과일주스 등으로 당도 있는 과일을 중복해서 계속 먹이게 될 수 있습니다. 미리 스케줄을 짜두면 이럴 일은 없겠지요.

셋째, 식재료 첨가 간격을 눈으로 확인할 수 있습니다.

이유식을 만들다 보면 정신도 없고, 많은 것들이 헷갈리게 되잖아요. 미리 스케줄을 만들어 두면 실수를 방지할 수 있습니다.

스케줄을 짜고, 첨가할 재료를 체크하는 일은 생각보다 시간도 많이 걸리고 꽤나 피곤한 일입니다. 그러므로 스케줄을 짜거나 재료를 체크하는 일에 너무 애쓰지 않기를 바랍니다. 지레 지쳐버릴 수 있으니까요. 꼭 표를 만들고, 예쁘게 기록을 해두는 것만이 능사는 아닙니다. 이 책을 활용하여 미리 체크만 해두어도 좋고, 이유식 수첩을 만들어서 어제오늘 뭘 먹었는지 내일과 모레는 무엇을 먹여볼 것인지 메모 정도만 해도 큰 도움이 될 거예요.

초기 이유식 추천 스케줄

[첫째 달]

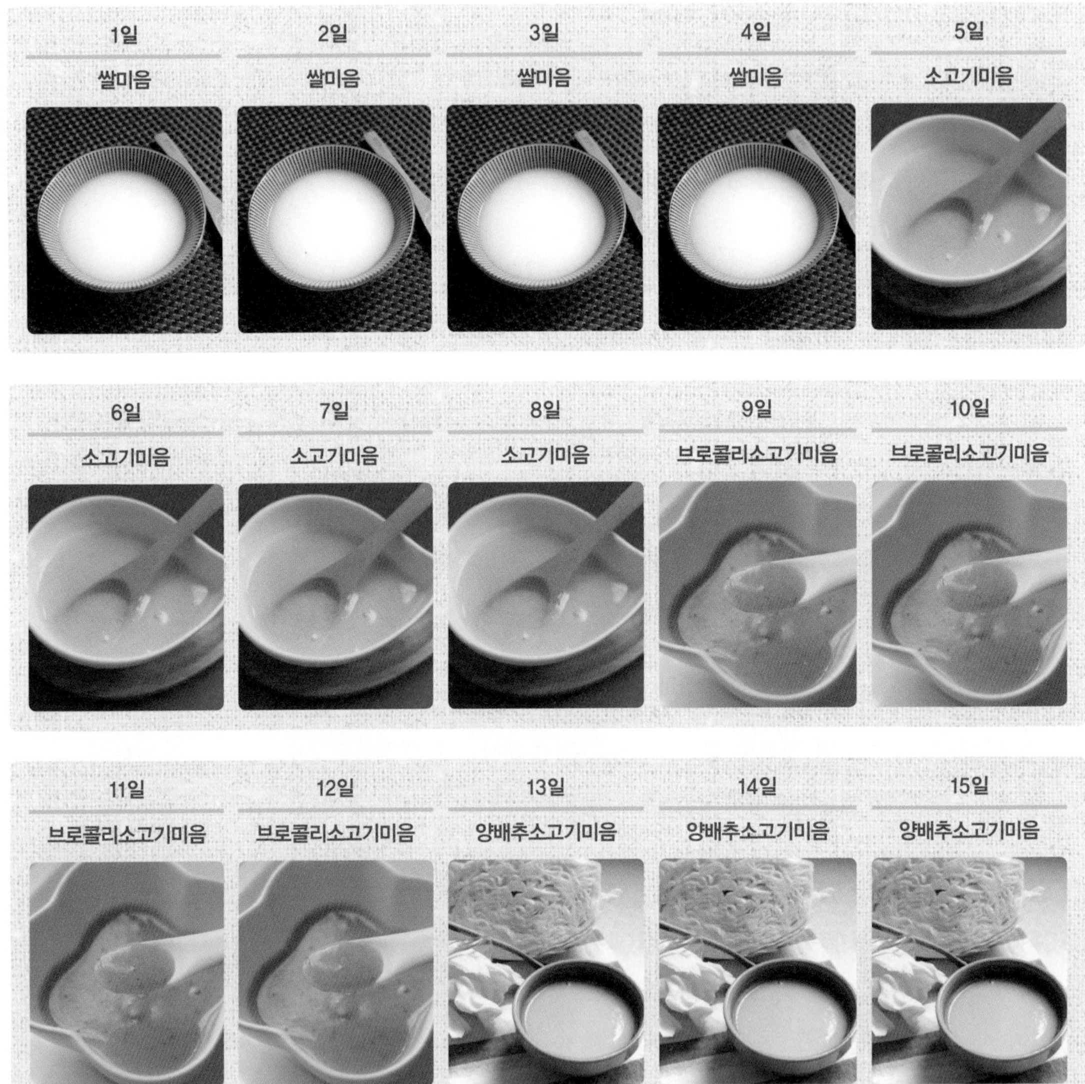

16일
양배추소고기미음
17일
애호박소고기미음
18일
애호박소고기미음
19일
애호박소고기미음
20일
애호박소고기미음
21일
완두콩소고기미음
22일
완두콩소고기미음
23일
완두콩소고기미음
24일
완두콩소고기미음
25일
오이소고기미음
26일
오이소고기미음
27일
오이소고기미음
28일
오이소고기미음
29일
양배추브로콜리소고기미음
30일
양배추브로콜리소고기미음

초기 이유식 추천 스케줄

[둘째 달]

1일	2일	3일	4일	5일
비타민양배추 소고기미음	비타민양배추 소고기미음	비타민오이 소고기미음	비타민애호박 소고기미음	단호박소고기미음
–	–	–	–	–

6일	7일	8일	9일	10일
단호박소고기미음	단호박소고기미음	단호박완두콩 소고기미음	콜리플라워단호박 소고기미음	콜리플라워단호박 소고기미음
–	–	–	–	–

11일	12일	13일	14일	15일
콜리플라워완두콩 소고기미음	콜리플라워애호박 소고기미음	콜리플라워오이 소고기미음	감자소고기미음	감자소고기미음
-	사과퓨레	사과퓨레	사과퓨레	사과퓨레

16일	17일	18일	19일	20일
감자브로콜리 소고기미음	감자완두콩 소고기미음	감자애호박 소고기미음	감자비타민 소고기미음	청경채완두콩 소고기죽
사과퓨레	강판에 갈아낸 사과 생과일	배퓨레	배퓨레	배퓨레

21일	22일	23일	24일	25일
청경채완두콩 소고기죽	청경채배 소고기죽	청경채콜리플라워 소고기죽	청경채양배추 소고기죽	청경채오이 소고기죽
배퓨레	사과퓨레	자두퓨레	자두퓨레	강판에 갈아낸 자두 생과일

26일	27일	28일	29일	30일
브로콜리 닭고기죽	단호박비타민 소고기죽	노른자브로콜리 소고기죽	노른자콜리플라워 소고기죽	노른자애호박 소고기죽
감자오이퓨레	닭안심배퓨레	닭안심비타민퓨레	감자양배추퓨레	감자콜리플라워퓨레

비타민·양배추·소고기미음

8배죽

비타민은 원래 '비타민채'가 정식 명칭인데 '다채'라고도 합니다. 쌈채소로 많이 쓰이지요. 다채는 비타민A와 수분이 풍부한 채소예요. 또한 철분과 칼슘 등의 영양분이 풍부한 녹황색 채소이기 때문에 초기 재료로 좋습니다. 줄기 부분은 아이가 먹기에 질길 수 있으니 잎 부분만 잘라내어 사용합니다.

178

재료
- 불린 쌀 15g
- 소고기 5g
- 비타민 10g
- 양배추 10g

만드는 법

1. 비타민은 잎만 잘라내어 끓는 물에 살짝 데친다.
2. 데친 비타민은 건져내어 잘게 다진 뒤 절구에 빻는다.
3. 양배추는 잎 부분만 끓는 물에 살짝 데쳐 잘게 다진 뒤 절구에 빻는다.
4. 갈아낸 쌀에 육수 120mL를 붓고 끓여주다가 삶아서 다진 소고기와 2~3번의 재료를 넣고 5~7분 정도 중불에서 잘 끓여준다.
5. 4번을 체에 걸러준다.

비타민·오이·소고기미음

[재료] ㅁ불린 쌀 15g ㅁ소고기 5g ㅁ비타민 10g ㅁ오이 10g

오이는 껍질을 벗기고 강판에 갈아 **비타민·양배추·소고기미음** 순서에 맞춰 양배추 대신 넣는다.

179

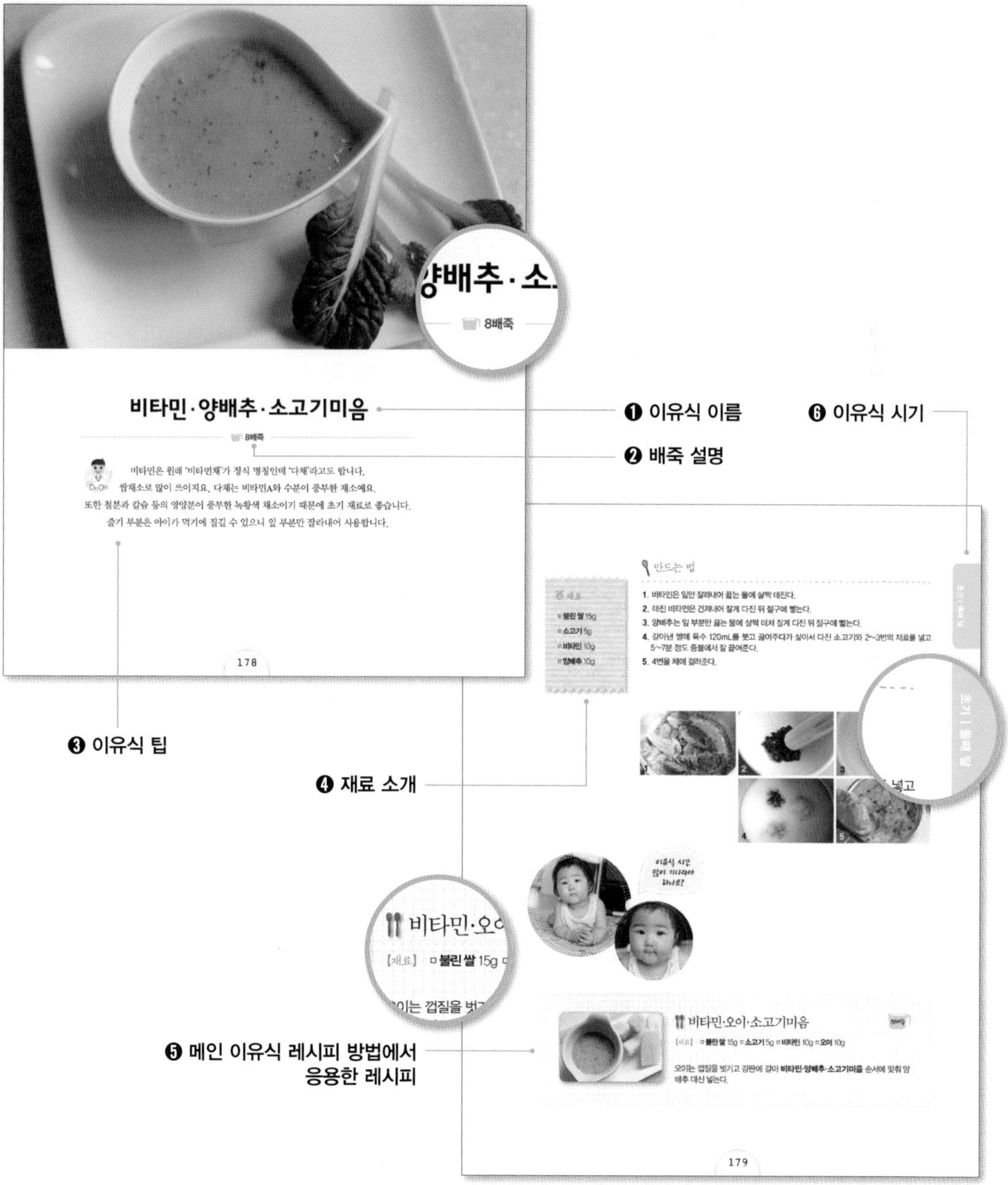

❶ 이유식 이름

❷ 배죽 설명

❸ 이유식 팁

❹ 재료 소개

❺ 메인 이유식 레시피 방법에서 응용한 레시피

❻ 이유식 시기

책의 모든 레시피는 한 끼 분량인가요?

네, 한 끼 분량이 맞습니다. "정말 맞아요? 너무 많아서 남기고 먹고도 또 남고 그래요."라고 질문을 주는 분들이 있습니다. 책에서 제시하는 보편적인 한 끼 분량일 뿐, 모든 아이가 이 양을 다 먹어내야 한다는 것은 아닙니다.

어른도 입이 짧은 사람, 잘 먹는 사람이 따로 있지요. 음식점에 가서 시키는 1인분의 양을 모두 먹고도 모자란 사람이 있는가 하면, 1인분의 절반도 채 먹지 못하는 사람도 있습니다. 아이도 같습니다.

책의 레시피라는 것은 보편적인 양을 제시할 뿐, 이만큼 꼭 먹어야 한다는 것은 아니니, 부담 갖지 말고 조리해두었다가 나누어 먹이셔도 됩니다. 아이가 중후기쯤 들어서서 이유식의 먹는 양이 늘어나면 이런 고민이 많이 덜어질 거예요. 주 열량섭취를 분유 내지 모유로 하는 초기나 중기 초반의 이유식을 진행할 때에는 한 그릇을 다 비워내지 못하기도 합니다. 특히 초기 이유식은 '음식'이라는 것을 소개하는 단계로 여겨지기 때문에 먹는 양에 큰 신경을 쓰지 않으셔도 됩니다.

승아는 완모 아기잖아요, 완분 아기도 같은 스케줄로 가도 되나요?

완분 아기는 만 4~6개월 사이(약 생후 150일), 완모 아기는 만 6개월(약 생후 180일)부터 시작할 것을 권해드립니다. 승아는 완모 아가이지만 사실 일찍 시작했습니다. 154일째 되던 날 시작했거든요. '이유식을 시작하는(할 수 있는) 신호(28쪽)'를 느끼게 되었거든요. 이유식이라는 것이 조금 늦어져도 조금 일러도 큰 영향을 주지는 않습니다. 완분이든, 완모이든 만 5개월이 넘어선 어느 시점에 시작하면 됩니다. 그러니 염려말고 우리 아이의 상황에 맞는 스케줄을 계획하세요. 그렇다고 너무 일찍(가령 만 4개월 이전에) 시작한다거나, 혹은 너무 늦게(만 7개월에 다 되어서) 시작한다거나 하는 것은 아이의 이유식 스케줄이 전체적으로 많이 흐트러질 뿐만 아니라 알러지 반응, 음식 거부 등 좋지 않은 결과로 이어질 수 있으니 주의하세요.

소고기를 먼저 먹여도 되는지 여기저기 말이 다 달라요. 책처럼 소고기를 먼저 먹여도 되는 건가요?

아무리 소고기의 중요성을 강조하더라도 늘 이 질문을 받습니다. 결국은 엄마의 선택입니다. 하지만 저는 블로그와 책과 진료실에서 늘 '곡류-고기-채소' 순서로 진행할 것을 늘 강조하고 추천합니다. 채소와 현미로 철분을 대체하는 이유식, 고기 없는 이유식을 저는 지지하지 않습니다.

완두콩을 구하기 어려운데 완두콩은 어떻게 대체하죠?

책을 내고 이런저런 다른 시중에 나온 책들도 보면서 『한 그릇 뚝딱 이유식』이라는 책이 꽤 불편하게 느껴지는 분들도 있겠다 하는 생각이 들 때가 있어요. 너무 두껍고, 복잡해보이기도 하고, 이걸 다 해줘야 하나 싶기도 하고, 이 스케줄을 꼭 따라가야 하나 싶고…. 이해합니다.

이를 테면, 책에서 쌀미음–소고기미음–브로콜리미음–완두콩미음 순으로 진행했다고 해서 그대로 가실 필요는 없습니다. 완두콩의 제철시기가 아니면 완두콩을 구하기가 어려운 게 당연하지요. 그러면 완두콩 빼고 고구마 넣으시면 됩니다. 전혀 상관없고, 완두콩은 제철이 되어 나올 때 그때 첫 시도를 해주어도 전혀 문제없습니다. (다른 재료보다 완두콩에서 "어쩌지?" 하는 분들이 있는 것 같더라고요.)

책에 제시한 스케줄이나 레시피를 어떻게 따라가야 할지 모르겠어요.

이유식 초기 중기 후기 완료기를 표로 정리해둔 것은 '꼭 이렇게 먹여라'가 아니라 '승아가 먹은 것'과 '첨가하면 좋을 만한 식재료들'을 정리해둔 것입니다. 따라서 어떻게 이유식 스케줄을 짜야 할지 고민스러운 분들만 참고로 봐주세요.

승아의 스케줄에는 그렇게 하지 않았지만, 중기에 먹인 재료 중에는 초기에 적용 가능한 것들도 있어요. 옥수수나 청경채 등 말이지요. 그러므로 이 표가 절대적이라고 생각하지 말고 아이에 맞춰서 책 속 여러 조언에 맞추어 잘 진행해주세요. 이유식을 진행하면서 가장 큰 포인트는 초기와 중기에는 3~4일의 간격으로, 후기에는 2~3일의 간격을 유지하여 새로운 재료를 첨가해야 한다는 점이에요. 완료기는 비교적 마음을 내려놓고 진행해도 된다고 말씀드리고 싶습니다. 꼭 그럴 필요는 없지만, 승아의 완료기를 진행해온 것처럼 간격을 두고 새로운 식재료를 첨가하면 좀 더 안정적으로 진행할 수 있어요.

권고하는 식재료 첨가 속도, 다른 집 아이의 이유식 진행 속도를 조급하게 따라가려고 할 필요도 없고, 여러 가지를 먹여보고 싶어서 전반적인 이유식 스케줄을 무시하지도 마세요. 그렇다고 해서 너무 느긋하게 진행하면 1년 안에 아이에게 먹여볼 수 있는 수많은 다른 질감과 식감의 재료들을 놓치게 되니 내 아이의 템포에 맞추되, 성실하게 진행해보길 바랍니다.

오징어는 도대체 어떻게 손질해요?

믹서보다는 푸드 프로세서 등에 갈아야 잘 갈아집니다. 믹서는 고형물을 가는 데에는 적합하지 않습니다. 액체류가 있어야 잘 갈아지지요. 그리고 갈아내면 다지는 것이 아니라 아예 형체 없이 갈아지는 기계입니다.

Q 소고기 가격이 너무 비싸서 부담됩니다. 꼭 안심 먹여야 해요?

A 아닙니다. 살코기 부위는 비싼 안심 말고도 많습니다. 사태나 설도 부위도 지방은 적지만 다소 질긴 편입니다. 우둔이나 채끝살도 지방이 적고 부드러운 편이니 사용해도 괜찮을 듯합니다.

Q 베이킹할 때 밀가루는 무엇으로 쓰나요?

A 쿠키는 박력분, 글루텐이 필요한 빵류는 강력분을 쓰지만, 친환경샵의 밀가루는 보통 중력분일겁니다. 중력분을 써도 전혀 상관없습니다. 물론 조금씩의 식감이라든가 맛의 차이가 있을 수도 있겠지만, 승아네 레시피는 보통 그 중력분을 사용한 것들입니다.

Q 간은 언제 시작하나요?

A 2013년 1월의 WHO에서 발표된 염분과 칼륨 섭취에 관한 내용입니다.

> Adults should consume less than 2,000 mg of sodium, or 5 grams of salt, and at least 3,510 mg of potassium per day.
> 성인들 기준, 하루에 2,000mg 미만으로 나트륨을 섭취해야 하고, 5그램 미만의 소금, 적어도 3,510mg의 칼륨을 섭취해야 한다.

나트륨을 높게, 칼륨을 낮게 섭취할수록 혈압상승과 심장질병(심장마비 등)의 위험에 노출된다는 내용입니다. 나트륨은 생각보다 아주 다양한 음식과 식재료에 함유되어 있습니다. 꼭 소금을 넣은 빵이나 육류, 가공식품에만 있는 것은 아니죠. 이유식이나 유아식에 흔히 쓰는 식재료 속에도 나트륨은 있습니다.

멸치육수를 내어 닭고기와 양파, 시금치를 넣고 토마토소스를 부어 만드는 과정 속에 소금을 한 톨도 넣지 않아도 아이는 나트륨을 섭취하게 됩니다. 물론 무염이나 저염식을 한다면 소량 내지 적절한 양을 충족시키겠지요.

하지만 나트륨의 섭취가 무조건 나쁜 것은 아닙니다. 그러나 신장기능이 아직 미숙한 아이들의 경우 특히 염분 섭취에 주의해야 합니다. 또 WHO의 연구 결과에 따르면 높은 혈압의 아이가 어른이 되어서도 높은 혈압을 유지하게 되는 경향이 있다고 합니다. 따라서 저는 24개월 미만의 아이에게는 무염식을 권합니다.

1. 24개월이 지나도 여전히 아이가 잘 먹는 음식은 간을 할 필요가 없습니다. 요리를 할 때 선택적으로 간을 하면 됩니다.

2. 한국인에게 국과 김치는 필수가 아닙니다. 한국인이라면 꼭 먹어야 한다 생각할지도 모르는 국과 김치는 한국인의 나트륨 섭취량을 증가시키는 주범입니다. 소금간을 해서 만든 국은 소금국이나 다름없지요. 김치도 장점이 많은 음식이지만 너무 짜고 자극적입니다.

3. 시중음식의 과도한 섭취는 지양하세요. 통조림이나 시판과자, 패스트푸드점의 햄버거나 프렌치프라이 등은 정말 안 먹이는 게 좋습니다. 우리가 생각하는 것보다 더 많은 기름과 더 많은 소금을 사용하고 있습니다.

"아이가 잘 안 먹어서 어쩔 수 없어요. 간을 하면 훨씬 더 잘 먹거든요."라고 하는 분들도 있겠지요. 물론 간을 하면 훨씬 더 잘 먹을 겁니다. 짠맛과 단맛이 더 구미를 당기게 하는 것은 당연하기 때문입니다. 그러나 짠맛과 단맛은 금세 익숙해집니다. 익숙해지고 나면 아이는 또다시 같은 패턴을 반복하게 되겠지요. 익숙해진 그 음식을 거부하거나 또다시 엄마와 밥상 위의 전쟁을 벌이거나…. 아이는 잘 먹을 때도 있고, 입맛이 없어 아무것도 먹기 싫어할 때도 있습니다. 이 지극히 당연한 현상을 "왜이래!?"하고 당황해하면 안 됩니다. 그리고 아이가 안 먹는 원인을 소금 간에서 찾지 마세요. 늘 음식을 밀어낸다거나 삼키지 않는다거나 뱉어버리는 등 심하게 안 먹는 아이도 있지요. 그나마 간을 하면 채소와 고기를 먹고, 간을 안 하면 정말 소량의 채소와 고기만 먹는다고 한다면 영양상 균형을 맞추는 방법으로 '간을 하는 것'이겠지만 정말 소량을 사용하길 권고합니다. 반면, 적당히 먹는데 아주 잘 먹지 않는 아이의 경우에는 굳이 간에 익숙해지게 할 필요가 없습니다.

아이는 반찬을 새로 한 날에는 반찬만 먹기도 하고, 또 반찬이 지겨우면 밥만 먹는 끼니도 있습니다. 전날이나 직전의 끼니를 잘 먹지 못했으면 그 다음에는 폭풍식욕을 선보이다가도 잘 먹은 뒤에는 전혀 안 먹기도 하고 또 어떤 날은 웬일인지 모든 끼니를 엄청나게 잘 먹기도 합니다. 어떨 때는 칭얼거리며 안 먹다가도 엄마가 퇴근해 함께 먹으면 무지 잘 먹고, 다 소용없고 식탁위에 앉아있기조차 싫어하는 날도 있지요. 아이에게는 밥보다 재밌는 것들이 훨씬 많거든요. 우리는 점심시간만을 기다리며 지루한 회사생활을 견뎌내는지 모르지만, 아이에게 밥을 먹는 시간은 배고플 때만 즐겁습니다.

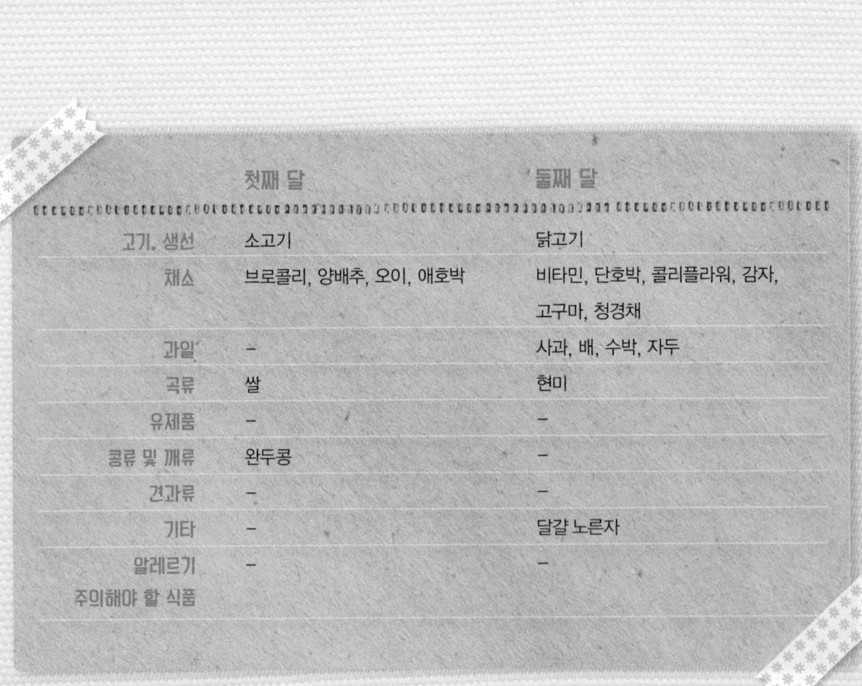

	첫째 달	둘째 달
고기, 생선	소고기	닭고기
채소	브로콜리, 양배추, 오이, 애호박	비타민, 단호박, 콜리플라워, 감자, 고구마, 청경채
과일	–	사과, 배, 수박, 자두
곡류	쌀	현미
유제품	–	–
콩류 및 깨류	완두콩	–
견과류	–	–
기타	–	달걀 노른자
알레르기 주의해야 할 식품	–	–

초기
이유식

첫째 달

쌀미음

10배죽

쌀미음을 제일 처음 시작하는 이유는 알레르기 유발 가능성이 거의 없고, 구하기 쉽기 때문이에요. 처음 쌀미음을 먹일 때에는 소량만 먹이도록 합니다. 아이에게 '먹인다'라는 생각보다는 '소개한다'라는 마음으로 주세요. 모유나 분유수유 후 한 스푼 정도를 주도록 합니다. 매일 조금씩 양을 늘려 아이에게 먹이도록 하되, 꼭 스푼으로 떠먹이세요. 쌀에 알레르기 반응이 없으면 추후 이유식을 진행할 때 쌀 대신 현미로 10배죽을 만들어도 됩니다.

만드는 법

재료

- **불린 쌀** 15g

1. 불린 쌀을 믹서에 넣고 물을 조금 부어 갈아낸다.
2. 갈아낸 쌀을 냄비에 넣고 물 150mL를 부은 뒤 약한 불에 되직하게 끓인다.
3. 눌어붙지 않도록 계속 저어주며 5~7분간 끓인다.
4. 3번을 체에 걸러준다.

쌀은 전날에 불려두어요.

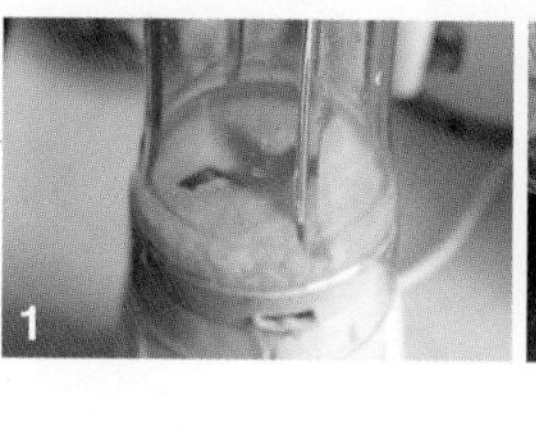

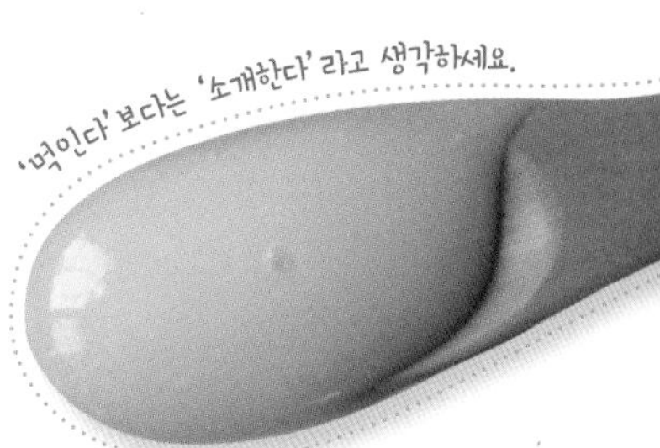

'먹인다' 보다는 '소개한다' 라고 생각하세요.

소고기미음

10배죽

소고기를 일찍 먹이는 것에 대한 부담감을 갖고 있거나,
막연하게 고기에 대해 안 좋은 생각을 가진 분들이 많습니다.
그런데 소고기를 다른 재료보다 먼저 먹인다고 해서 아토피 발병률이 높아지는 것도 아니고,
아이가 이유식에 거부감을 느끼는 것도 아닙니다.
엄마의 막연한 생각으로 재료를 결정하지 말고 성장하는 아이에게 꼭 필요한 식재료가
소고기라는 점을 염두에 두고 제때 이유식에 첨가해주도록 합니다.

만드는 법

재료
- 불린 쌀 15g
- 소고기 5g

1. 핏물을 뺀 소고기를 끓는 물에 푹 삶아준다(이때 소고기를 끓인 국물은 버리지 않고 육수로 사용한다).
2. 삶은 소고기는 잘게 다진다.
3. 다진 소고기는 보푸라기처럼 보일 때까지 절구에 빻는다.
4. 갈아낸 쌀에 육수 150mL를 붓고 끓여주다가 3번의 소고기를 넣고 함께 5~7분 정도 중불에서 잘 끓여준다.
5. 4번을 체에 걸러준다.

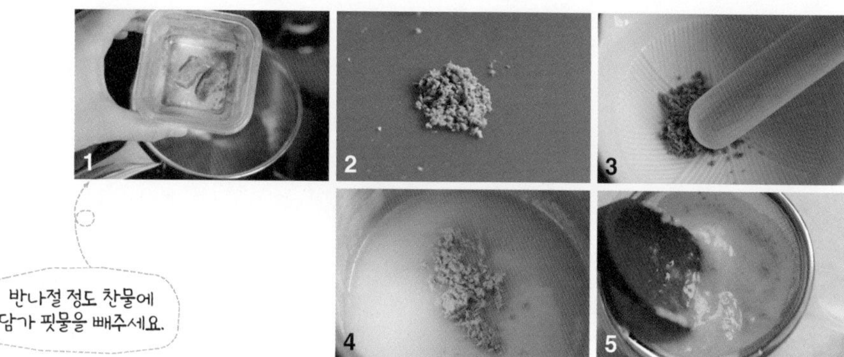

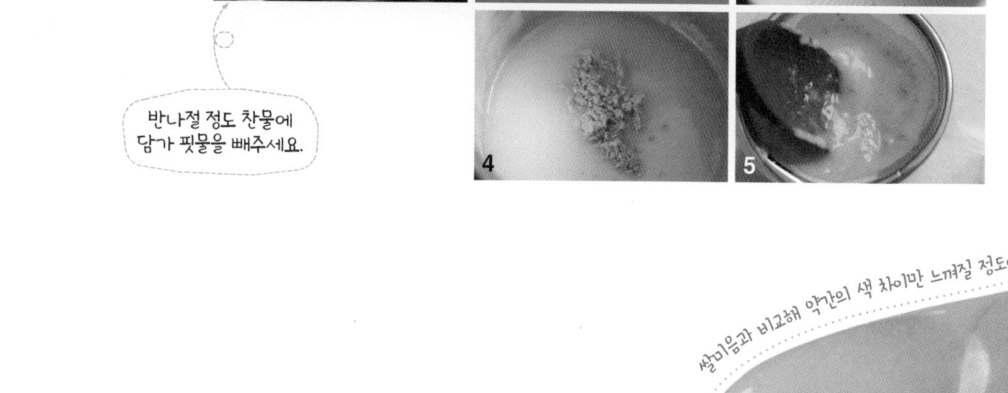

반나절 정도 찬물에 담가 핏물을 빼주세요.

쌀미음과 비교해 약간의 색 차이만 느껴질 정도예요.

우와! 더 맛있어요.

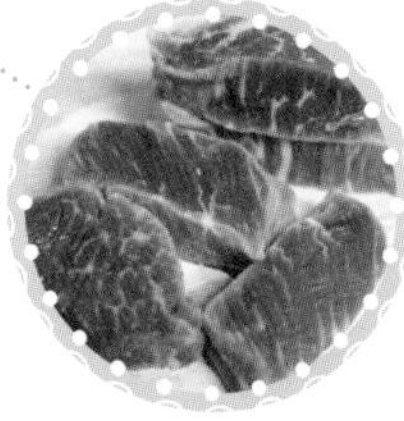

소고기에 관한 이야기는 30쪽을 참고해주세요.

브로콜리·소고기미음

10배죽

쌀미음 4일, 소고기미음 4일을 먹고
아무런 이상 반응이 없다면 채소를 첨가해주어도 됩니다.
첫 채소로는 브로콜리를 추천합니다.
브로콜리는 비타민C와 베타카로틴 등 항산화물질이 풍부한 아주 좋은 식재료이지요.
아직 초기 이유식이므로 브로콜리를 강판에 갈거나 믹서기를 사용해서 갈아도 됩니다.

재료

- **불린 쌀** 15g
- **소고기** 5g
- **브로콜리** 5g

만드는 법

1. 베이킹소다를 푼 물에 브로콜리를 3~5분 정도 담가 흐르는 물에 깨끗하게 씻는다.
2. 깨끗하게 씻은 브로콜리는 끓는 물에 살짝 데친다.
3. 데친 브로콜리는 꽃 부분만 잘게 다진다.
4. 다진 브로콜리는 절구에 빻는다.
5. 갈아낸 쌀에 육수 150mL를 붓고 끓여주다가 삶아서 다지고 빻은 소고기와 3번의 브로콜리를 넣고 5~7분 정도 중불에서 잘 끓여준다.
6. 5번을 체에 걸러준다.

데치는 것보다 찌는 게 영양소 파괴가 적어요~

양배추·소고기미음

10배죽

양배추는 식이섬유가 풍부한 채소입니다. 단, 줄기 부분은 질기고 딱딱하며 섬유질이 많기 때문에 이 부분은 잘라내고 잎만 사용하세요. 양배추는 줄기 부분이 먼저 썩기 때문에 보관할 때도 잎사귀만 따로 싸서 보관하는 것이 좋습니다.

재료

- **불린 쌀** 15g
- **소고기** 5g
- **양배추** 10g

만드는 법

1. 양배추는 잎 부분만 잘라내어 사용한다.
2. 양배추 잎은 끓는 물에 살짝 데친다.
3. 데친 양배추는 잘게 다진다.
4. 다진 양배추는 절구에 빻는다.
5. 갈아낸 쌀에 육수 150mL를 붓고 끓여주다가 삶아서 다지고 빻은 소고기와 4번의 양배추를 넣고 5~7분 정도 중불에서 잘 끓여준다.
6. 5번을 체에 걸러준다.

소고기와 양배추의 손실분이 없도록 잘 내려주세요.

이유식 시간이 제일 좋아요.

고운 입자의 양배추소고기미음!

애호박·소고기미음

10배죽

애호박은 섬유소와 비타민, 미네랄이 풍부하고
애호박의 달콤한 맛은 아이의 구미를 당기게 할 수 있어
초기에 시도하기 아주 좋은 식재료입니다.
애호박 양쪽 끝 부분과 껍질 부분은 섬유질이 많고 질길 수 있으니 몸통 부분만 사용하세요.

재료

- **불린 쌀** 15g
- **소고기** 5g
- **애호박** 10g

만드는 법

1. 애호박은 몸통 부분만 껍질을 벗기고 사용한다.
2. 손질한 애호박은 끓는 물에 살짝 데친다.
3. 데친 애호박은 체에 걸러낸다.
4. 갈아낸 쌀에 육수 150mL를 붓고 끓여주다가 삶아서 다지고 빻은 소고기와 3번의 애호박을 넣고 5~7분 정도 중불에서 잘 끓여준다.
5. 4번을 체에 걸러준다.

만약 잘 걸러지지 않는다면 믹서로 간 뒤에 시도해도 좋아요.

10배죽의 묽기예요.

완두콩·소고기미음

10배죽

콩 통조림이나 까져 있는 콩보다 완두콩을
껍질째로 구입하는 것이 더 신선하겠지요?
완두콩은 3~4월에 파종하여 6월에 수확하므로 제철에 더욱 맛있어요.
이후에는 완두콩을 구하기 힘들어지므로,
제철에 구입하여 냉동해두었다 사용하면 좋아요.

만드는 법

재료

- 불린 쌀 15g
- 소고기 5g
- 완두콩 10g

1. 완두콩은 베이킹소다를 푼 물에 담가 하루 정도 불린다.
2. 불린 완두콩은 껍질을 까서 준비한다(만약 껍질이 잘 까지지 않는다면 살짝 데친 뒤에 깐다).
3. 손질한 완두콩은 끓는 물에 삶은 뒤 흐르는 물에 잘 씻어준다.
4. 3번의 완두콩은 절구에 빻는다.
5. 갈아낸 쌀에 육수 150mL를 붓고 끓여주다가 삶아서 다지고 빻은 소고기와 4번의 완두콩을 넣고 5~7분 정도 중불에서 잘 끓여준다.
6. 5번을 체에 걸러준다.

껍질을 까는 이유는
아이가 먹다가 껍질이 목에
걸릴 수도 있기 때문이에요.

오이·소고기미음

10배죽

이유식을 시작한 지 20일 정도가 지났다면 초기 단계더라도
체에 거르고 남은 소고기와 채소 찌꺼기는 긁어내어 함께 먹이도록 합니다.
체에 거르는 과정에서 위에 남은 소고기나 채소도 많이 다져진 상태이기 때문에 아이가 소화하는 데에
큰 부담이 없을 거예요. 초기라고 해서 무조건 10배죽 흐르는 물기 상태의 미음을 먹이는 것이 아니고,
초기의 초반, 중반, 후반으로 나누어 그때그때 먹이는 농도와 입자를 늘려가며
중기 때 죽의 형태까지 서서히 도착하는 것이 바람직합니다.

만드는 법

재료

- **불린 쌀** 15g
- **소고기** 5g
- **오이** 10g

1. 오이는 깨끗하게 씻어서 껍질을 깎아내어 사용한다.
2. 1번의 오이는 강판에 잘 갈아준다.
3. 갈아낸 쌀에 육수 150mL를 붓고 끓여주다가 삶아서 다지고 빻은 소고기와 2번의 오이를 넣고 5~7분 정도 중불에서 잘 끓여준다.
4. 3번을 체에 걸러준다.

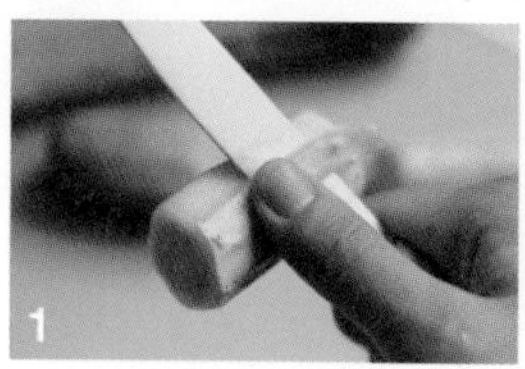

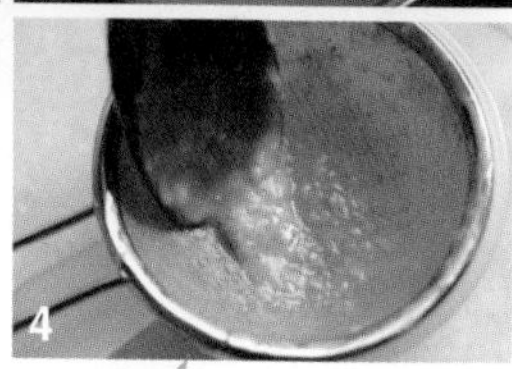

체에 거르고 남은 소고기와 채소 찌꺼기도 함께 먹이세요.

가끔은 아빠가 실력 발휘!

근데요, 아빠! 사실은 엄마가 만들어준 게 더 맛있어요.

양배추·브로콜리·소고기미음

8배죽

Dr.Oh

그동안 브로콜리와 양배추는 시도해보았기 때문에 함께 이유식에 넣어 만들어봅니다.
채소를 두 가지 이상 섞어 넣을 때도 한 가지 재료를 쓸 때처럼 10g씩 넣습니다.
너무 되직하게 나오는 재료(예를 들면 콩류)나 섬유질이 많은 재료는 조금 조절해서 양을 넣어주면 됩니다.
아이가 이유식을 시작하게 되면 변의 양상이 조금씩 바뀌는데,
변의 상태를 보면서 섬유질의 양을 조절해주도록 합니다.

만드는 법

재료

- 불린 쌀 15g
- 소고기 5g
- 양배추 10g
- 브로콜리 10g

1. 양배추는 잎 부분만 잘라서 끓는 물에 살짝 데친다.
2. 데친 양배추는 절구에 빻는다.
3. 브로콜리는 끓는 물에 살짝 데쳐 꽃 부분만 잘게 다진 뒤 절구에 빻는다.
4. 갈아낸 쌀에 육수 120mL를 붓고 끓여주다가 삶아서 다지고 빻은 소고기와 2~3번의 재료를 넣고 5~7분 정도 중불에서 잘 끓여준다.
5. 4번을 체에 걸러준다.

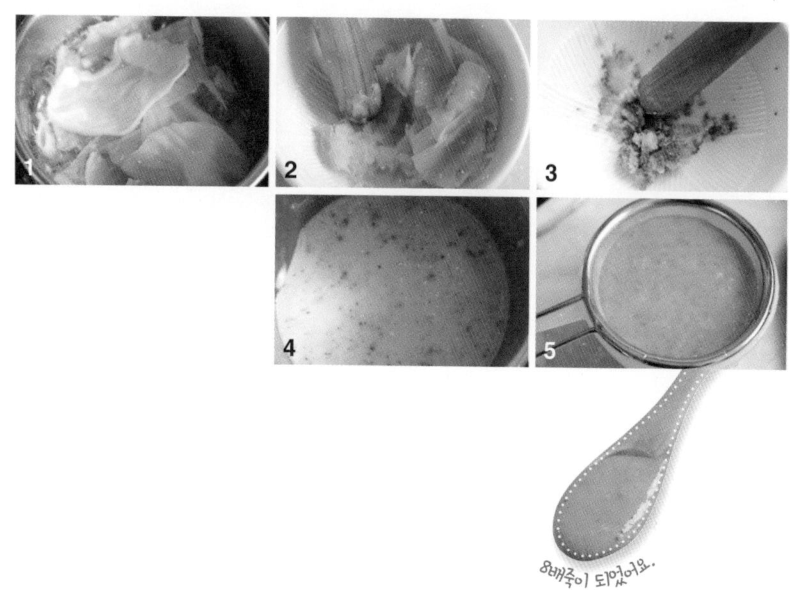

양배추·애호박·소고기미음

8배죽

【재료】 ㅁ**불린 쌀** 15g ㅁ**소고기** 5g ㅁ**양배추** 10g ㅁ**애호박** 10g

애호박은 껍질을 벗기고 끓는 물에 데친 뒤 절구에 빻아 **양배추·브로콜리·소고기미음** 순서에 맞춰 브로콜리 대신 넣는다.

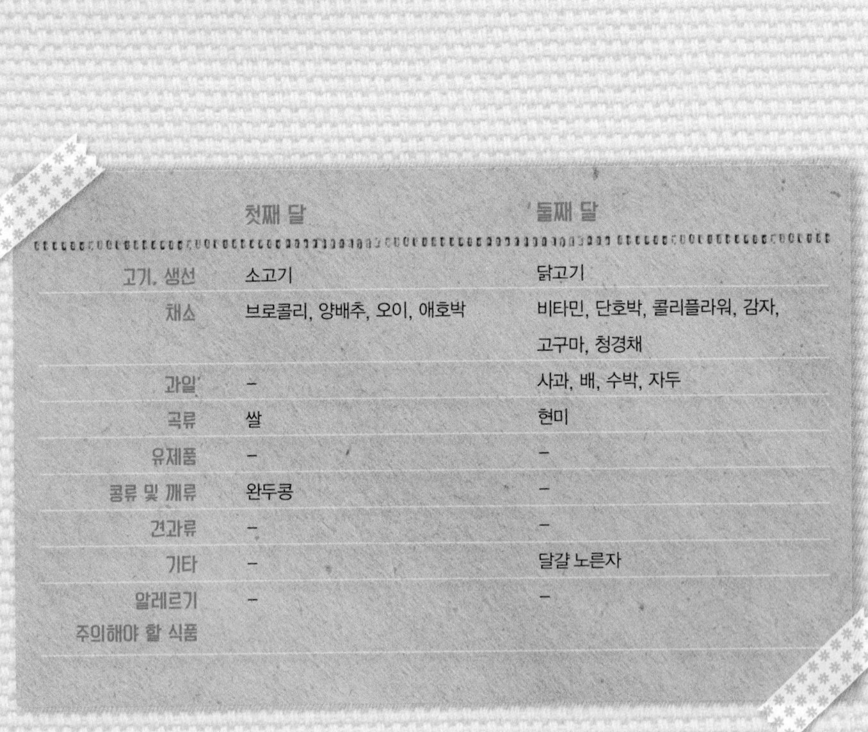

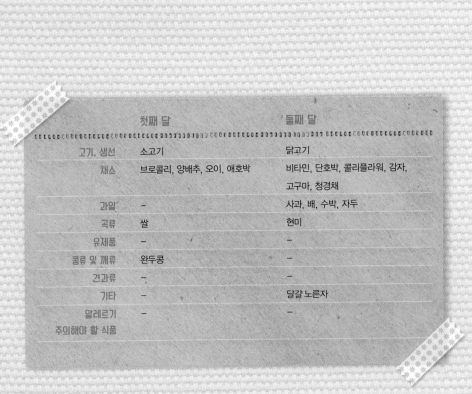

	첫째 달	둘째 달
고기, 생선	소고기	닭고기
채소	브로콜리, 양배추, 오이, 애호박	비타민, 단호박, 콜리플라워, 감자, 고구마, 청경채
과일	–	사과, 배, 수박, 자두
곡류	쌀	현미
유제품	–	–
콩류 및 깨류	완두콩	–
견과류	–	–
기타	–	달걀 노른자
알레르기 주의해야 할 식품	–	–

초기 이유식

둘째 달

비타민·양배추·소고기미음

8배죽

비타민은 원래 '비타민채'가 정식 명칭인데 '다채'라고도 합니다. 쌈채소로 많이 쓰이지요. 다채는 비타민A와 수분이 풍부한 채소예요. 또한 철분과 칼슘 등의 영양분이 풍부한 녹황색 채소이기 때문에 초기 재료로 좋습니다. 줄기 부분은 아이가 먹기에 질길 수 있으니 잎 부분만 잘라내어 사용합니다.

재료

- □ **불린 쌀** 15g
- □ **소고기** 5g
- □ **비타민** 10g
- □ **양배추** 10g

만드는 법

1. 비타민은 잎만 잘라내어 끓는 물에 살짝 데친다.
2. 데친 비타민은 건져내어 잘게 다진 뒤 절구에 빻는다.
3. 양배추는 잎 부분만 끓는 물에 살짝 데쳐 잘게 다진 뒤 절구에 빻는다.
4. 갈아낸 쌀에 육수 120mL를 붓고 끓여주다가 삶아서 다진 소고기와 2~3번의 재료를 넣고 5~7분 정도 중불에서 잘 끓여준다.
5. 4번을 체에 걸러준다.

비타민·오이·소고기미음

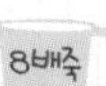

【재료】 □ **불린 쌀** 15g □ **소고기** 5g □ **비타민** 10g □ **오이** 10g

오이는 껍질을 벗기고 강판에 갈아 **비타민·양배추·소고기미음** 순서에 맞춰 양배추 대신 넣는다.

비타민·애호박·닭고기미음

8배죽

닭고기 역시 초기 이유식 때 사용할 수 있어요.
되도록 안심 부위를 사용하고, 힘줄 부분이나 껍질 부분도
제거한 뒤에 이유식으로 만들어주세요.
닭고기를 삶은 국물도 배죽을 맞출 때 육수로 사용합니다.

재료

- **불린 쌀** 15g
- **닭고기** 5g
- **비타민** 10g
- **애호박** 10g

만드는 법

1. 애호박은 껍질을 벗기고 끓는 물에 데친 뒤 체에 걸러낸다.
2. 비타민은 잎만 잘라 끓는 물에 데쳐 잘게 다진 뒤 절구에 빻는다.
3. 닭고기는 힘줄이나 껍질 부분을 제거하여 뜨거운 물에 삶는다.
4. 3번의 닭고기는 잘게 다진다.
5. 갈아낸 쌀에 육수 120mL를 붓고 끓여주다가 4번의 닭고기와 1~2번의 재료를 넣고 5~7분 정도 중불에서 잘 끓여준다.
6. 5번을 체에 걸러준다.

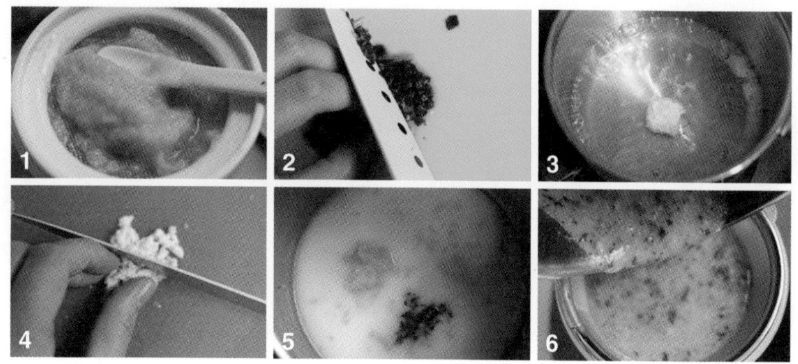

맛있는 이유식 먹고 기분이 좋은 승아에요.

단호박·소고기미음

8배죽

초기 이유식 둘째 달부터는 체에 걸러주는 과정은 생략하기로 하였어요.
그러므로 입자를 좀 더 곱게 만들어야겠지요?
단호박은 씨와 껍질을 제거한 뒤에 삶거나 찌거나 구워서 줄 수 있어요.
으깨어 손질할 때는 절구에 빻아도 좋지만 덩어리가 잘 풀어지기 위해
칼등으로 눌러서 으깨어주면 입자가 더 곱게 된답니다.

만드는 법

재료

- 불린 쌀 15g
- 소고기 5g
- 단호박 10g

1. 단호박을 잘라 씨와 껍질을 제거한 뒤 찜기에서 5분 정도 잘 찐다.
2. 찐 단호박은 절구에 빻는다.
3. 갈아낸 쌀에 육수 120mL를 붓고 끓여주다가 삶아서 다진 소고기와 2번의 단호박을 넣고 5~7분 정도 중불에서 잘 끓여준다.

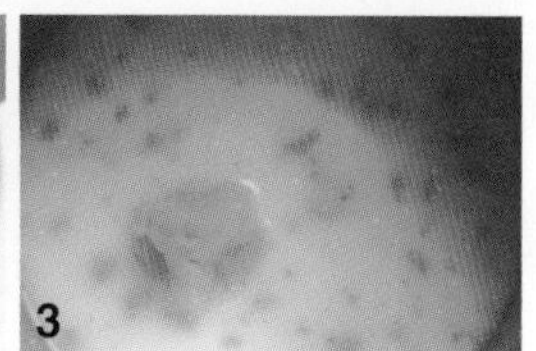

이제 체에 거르지 않으니
입자를 더욱 곱게~

노란 옷 입고
노란 단호박 이유식
먹으러 가요!

단호박·완두콩·소고기미음

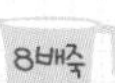

【재료】 □ **불린 쌀** 15g □ **소고기** 5g □ **단호박** 10g □ **완두콩** 10g

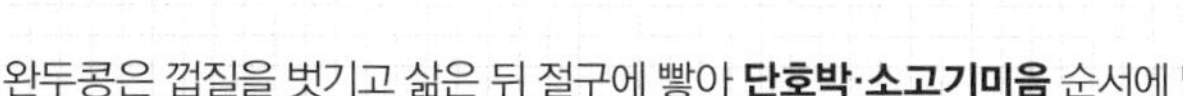

완두콩은 껍질을 벗기고 삶은 뒤 절구에 빻아 **단호박·소고기미음** 순서에 맞춰 소고기와 함께 넣는다.

콜리플라워·완두콩·소고기미음

8배죽

콜리플라워 100g을 먹으면 하루에 필요한 비타민C의 총량을 모두 섭취할 수 있다고 합니다. 물론 그 외 다른 비타민도 풍부하게 들어 있으며, 양배추나 배추보다도 식이섬유 함유량이 많습니다. 초기 이유식 중에서도 중후반에 접어들면서 '미음'보다는 '죽' 형태와 가까워지고 있습니다. 소고기도 절구에 빻지 않고 잘게 다져서 넣도록 합니다.

재료

- □ **불린 쌀** 15g
- □ **소고기** 5g
- □ **콜리플라워** 10g
- □ **완두콩** 10g

만드는 법

1. 콜리플라워는 끓는 물에 살짝 데친 뒤 꽃 부분만 잘게 다져 절구에 빻는다.
2. 완두콩은 껍질을 벗기고 끓는 물에 삶은 뒤 절구에 빻는다.
3. 갈아낸 쌀에 육수 120mL를 붓고 끓여주다가 삶아서 다진 소고기와 1~2번의 재료를 넣고 5~7분 정도 중불에서 잘 끓여준다.

이제 소고기도 절구에 빻지 않아요

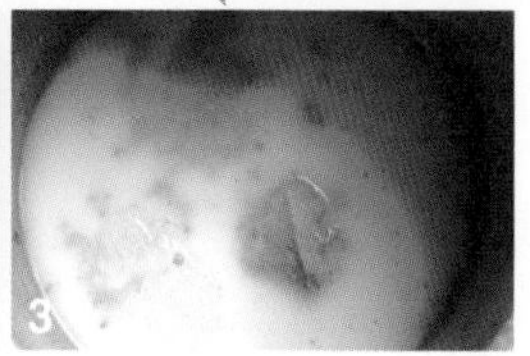

콜리플라워·애호박·소고기미음

【재료】 □**불린 쌀** 15g □**소고기** 5g □**콜리플라워** 10g □**애호박** 10g

애호박은 껍질을 벗기고 끓는 물에 데친 뒤 절구에 빻아 **콜리플라워·완두콩·소고기미음** 순서에 맞춰 완두콩 대신 넣는다.

콜리플라워·단호박·소고기미음

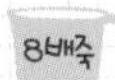

【재료】 □**불린 쌀** 15g □**소고기** 5g □**콜리플라워** 10g □**단호박** 10g

단호박은 찐 뒤에 절구에 빻아 **콜리플라워·완두콩·소고기미음** 순서에 맞춰 완두콩 대신 넣는다.

콜리플라워·오이·소고기미음

【재료】 □**불린 쌀** 15g □**소고기** 5g □**오이** 10g □**콜리플라워** 10g

오이는 강판에 갈아 **콜리플라워·완두콩·소고기미음** 순서에 맞춰 완두콩 대신 넣는다.

감자·소고기미음

8배죽

감자를 '땅 속에서 나는 사과'라고도 합니다.
그 정도로 감자는 비타민C가 가득합니다. 일반적으로 비타민C는 조리하면
쉽게 파괴되지만 감자의 비타민 C는 쉽게 파괴되지 않아요.
감자는 고기나 밥 등 산성식품과 잘 어울립니다.
그런데 감자를 볕에 노출시키면 싹이 돋거나 녹색으로 변할 수 있는데
솔라닌이라는 독성물질이 생기니 주의하세요.

만드는 법

재료

- **불린 쌀** 15g
- **소고기** 5g
- **감자** 15g

1. 감자는 깨끗하게 씻어서 찜기에 넣어 잘 찐다.
2. 찐 감자는 껍질을 벗기고 칼등으로 눌러 으깬다.
3. 으깬 감자는 절구에 빻는다.
4. 갈아낸 쌀에 육수 120mL를 붓고 끓여주다가 삶아서 다진 소고기와 3번의 감자를 넣고 5~7분 정도 중불에서 잘 끓여준다.

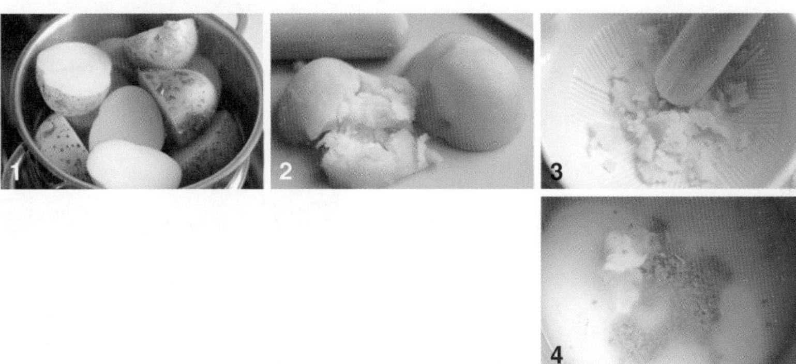

감자소고기미음에 브로콜리만 추가해 넣으면 돼요.

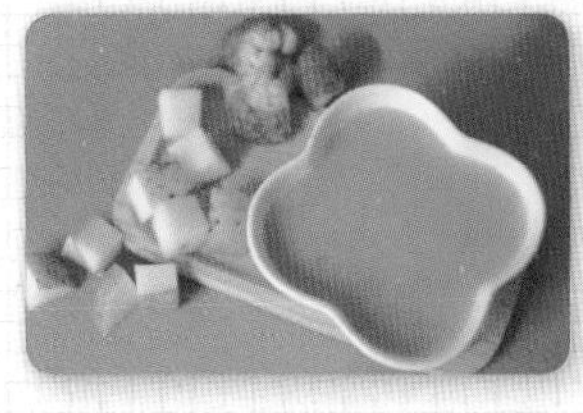

감자·브로콜리·소고기미음

8배죽

【재료】 ㅁ**불린 쌀** 15g ㅁ**소고기** 5g ㅁ**감자** 15g ㅁ**브로콜리** 10g

브로콜리는 끓는 물에 살짝 데친 뒤 꽃 부분만 잘게 다지고 절구에 빻아 **감자·소고기미음** 순서에 맞춰 소고기와 함께 넣는다.

감자·완두콩·소고기미음

8배죽

Mom

감자와 완두콩을 넣은 미음은 어찌나 고소한지, 향부터 달라요.
완두콩은 손질하기가 다소 까다롭지만, 아이가 잘 먹는 식재료 중 하나랍니다.
완두콩에는 소량의 청산이 들어 있어 하루 40g 이상 먹지 않는 것이 좋지만
적당량의 완두콩은 두뇌활동을 돕는 비타민B1이 들어 있어 성장기 아이에게 아주 좋아요.

만드는 법

재료

- **불린 쌀** 15g
- **소고기** 5g
- **감자** 15g
- **완두콩** 10g

1. 감자는 깨끗하게 씻어서 찜기에 넣어 잘 찐다.
2. 1번의 감자는 껍질을 벗기고 칼등으로 눌러 으깬 뒤 절구에 빻는다.
3. 완두콩은 끓는 물에 잘 삶은 뒤 껍질을 벗긴다.
4. 3번의 완두콩은 절구에 빻는다.
5. 갈아낸 쌀에 육수 120mL를 붓고 끓여주다가 삶아서 다진 소고기와 2번의 감자, 4번의 완두콩을 넣고 5~7분 정도 중불에서 잘 끓여준다.

감자·애호박·소고기미음

【재료】 ▫ **불린 쌀** 15g ▫ **소고기** 5g ▫ **감자** 15g ▫ **애호박** 10g

애호박은 껍질을 벗기고 끓는 물에 살짝 데친 뒤 절구에 빻아 **감자·완두콩·소고기미음** 순서에 맞춰 완두콩 대신 넣는다.

감자·비타민·소고기미음

8배죽

【재료】 ▫ **불린 쌀** 15g ▫ **소고기** 5g ▫ **감자** 15g ▫ **비타민** 10g

비타민은 잎 부분만 잘라 끓는 물에 살짝 데치고 잘게 다진 뒤 **감자·완두콩·소고기미음** 순서에 맞춰 완두콩 대신 넣는다.

청경채·완두콩·소고기죽

8배죽

유기농숍에 가면 쉽게 구할 수 있는 잎채소 중 하나가 바로 청경채입니다. 청경채에 풍부한 니코티아나민은 천연 자양강장제로 불리기도 해요. 칼슘도 매우 풍부한데다 구하기 쉬워 자주 쓰게 되는 식재료입니다

만드는 법

재료

- **불린 쌀** 15g
- **소고기** 5g
- **청경채** 10g
- **완두콩** 15g

1. 청경채는 흐르는 물에 깨끗하게 씻은 뒤 잎 부분만 끓는 물에 살짝 데친다.
2. 데친 청경채는 잘게 다진다.
3. 완두콩은 껍질을 벗기고 끓는 물에 삶은 뒤 절구에 빻는다.
4. 갈아낸 쌀에 육수 120mL를 붓고 끓여주다가 삶아서 다진 소고기와 3~4번의 재료를 넣고 5~7분 정도 중불에서 잘 끓여준다.

이제는 덩어리의 질감을 느끼게 해주어도 좋으므로 아주 잘게 빻지 않아도 돼요.

청경채·배·소고기죽

8배죽

【재료】 ▫ **불린 쌀** 15g ▫ **소고기** 5g ▫ **청경채** 10g ▫ **배** 10g

배는 껍질을 깎고 잘게 다진 뒤 **청경채·완두콩·소고기죽** 순서에 맞춰 완두콩 대신 넣는다.

청경채·콜리플라워·소고기죽

8배죽

Dr.Oh

초기 이유식을 '첫째 달'과 '둘째 달'로 나눈 것은 같은 초기 이유식이라 해도 질감이나 입자가 엄연히 다르기 때문입니다. 편의상 이유식의 단계를 초중후기로 나누는 것일 뿐, 진행 자체는 '서서히 늘려간다'라는 생각으로 해주세요. 둘째 달에는 지금껏 먹어본 채소를 함께 넣어 조리하고 그에 따라 재료의 양도 조금씩 늘려보세요.

만드는 법

재료

- **불린 쌀** 15g
- **소고기** 5g
- **청경채** 10g
- **콜리플라워** 10g

1. 청경채는 잎 부분만 잘라서 끓는 물에 살짝 데친다.
2. 데친 청경채는 잘게 다진다.
3. 콜리플라워는 끓는 물에 살짝 데친다.
4. 데친 콜리플라워는 꽃 부분만 잘게 다진다.
5. 갈아낸 쌀에 육수 120mL를 붓고 끓여주다가 삶아서 다진 소고기와 2번의 청경채, 4번의 콜리플라워를 넣고 5~7분 정도 중불에서 잘 끓여준다.

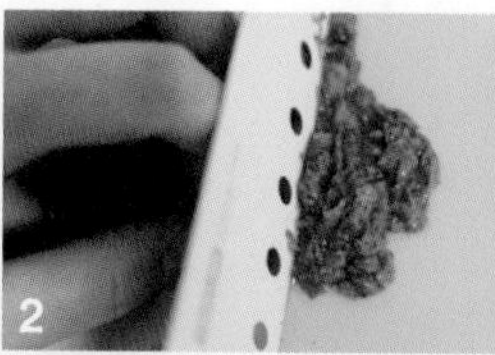

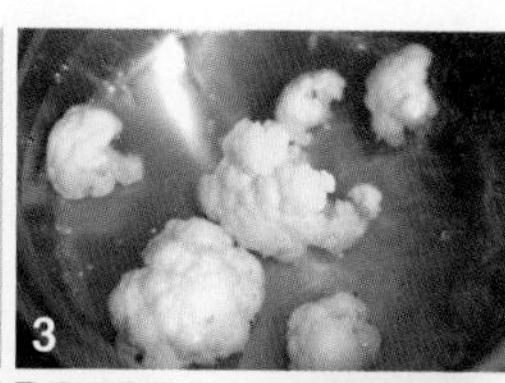

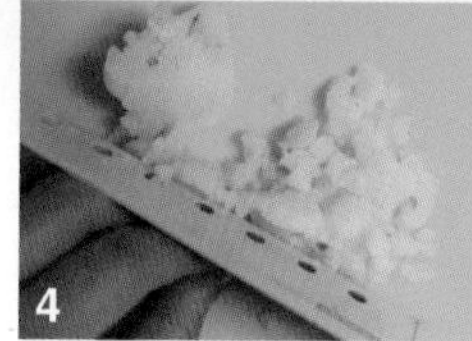

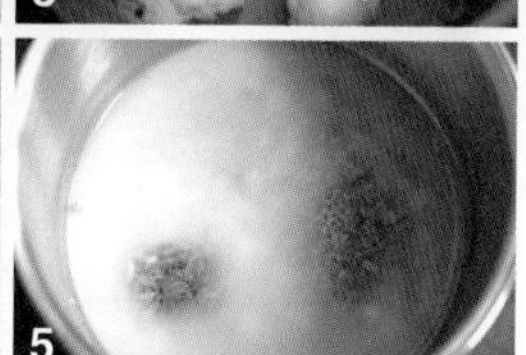

다 만들면 불러주세요~
책 보면서 기다릴게요.

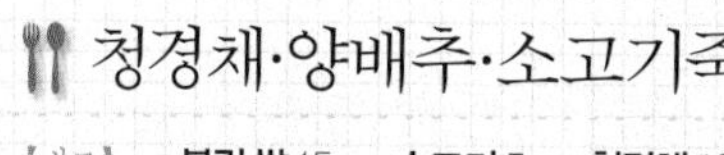

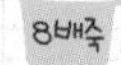

【재료】 ▫ **불린 쌀** 15g ▫ **소고기** 5g ▫ **청경채** 10g ▫ **양배추** 10g

양배추는 잎 부분만 끓는 물에 살짝 데쳐 잘게 다진 뒤 **청경채·콜리플라워·소고기죽** 순서에 맞춰 콜리플라워 대신 넣는다.

청경채·오이·소고기죽

【재료】 ▫ **불린 쌀** 15g ▫ **소고기** 5g ▫ **청경채** 10g ▫ **오이** 10g

오이는 잘게 다진 뒤 **청경채·콜리플라워·소고기죽** 순서에 맞춰 콜리플라워 대신 넣는다.

브로콜리·닭고기죽

8배죽

Dr.Oh

초기 이유식에서 닭고기를 사용할 수 있지만
되도록 소고기 위주로 진행하되 가끔 닭고기로 대체하도록 합니다.
소고기뿐만 아니라 닭고기도 철분 섭취에 좋습니다.

만드는 법

재료

- 불린 쌀 15g
- 닭고기 5g
- 브로콜리 10g

1. 닭고기는 힘줄이나 껍질 부분을 제거한 뒤 끓는 물에 삶는다.
2. 삶은 닭고기는 잘게 다진다.
3. 브로콜리는 끓는 물에 살짝 데친다.
4. 데친 브로콜리는 꽃 부분만 잘게 다진다.
5. 갈아낸 쌀에 육수 120mL를 붓고 끓여주다가 2번의 닭고기와 4번의 브로콜리를 넣고 5~7분 정도 중불에서 잘 끓여준다.

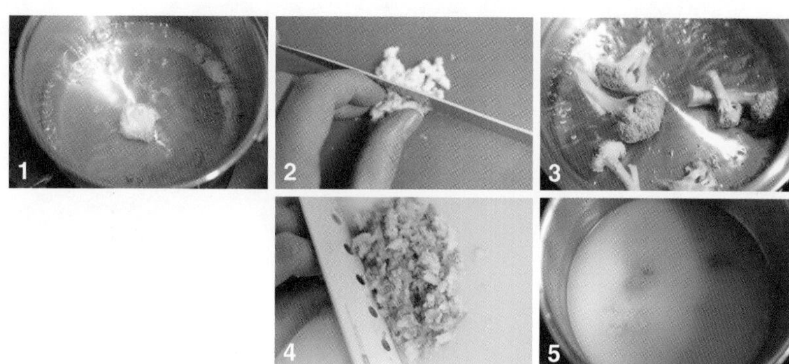
1
2
3
4
5

이건 먹는 게
아니라고요?

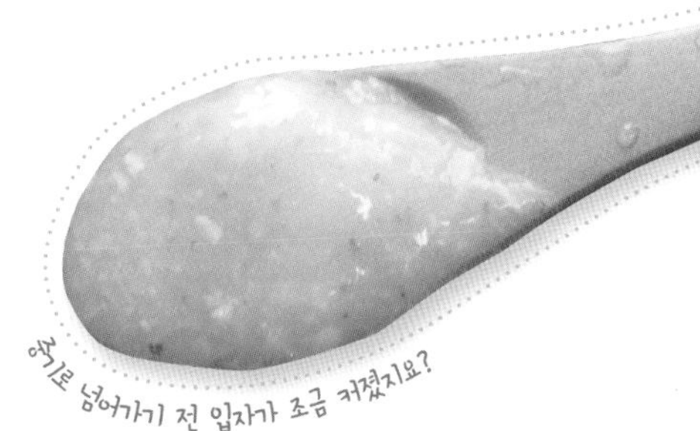
여기로 넘어가기 전 입자가 조금 커졌지요?

단호박·비타민·소고기죽

8배죽

이제 중기 이유식으로 가기 위한 연습을 해봅니다.
그래서 5g씩 넣던 소고기의 분량도 8g으로 약간 늘렸습니다.
다진 뒤 절구에 빻았던 채소들도 잘게 다지기만 합니다. 잎만 잘라내어 썼던 잎채소도
줄기 부분을 조금 섞어서 함께 이유식으로 만들어보세요.

재료

- **불린 쌀** 15g
- **소고기** 8g
- **단호박** 10g
- **비타민** 10g

만드는 법

1. 비타민은 끓는 물에 살짝 데친다.
2. 데친 비타민은 건져내어 잎 부분만 잘게 다진다.
3. 단호박을 잘라 씨를 긁어내고 찜기에서 5분 정도 잘 찐다.
4. 찐 단호박은 껍질을 벗겨내어 잘게 다진다.
5. 갈아낸 쌀에 육수 120mL를 붓고 끓여주다가 삶아서 다진 소고기와 2번의 비타민, 4번의 단호박을 넣고 5~7분 정도 중불에서 잘 끓여준다.

줄기 부분을 살짝 섞어도 되지만 대신 좀 더 잘게 다져야 해요.

한숨 코~ 자고 일어날 테니 맛있게 만들어 주세요.

노른자·브로콜리·소고기죽

8배죽

달걀의 노른자는 6개월 이후 시도해볼 수 있습니다.
중기로 넘어오면서 승아에게도 처음으로 달걀이 들어간 이유식을 만들어주었어요.
노른자에는 비타민D가 풍부하고 두뇌 회전과 집중력 향상에 좋은
콜린과 레시틴이 함유되어 있습니다.

재료

- **불린 쌀** 20g
- **소고기** 8g
- **브로콜리** 10g
- **달걀**(노른자) 1/3개

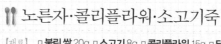

만드는 법

1. 브로콜리는 끓는 물에 살짝 데쳐 꽃 부분만 잘게 다진다.
2. 달걀은 노른자만 따로 분리한다.
3. 노른자에 붙어 있는 알끈도 잘 제거한다.
4. 갈아낸 쌀에 육수 120mL를 붓고 끓여주다가 삶아서 다진 소고기와 1번의 브로콜리, 3번의 노른자를 넣고 5~7분 정도 중불에서 잘 끓여준다.

1

2

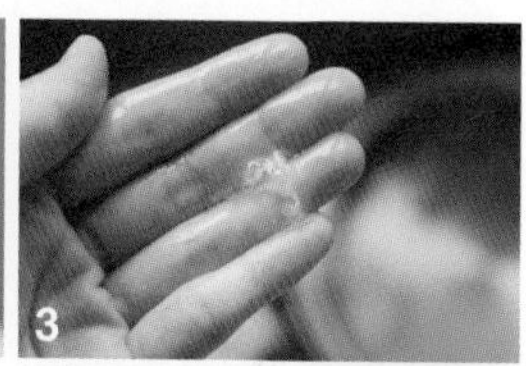
3

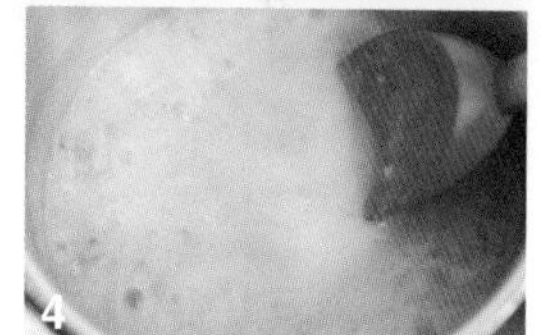
4

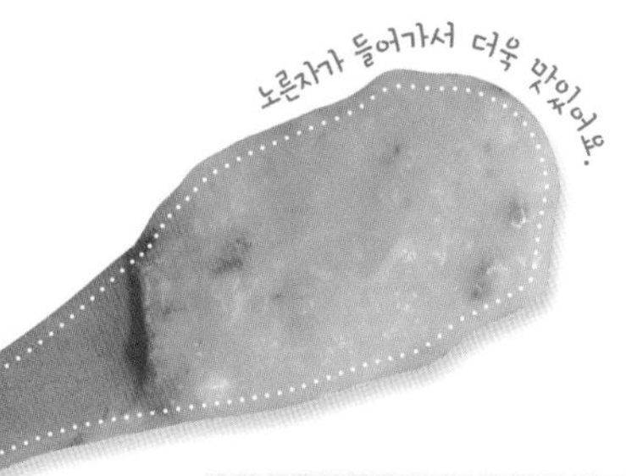
노른자가 들어가서 더욱 맛있어요.

노른자·콜리플라워·소고기죽

8배죽

【재료】 ㅁ**불린 쌀** 20g ㅁ**소고기** 8g ㅁ**콜리플라워** 15g ㅁ**달걀**(노른자) 1/3개

콜리플라워는 끓는 물에 살짝 데쳐 꽃 부분만 잘게 다진 뒤 **노른자·브로콜리·소고기죽** 순서에 맞춰 브로콜리 대신 넣는다.

노른자·애호박·소고기죽

8배죽

【재료】 ㅁ**불린 쌀** 20g ㅁ**소고기** 8g ㅁ**애호박** 15g ㅁ**달걀**(노른자) 1/3개

애호박은 껍질을 벗기고 끓는 물에 데친 뒤 잘게 다져 **노른자·브로콜리·소고기죽** 순서에 맞춰 브로콜리 대신 넣는다.

Inglesina

초기
간식

 사과퓨레

READY

□ 사과 100g

사과는 껍질을 벗긴 뒤 잘게 다진다.

끓는 물에 3분 정도 삶는다.

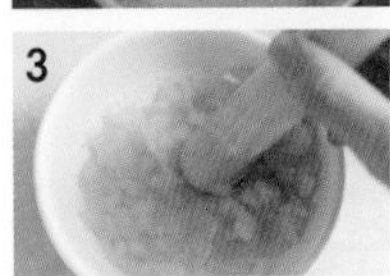

끓인 사과는 건져내어 절구에 빻는다.

체에 걸러준다.

* 체에 걸러낼 때는 뜨거운 사과를 넣어야 잘 걸러져요. 입자가 곱다 싶으면 꼭 걸러내지는 않아도 되고, 사과를 통째로 끓인 뒤 강판에 갈아도 됩니다.

 배퓨레

READY

□ 배 100g

배는 껍질을 벗기고 강판에 간다.

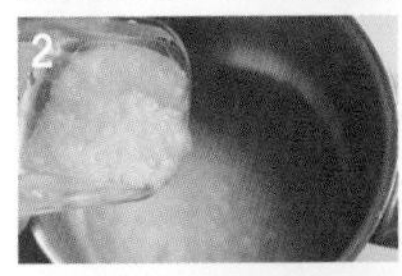

간 배와 즙을 냄비에 넣는다.

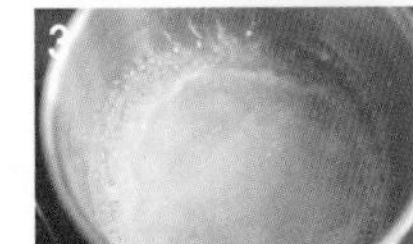

3분 정도 끓인 뒤 식힌다.

* 퓨레를 만들 때 과일을 삶아서 체에 걸러도 되지만 잘 걸러지지 않거나 시간이 오래 걸린다면 미리 간 뒤에 끓여도 돼요.

자두퓨레

READY

- 자두 100g

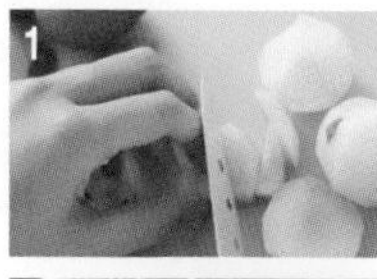
1 자두는 껍질을 벗겨 듬성듬성 자른다.

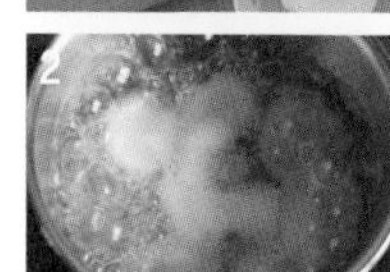
2 끓는 물에 3분 정도 삶는다.

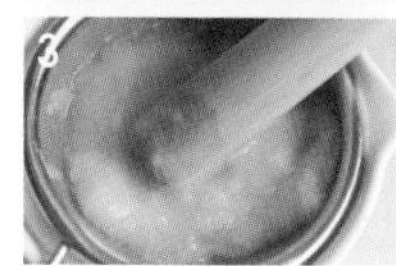
3 체에 걸러준다.

* 자두처럼 신 과일의 경우, 잘 익어서 단맛이 강한 것으로 선택해야 아이가 잘 먹어요.

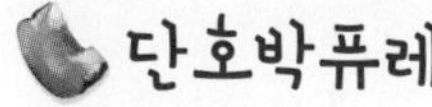

단호박퓨레

READY

- 단호박 80g

1 단호박은 조각내어 끓는 물에 푹 삶는다.

2 껍질을 잘라낸다.

3 절구에 빻는다.

* 혹시 재료를 손질하여 냉동보관하였을 경우에는 꺼내서 녹인 뒤 다시 한 번 끓여주세요.

 수박즙

READY

□ 수박 50g

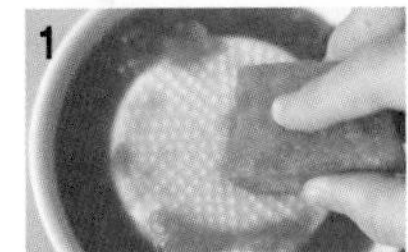

수박은 씨를 발라 강판에 간다.

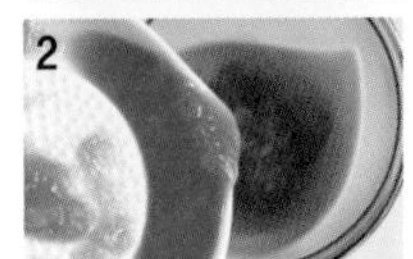

체에 걸러 주스와 과육을 분리한다.

* 수박처럼 과즙이 많은 과일은 즙을 따로 내어 과일주스 형태로 소개해주는 것도 좋아요.

 감자오이퓨레

READY

□ 감자 60g □ 오이 20g

감자는 조각내어 끓는 물에 푹 삶는다.

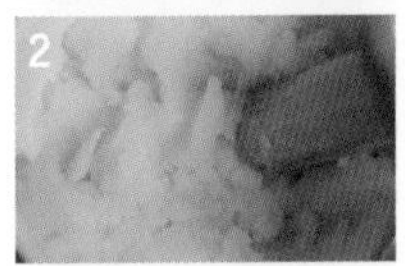

삶은 감자는 절구에 빻는다.

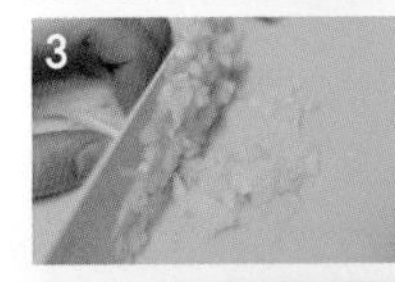

오이는 껍질을 벗긴 뒤 잘게 다진다.

2번의 감자와 3번의 오이를 섞어 살짝 끓여준다.

* 삶은 감자와 다진 오이를 잘 섞어줘도 되지만 물을 약간 넣고 질척한 질감으로 살짝 끓여줘도 돼요.

 감자브로콜리퓨레

READY

□ 감자 70g □ 브로콜리 10g

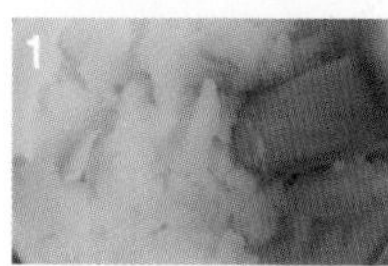

감자는 삶은 뒤 절구에 빻는다.

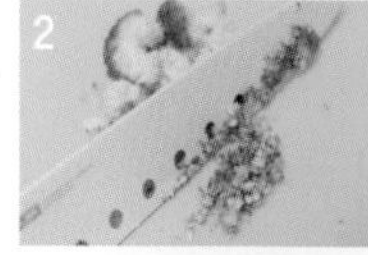

브로콜리는 끓는 물에 데쳐 꽃 부분만 잘게 다진다.

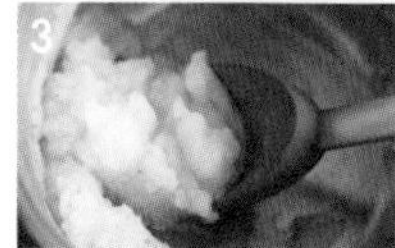

1번의 감자와 2번의 브로콜리를 넣고 물을 부어가며 농도 조절하여 한소끔 끓여준다.

* 초기 이유식 단계에서 감자나 고구마, 단호박 등으로 퓨레를 만들어주면 수분감이 있는 상태라 하더라도 다소 뻑뻑하여 아이가 목으로 넘기기 힘들어할 수 있어요. 그럴 때는 수분이 많은 과일의 즙을 함께 내어주면 좋습니다.

 감자완두콩퓨레

READY

□ 감자 50g □ 완두콩 30g

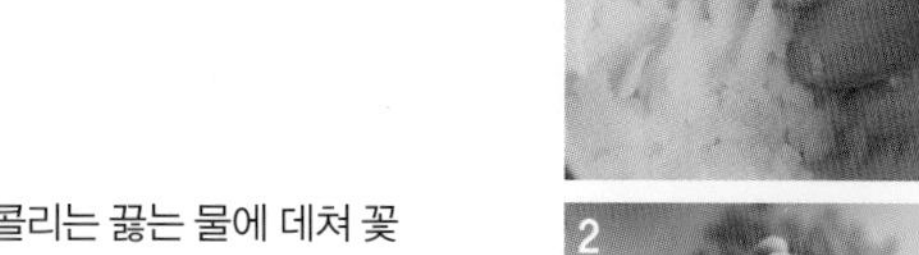

감자는 삶은 뒤 절구에 빻는다.

완두콩은 삶은 뒤 껍질을 깐다.

껍질을 깐 완두콩은 절구에 빻는다.

1번의 감자와 3번의 완두콩을 함께 넣고 물을 부어가며 농도 조절하여 한소끔 끓여준다.

* 배나 복숭아 등 수분감이 있는 과일과 함께 내어주세요.

 감자양배추퓨레

READY

□ 감자 60g □ 양배추 20g

감자는 강판에 간 뒤 물을 살짝 섞어 끓여준다.

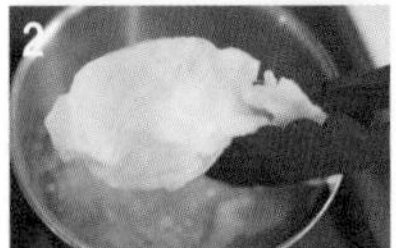

양배추는 끓는 물에 데친다.

데친 양배추는 잘게 다진 뒤 1번의 감자가 익으면 함께 섞어준다.

* 생감자를 으깨어 사용하면 감자를 삶아서 으깼을 때와는 다른 쫀득쫀득한 질감이 됩니다. 이렇게 다른 질감으로 간식을 주면 아이 역시 다양한 식감을 경험할 수 있어요.

 감자콜리플라워퓨레

READY

□ 감자 60g □ 콜리플라워 20g

콜리플라워는 끓는 물에 데친다.

데친 콜리플라워는 꽃 부분을 잘게 다진다.

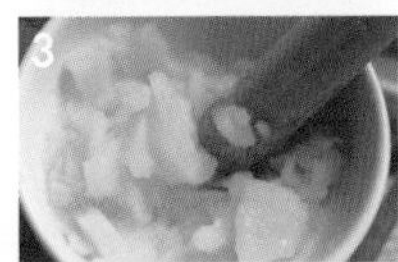

감자는 삶은 뒤 절구에 빻는다.

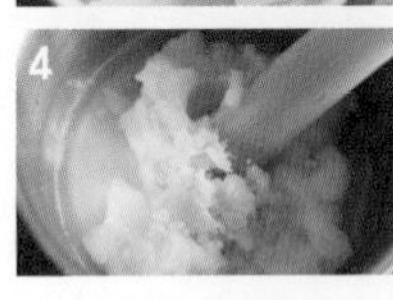

2번의 콜리플라워와 3번의 감자를 넣고 물을 부어가며 농도 조절하여 한소끔 끓여준다.

* 콜리플라워는 꽃 부분만 사용하는 게 좋긴 하지만, 기둥 부분도 조금씩 잘라 함께 넣어보세요.

 닭안심배퓨레

READY

□ 닭고기(안심) 30g □ 배 30g

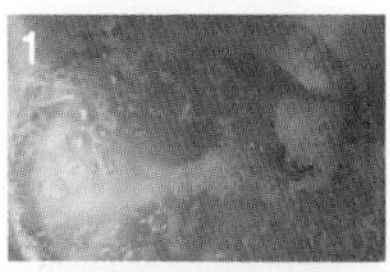

닭고기는 끓는 물에 삶는다.

삶은 닭고기는 잘게 다진다.

배는 껍질을 벗기고 강판에 간다.

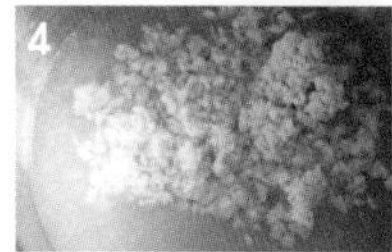

2번의 닭고기와 3번의 배에 육수 30mL를 넣고 한소끔 끓여준다.

* 닭고기를 삶은 국물은 버리지 말고 4번 과정에서 육수로 사용하세요.

 닭안심비타민귤퓨레

READY

□ 닭고기(안심) 30g □ 비타민 10g □ 귤 30g

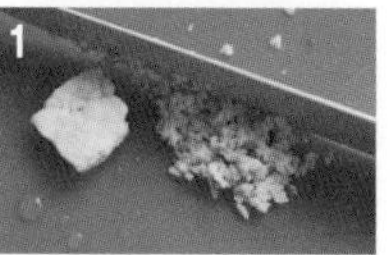

닭고기는 끓는 물에 삶은 뒤 잘게 다진다.

귤은 속껍질까지 모두 깐 뒤 알갱이만 준비해둔다.

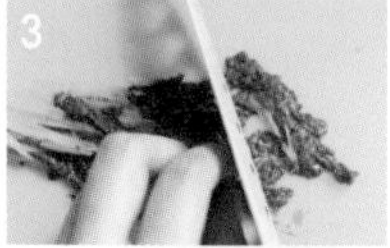

비타민은 잎 부분만 끓는 물에 살짝 데친 뒤 잘게 다진다.

1번의 닭고기와 3번의 비타민에 육수 30mL를 넣고 바글바글 끓여주다가 불을 끄기 바로 전에 2번의 귤을 넣고 한두 번 저어준다.

* 닭고기를 삶은 국물은 버리지 말고 4번의 과정에서 육수로 사용해요. 귤의 속껍질은 목에 걸릴 수 있으므로 꼭 제거해줍니다.

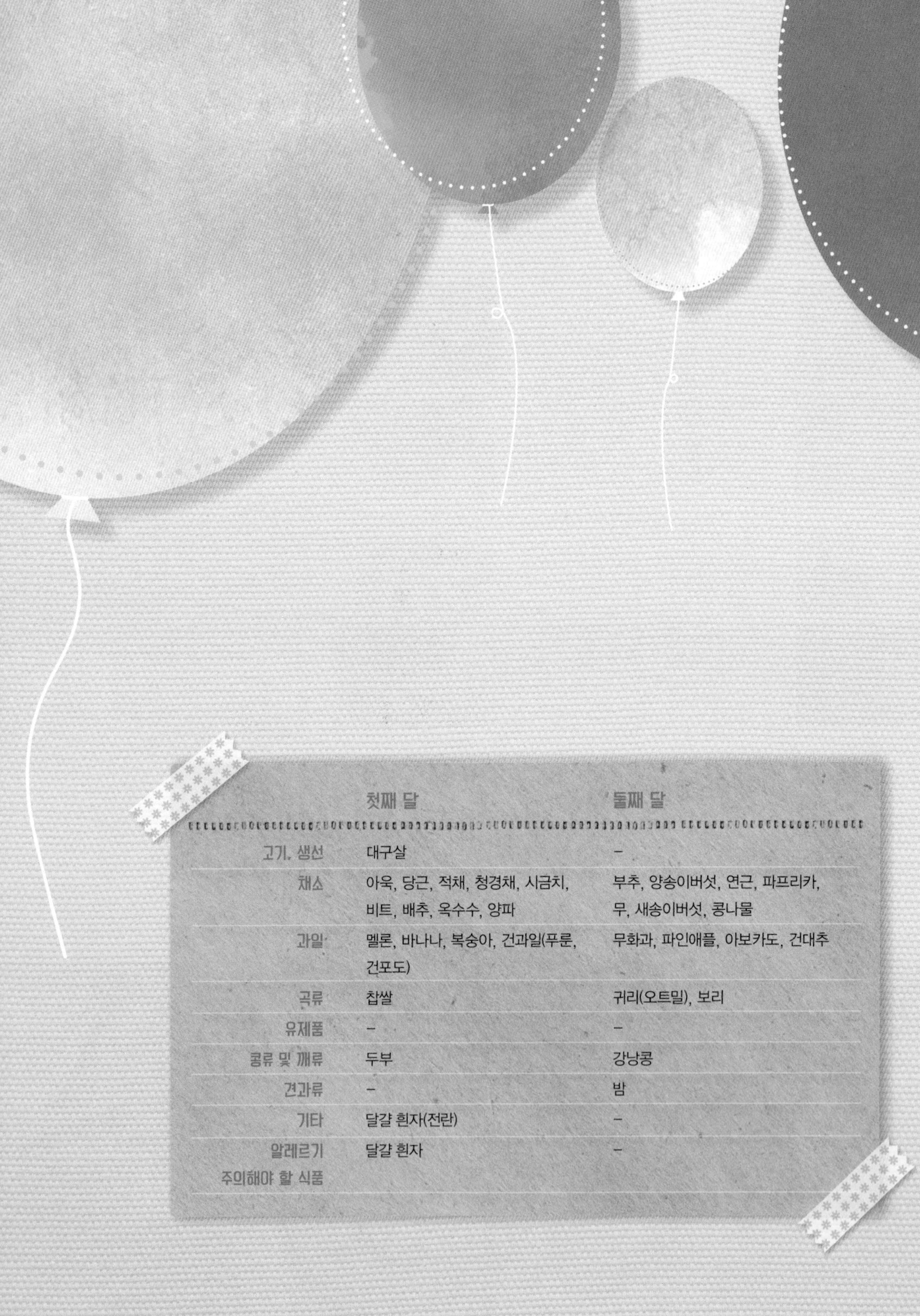

	첫째 달	둘째 달
고기, 생선	대구살	–
채소	아욱, 당근, 적채, 청경채, 시금치, 비트, 배추, 옥수수, 양파	부추, 양송이버섯, 연근, 파프리카, 무, 새송이버섯, 콩나물
과일	멜론, 바나나, 복숭아, 건과일(푸룬, 건포도)	무화과, 파인애플, 아보카도, 건대추
곡류	찹쌀	귀리(오트밀), 보리
유제품	–	–
콩류 및 깨류	두부	강낭콩
견과류	–	밤
기타	달걀 흰자(전란)	–
알레르기 주의해야 할 식품	달걀 흰자	–

중기 이유식

첫째 달

아욱·소고기죽

8배죽

아욱소고기죽은 아욱이 들어가서 굉장히 구수한 맛이 나요.
승아의 이유식 덕분에 우리 가족 모두
양념이 아닌 재료 본연의 맛과 향을 즐기게 되었어요.

만드는 법

재료

- **불린 쌀** 20g
- **소고기** 8g
- **아욱** 10g

1. 아욱은 깨끗하게 씻어 잎 부분만 잘라낸다.
2. 아욱 잎 부분은 끓는 물에 살짝 데친다.
3. 데친 아욱은 건져내어 잘게 다진다.
4. 갈아낸 쌀에 육수 160mL를 붓고 끓여주다가 삶아서 다진 소고기와 3번의 아욱을 넣고 5~7분 정도 중불에서 잘 끓여준다.

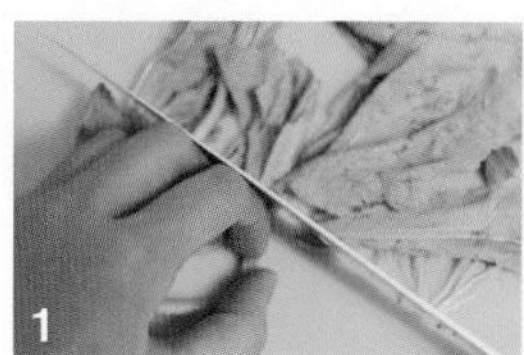

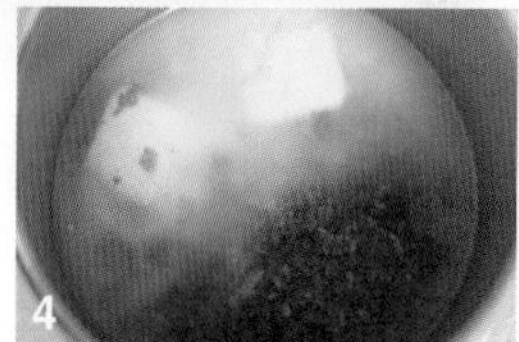

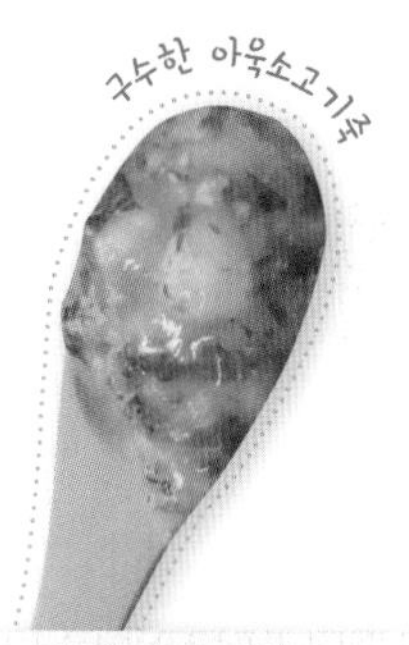

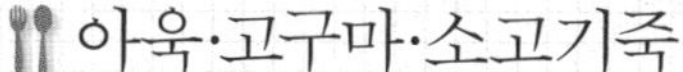

아욱·고구마·소고기죽

8배죽

【재료】 ㅁ**불린 쌀** 20g ㅁ**소고기** 8g ㅁ**아욱** 10g ㅁ**고구마** 10g

고구마는 찐 뒤 잘게 다져 **아욱·소고기죽** 순서에 맞춰 소고기와 함께 넣는다.

아욱·콜리플라워·소고기죽

【재료】 ㅁ**불린 쌀** 20g ㅁ**소고기** 8g ㅁ**아욱** 10g ㅁ**콜리플라워** 10g

콜리플라워는 끓는 물에 살짝 데쳐 꽃 부분만 잘게 다진 뒤 **아욱·소고기죽** 순서에 맞춰 소고기와 함께 넣는다.

완두콩·대구살죽

8배죽

새로운 재료를 시도할 때는 이상반응을 살펴보기 위해서
오전에 먹이는 것이 좋습니다.
시간을 충분히 두고 관찰할 수 있기 때문에 그러하지요.
대구살을 이유식에 쓸 때는 대구를 통째로 사서 살만 발라내어도 되고,
유아식용 대구순살을 이용해도 됩니다.

만드는 법

재료

- **불린 쌀** 20g
- **대구살** 10g
- **완두콩** 15g

1. 대구살은 결대로 찢는다.
2. 찢은 대구살은 잘게 다진다.
3. 완두콩은 껍질을 벗기고 끓는 물에 삶은 뒤 절구에 빻는다.
4. 갈아낸 쌀에 물 160mL를 붓고 끓여주다가 2~3번의 재료를 넣고 5~7분 정도 중불에서 잘 끓여준다.

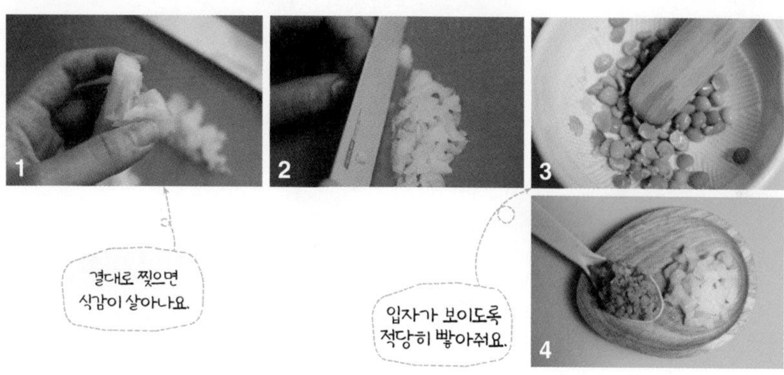

결대로 찢으면 식감이 살아나요.

입자가 보이도록 적당히 빻아줘요.

브로콜리·대구살죽

[재료] ▫**불린 쌀** 20g ▫**대구살** 10g ▫**브로콜리** 10g

브로콜리는 끓는 물에 살짝 데쳐 꽃 부분만 잘게 다진 뒤 **완두콩·대구살죽** 순서에 맞춰 완두콩 대신 넣는다.

양배추·애호박·브로콜리·대구살죽

8배죽

[재료] ▫**불린 쌀** 20g ▫**대구살** 10g ▫**양배추** 5g ▫**애호박** 10g ▫**브로콜리** 5g

양배추의 잎 부분과 브로콜리의 꽃 부분은 끓는 물에 살짝 데쳐 잘게 다지고, 애호박은 껍질을 벗기고 잘게 다진 뒤 **완두콩·대구살죽** 순서에 맞춰 완두콩 대신 넣는다.

찹쌀·비타민·대구살죽

5배죽

5배죽이 시작되었는데 사실 8배죽에서 5배죽으로 바로 넘어 간 것이 아니에요. 그동안 보이지 않게 8배 – 7배 – 6배 – 5배죽으로 넘어왔던 것이지요. 이렇게 입자를 서서히 늘려가지 않고 급격히 전환하는 경우 아이가 구역질을 하거나 뱉어내고 거부할 수도 있습니다. 처음에만 그런 것이니 아이가 적응할 수 있도록 다시 주고 매우 심각하게 거부한다면 살짝 앞 단계로 돌아갔다가 다시 늘려가도록 합니다.

재료

- **불린 쌀** 20g
- **찹쌀** 5g
- **대구살** 10g
- **비타민** 10g

만드는 법

1. 찹쌀은 믹서기를 이용하여 적당히 갈아준다.
2. 대구살은 결대로 찢어 잘게 다진다.
3. 비타민은 잎 부분만 끓는 물에 데쳐 잘게 다진다.
4. 갈아낸 쌀과 찹쌀에 물 100mL를 붓고 끓여주다가 2~3번의 재료를 넣고 5~7분 정도 중불에서 잘 끓여준다.

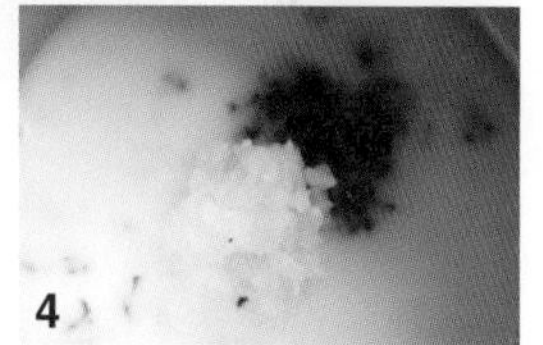

중기 이유식 중반 5배죽이 시작되었어요.

당근·브로콜리·소고기죽

5배죽

Dr.Oh

당근을 시작하고 나니 이유식의 색깔이 예쁘고 다양해졌습니다.
음식의 색이 다양해지면 아이는 더욱 다양한 요리를 접하게 되는 거니
정서적으로도 좋고, 음식에 대한 흥미도 불러올 수 있지요.
중기가 진행되면서 소고기의 양도 8g에서 10g으로 좀 더 늘렸습니다.

재료

- 불린 쌀 20g
- 소고기 10g
- 당근 10g
- 브로콜리 10g

만드는 법

1. 당근은 껍질을 벗기고 끓는 물에 살짝 데친 뒤 잘게 다진다.
2. 브로콜리는 끓는 물에 살짝 데쳐 잘게 다진다.
3. 갈아낸 쌀에 육수 100mL를 붓고 끓여주다가 삶아서 다진 소고기와 1~2번의 재료를 넣고 5~7분 정도 중불에서 잘 끓여준다.

1

2

3

당근·애호박·소고기죽

【재료】 □ **불린 쌀** 20g □ **소고기** 10g □ **당근** 10g □ **애호박** 10g

애호박은 껍질을 벗기고 끓는 물에 데친 뒤 잘게 다져 **당근·브로콜리·소고기죽** 순서에 맞춰 브로콜리 대신 넣는다.

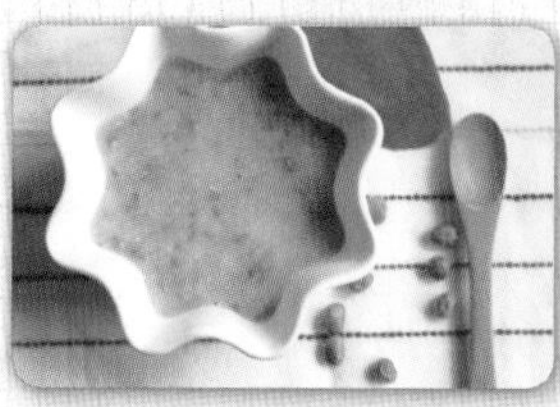

당근·완두콩·소고기죽

5배죽

【재료】 □ **불린 쌀** 20g □ **소고기** 10g □ **당근** 10g □ **완두콩** 10g

완두콩은 껍질을 벗기고 삶은 뒤 잘게 다져 **당근·브로콜리·소고기죽** 순서에 맞춰 브로콜리 대신 넣는다.

당근·오이·소고기죽

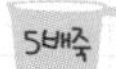

【재료】 □ **불린 쌀** 20g □ **소고기** 10g □ **당근** 10g □ **오이** 10g

오이는 껍질을 벗기고 잘게 다져 **당근·브로콜리·소고기죽** 순서에 맞춰 브로콜리 대신 넣는다.

애호박·완두콩·소고기죽

5배죽

Mom

이제부터 애호박은 껍질을 벗기지 않고 이유식에 넣을 거예요.
그러므로 애호박을 깨끗하게 씻어야겠지요?
애호박은 베이킹소다를 뿌려 껍질에 문질러준 뒤 흐르는 물에 씻어주세요.

만드는 법

재료

- 불린 쌀 20g
- 소고기 10g
- 애호박 10g
- 완두콩 10g

1. 베이킹소다를 이용하여 애호박을 깨끗하게 씻어낸다.
2. 깨끗하게 씻은 애호박은 끓는 물에 살짝 데친 뒤 채 썬다.
3. 채 썬 애호박은 잘게 다진다.
4. 완두콩은 껍질을 벗기고 끓는 물에 삶은 뒤 잘게 다진다.
5. 갈아낸 쌀에 육수 100mL를 붓고 끓여주다가 삶아서 다진 소고기와 3~4번의 재료를 넣고 5~7분 정도 중불에서 잘 끓여준다.

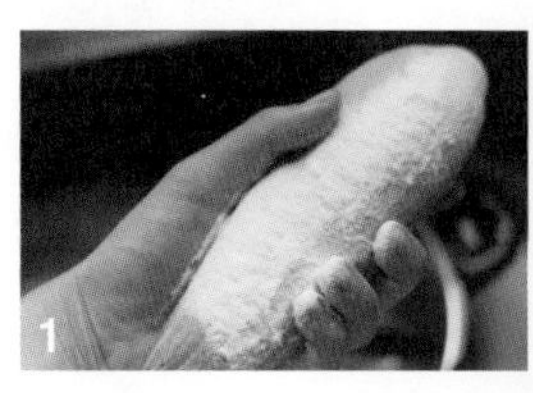
1

2

3

4

5

이제부터 애호박은 껍질을 벗기지 않고 잘게 다져요.

애호박·비타민·소고기죽

5배죽

【재료】 ㅁ **불린 쌀** 20g ㅁ **소고기** 10g ㅁ **애호박** 10g ㅁ **비타민** 10g

비타민은 잎 부분만 끓는 물에 살짝 데친 뒤 잘게 다져 **애호박·완두콩·소고기죽** 순서에 맞춰 완두콩 대신 넣는다.

단호박·오이·소고기죽

5배죽

중기 이유식이 어느 정도 진행되었으니 단호박을 넣을 때 이제 절구를 쓰지 않습니다. 이가 나지 않았더라도 좀 더 큰 입자의 질감에 적응할 수 있도록 이유식 조리과정에서 신경을 써주세요.

재료

- 불린 쌀 20g
- 소고기 10g
- 단호박 10g
- 오이 10g

만드는 법

1. 단호박은 찜기에 찐 뒤 껍질을 잘라내고 잘게 다진다.
2. 오이는 껍질을 벗기고 잘게 다진다.
3. 갈아낸 쌀에 육수 100mL를 붓고 끓여주다가 삶아서 다진 소고기와 1~2번의 재료를 넣고 5~7분 정도 중불에서 잘 끓여준다.

1

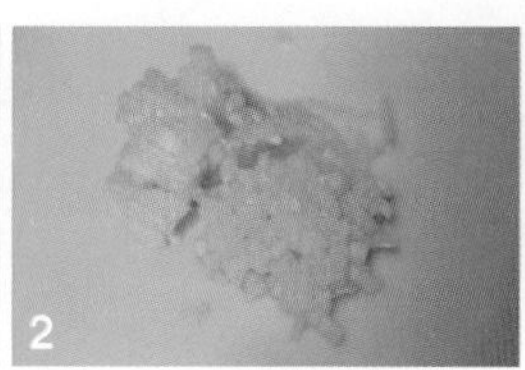
2

3

단호박·배·소고기죽

5배죽

【재료】 ▫**불린 쌀** 20g ▫**소고기** 10g ▫**단호박** 10g ▫**배** 10g

배는 껍질을 벗기고 잘게 다진 뒤 **단호박·오이·소고기죽** 순서에 맞춰 오이 대신 넣는다.

단호박·양배추·소고기죽

5배죽

【재료】 ▫**불린 쌀** 20g ▫**소고기** 10g ▫**단호박** 10g ▫**양배추** 10g

양배추는 잎 부분만 끓는 물에 살짝 데쳐 잘게 다진 뒤 **단호박·오이·소고기죽** 순서에 맞춰 오이 대신 넣는다.

단호박·브로콜리·양배추·소고기죽

5배죽

【재료】 ▫**불린 쌀** 30g ▫**소고기** 10g ▫**단호박** 5g ▫**양배추** 10g ▫**브로콜리** 5g

브로콜리의 꽃 부분과 양배추의 잎 부분은 끓는 물에 살짝 데친 뒤 잘게 다져 **단호박·오이·소고기죽** 순서에 맞춰 오이 대신 넣는다.

시금치·소고기죽

5배죽

시금치의 효능과 함유된 비타민은 정말 폭넓고 다양합니다.
비타민A, 비타민B1, 비타민B2, 비타민C 그리고 칼슘과 철분이 풍부하지요.
채소 중 시금치에 가장 많은 비타민A가 들어 있습니다.
시금치에 풍부한 철분과 엽산은 빈혈을 예방하고
향과 맛이 강하지 않아 아이에게 소개하기 더없이 좋은 잎채소입니다.

재료

- **불린 쌀** 20g
- **소고기** 10g
- **시금치** 15g

만드는 법

1. 시금치는 베이킹소다를 푼 물에 3~5분 정도 담갔다가 흐르는 물에 깨끗하게 씻는다.
2. 시금치는 잎만 잘라 끓는 물에 살짝 데친 뒤 찬물에 헹군다.
3. 헹군 시금치는 물기를 꽉 짠 뒤 잘게 다진다.
4. 갈아낸 쌀에 육수 100mL를 붓고 끓여주다가 삶아서 다진 소고기와 3번의 시금치를 넣고 5~7분 정도 중불에서 잘 끓여준다.

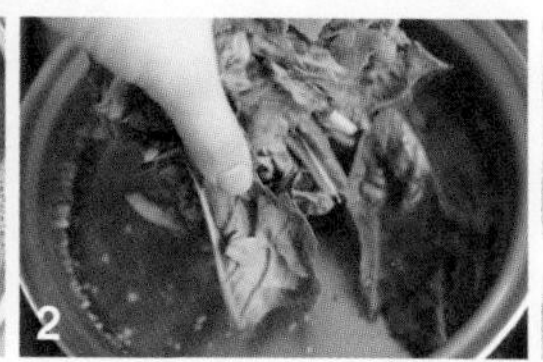

와~ 이제
시금치도 먹어요?
뽀빠이처럼
힘세질 거예요.

시금치·고구마·소고기죽

【재료】 □ **불린 쌀** 20g □ **소고기** 10g □ **시금치** 10g □ **고구마** 10g

고구마는 찐 뒤 껍질을 벗기고 잘게 다져 **시금치·소고기죽** 순서에 맞춰 소고기와 함께 넣는다.

시금치·애호박·완두콩·소고기죽

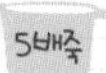

【재료】 □ **불린 쌀** 20g □ **소고기** 10g □ **시금치** 10g □ **애호박** 5g □ **완두콩** 5g

애호박은 잘게 다지고, 완두콩은 삶아서 껍질을 벗긴 뒤 잘게 다져 **시금치·소고기죽** 순서에 맞춰 소고기와 함께 넣는다.

적채·배·닭고기죽

5배죽

붉은 양배추인 적채는 안토시아닌이 풍부한 채소입니다. 적채를 이유식에 넣으니 정말 예쁜 색이 나오더군요. 승아의 이유식이 점점 컬러푸드로 거듭나고 있습니다.

만드는 법

재료

- **불린 쌀** 20g
- **닭고기** 10g
- **적채** 10g
- **배** 10g

1. 적채는 잎 부분만 끓는 물에 살짝 데친다.
2. 데친 적채는 잘게 다진다.
3. 배는 껍질을 벗긴 뒤 잘게 다진다.
4. 갈아낸 쌀에 육수 100mL를 붓고 끓여주다가 삶아서 다진 닭고기와 2~3번의 재료를 넣고 5~7분 정도 중불에서 잘 끓여준다.

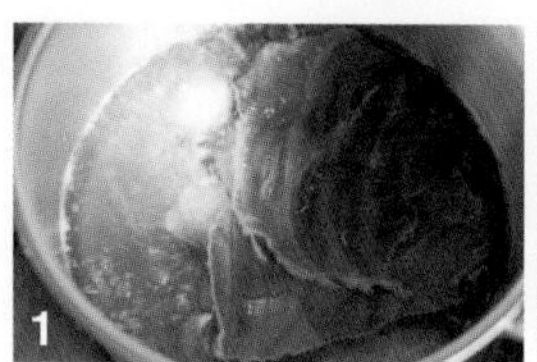

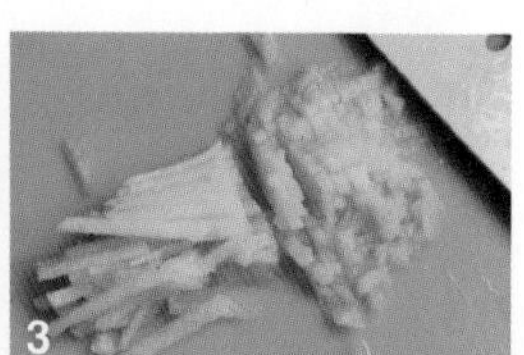

영차 영차!
보랏빛 컬러푸드
먹으러 갑니다.

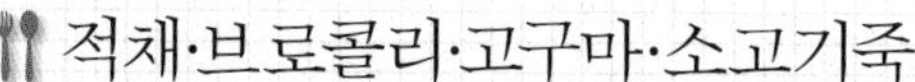
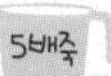

적채·브로콜리·고구마·소고기죽

5배죽

【재료】 ▫**불린 쌀** 20g ▫**소고기** 10g ▫**적채** 10g ▫**브로콜리** 5g ▫**고구마** 5g

브로콜리는 꽃 부분만 살짝 데친 뒤 잘게 다지고, 고구마는 찐 뒤 일부 잘게 다지고, 일부 절구에 빻아 **적채·배·닭고기죽** 순서에 맞춰 배 대신 넣고, 소고기는 삶아서 다진 뒤 닭고기 대신 넣는다.

옥수수·소고기죽

5배죽

이유식 중기에서도 어느 정도 진전이 되어 승아가 적응하기 시작했으니, 쌀 역시 20g에서 30g으로 증량하였습니다. 노란 옥수수의 수확 시기는 6월입니다. 찰옥수수의 수확 시기는 7~8월이니 제철일 때 미리 준비해두어도 좋을 것입니다. 옥수수는 알만 분리하여 이유식을 만드는데, 잘못 넘어가면 자칫 위험할 수 있으니 다질 때 좀 더 신경을 쓰도록 합니다.

만드는 법

재료

- 불린 쌀 30g
- 소고기 10g
- 옥수수 20g

1. 옥수수는 알만 분리하여 끓는 물에 삶은 뒤 건진다.
2. 삶은 옥수수알은 껍질을 깐 뒤 잘게 다진다.
3. 갈아낸 쌀에 육수 150mL를 붓고 끓여주다가 삶아서 다진 소고기와 2번의 옥수수를 넣고 5~7분 정도 중불에서 잘 끓여준다.

1

2

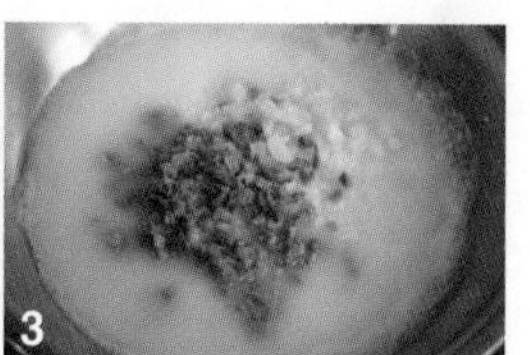
3

옥수수·브로콜리·소고기죽

【재료】 ㅁ**불린 쌀** 30g ㅁ**소고기** 10g ㅁ**옥수수** 10g ㅁ**브로콜리** 10g

브로콜리는 끓는 물에 데친 뒤 꽃 부분만 잘게 다져 **옥수수·소고기죽** 순서에 맞춰 소고기와 함께 넣는다.

옥수수·달걀·소고기죽

【재료】 ㅁ**불린 쌀** 30g ㅁ**소고기** 10g ㅁ**옥수수** 10g ㅁ**달걀** 1/3개

달걀은 풀어서 체에 걸러 알끈 등을 제거한 뒤 **옥수수·소고기죽** 순서에 맞춰 끓이다가 어느 정도 익으면 달걀을 추가로 넣는다.

옥수수·감자·소고기죽

【재료】 ㅁ**불린 쌀** 30g ㅁ**소고기** 10g ㅁ**옥수수** 10g ㅁ**감자** 10g

감자는 쪄서 칼등으로 눌러 으깬 뒤 **옥수수·소고기죽** 순서에 맞춰 소고기와 함께 넣는다.

두부·달걀·소고기죽

5배죽

Mom

이유식을 고소하고 특별하게 만드는 두부.
콩으로 만든 두부는 성장발육에 필요한 아미노산과 칼슘, 철분 등의
무기질이 많은 고단백 식품이랍니다.
두부는 상하기 쉬우니 사용 후 바로 물에 담아 냉장보관하세요.

재료

- **불린 쌀** 30g
- **소고기** 10g
- **두부** 10g
- **달걀** 1/3개

만드는 법

1. 두부의 일부는 칼등을 이용해 으깬다.
2. 남은 두부 일부는 잘게 다진다.
3. 달걀은 풀어서 체를 이용하여 알끈 등을 걸러낸다.
4. 갈아낸 쌀에 육수 150mL를 붓고 끓여주다가 삶아서 다진 소고기와 1번과 2번의 두부를 넣고 좀 더 끓인 뒤 3번의 달걀을 붓고 5~7분 정도 중불에서 잘 끓여준다.

1

2

3

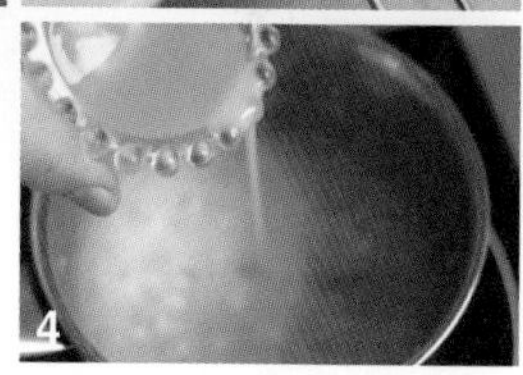
4

두부 덕분에 더욱 고소해요.

두부·사과·소고기죽

5배죽

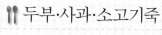

【재료】 □ **불린 쌀** 30g □ **소고기** 10g □ **두부** 10g □ **사과** 10g

사과의 일부는 강판에 갈고, 일부는 잘게 다진 뒤 **두부·달걀·소고기죽** 순서에 맞춰 달걀 대신 넣되, 소고기를 넣을 때 함께 넣는다.

두부·당근·오이·비타민·소고기죽

【재료】 □ **불린 쌀** 30g □ **소고기** 10g □ **두부** 10g □ **비타민** 5g □ **당근** 5g □ **오이** 5g

당근과 비타민은 끓는 물에 살짝 데친 뒤 잘게 다지고, 오이는 껍질을 벗겨내고 잘게 다져 **두부·달걀·소고기죽** 순서에 맞춰 달걀 대신 넣되, 소고기를 넣을 때 함께 넣는다.

청경채·두부·소고기죽

5배죽

청경채와 두부는 중식의 볶음이나 탕수, 한식의 국, 양식의 샐러드 등에 잘 사용되는 조합입니다. 승아의 이유식 재료를 선택하고 조합할 때는 이처럼 성인식에서 자주 활용되는 음식 궁합을 떠올렸어요. 그러면 거의 대부분 성공적이었어요.

재료

- □ **불린 쌀** 30g
- □ **소고기** 10g
- □ **청경채** 10g
- □ **두부** 10g

만드는 법

1. 청경채는 잎만 잘라내어 끓는 물에 살짝 데친 뒤 잘게 다진다.
2. 두부의 일부는 칼등을 이용해 으깬다.
3. 두부의 남은 일부는 잘게 다진다.
4. 갈아낸 쌀에 육수 150mL를 붓고 끓여주다가 삶아서 다진 소고기와 2~4번의 재료를 넣고 5~7분 정도 중불에서 잘 끓여준다.

1

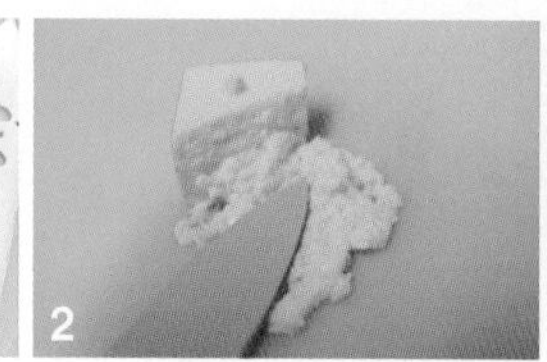
2

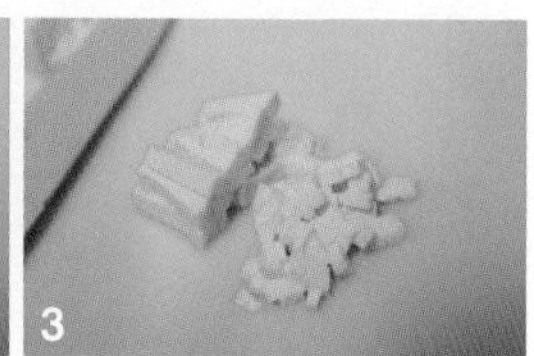
3

청경채·옥수수·자두·소고기죽

【재료】 □ **불린 쌀** 30g □ **소고기** 10g □ **청경채** 10g □ **옥수수** 10g □ **자두** 5g

옥수수는 삶아서 껍질을 깐 뒤 잘게 다지고, 자두도 껍질을 벗긴 뒤 잘게 다져 **청경채·두부·소고기죽** 순서에 맞춰 두부 대신 넣는다.

청경채·콜리플라워·닭고기죽

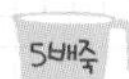

【재료】 □ **불린 쌀** 30g □ **닭고기** 10g □ **청경채** 10g □ **콜리플라워** 10g

콜리플라워는 끓는 물에 살짝 데친 뒤 꽃 부분만 잘게 다져 **청경채·두부·소고기죽** 순서에 맞춰 두부 대신 넣고, 닭고기는 삶아서 다진 뒤 소고기 대신 넣는다.

청경채·완두콩·닭고기죽

【재료】 □ **불린 쌀** 30g □ **닭고기** 10g □ **청경채** 10g □ **완두콩** 10g

완두콩은 껍질을 벗기고 삶은 뒤 잘게 다져 **청경채·두부·소고기죽** 순서에 맞춰 두부 대신 넣고, 닭고기는 삶아서 다진 뒤 소고기 대신 넣는다.

근대·콜리플라워·두부·닭고기죽

5배죽

이유식 중기 정도가 되면 엄마들이 마음을 편하게 가지고
새로운 재료 활용을 3~4일간 진행하면서 상태를 지켜보는 일을 무시하고
이유식을 진행하는 경우가 많습니다.
하지만 반드시 3일 정도, 혹은 중기 중반 정도가 되면 이틀 정도로 줄여
새로운 재료를 넣었을 때는 아이의 반응을 살피도록 합니다.

재료

- **불린 쌀** 30g
- **닭고기** 10g
- **근대** 5g
- **콜리플라워** 5g
- **두부** 10g

만드는 법

1. 근대는 흐르는 물에 깨끗하게 씻어준다.
2. 깨끗하게 씻은 근대는 잎 부분만 끓는 물에 살짝 데친다.
3. 데친 근대는 잘게 다진다.
4. 콜리플라워는 끓는 물에 살짝 데친 뒤 꽃 부분만 잘게 다진다.
5. 두부는 일부 칼등으로 으깨고, 나머지 일부는 잘게 다진다.
6. 갈아낸 쌀에 육수 150mL를 붓고 끓여주다가 삶아서 다진 닭고기와 3~5번의 재료를 넣고 5~7분 정도 중불에서 잘 끓여준다.

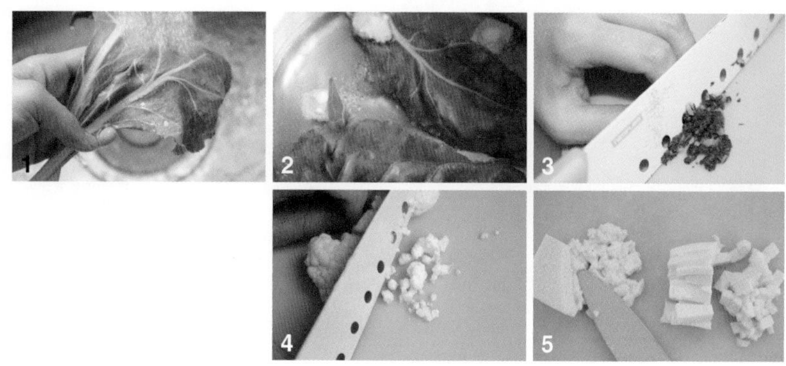

엄마가 만들어주는
이유식 덕분에
건강하게 자라는 승아예요.

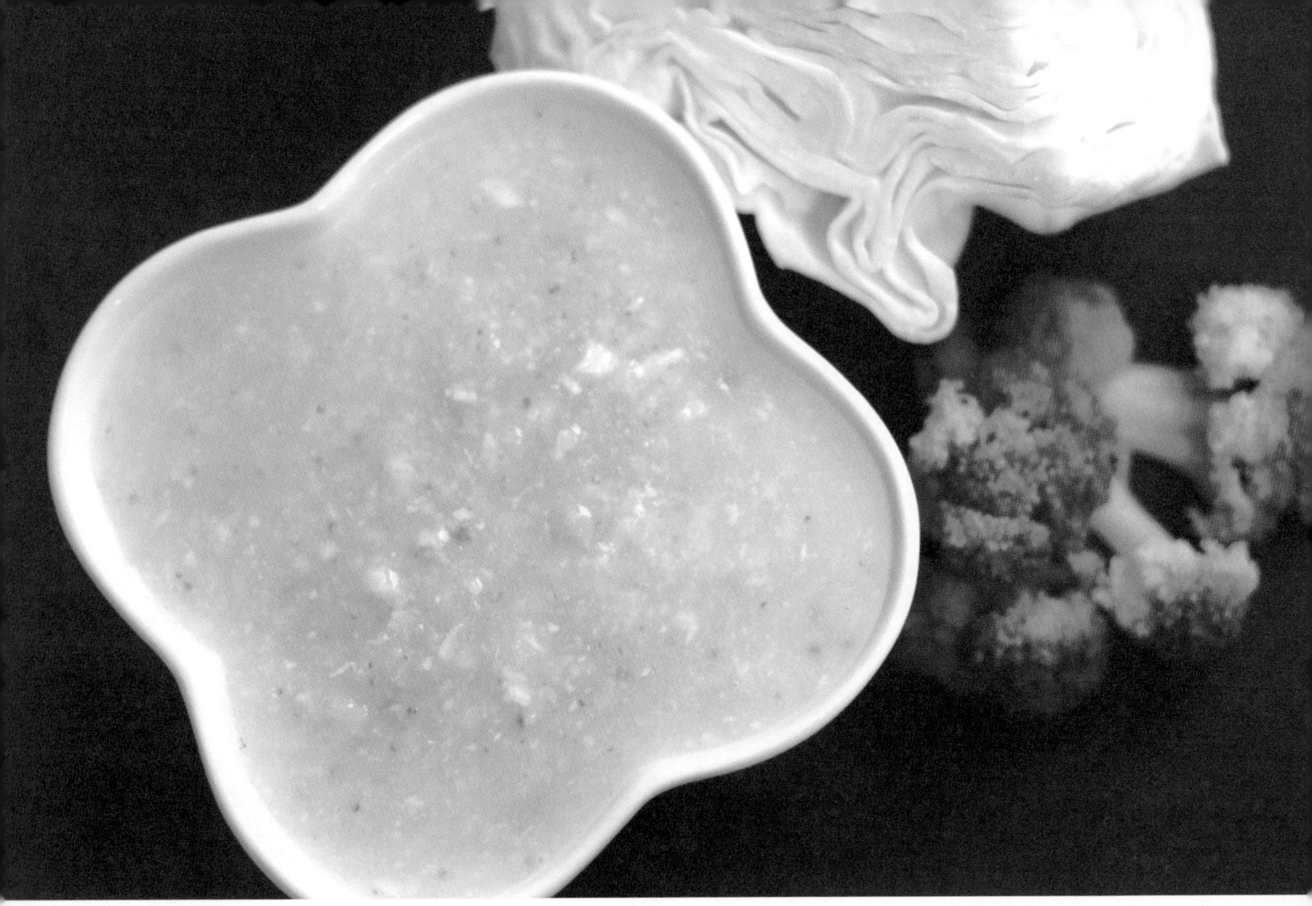

브로콜리·양배추·닭고기죽

5배죽

'녹색꽃양배추'라고 불리는 브로콜리는 어떤 식재료와도
잘 어울리는 채소입니다. 양배추나 당근, 감자 등과도 모두 조화로워요.
이유식으로 만들었을 때 초록색 입자만 봐도 건강해지는 것 같아요.
줄기가 영양가와 식이섬유 함량이 높지만 되도록
아이에게 부담스럽지 않은 꽃 부분만 사용해주세요.

재료

- 불린 쌀 30g
- 닭고기 10g
- 브로콜리 10g
- 양배추 10g

만드는 법

1. 브로콜리는 끓는 물에 살짝 데친 뒤 꽃 부분만 잘게 다진다.
2. 양배추는 잎 부분만 끓는 물에 살짝 데친 뒤 잘게 다진다.
3. 갈아낸 쌀에 육수 150mL를 붓고 끓여주다가 삶아서 다진 닭고기와 1~2번의 재료를 넣고 5~7분 정도 중불에서 잘 끓여준다.

1

2

3

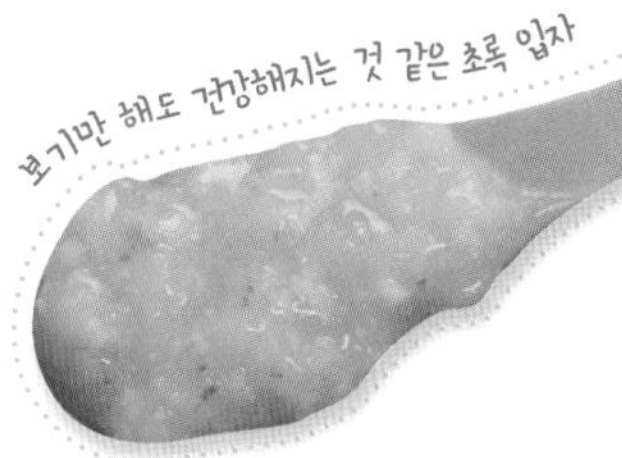
보기만 해도 건강해지는 것 같은 초록 입자

브로콜리·당근·닭고기죽

【재료】 ▫ **불린 쌀** 30g ▫ **닭고기** 10g ▫ **브로콜리** 10g ▫ **당근** 10g

당근은 끓는 물에 살짝 데친 뒤 잘게 다져 **브로콜리·양배추·닭고기죽** 순서에 맞춰 양배추 대신 넣는다.

브로콜리·양배추·감자·닭고기죽

5배죽

【재료】 ▫ **불린 쌀** 30g ▫ **닭고기** 10g ▫ **브로콜리** 10g ▫ **양배추** 5g ▫ **감자** 5g

감자는 삶아서 일부 잘게 다지고, 일부는 으깬 뒤 **브로콜리·양배추·닭고기죽** 순서에 맞춰 닭고기와 함께 넣는다.

배추 · 비타민 · 소고기죽

5배죽

배추는 익히지 않은 것을 잘게 다져서 이유식에 넣으면 됩니다.
숨이 빨리 죽으니 오래 끓이지 않아도 된답니다.
배추는 식이섬유를 많이 함유하고 있어 변비로 고생하는 아이에게 좋아요.

만드는 법

재료

- **불린 쌀** 30g
- **소고기** 10g
- **배추** 10g
- **비타민** 10g

1. 배추는 잎 부분만 잘라내어 베이킹소다 푼 물에 담가 깨끗하게 씻어낸다.
2. 깨끗하게 씻은 배추는 잘게 다진다.
3. 비타민은 끓는 물에 살짝 데친 뒤 잘게 다진다.
4. 갈아낸 쌀에 육수 150mL를 붓고 끓여주다가 삶아서 다진 소고기와 2~3번의 재료를 넣고 5~7분 정도 중불에서 잘 끓여준다.

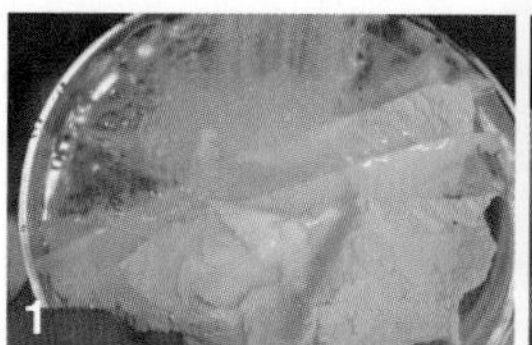

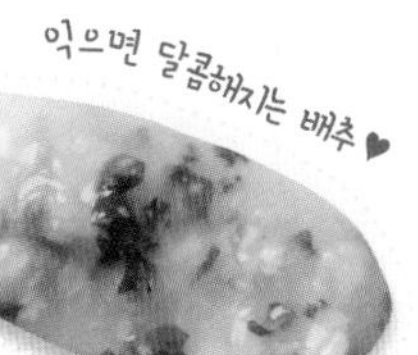
익으면 달콤해지는 배추♥

배추·옥수수·소고기죽

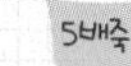

【재료】 ▫**불린 쌀** 30g ▫**소고기** 10g ▫**배추** 10g ▫**옥수수** 10g

옥수수는 삶은 뒤 껍질을 벗기고 잘게 다져 **배추·비타민·소고기죽** 순서에 맞춰 비타민 대신 넣는다.

배추·애호박·브로콜리·소고기죽

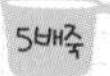

【재료】 ▫**불린 쌀** 30g ▫**소고기** 10g ▫**배추** 10g ▫**애호박** 5g ▫**브로콜리** 5g

애호박과 브로콜리의 꽃 부분은 끓는 물에 살짝 데친 뒤 잘게 다져 **배추·비타민·소고기죽** 순서에 맞춰 비타민 대신 넣는다.

양파·브로콜리·소고기죽

5배죽

양파는 비타민의 흡수를 돕는 역할을 하기 때문에
비타민이 풍부한 채소와 함께 조리하세요.
왠지 자극적일 것 같아 아기 식재료로 써도 될까 걱정이 될 수도 있겠지만
조리하면 양파만큼 달달한 채소가 없어요. 양파만 넣으면 이유식의 맛이
몇 단계는 업그레이드되는 신세계를 경험하게 될 거예요.

만드는 법

재료

- 불린 쌀 30g
- 소고기 10g
- 양파 10g
- 브로콜리 10g

1. 양파는 껍질을 벗기고 끓는 물에 삶은 뒤 채를 썬다.
2. 채 썬 양파는 잘게 다진다.
3. 브로콜리는 끓는 물에 살짝 데친 뒤 꽃 부분만 잘게 다진다.
4. 갈아낸 쌀에 육수 150mL를 붓고 끓여주다가 삶아서 다진 소고기와 2~3번의 재료를 넣고 5~7분 정도 중불에서 잘 끓여준다.

양파는 이렇게
달고 맛있는 거예요?

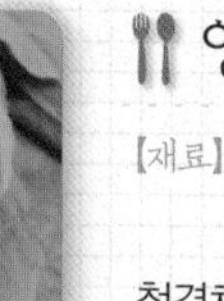

양파·청경채·소고기죽

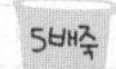

【재료】 ㅁ **불린 쌀** 30g ㅁ **소고기** 10g ㅁ **양파** 10g ㅁ **청경채** 10g

청경채는 잎 부분만 끓는 물에 데친 뒤 잘게 다져 **양파·브로콜리·소고기죽** 순서에 맞춰 브로콜리 대신 넣는다

양파·단호박·소고기죽

【재료】 ㅁ **불린 쌀** 30g ㅁ **소고기** 10g ㅁ **양파** 10g ㅁ **단호박** 10g

단호박은 찐 뒤에 잘게 다져 **양파·브로콜리·소고기죽** 순서에 맞춰 브로콜리 대신 넣는다.

아욱·양파·닭고기죽

5배죽

특히 중기로 들어서 아이가 이유식을 거부한다면 식감에 대한 부정적인 반응을 보이는 것일 수 있습니다. 괜히 조급하게 생각하지 말고 서서히 진행한다고 생각하면서 입자 크기를 더 잘게 다지도록 합니다.

재료

- 불린 쌀 30g
- 닭고기 10g
- 아욱 10g
- 양파 10g

만드는 법

1. 아욱은 깨끗하게 씻어 잎 부분만 잘라낸다.
2. 잘라낸 아욱은 끓는 물에 살짝 데친 뒤 잘게 다진다.
3. 양파는 끓는 물에 삶은 뒤 잘게 다진다.
4. 갈아낸 쌀에 육수 150mL를 붓고 끓여주다가 삶아서 다진 닭고기와 2~3번의 재료를 넣고 5~7분 정도 중불에서 잘 끓여준다.

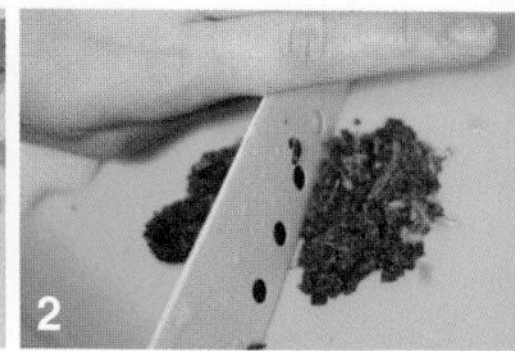

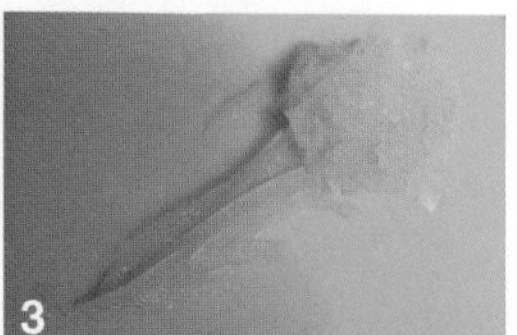

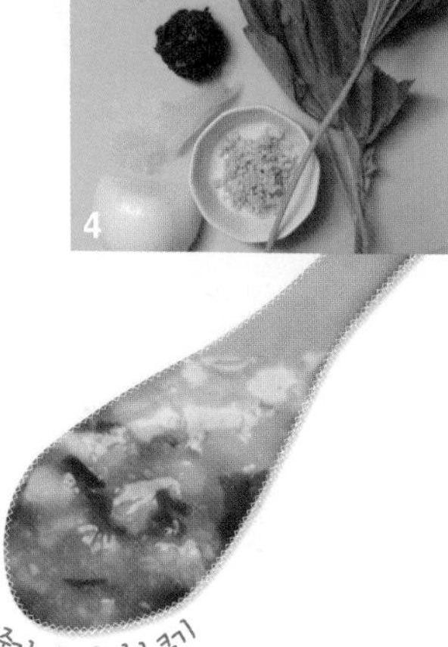

중기 이유식 입자 크기

에잉~
아무 맛도 안 나요.
엄마, 이유식 주세요.

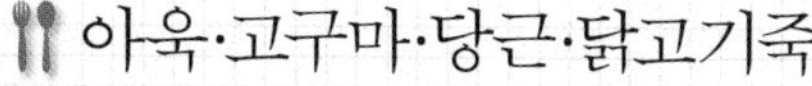

아욱·고구마·당근·닭고기죽

【재료】 □ **불린 쌀** 30g □ **닭고기** 10g □ **아욱** 5g □ **고구마** 10g □ **당근** 5g,

고구마와 당근은 삶은 뒤 잘게 다져 **아욱·양파·닭고기죽** 순서에 맞춰 양파 대신 넣는다.

바나나·브로콜리·소고기죽

5배죽

해외에서 수입되는 열대과일류는 되도록이면 유기농 매장에서 무농약 제주산 과일을 구입하는 것이 좋습니다. 보통은 새파란 바나나가 오기 때문에 바나나를 먹이기 2~3일 전 사두었다가 반점이 생길 때까지 충분히 익힌 뒤에 아이에게 주세요. 바나나는 입맛 없는 아이의 이유식에 넣어주면 좋지만 당도가 높으므로 자주 사용하지는 않는 것이 좋습니다.

만드는 법

재료

- **불린 쌀** 30g
- **소고기** 10g
- **바나나** 10g
- **브로콜리** 10g

1. 바나나 일부는 잘게 다진다.
2. 남은 바나나 일부는 칼등으로 으깬다.
3. 브로콜리는 끓는 물에 살짝 데친 뒤 잘게 다진다.
4. 갈아낸 쌀에 육수 150mL를 붓고 끓여주다가 삶아서 다진 소고기와 1~3번의 재료를 넣고 5~7분 정도 중불에서 잘 끓여준다.

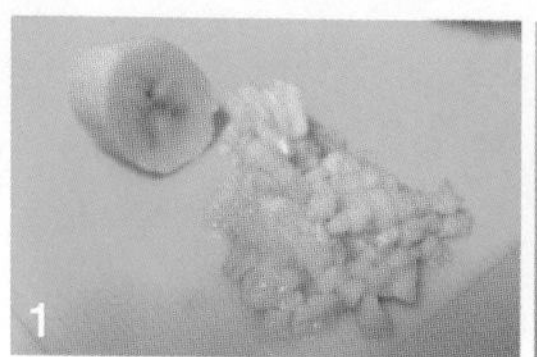
1

2

3

4

검은 반점이
생길 때까지 익혀요.

바나나·청경채·소고기죽

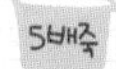

【재료】 **불린 쌀** 30g **소고기** 10g **바나나** 10g **청경채** 10g

청경채는 잎 부분만 끓는 물에 살짝 데친 뒤 잘게 다지고 **바나나·브로콜리·소고기죽** 순서에 맞춰 브로콜리 대신 넣는다.

비트·달걀·소고기죽

5배죽

비트의 빨간색을 보면 피가 연상이 되듯 실제로 비트는
빈혈 예방에 탁월한 효과를 가지고 있다고 해요.
우리 몸의 적혈구 생성에 도움을 준답니다.
이유식의 색이 정말 예쁘게 물들어 자꾸만 사용하고 싶어지는 재료입니다.

재료

- **불린 쌀** 30g
- **소고기** 10g
- **비트** 10g
- **달걀** 1/3개

만드는 법

1. 비트는 껍질을 벗기고 일부 잘게 다진다.
2. 나머지 비트 일부는 강판에 간다.
3. 달걀은 완숙으로 삶은 뒤 노른자와 흰자를 분리한다.
4. 달걀의 흰자는 잘게 다진다.
5. 노른자는 체에 걸러 부슬부슬한 가루 형태로 만든다.
6. 갈아낸 쌀에 육수 150mL를 붓고 끓여주다가 삶아서 다진 소고기와 1번과 2번의 비트, 4번과 5번의 달걀을 넣고 5~7분 정도 중불에서 잘 끓여준다.

끓이다가 달걀을 풀어서 넣어도 되지만 다져서 넣으면 달걀 특유의 식감과 맛을 더욱 잘 느낄 수 있어요.

비트·감자·소고기죽

5배죽

【재료】 ▫**불린 쌀** 30g ▫**소고기** 10g ▫**비트** 10g ▫**감자** 10g

감자는 찐 뒤 잘게 다져 **비트·달걀·소고기죽** 순서에 맞춰 달걀 대신 넣는다.

비트·양배추·소고기죽

【재료】 ▫**불린 쌀** 30g ▫**소고기** 10g ▫**비트** 10g ▫**양배추** 10g

양배추는 잎 부분만 끓는 물에 살짝 데친 뒤 잘게 다져 **비트·달걀·소고기죽** 순서에 맞춰 달걀 대신 넣는다.

비트·복숭아·소고기죽

5배죽

과일죽은 단단한 과육보다는 무른 것을 사용하세요.
대부분의 과일은 끓이면 당도가 줄어들기 때문에
충분히 숙성되어 당도가 높아진 과일을 씁니다.
또 이유식이 완성되어갈 때쯤 넣어 과일의 맛과 향을 살려주세요.

만드는 법

재료

- **불린 쌀** 30g
- **소고기** 10g
- **비트** 10g
- **복숭아** 10g

1. 복숭아는 솜털이 제거되도록 깨끗하게 씻어 껍질을 깎은 뒤 물로 다시 한 번 씻어낸다.
2. 깨끗하게 씻은 복숭아는 일부 강판에 갈고, 일부 잘게 다진다.
3. 비트는 채를 썬 뒤 잘게 다진다.
4. 갈아낸 쌀에 육수 150mL를 붓고 끓여주다가 삶아서 다진 소고기와 3번의 비트를 넣고 5~7분 정도 중불에서 잘 끓여준 뒤 마무리를 할 때쯤 복숭아를 넣어 한 번 저어준다.

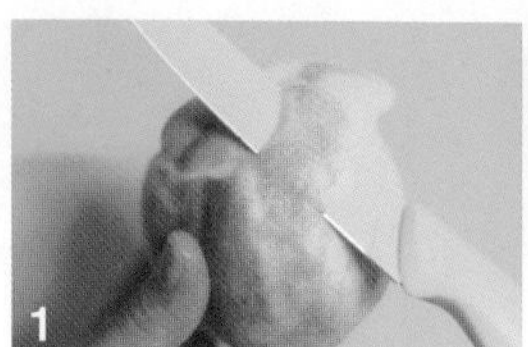

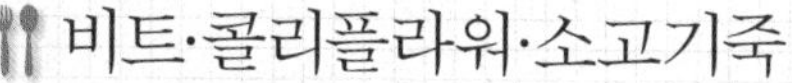

비트·콜리플라워·소고기죽

【재료】 □ **불린 쌀** 30g □ **소고기** 10g □ **비트** 10g □ **콜리플라워** 10g

콜리플라워는 끓는 물에 살짝 데친 뒤 꽃 부분만 잘게 다져 **비트·복숭아·소고기죽** 순서에 맞춰 복숭아 대신 넣되, 비트와 함께 넣어 끓인다.

비트·단호박·양파·소고기죽

【재료】 □ **불린 쌀** 30g □ **소고기** 10g □ **비트** 10g □ **단호박** 10g □ **양파** 5g

단호박은 찐 뒤에 잘게 다지고, 양파는 끓는 물에 삶은 뒤 잘게 다져 **비트·복숭아·소고기죽** 순서에 맞춰 복숭아 대신 넣되, 비트와 함께 넣어 끓인다.

비타민·감자·닭고기죽

5배죽

카로틴의 함량이 시금치의 2배나 되는 비타민은
어떤 재료와도 조화롭게 어울리니 다양한 채소와 함께 조리해보세요.

재료

- **불린 쌀** 30g
- **닭고기** 10g
- **비타민** 10g
- **감자** 10g

만드는 법

1. 비타민은 잎만 잘라내어 끓는 물에 살짝 데친다.
2. 데친 비타민은 잘게 다진다.
3. 감자는 찐 뒤에 잘게 다진다.
4. 갈아낸 쌀에 육수 150mL를 붓고 끓여주다가 삶아서 다진 닭고기와 2~4번의 재료를 넣고 5~7분 정도 중불에서 잘 끓여준다.

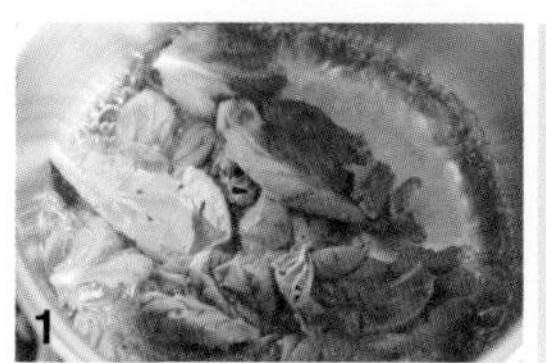
1

2

3

4

★★★★★
별 다섯 개!
강력히 추천합니다.

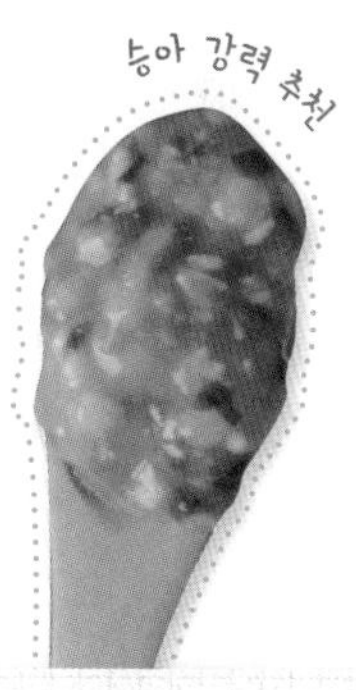

비타민·수박·닭고기죽

【재료】 □ **불린 쌀** 30g □ **닭고기** 10g □ **비타민** 10g □ **수박** 10g

수박은 잘게 다지고, 즙도 별도로 만든 뒤 **비타민·감자·닭고기죽** 순서에 맞춰 감자 대신 넣는다.

	첫째 달	둘째 달
고기, 생선	대구살	–
채소	아욱, 당근, 적채, 청경채, 시금치, 비트, 배추, 옥수수, 양파	부추, 양송이버섯, 연근, 파프리카, 무, 새송이버섯, 콩나물
과일	멜론, 바나나, 복숭아, 건과일(푸룬, 건포도)	무화과, 파인애플, 아보카도, 건대추
곡류	찹쌀	귀리(오트밀), 보리
유제품	–	–
콩류 및 깨류	두부	강낭콩
견과류	–	밤
기타	달걀 흰자(전란)	–
알레르기 주의해야 할 식품	달걀 흰자	–

중기 이유식

둘째 달

옥수수·양배추·소고기죽

5배죽

중기 이유식의 둘째 달이 시작되었습니다.
첫째 달보다 양을 조금씩 더 늘려보았어요. 쌀은 30g, 육류는 10g 정도를 유지하되
채소는 두세 가지를 섞어 20~25g까지 넣어 조리해도 좋습니다.
서두르지 않고 천천히 진행하는 거 잊지 마세요.

재료

- 불린 쌀 30g
- 소고기 10g
- 옥수수 10g
- 양배추 10g

만드는 법

1. 옥수수는 끓는 물에 삶은 뒤 껍질을 벗기고 3mm 크기로 썬다.
2. 양배추는 잎 부분만 끓는 물에 살짝 데친 뒤 3mm 크기로 썬다.
3. 갈아낸 쌀에 육수 150mL를 붓고 끓여주다가 삶아서 다진 소고기와 1~2번의 재료를 넣고 7~10분 정도 중불에서 잘 끓여준다.

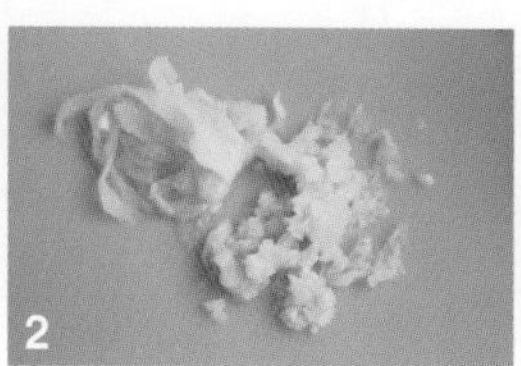

옥수수 덕분에 고소해요.

언제나 맛있는 이유식 만들어주셔서 감사해요.

부추·고구마·소고기죽

5배죽

부추를 처음 이유식에 사용할 때는 잎이 넓은 부추가
아이에게는 다소 부담스러운 입자일 수 있습니다.
따라서 얇은 솔부추(영양부추)를 사용합니다.
부추를 죽에 넣으면 그 특유의 향과 맛이 풍부해져요.

만드는 법

재료

- 불린 쌀 30g
- 소고기 10g
- 부추 10g
- 고구마 10g

1. 부추는 깨끗하게 씻은 뒤 3mm 길이로 송송 썬다.
2. 고구마는 찐 뒤에 3mm 크기로 썬다.
3. 갈아낸 쌀에 육수 150mL를 붓고 끓여주다가 삶아서 다진 소고기와 1~2번의 재료를 넣고 7~10분 정도 중불에서 잘 끓여준다.

1

2

3

줄기 끝 쪽의 질긴 부분은 사용하지 않아요.

솔부추가 쏙쏙쏙!

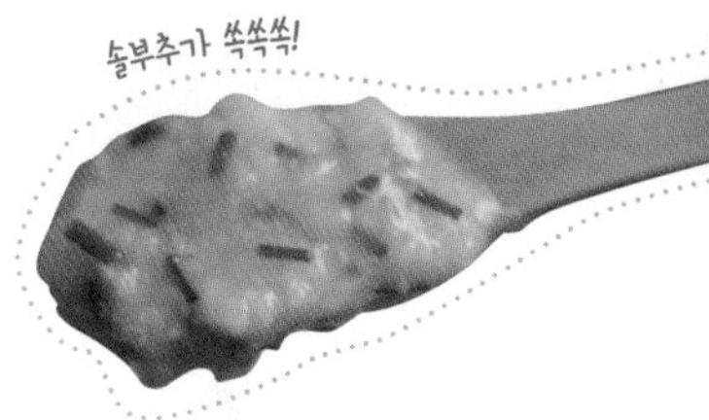

부추·콜리플라워·소고기죽

【재료】 ㅁ**불린 쌀** 30g ㅁ**소고기** 10g ㅁ**부추** 10g ㅁ**콜리플라워** 10g

콜리플라워는 끓는 물에 살짝 데친 뒤 꽃 부분만 3mm 크기로 썰어 **부추·고구마·소고기죽** 순서에 맞춰 고구마 대신 넣는다.

부추·콜리플라워·감자·소고기죽

【재료】 ㅁ**불린 쌀** 30g ㅁ**소고기** 10g ㅁ**부추** 10g ㅁ**콜리플라워** 10g ㅁ**감자** 5g

끓는 물에 살짝 데친 콜리플라워의 꽃 부분과 감자는 3mm 크기로 썬 뒤 **부추·고구마·소고기죽** 순서에 맞춰 고구마 대신 넣는다.

부추·당근·닭고기죽

5배죽

부추에는 비타민A, 비타민B, 비타민C와 카로틴, 철 등이 풍부해서 혈액순환을 원활하게 하고, 소화기관을 튼튼하게 해줍니다.

재료

- □ **불린 쌀** 30g
- □ **닭고기** 10g
- □ **부추** 10g
- □ **당근** 10g

만드는 법

1. 당근은 끓는 물에 살짝 데친 뒤 3mm 크기로 썬다.
2. 부추도 3mm 크기로 썬다.
3. 갈아낸 쌀에 육수 150mL를 붓고 끓여주다가 삶아서 다진 닭고기와 1~2번의 재료를 넣고 7~10분 정도 중불에서 잘 끓여준다.

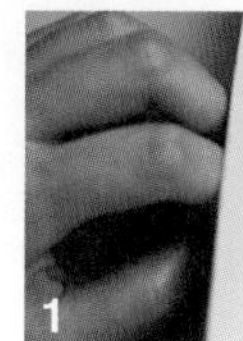

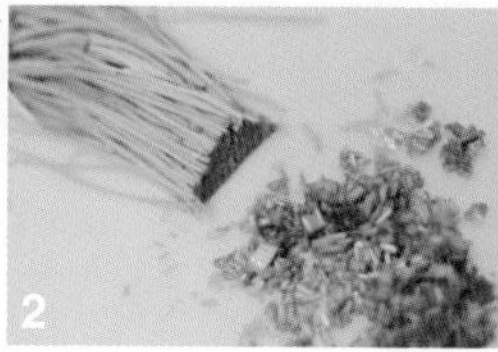

부추·단호박·닭고기죽

【재료】 □ **불린 쌀** 30g □ **닭고기** 10g □ **부추** 10g □ **단호박** 10g

단호박은 찐 뒤에 3mm 크기로 썰어 **부추·당근·닭고기죽** 순서에 맞춰 당근 대신 넣는다.

부추·오이·닭고기죽

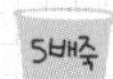

【재료】 □ **불린 쌀** 30g □ **닭고기** 10g □ **부추** 10g □ **오이** 10g

오이는 껍질을 벗기고 3mm 크기로 썰어 **부추·당근·닭고기죽** 순서에 맞춰 당근 대신 넣는다.

무화과·콜리플라워·닭고기죽

5배죽

이유식 식단을 짤 때 되도록 제철 채소와 제철 과일을 사용하는 게 좋아요.
마침 무화과가 제철이라 이를 이유식에 넣어보았습니다.
무화과는 전라남도 영암군이 국내 생산량의 90%를 차지합니다.
특히 팩틴이 풍부한데, 이는 소화를 돕고, 변비에 좋습니다.

만드는 법

재료

- **불린 쌀** 30g
- **닭고기** 10g
- **무화과** 10g
- **콜리플라워** 10g

1. 무화과는 껍질을 벗긴다.
2. 껍질을 벗긴 무화과는 3mm 크기로 썬다.
3. 콜리플라워는 끓는 물에 살짝 데치고 3mm 크기로 썬다.
4. 갈아낸 쌀에 육수 150mL를 붓고 끓여주다가 삶아서 다진 닭고기와 2~4번의 재료를 넣고 7~10분 정도 중불에서 잘 끓여준다.

1
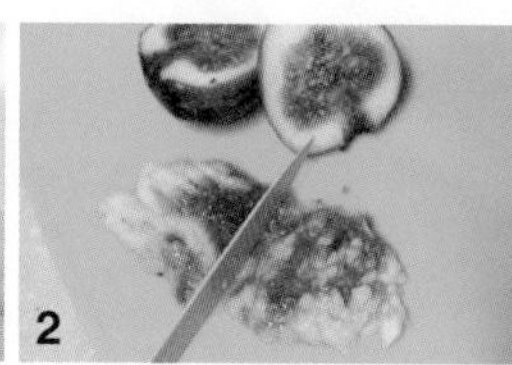
2

3
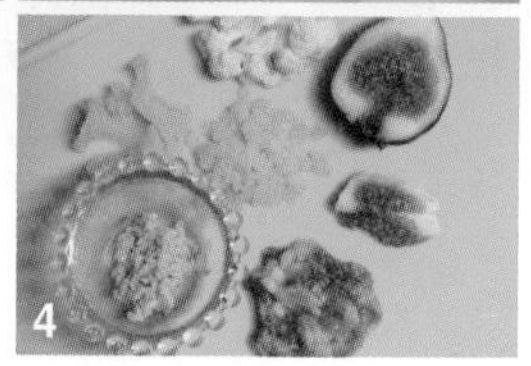
4

처음 맛본
무화과

무화과가 들어 있어 달달해요.

무화과·단호박·닭고기죽

5배죽

【재료】 ㅁ**불린 쌀** 30g ㅁ**닭고기** 10g ㅁ**무화과** 10g ㅁ**단호박** 10g

단호박은 찐 뒤 3mm 크기로 썰어 **무화과·콜리플라워·닭고기죽** 순서에 맞춰 콜리플라워 대신 넣는다.

파인애플·단호박·브로콜리·소고기죽

5배죽

잘게 다지던 입자도 어느덧 3mm 크기로 커졌어요.
쌀알도 밥의 형태가 나타나도록 갈아봅니다.
파인애플은 이유식을 상큼하게 해줘요. 게다가 단백질 분해효소인
브로멜린이 들어 있어 소화를 돕습니다.
조리할 때 처음부터 넣기보다는 조리가 끝나갈 때쯤 넣어 마무리해주세요.

만드는 법

재료

- **불린 쌀** 30g
- **소고기** 10g
- **파인애플** 5g
- **단호박** 10g
- **브로콜리** 10g

1. 파인애플 껍질을 깎고 3mm 크기로 썬다.
2. 단호박은 찐 뒤에 절구에 빻는다.
3. 브로콜리는 끓는 물에 살짝 데친 뒤 3mm 크기로 썬다.
4. 갈아낸 쌀에 육수 150mL를 붓고 끓여주다가 삶아서 다진 소고기와 3번의 브로콜리를 넣고 7~10분 정도 중불에서 잘 끓여주다가 1~2번의 재료를 넣고 한 번 저어준다.

1

2

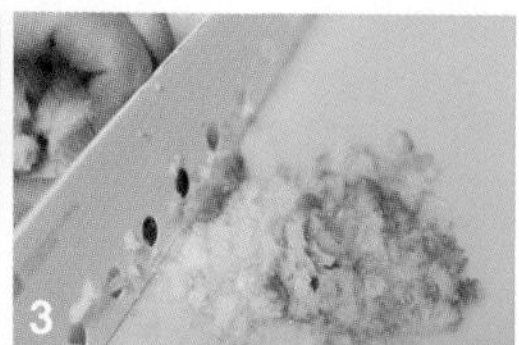
3

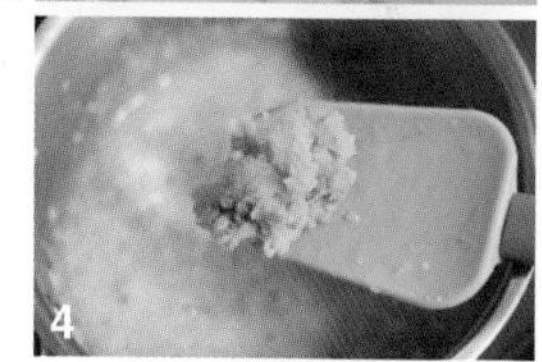
4

파인애플이 들어 있어 상큼해요.

파인애플·양파·사과·소고기죽

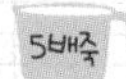

【재료】 ▫ **불린 쌀** 30g ▫ **소고기** 10g ▫ **파인애플** 10g ▫ **양파** 5g ▫ **사과** 10g

양파와 사과는 3mm 크기로 썬 뒤 **파인애플·단호박·브로콜리·소고기죽** 순서에 맞춰 단호박과 브로콜리 대신 넣되 소고기와 함께 넣어 끓인다.

양송이버섯·애호박·닭고기죽

5배죽

점점 후기로 가는 준비를 해야 하기 때문에 입자 크기를 늘려주기로 했습니다. 입자 크기를 키우는 대신 조리시간을 늘려 푹 익혀야 아이도 충분히 소화할 수 있습니다. 버섯은 무기질과 단백질을 고루 갖춘 종합영양세트라고 합니다. 양송이버섯은 버섯 중에서도 단백질 함량이 가장 높아요. 다른 무엇보다 다른 버섯에 비해 식감이 부드럽고 질기지 않아 처음 소개하는 버섯으로 좋습니다.

만드는 법

재료

- 불린 쌀 30g
- 닭고기 10g
- 양송이버섯 10g
- 애호박 10g

1. 양송이버섯은 머리 부분만 껍질을 벗기고 3mm 크기로 썬다.
2. 애호박은 3mm 크기로 썬다.
3. 갈아낸 쌀에 육수 150mL를 붓고 끓여주다가 삶아서 다진 닭고기와 1~2번의 재료를 넣고 7~10분 정도 중불에서 잘 끓여준다.

1

2

3

양송이버섯·파인애플·닭고기죽

【재료】 □ **불린 쌀** 30g □ **닭고기** 10g □ **양송이버섯** 10g □ **파인애플** 10g

파인애플은 3mm 크기로 썬 뒤 **양송이버섯·애호박·닭고기죽** 순서에 맞춰 애호박 대신 넣되, 다른 재료를 넣고 끓이다가 마지막 단계에 파인애플을 넣도록 한다.

양송이버섯·감자·소고기죽

【재료】 □ **불린 쌀** 30g □ **소고기** 10g □ **양송이버섯** 10g □ **감자** 10g

감자는 3mm 크기로 썰어 **양송이버섯·애호박·닭고기죽** 순서에 맞춰 애호박 대신 넣고, 소고기는 삶아서 잘게 다진 뒤 닭고기 대신 넣는다.

양송이버섯·브로콜리·고구마·소고기죽

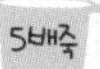

【재료】 □ **불린 쌀** 30g □ **소고기** 10g □ **양송이버섯** 10g □ **브로콜리** 5g □ **고구마** 10g

브로콜리는 끓는 물에 살짝 데친 뒤 꽃 부분만 3mm 크기로 썰고, 고구마는 찐 뒤에 일부 3mm 크기로 썰고 일부는 칼등으로 눌러 으깨어 **양송이버섯·애호박·닭고기죽** 순서에 맞춰 애호박 대신 넣고, 소고기는 삶아서 잘게 다진 뒤 닭고기 대신 넣는다.

파프리카·닭고기죽

5배죽

파프리카를 생으로 먹으면 단맛과 약간의 매운맛이 느껴집니다.
오이처럼 청량한 맛이 나기도 하고요.
파프리카를 끓이면 매운맛은 사라지고 단맛과 청량한 맛만 남으니
이유식 재료로도 손색없습니다. 특히 비타민C가 풍부하고,
보기만 해도 색깔이 현란하여 눈도 참 즐거워져요.

만드는 법

재료

- **불린 쌀** 30g
- **닭고기** 10g
- **파프리카** 20g

1. 파프리카는 깨끗하게 씻어 껍질을 벗기고 씨를 제거한다.
2. 껍질을 벗긴 파프리카는 3mm 크기로 썬다.
3. 갈아낸 쌀에 육수 150mL를 붓고 끓여주다가 삶아서 다진 닭고기와 2번의 파프리카를 넣고 7~10분 정도 중불에서 잘 끓여준다.

1

2

3

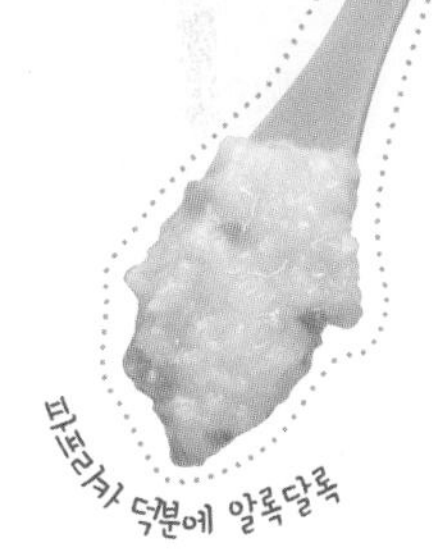
파프리카 덕분에 알록달록

맛있는 이유식
먹고 기분 업!

파프리카·콜리플라워·닭고기죽

5배죽

【재료】 □ **불린 쌀** 30g □ **닭고기** 10g □ **파프리카** 10g □ **콜리플라워** 10g

콜리플라워는 끓는 물에 살짝 데친 뒤 꽃 부분만 3mm 크기로 썰어 **파프리카·닭고기죽** 순서에 맞춰 닭고기와 함께 넣는다.

귀리·브로콜리·옥수수·소고기죽

4배죽

섬유질이 많은 귀리는 변비가 있는 아이에게 좋은 곡류입니다.
소화가 더 잘 되게 하기 위해 볶아서 껍질을 벗겨 압착한 것이
우리가 흔히 '오트밀'이라고 부르는 그것이죠.
아기 이유식에 굳이 볶아 가공한 것을 쓸 필요는 없고,
통곡을 사용해도 무관하므로 국내산 귀리를 사용합니다.
5배죽에서 4배죽으로 묽기를 조정했습니다.

재료

- **불린 쌀** 20g
- **불린 귀리** 10g
- **소고기** 10g
- **브로콜리** 10g
- **옥수수** 10g

만드는 법

1. 귀리는 전날 물에 담가 불린 뒤 믹서기로 적당히 간다.
2. 브로콜리는 끓는 물에 데친 뒤 꽃 부분만 3mm 크기로 썬다.
3. 옥수수는 삶은 뒤 껍질을 벗기고 3mm 크기로 썬다.
4. 갈아낸 쌀과 귀리에 육수 120mL를 붓고 끓여주다가 삶아서 다진 소고기와 2~3번의 재료를 넣고 7~10분 정도 중불에서 잘 끓여준다.

1

2

3

4

귀리·파프리카·부추·소고기죽

4배죽

[재료] □ **불린 쌀** 15g □ **불린 귀리** 15g □ **소고기** 10g □ **파프리카** 10g □ **부추** 10g

껍질을 깎아낸 파프리카와 부추는 3mm 크기로 썰어 **귀리·브로콜리·옥수수·소고기죽** 순서에 맞춰 브로콜리와 옥수수 대신 넣는다.

귀리·소고기·타락죽

4배죽

우유에 쌀을 갈아 끓인 죽을 '타락죽'이라고 합니다.
귀리는 언뜻 딱딱하고 거칠 것 같지만 물에 불리고 나면
손으로 눌러도 으스러질 만큼 부드러워집니다.
TV 광고에서 오트밀(귀리)이 수분을 잘 머금는다는 문구가 생각나지요?

만드는 법

재료

- **불린 쌀** 20g
- **불린 귀리** 15g
- **소고기** 10g
- **분유물**(모유) 100mL

1. 귀리는 전날 물에 담가 불린 뒤 믹서기로 적당히 간다.
2. 갈아낸 쌀과 귀리에 육수 120mL를 붓고 끓여주다가 삶아서 다진 소고기를 넣고 5분 정도 중불에서 잘 끓여준다.
3. 끓고 있는 이유식에 분유물(모유)을 넣고 잘 익을 때까지 5분 정도 더 끓여준다.

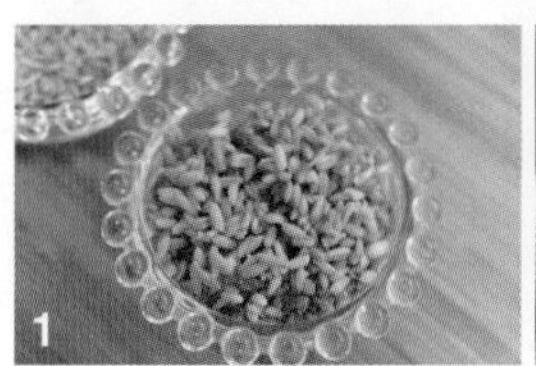

분유물(모유)을 일찍 넣으면 너무 걸쭉해져 익히기 힘들어요.

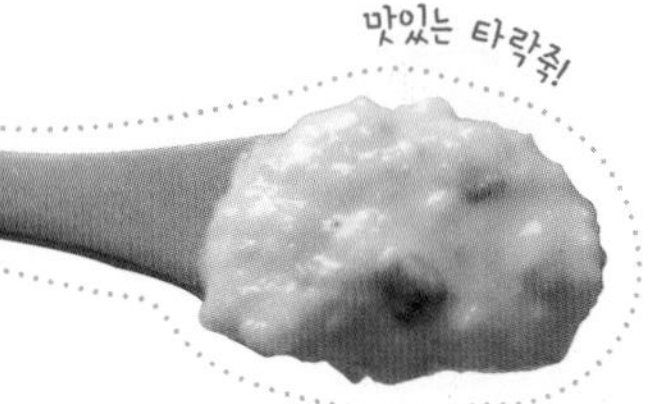
맛있는 타락죽!

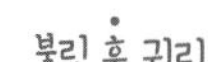

불리기 전 귀리

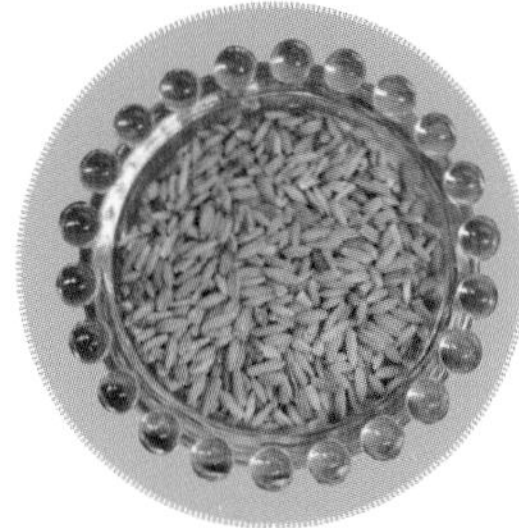

불린 후 귀리

단호박·소고기·타락죽

【재료】 ▫ **불린 쌀** 30g ▫ **소고기** 10g ▫ **단호박** 20g ▫ **분유물**(모유) 100mL

단호박은 찐 뒤 칼등으로 눌러 으깨어 **귀리·소고기·타락죽** 순서에 맞춰 소고기와 함께 넣되, 귀리 대신 쌀을 이용한다.

파프리카·오이·소고기죽

4배죽

Dr.Oh

파프리카는 비타민A와 C가 풍부합니다.
특히 비타민C는 레몬의 2배, 토마토의 5배에 달합니다.
형형색색의 파프리카로 아이에게 화려한 이유식을 소개해주세요.

만드는 법

재료

- **불린 쌀** 30g
- **소고기** 10g
- **파프리카** 10g
- **오이** 10g

1. 오이는 3mm 크기로 썬다.
2. 파프리카는 껍질을 깎아낸 뒤 3mm 크기로 썬다.
3. 갈아낸 쌀에 육수 120mL를 붓고 끓여주다가 삶아서 다진 소고기와 1~2번의 재료를 넣고 7~10분 정도 중불에서 잘 끓여준다.

1

2

3

파프리카 덕분에 알록달록!

파프리카·고구마·소고기죽

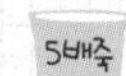

【재료】 ㅁ**불린 쌀** 30g ㅁ**소고기** 10g ㅁ**파프리카** 10g ㅁ**고구마** 10g

고구마는 찐 뒤 일부 3mm 크기로 썰고, 일부 칼등으로 으깨어 **파프리카·오이·소고기죽** 순서에 맞춰 오이 대신 넣는다.

파프리카·애호박·소고기죽

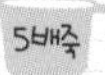

【재료】 ㅁ**불린 쌀** 30g ㅁ**소고기** 10g ㅁ**파프리카** 10g ㅁ**애호박** 10g

애호박은 3mm 크기로 썬 뒤 **파프리카·오이·소고기죽** 순서에 맞춰 오이 대신 넣는다.

청경채·사과·소고기죽

4배죽

청경채는 사과나 귤 등의 과일과 참 잘 어울려요. 쌉싸름할 수 있는 잎채소에 과일을 함께 넣어 상큼한 죽을 만들어주세요.

만드는 법

재료

- **불린 쌀** 30g
- **소고기** 10g
- **청경채** 10g
- **사과** 10g

1. 청경채는 잎 부분만 끓는 물에 살짝 데친 뒤 3mm 크기로 썬다.
2. 사과는 껍질을 벗긴 뒤 3mm 크기로 썬다.
3. 갈아낸 쌀에 육수 120mL를 붓고 끓여주다가 삶아서 다진 소고기와 1~2번의 재료를 넣고 7~10분 정도 중불에서 잘 끓여준다.

1

2

3

청경채와 사과가 참 잘 어울려요.

배불리 먹고
뒹굴뒹굴~

청경채·양파·바나나·소고기죽

4배죽

【재료】 □ **불린 쌀** 30g □ **소고기** 10g □ **청경채** 5g □ **양파** 5g □ **바나나** 10g

양파는 끓는 물에 살짝 데친 뒤 3mm 크기로 썰고 바나나는 일부 으깨고 일부 3mm 크기로 썬 뒤 **청경채·사과·소고기죽** 순서에 맞춰 사과 대신 넣는다.

무·새송이버섯·소고기죽

4배죽

무는 여름보다 가을과 겨울에(10~12월) 그 맛이 훨씬 좋아요.
무에 있는 전분분해효소가 음식의 소화흡수를 도와줄 거예요.
무를 고를 때는 단단하고 잔뿌리가 많지 않은 것을 고르고
흙이 묻은 채로 신문지에 싸서 보관하세요.

재료

- □ **불린 쌀** 30g
- □ **소고기** 10g
- □ **무** 10g
- □ **새송이버섯** 10g

만드는 법

1. 무는 껍질을 깎은 뒤 3mm 크기로 썬다.
2. 새송이버섯은 머리 부분만 3mm 크기로 썬다.
3. 갈아낸 쌀에 육수 120mL를 붓고 끓여주다가 삶아서 다진 소고기와 1~2번의 재료를 넣고 7~10분 정도 중불에서 잘 끓여준다.

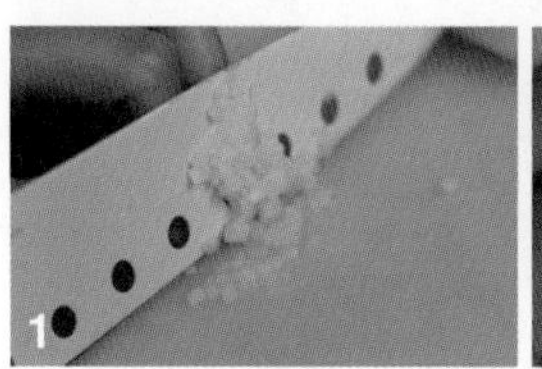
1

2

3

무·브로콜리·소고기죽

【재료】 □ **불린 쌀** 30g □ **소고기** 10g □ **무** 10g □ **브로콜리** 10g

브로콜리는 끓는 물에 살짝 데친 뒤 꽃 부분만 3mm 크기로 썰어 **무·새송이버섯·소고기죽** 순서에 맞춰 새송이버섯 대신 넣는다.

무·배추·소고기죽

4배죽

【재료】 □ **불린 쌀** 30g □ **소고기** 10g □ **무** 10g □ **배추** 10g

배추는 잎 부분만 3mm 크기로 썬 뒤 **무·새송이버섯·소고기죽** 순서에 맞춰 새송이버섯 대신 넣는다.

무·옥수수·닭고기죽

4배죽

【재료】 □ **불린 쌀** 30g □ **소고기** 10g □ **무** 10g □ **옥수수** 10g

옥수수는 삶은 뒤 껍질을 벗기고 3mm 크기로 다져 **무·새송이버섯·소고기죽** 순서에 맞춰 새송이버섯 대신 넣고, 닭고기는 삶아서 다진 뒤 소고기 대신 넣는다.

시금치·적채·닭고기죽

4배죽

이유식에 넣을 때 왜 시금치를 데쳐서 사용하는지 궁금하지 않으세요?
시금치의 수용성유기산들이 데치지 않고 사용하면
칼슘과 결합해 불용해성 수산칼슘이 되어 결석의 원인이 될 수 있기 때문이에요.
살짝 데치면 수용성인 유기산들이 제거된답니다.

만드는 법

재료

- **불린 쌀** 30g
- **닭고기** 10g
- **시금치** 10g
- **적채** 10g

1. 시금치는 잎 부분만 잘라낸다.
2. 시금치와 적채는 끓는 물에 살짝 데친다.
3. 데친 시금치는 3mm 크기로 썬다.
4. 데친 적채도 3mm 크기로 썬다.
5. 갈아낸 쌀에 육수 120mL를 붓고 끓여주다가 삶아서 다진 소고기와 3~4번의 재료를 넣고 7~10분 정도 중불에서 잘 끓여준다.

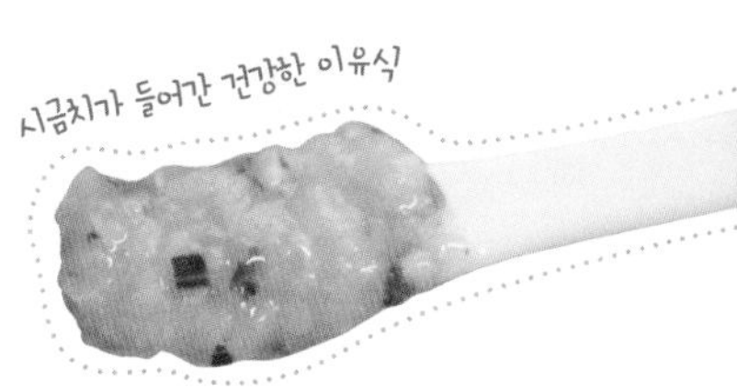
시금치가 들어간 건강한 이유식

시금치 먹고
더욱 건강해져요.

콩나물·무·소고기죽

4배죽

콩나물은 머리 부분을 사용해도 되지만 비린 맛이 싫다면 빼주세요. 단 머리 부분은 아이가 먹기 좋은 무르기가 되려면 오랜 시간 익혀야 해요. 꼬리 부분은 아스파라긴산이 많지만 질겨서 아이에게 부담이 될 수 있으니 잘라내어 사용합니다.

만드는 법

재료

- 불린 쌀 30g
- 소고기 10g
- 콩나물 10g
- 무 10g

1. 콩나물은 베이킹소다를 푼 물에 담가 흐르는 물에 깨끗하게 씻어낸다.
2. 깨끗하게 씻은 콩나물은 몸통 부분만 3mm 크기로 썬다.
3. 무는 껍질을 벗기고 3mm 크기로 썬다.
4. 갈아낸 쌀에 육수 120mL를 붓고 끓여주다가 삶아서 다진 소고기와 2~3번의 재료를 넣고 7~10분 정도 중불에서 잘 끓여준다.

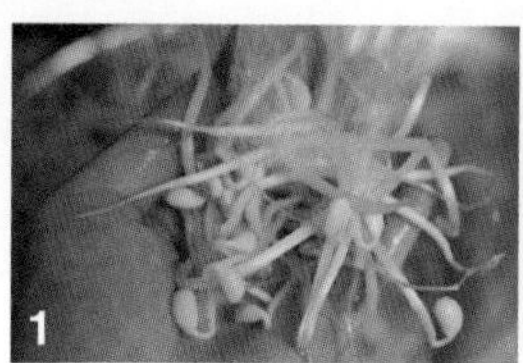
1

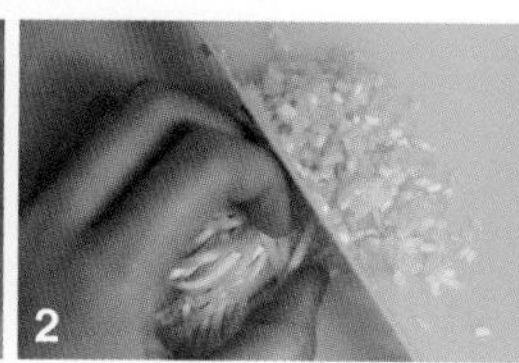
2

3

콩나물·애호박·소고기죽

4배죽

【재료】 □ **불린 쌀** 30g □ **소고기** 10g □ **콩나물** 10g □ **애호박** 10g

애호박은 3mm 크기로 썰어 **콩나물·무·소고기죽** 순서에 맞춰 무 대신 넣는다.

콩나물·시금치·달걀·소고기죽

4배죽

【재료】 □ **불린 쌀** 30g □ **소고기** 10g □ **콩나물** 10g □ **시금치** 10g □ **달걀** 1/3개

시금치는 잎 부분만 끓는 물에 살짝 데친 뒤 3mm 크기로 썰어 **콩나물·무·소고기죽** 순서에 맞춰 무 대신 넣고 끓이다가 알끈을 제거한 달걀을 넣고 충분히 익혀준다.

콩나물·당근·사과·소고기죽

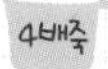

【재료】 □ **불린 쌀** 30g □ **소고기** 10g □ **콩나물** 10g □ **당근** 5g □ **사과** 10g

당근은 끓는 물에 살짝 데친 뒤 3mm 크기로 썰고, 사과의 일부는 잘게 다지고 나머지 일부는 강판에 갈아내어 **콩나물·무·소고기죽** 순서에 맞춰 무 대신 넣는다.

콩나물·감자·새송이버섯·닭고기죽

 4배죽

비타민C와 섬유소가 풍부한 채소가 콩나물입니다.
콩나물은 지퍼백에 넣고 작은 구멍을 뚫어
냉장보관하면 되는데, 최대한 빨리 드세요.

만드는 법

재료

- **불린 쌀** 30g
- **닭고기** 10g
- **콩나물** 10g
- **감자** 10g
- **새송이버섯** 5g

1. 콩나물은 깨끗하게 씻은 뒤 머리와 꼬리 떼고 3mm 크기로 썬다.
2. 감자는 껍질을 까고 채 썬 뒤 3mm 크기로 썬다.
3. 새송이버섯은 머리 부분만 3mm 크기로 썬다.
4. 갈아낸 쌀에 육수 120mL를 붓고 끓여주다가 삶아서 다진 닭고기와 1~3번의 재료를 넣고 7~10분 정도 중불에서 잘 끓여준다.

1

2

3

4

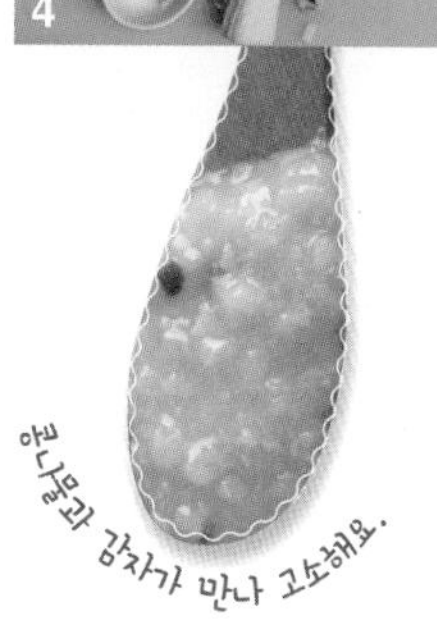

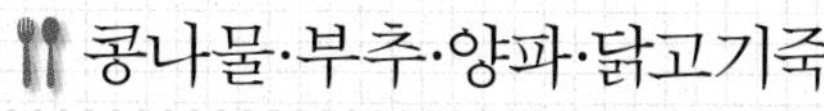

콩나물·부추·양파·닭고기죽

4배죽

【재료】 ▫ **불린 쌀** 30g ▫ **닭고기** 10g ▫ **콩나물** 10g ▫ **부추** 10g ▫ **양파** 5g

부추는 3mm 길이로 썰고 양파는 끓는 물에 데친 뒤 3mm 크기로 썰어 **콩나물·감자·새송이버섯·닭고기죽** 순서에 맞춰 감자와 새송이버섯 대신 넣는다.

아보카도·브로콜리·소고기죽

 4배죽

숲에서 나는 버터, 아보카도는 비타민과 미네랄이 많은
영양가 높은 열대과일입니다. 불포화지방산인 라놀산으로 이루어진
양질의 지방을 함유하고 있지요.
영양면에서도 매우 훌륭한 식재료입니다.

만드는 법

재료

- **불린 쌀** 30g
- **소고기** 10g
- **아보카도** 15g
- **브로콜리** 10g

1. 아보카도는 껍질과 씨를 제거한 뒤 3mm 크기로 썬다.
2. 브로콜리는 끓는 물에 살짝 데친 뒤 꽃 부분만 3mm 크기로 썬다.
3. 갈아낸 쌀에 육수 120mL를 붓고 끓여주다가 삶아서 다진 소고기와 1~2번의 재료를 넣고 7~10분 정도 중불에서 잘 끓여준다.

아보카도·양송이버섯·소고기죽

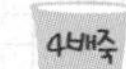

【재료】 ▫ **불린 쌀** 30g ▫ **소고기** 10g ▫ **아보카도** 15g ▫ **양송이버섯** 10g

양송이버섯은 머리 부분 껍질을 제거한 뒤 3mm 크기로 썰어 **아보카도·브로콜리·소고기죽** 순서에 맞춰 브로콜리 대신 넣는다.

아보카도·오이·닭고기죽

【재료】 ▫ **불린 쌀** 30g ▫ **닭고기** 10g ▫ **아보카도** 15g ▫ **오이** 10g

오이는 3mm 크기로 썰어 **아보카도·브로콜리·소고기죽** 순서에 맞춰 브로콜리 대신 넣고, 닭고기는 삶아서 다진 뒤 소고기 대신 넣는다.

아보카도·바나나·양파·닭고기죽

【재료】 ▫ **불린 쌀** 30g ▫ **닭고기** 10g ▫ **아보카도** 15g ▫ **바나나** 10g ▫ **양파** 5g

바나나는 3mm 크기로 썰고, 양파는 끓는 물에 삶아 3mm 크기로 썰어 **아보카도·브로콜리·소고기죽** 순서에 맞춰 브로콜리 대신 넣고, 닭고기는 삶아서 다진 뒤 소고기 대신 넣는다.

밤·소고기죽

4배죽

밤은 견과류입니다. 견과류라고 해서 늦게 먹일 필요는 없어요.
다만, 알레르기가 있는 아기라면 취약할 수 있는 음식이기 때문에
주의하여 먹여야 하지요. 이러한 식품을 너무 일찍 노출시켜도, 너무 늦게 노출시켜도 위험합니다.
적당히 노출시켜야 하므로 중기 이유식의 후반으로 가고 있다면 조심스레 하나씩 시도해보세요.
특히 밤은 영양이 골고루 들어 있는 자양식품이므로 밤죽 등은 아이에게 매우 좋은 영양식이 됩니다.
단, 견과류이기 때문에 통밤을 주어서는 안 됩니다.

재료

- 불린 쌀 30g
- 소고기 10g
- 밤 20g

만드는 법

1. 밤은 딱딱한 겉껍질을 까서 물에 담가 불린다.
2. 불린 밤은 껍질을 깐다.
3. 껍질을 깐 밤은 3mm 크기로 썬다.
4. 갈아낸 쌀에 육수 120mL를 붓고 끓여주다가 삶아서 다진 소고기와 3번의 밤을 넣고 7~10분 정도 중불에서 잘 끓여준다.

1

2

3

4

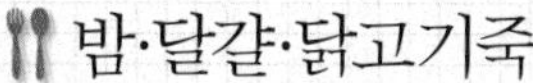

밤·달걀·닭고기죽

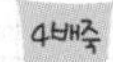

【재료】 □ **불린 쌀** 30g □ **닭고기** 10g □ **밤** 10g □ **달걀** 1/3개

닭고기는 삶아서 다진 뒤 **밤·소고기죽** 순서에 맞춰 소고기 대신 넣고 끓이다가 알끈을 제거한 달걀을 넣고 5분 정도 더 끓여준다.

밤·브로콜리·당근·닭고기죽

【재료】 □ **불린 쌀** 30g □ **닭고기** 10g □ **밤** 10g □ **브로콜리** 10g □ **당근** 5g

닭고기는 삶아서 다진 뒤 **밤·소고기죽** 순서에 맞춰 소고기 대신 넣고, 브로콜리의 꽃 부분과 당근은 끓는 물에 살짝 데친 뒤 3mm 크기로 썰어 닭고기와 함께 넣는다.

대추·고구마·닭고기죽

4배죽

Mom

생대추보다는 건대추를 사용하세요.
설익은 대추는 설사를 유발할 수 있습니다.
대추를 넣은 이유식은 달콤해서 아이가 아주 잘 먹어요.

만드는 법

재료

- 불린 쌀 30g
- 닭고기 10g
- 대추 10g
- 고구마 10g

1. 깨끗하게 씻은 대추는 쭈글쭈글한 면이 없어질 정도로 물에 팔팔 끓여 껍질을 벗긴다.
2. 껍질을 벗긴 대추는 씨를 빼내고 3mm 크기로 썬다.
3. 고구마는 찐 뒤에 으깬다.
4. 갈아낸 쌀에 육수 120mL를 붓고 끓여주다가 삶아서 다진 닭고기와 2~3번의 재료를 넣고 7~10분 정도 중불에서 잘 끓여준다.

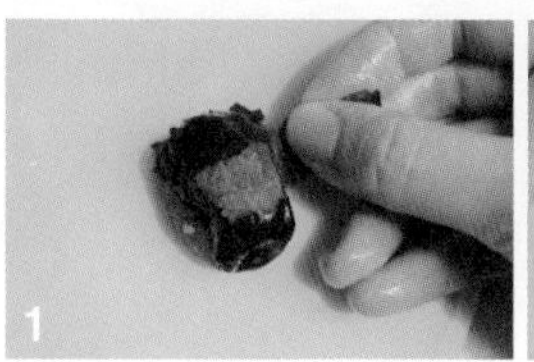
1

2

3

4

달콤한 대추고구마닭고기죽

삶아서 껍질이 팽팽해진 대추

대추·사과·소고기죽

【재료】 □ **불린 쌀** 30g □ **소고기** 10g □ **대추** 10g □ **사과** 10g

사과는 껍질을 깎고 3mm 크기로 썰어 **대추·고구마·닭고기죽** 순서에 맞춰 고구마 대신 넣고, 소고기는 삶아서 다진 뒤 닭고기 대신 넣는다.

찹쌀·강낭콩·완두콩·소고기죽

4배죽

콩과 가장 잘 어울리는 재료가 바로 쌀입니다.
필수 아미노산인 라이신이 적고 메티오닌이 많은 쌀과
그 반대인 콩을 함께 먹으면 섭취하는 단백질의 영양상태가 좋아진대요.
단백질이 풍부하니 지쳐 있는 아이에게 해주면 좋을 이유식이 콩죽입니다.
강낭콩과 완두콩은 콩류 중에서도 부드러운 식감과 맛을 자랑하기 때문에 이유식 재료로 좋습니다.
여름에 출하되는 이 두 가지 콩과 찹쌀로 아이의 여름보양식을 만들어보세요.

재료

- **불린 쌀** 20g
- **불린 찹쌀** 10g
- **소고기** 10g
- **강낭콩** 10g
- **완두콩** 10g

만드는 법

1. 강낭콩과 완두콩은 물에 잠시 불려둔다.
2. 물에 불린 강낭콩은 껍질을 벗긴다.
3. 물에 불린 완두콩도 껍질을 벗긴다.
4. 껍질을 벗긴 강낭콩과 완두콩은 3mm 크기로 썬다.
5. 갈아낸 쌀과 찹쌀에 육수 120mL를 붓고 끓여주다가 삶아서 다진 소고기와 4번의 콩을 넣고 7~10분 정도 중불에서 잘 끓여준다.

칼로 다지기 전 칼등으로
누르면 더 쉬워요.

찹쌀·배·소고기죽

【재료】 □ **불린 쌀** 20g □ **불린 찹쌀** 10g □ **소고기** 10g □ **배** 20g

배는 껍질을 깎아 3mm 크기로 썰어 **찹쌀·강낭콩·완두콩·소고기죽** 순서에 맞춰 강낭콩과 완두콩 대신 넣는다.

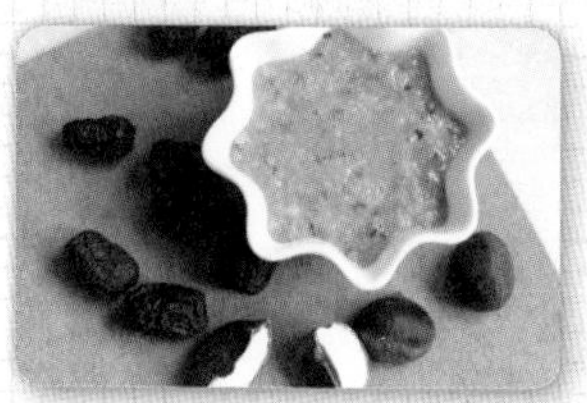

찹쌀·대추·밤·소고기죽

4배죽

【재료】 □ **불린 쌀** 20g □ **불린 찹쌀** 10g □ **소고기** 10g □ **대추** 10g □ **밤** 10g

대추는 물에 팔팔 끓인 뒤 껍질째 3mm 크기로 썰고, 밤은 껍질을 벗겨 3mm 크기로 썬 뒤 **찹쌀·강낭콩·완두콩·소고기죽** 순서에 맞춰 강낭콩과 완두콩 대신 넣는다.

보리·아욱·소고기죽

4배죽

변비에 좋은 보리는 흰쌀에 비해 식이섬유가 많습니다.
쌀의 전량을 보리로 대체하는 것보다 아이에게 부담이 없도록
백미와 보리를 2:1 비율로 섞어 만들어요.

재료

- **불린 쌀** 20g
- **불린 보리** 10g
- **소고기** 10g
- **아욱** 10g

만드는 법

1. 아욱은 끓는 물에 살짝 데친 뒤 잎 부분만 잘라낸다.
2. 데친 아욱은 3mm 크기로 썬다.
3. 갈아낸 쌀과 보리에 육수 120mL를 붓고 끓여주다가 삶아서 다진 소고기와 2번의 아욱을 넣고 7~10분 정도 중불에서 잘 끓여준다.

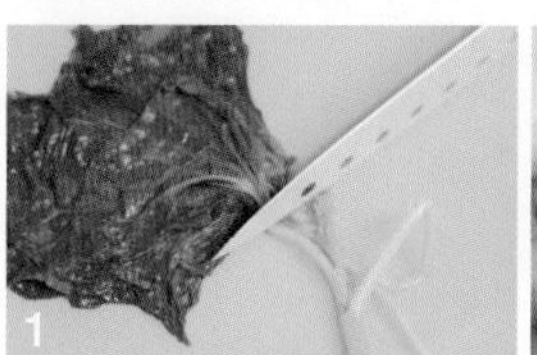

백미와 보리는 2:1의 비율로

보리는 변비에 좋아요.

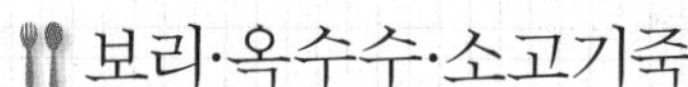

보리·옥수수·소고기죽

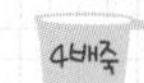

【재료】 □ **불린 쌀** 20g □ **불린 보리** 10g □ **소고기** 10g □ **옥수수** 20g

옥수수는 삶은 뒤 껍질을 벗겨 3mm 크기로 썰어 **보리·아욱·소고기죽** 순서에 맞춰 아욱 대신 넣는다.

보리·콩나물·당근·부추·소고기죽

【재료】 □ **불린 쌀** 20g □ **불린 보리** 10g □ **소고기** 10g □ **콩나물** 10g □ **당근** 5g □ **부추** 10g

콩나물의 몸통 부분과 당근, 부추는 3mm 크기로 썬 뒤 **보리·아욱·소고기죽** 순서에 맞춰 아욱 대신 넣는다.

연근·부추·소고기죽

4배죽

비타민C와 식이섬유가 풍부한 연근은 오랫동안 삶아서 무르게 만들어야 해요.
생각보다 쉽게 물러지지 않기 때문에
압력밥솥을 이용해 익히는 것도 좋은 방법이에요.

중기 | 둘째 달

재료

- **불린 쌀** 30g
- **소고기** 10g
- **연근** 10g
- **부추** 10g

만드는 법

1. 껍질을 벗긴 연근은 깨끗하게 씻은 뒤 슬라이스하여 끓는 물에 푹 삶는다.
2. 삶은 연근은 3mm 크기로 썬다.
3. 부추는 3mm 길이로 송송 썬다.
4. 갈아낸 쌀에 육수 120mL를 붓고 끓여주다가 삶아서 다진 소고기와 2~3번의 재료를 넣고 7~10분 정도 중불에서 잘 끓여준다.

연근과 부추가 들어간 건강한 이유식

식이섬유가 풍부한 연근

연근·연두부·소고기죽

4배죽

【재료】 ㅁ**불린 쌀** 30g ㅁ**소고기** 10g ㅁ**연근** 10g ㅁ**연두부** 20g

연두부는 수저로 으깬 뒤 **연근·부추·소고기죽** 순서에 맞춰 부추 대신 넣는다.

두부·근대·소고기죽

4배죽

두부를 이유식에 으깨어 넣는 중기 이유식에서는
부침용 두부보다 찌개용 두부나 연두부가 으깨기 쉬워요.
또한 식감이 좋아서 아이가 먹기에도 편하지요.

재료

- □ **불린 쌀** 30g
- □ **소고기** 10g
- □ **두부** 10g
- □ **근대** 15g

만드는 법

1. 근대는 끓는 물에 살짝 데친 뒤 3mm 크기로 썬다.
2. 두부 일부는 3mm 크기로 썬다.
3. 남은 두부 일부는 칼등으로 으깬다.
4. 갈아낸 쌀에 육수 120mL를 붓고 끓여주다가 삶아서 다진 소고기와 1~3번의 재료를 넣고 7~10분 정도 중불에서 잘 끓여준다.

두부·완두콩·소고기죽

【재료】 □ **불린 쌀** 30g □ **소고기** 10g □ **두부** 10g □ **완두콩** 10g

완두콩은 삶아서 껍질을 깐 뒤 3mm 크기로 썰어 **두부·근대·소고기죽** 순서에 맞춰 근대 대신 넣는다.

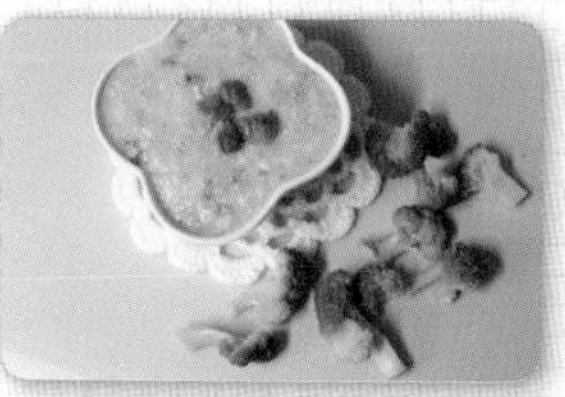

연두부·브로콜리·소고기죽

【재료】 □ **불린 쌀** 30g □ **소고기** 10g □ **연두부** 20g □ **브로콜리** 10g

브로콜리는 끓는 물에 살짝 데친 뒤 머리 부분 3mm 크기로 썰고, 연두부는 수저로 으깨어 **두부·근대·소고기죽** 순서에 맞춰 두부와 근대 대신 넣는다.

양파·시금치·소고기죽

4배죽

다양한 재료를 아이에게 소개해주는 것도 좋지만
지금까지 소개해주었던 재료를 어울리게 조합해
만들어주는 것도 함께 해주세요.
아이가 특별히 더 좋아하는 식재료를 찾을 수 있습니다.

만드는 법

재료

- **불린 쌀** 30g
- **소고기** 10g
- **시금치** 10g
- **양파** 10g

1. 양파는 끓는 물에 살짝 데친 뒤 3mm 크기로 썬다.
2. 시금치는 잎 부분만 끓는 물에 살짝 데친 뒤 3mm 크기로 썬다.
3. 갈아낸 쌀에 물 120mL를 붓고 끓여주다가 삶아서 다진 소고기와 1~2번의 재료를 넣고 7~10분 정도 중불에서 잘 끓여준다.

1

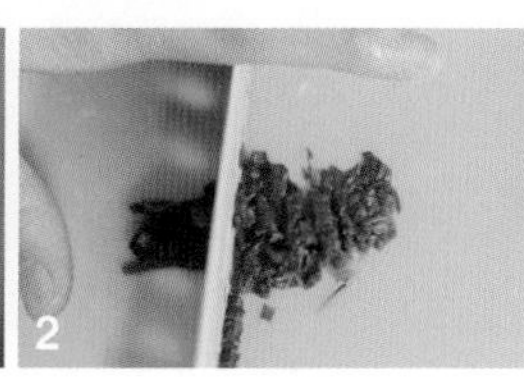
2

3

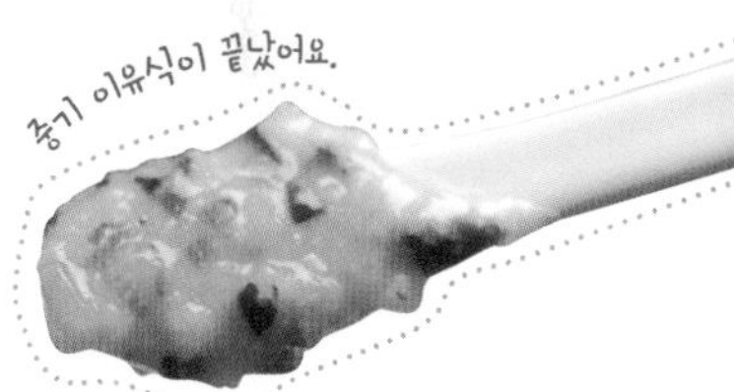

중기 이유식이 끝났어요.

잘
먹었습니다!

양파·오이·달걀·소고기죽

[재료] **불린 쌀** 30g **소고기** 10g **양파** 5g **오이** 10g **달걀** 1/3개

오이는 3mm 크기로 썬 뒤 **양파·시금치·소고기죽** 순서에 맞춰 시금치 대신 넣고, 5분 정도 끓으면 달걀을 풀어 체에 걸러 알끈을 제거하여 넣고 5분 정도 더 끓인다.

중기 간식

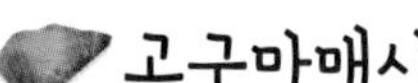

고구마매시

READY

□ 고구마 80g

1 고구마는 찜기에 넣고 찐다.

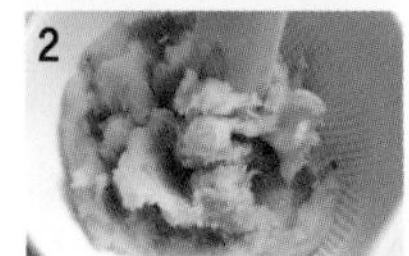

2 껍질을 벗겨 절구에 빻는다.

* 퓨레와 다르게 매시는 찐 채소나 과일을 부드럽게 으깨어줄 뿐 물을 넣거나 하여 재가열하지 않아요.

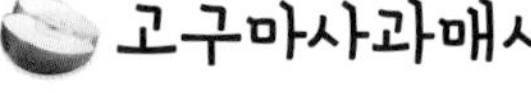

고구마사과매시

READY

□ 고구마 60g □ 사과 20g

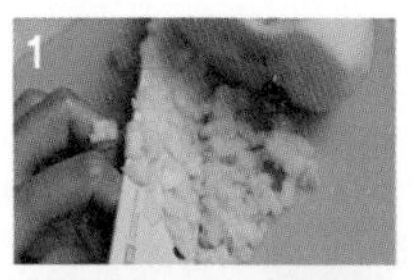

1 사과 일부는 잘게 다진다.

2 나머지 사과 일부는 강판에 간다.

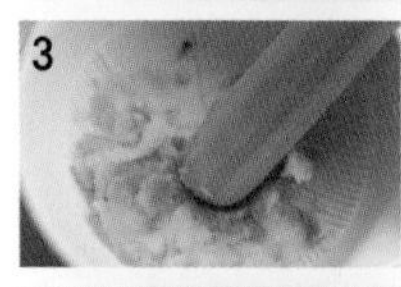

3 고구마는 쪄서 절구에 빻는다.

4 1~3번을 잘 섞는다.

* 사과는 중기 이유식 야채를 다지듯 잘게 손질해주고, 아이가 매시에 잘 적응하지 못하고 부담스러워한다면 2번 과정처럼 좀 더 강판에 갈아서 주어도 좋습니다.

단호박매시

READY

- ㅁ단호박 80g

단호박은 조각내어 찜기에 넣고 찐다.

껍질을 분리한다.

절구에 빻는다.

* 단호박은 감자보다 쪘을 때 덜 뻑뻑하고 당도가 좋아 거부감이 덜해요.

 완두콩매시

READY

- ㅁ완두콩 40g

완두콩은 물에 하루 정도 불린다.

껍질을 벗긴다.

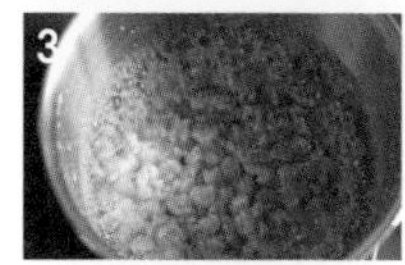

끓는 물에 삶는다.

물기를 뺀 뒤 절구에 빻는다.

* 완두콩 껍질을 벗기기 너무 힘들다면 미리 끓는 물에 살짝 삶은 뒤 벗기면 쉬워요.

 감자오이노른자매시

READY

□ 감자 60g □ 오이 20g □ 달걀(노른자) 1개

감자는 찐 뒤 절구에 빻는다.

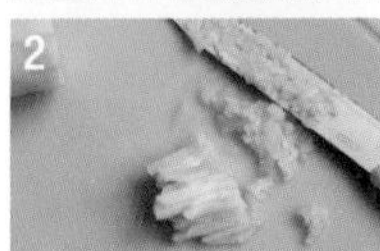
오이는 잘게 다진다.

달걀은 삶은 뒤 노른자만 분리하여 체에 걸러낸다.

1~2번을 섞은 뒤 3번의 노른자 가루를 위에 뿌린다.

* 매시의 뻑뻑한 식감을 아이들이 적응하지 못하면 아주 소량으로 시작해보세요. 컵으로 마시기 연습도 할겸 물을 소량씩 주면서 먹여도 좋아요.

 감자당근매시

READY

□ 감자 60g □ 당근 30g

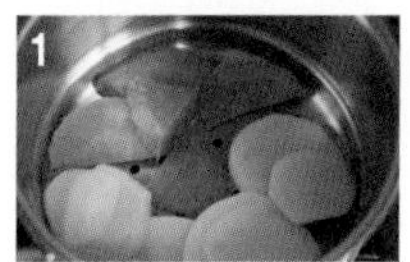
감자와 당근은 얇게 썬 뒤 찐다.

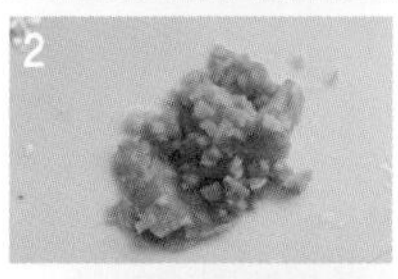
쪄낸 당근 일부는 잘게 다진다.

나머지 당근 일부와 감자는 함께 절구에 빻는다.

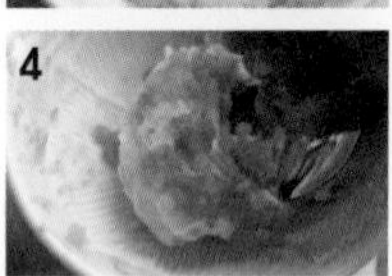
2~3번을 섞는다.

* 당근이나 감자를 찔 때 시간이 너무 오래 걸린다면 슬라이스한 뒤에 쪄보세요. 단 눌러붙거나 탈 수도 있으니 물을 넉넉히 부어 찌세요.

 적채단호박오이닭고기매시

READY

□ 적채 10g □ 단호박 40g □ 오이 10g □ 닭고기 20g

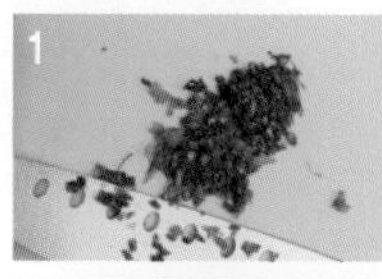

적채는 잎 부분만 찐 뒤 잘게 다진다.

단호박은 찐 뒤에 절구에 빻는다.

오이는 껍질을 벗긴 뒤 강판에 간다.

닭고기는 삶아서 잘게 다진 뒤 1~3번의 재료와 함께 섞는다.

* 여러 가지 재료가 들어 있어서 적당히 달고, 적당히 청량하고, 적당히 담백한 맛을 가지고 있어요.

 감자옥수수매시

READY

□ 옥수수 30g □ 감자 50g

감자와 옥수수는 찐다.

찐 감자는 절구에 빻는다.

찐 옥수수는 껍질을 벗겨낸 뒤 잘게 다진 뒤 2번의 감자와 함께 섞어준다.

* 귤을 갈아낸 주스와 곁들이면 좋아요.

바나나사과매시

READY

□ 바나나 40g □ 사과 40g

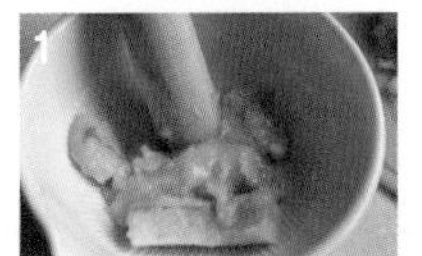

바나나 일부는 절구에 빻는다.

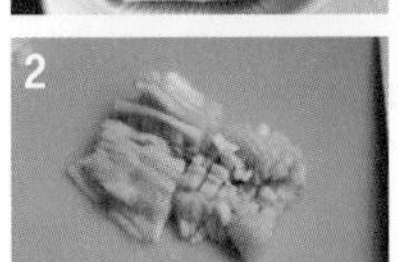

남은 바나나 일부는 잘게 다진다.

사과 일부는 강판에 간다.

남은 사과 일부는 잘게 다진 뒤 1~3번의 재료와 함께 섞어준다.

* 바나나는 유기농매장에 가면 완전 노랗고 초록색의 것을 팔기도 하는데 시간을 두고 잘 익혀서 먹여야 합니다. 검은 반점이 군데군데 생길 정도로 익혀주세요.

 단호박바나나사과매시

READY

□ 단호박 25g □ 바나나 30g □ 사과 25g

단호박은 찐 뒤에 절구에 빻는다.

사과는 일부 강판에 갈고, 일부 잘게 다진다.

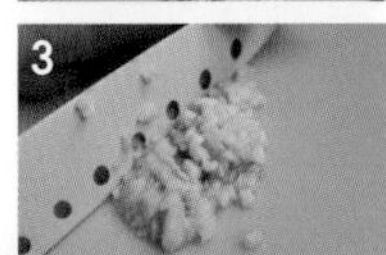

바나나 일부는 잘게 다진다.

남은 바나나 일부는 포크를 이용하여 으깨준 뒤 1~3번의 재료와 함께 섞어준다.

* '바나나사과매시'에 단호박을 추가해준 것이라고 생각하면 돼요.

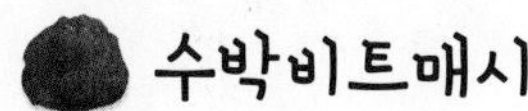

수박비트매시

READY

□ 수박 50g □ 비트 30g

1. 비트는 깍둑썰기한 뒤 끓는 물에 삶는다.
2. 삶은 비트는 절구에 빻는다.
3. 수박은 절구에 빻은 뒤 즙을 거르고 과육만 사용한다.
4. 2~3번을 섞는다.

* 비트는 젓가락으로 찔러서 푹 들어갈 정도로 익혀야 해요.

 고구마비타민매시

READY

□ 고구마 60g □ 비타민 20g

비타민은 끓는 물에 살짝 데친다.

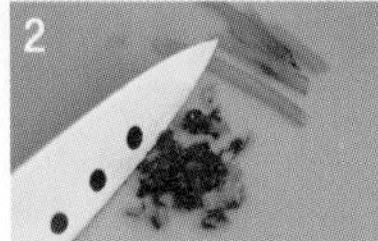

데친 비타민은 잎 부분만 잘게 다진다.

고구마는 찐 뒤 절구에 빻는다.

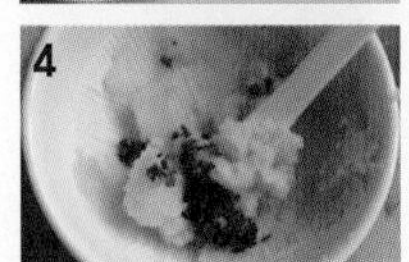

2~3번을 섞는다.

고구마완두콩매시

□ 고구마 60g □ 완두콩 20g

완두콩은 삶아서 껍질을 벗기고 절구에 빻아 비타민 대신 넣는다.

 강낭콩브로콜리매시

READY

□ 강낭콩 70g □ 브로콜리 10g

브로콜리는 끓는 물에 살짝 데친 뒤 꽃 부분만 잘게 다진다.

강낭콩은 푹 삶은 뒤 껍질을 깐다.

껍질 깐 강낭콩은 절구에 빻는다.

1번과 3번을 섞는다.

강낭콩완두콩매시

□강낭콩 50g □완두콩 30g

완두콩은 삶아서 껍질을 벗기고 절구에 빻아 브로콜리 대신 넣는다.

 단호박푸룬매시

READY

□ 단호박 60g □ 건푸룬 2~3개

단호박은 찐 뒤에 절구에 빻는다.

푸룬은 잘게 다진다.

1~2번을 섞는다.

* 푸룬은 소르빈산칼륨과 같은 합성보존료를 넣은 것들이 시중에 유통되기도 하니 잘 보고 무가당, 무첨가물 제품을 선택하세요. 푸룬은 자체의 당분만으로도 충분히 달아요.

 고구마푸룬매시

READY

□ 고구마 60g □ 건푸룬 2~3개

푸룬은 잘게 다진다.

고구마 찐 뒤에 칼등으로 눌러 으깬다.

1~2번을 섞는다.

* 푸룬은 잘라내었을 때 너무 딱딱하거나 거칠지 않고 부드럽게 으깨어질 만큼 수분을 촉촉하게 머금고 있는 것을 사용합니다.

 단호박무화과매시

READY

□ 단호박 60g □ 건무화과 1개

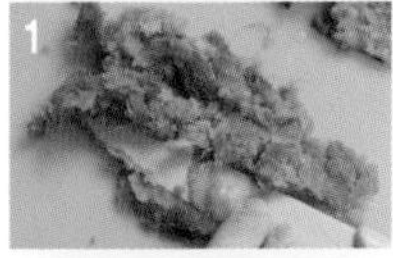

1 단호박은 찐 뒤에 칼등으로 눌러 으깬다.

2 무화과는 꼭지를 잘라낸다.

3 꼭지를 자른 무화과는 잘게 다진다.

4 1번과 3번을 섞는다.

* 무화과의 씨를 먹여도 되는지 궁금해하는 분들이 많은데, 알레르기가 있는 아이가 아니라면 먹여도 됩니다.

 고구마무화과푸룬매시

READY

□ 고구마 60g □ 건푸룬 1개 □ 건무화과 1개

1 고구마는 찐 뒤 칼등으로 눌러 으깬다.

2 푸룬과 꼭지를 자른 무화과는 잘게 다진다.

3 1~2번을 섞는다.

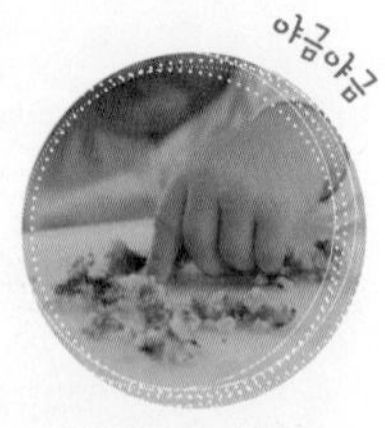

* 아이가 집어서 먹을 수 있도록 부슬부슬한 질감으로 만들어주어도 좋아요.

단호박대추매시

READY

□ 단호박 80g □ 대추 5~6개

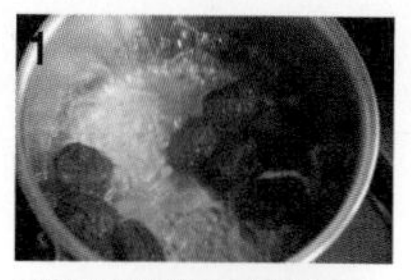

1. 대추는 베이킹소다 푼 물에 담가 깨끗하게 씻은 뒤 주름이 없어질 때까지 푹 삶는다.

2. 삶은 대추는 껍질을 벗긴다.

3. 껍질 벗긴 대추는 잘 으깨준다.

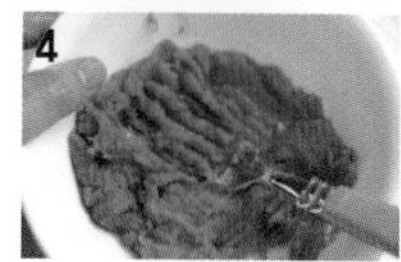

4. 단호박은 찐 뒤에 껍질을 벗기고 절구에 빻아 3번의 대추와 섞는다.

* 이유식에 말린 대추를 쓰는 이유는 설익은 풋대추를 아이가 먹게 되면 간혹 설사를 유발하기 때문이에요.

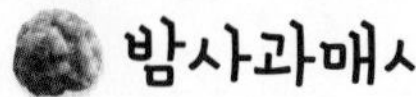

밤사과매시

READY

□ 밤 50g □ 사과 30g

1. 밤은 삶은 뒤 절구에 빻는다.

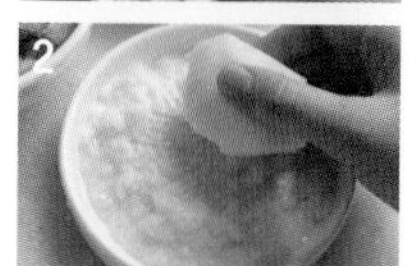

2. 사과 일부는 강판에 간다.

3. 남은 사과 일부는 잘게 다진다.

4. 1~3번을 섞는다.

* 밤은 기타 견과류에 비하여 지방이 적은 편이기 때문에 밤만 주면 텁텁하여 사레를 일으킬 위험이 있으므로 수분감 있는 과일과 함께 주도록 합니다.

 멜론푸딩

READY

□멜론즙 50g □분유물(모유) 100mL □계란 1개

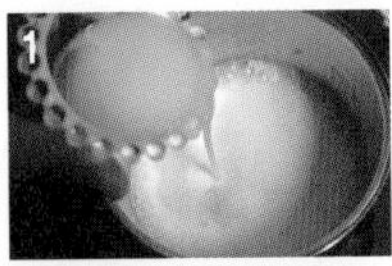

분유물(모유)이 바글바글 끓으면 멜론즙을 넣어 한소끔 끓인 뒤 식도록 잠시 둔다.

달걀은 풀어서 체에 걸러 알끈 등을 제거하여 1번에 넣고 섞는다.

중불에 15~20분 정도 중탕한다.

* 젓가락으로 찔러본 뒤 묻어나오지 않을 때까지 중탕해요. 밀봉이 가능한 덮개를 덮으면 냉장고에서 이틀 정도 보관이 가능해요.

 단호박푸딩과 바나나푸딩

READY

□단호박 50g □바나나 50g □분유물(모유) 100mL □달걀 1개

바나나를 으깬 뒤 분유물(모유) 50mL를 부어 섞는다.

단호박을 쪄서 으깬 뒤 분유물(모유) 50mL를 부어 섞는다.

달걀은 풀어서 체에 걸러 알끈 등을 제거하여 1번과 2번에 각각 20g씩 넣고 섞어 용기에 담는다.

약불에서 15~20분 정도 중탕한다.

* 센불에서 중탕을 하면 식감이 거칠어지므로 반드시 약불을 이용하도록 해요.

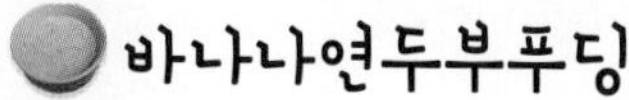

바나나연두부푸딩

READY

□바나나 50g □연두부 30g □분유물(모유) 100mL
□달걀 1개

1. 바나나와 연두부는 으깨어 체에 내려준다.
2. 분유물(모유)이 바글바글 끓으면 1번의 재료를 넣고 한소끔 끓인 뒤 식도록 잠시 그대로 둔다.
3. 달걀은 풀어서 체에 걸러 알끈을 제거하여 넣고 섞는다.
4. 중불에 15~20분 정도 중탕한다.

* 달걀의 흰자를 먹이지 않았다면 노른자만 사용하세요.

 감자브로콜리닭고기수프

READY

□닭고기 10g □감자 40g □브로콜리 15g
□분유물(모유) 100mL

감자와 닭고기는 끓는 물에 삶고, 브로콜리를 살짝 데친다.

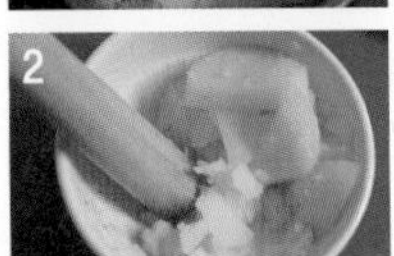

삶은 감자는 절구에 빻는다.

브로콜리는 꽃 부분만 잘게 다진다.

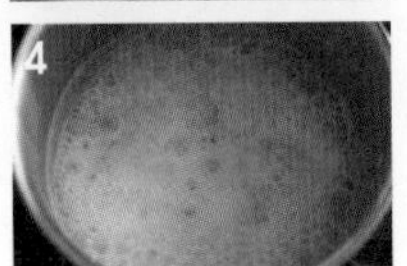

분유물(모유)이 바글바글 끓으면 삶은 닭고기를 잘게 다져 넣고 2~3번의 재료를 넣은 뒤 5~7분 정도 끓인다.

* 흘러내릴 정도의 질감이되, 너무 묽게 주지 않는 것이 좋아요.

 양송이버섯브로콜리사과수프

READY

□양송이버섯 10g □사과 20g □브로콜리 15g
□분유물(모유) 100mL

껍질을 벗긴 양송이버섯의 머리 부분은 잘게 다진다.

사과 일부는 잘게 다진다.

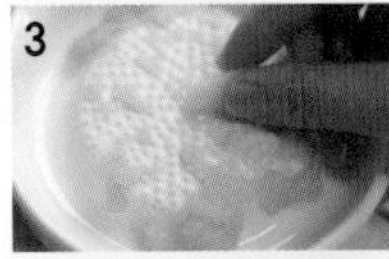

남은 사과 일부는 강판에 간다.

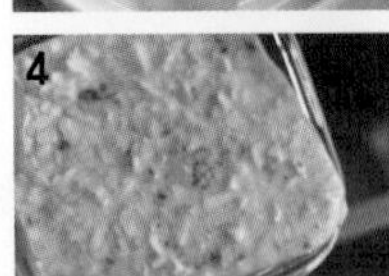

분유물(모유)이 바글바글 끓으면 1~3번의 재료를 넣고 5~7분 정도 끓인다.

* 사과를 강판에 간 이유는 수프의 풍미를 더하기 위해서예요. 양송이버섯브로콜리사과수프는 달콤하고 좋은 향이 나요. 전분기 있는 재료가 들어가지 않아서 걸쭉한 수프는 되지 않아요.

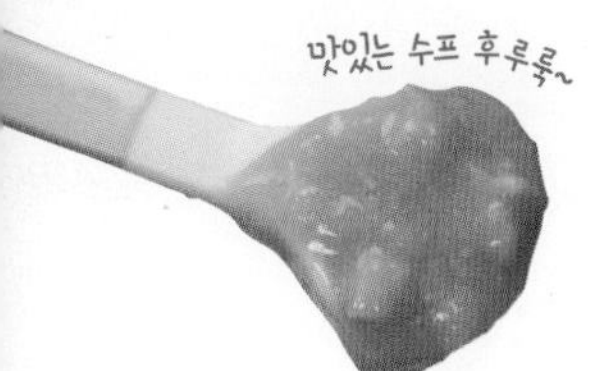

단호박양파사과수프

READY

□단호박 60g □양파 10g □사과 20g
□분유물(모유) 100mL

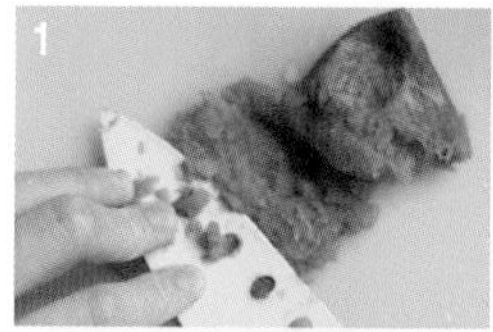

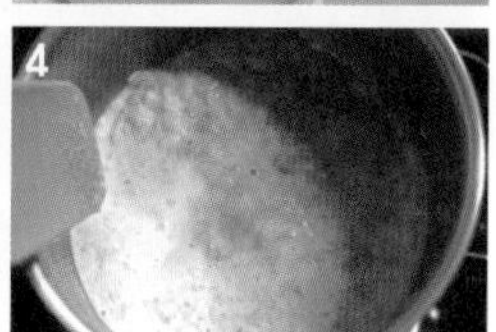

1. 단호박은 찐 뒤 칼등으로 눌러 으깬다.
2. 사과는 잘게 다진다.
3. 양파도 잘게 다진다.
4. 분유물(모유)이 바글바글 끓으면 1~3번의 재료를 넣은 뒤 5~7분 정도 끓인다.

* 어른 입맛에도 매우 맛있는 수프인데, 승아 역시 맛있게 뚝딱 잘 먹었어요.

새송이버섯양파감자수프

READY

□새송이버섯 20g □양파 30g □감자 40g
□분유물(모유) 100mL

1. 감자 일부와 양파는 믹서에 갈아낸다.
2. 남은 감자 일부는 잘게 다진다.
3. 새송이버섯은 머리 부분만 잘게 다진다.
4. 분유물(모유)이 바글바글 끓으면 1~3번의 재료를 넣은 뒤 5~7분 정도 끓인다.

* 향만 맡아도 굉장히 구수하고 향긋해요. 감자의 전분기 때문에 걸쭉한 수프를 만들 수 있습니다.

콘수프

READY

□옥수수 50g □분유물(모유) 100mL

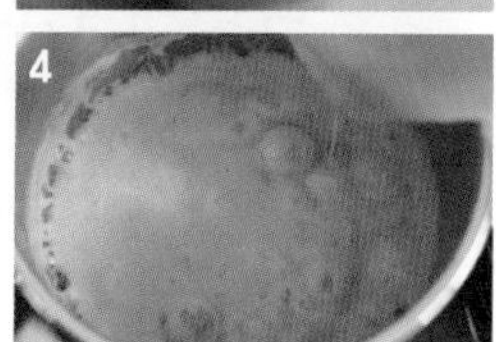

1. 옥수수는 물에 불린 뒤 껍질을 벗긴다.
2. 껍질을 벗긴 옥수수는 분유물(모유)를 붓고 믹서에 갈아낸다.
3. 옥수수 몇 알은 잘게 다진다.
4. 2~3번을 냄비에 넣고 5~7분 정도 끓인다.

* 콘스프는 맛있고 고소한데, 만들기도 굉장히 쉽고 간단해요.

 고구마사과버무리

READY

□ 고구마 40g □ 사과 40g □ 쌀가루 30g

고구마는 오븐에 넣어 잘 구워준다.

구운 고구마와 사과는 잘게 다진다.

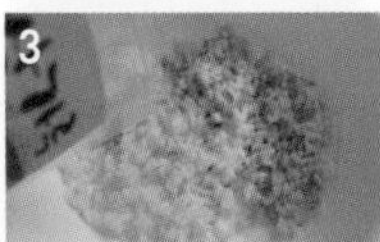

2번에 쌀가루를 골고루 뿌려 가볍게 버무려준다.

찜기에 면보를 깔고 3번을 넣고 쌀가루가 익을 때까지 찐다.

* 좀 더 촉촉하게 주고 싶으면 물을 조금 뿌린 뒤 찌세요. 이유식 중기 단계의 아이들이라면 수분을 주지 않은 부슬부슬한 형태의 버무리를 조금씩 먹이는 것을 더 추천해요.

 파인애플고구마버무리

READY

□ 파인애플 30g □ 호박고구마 70g □ 쌀가루 30g

파인애플은 껍질을 깎아내고 과육을 잘게 다진다.

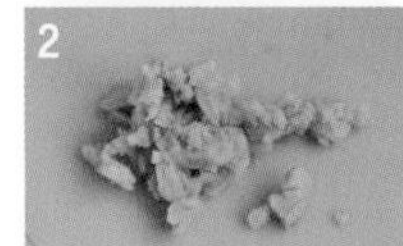

고구마는 찐 뒤 잘게 다진다.

1~2번을 섞어 쌀가루를 골고루 뿌려 가볍게 버무려준다.

찜기에 면보를 깔고 3번을 넣고 쌀가루가 익을 때까지 찐다.

* 파인애플을 조리용으로 쓸 때는 특히 신맛이 덜하고 당도가 높은 것으로 사용해야 해요.

 무멜론버무리

READY

□ 무 40g □ 멜론 40g □ 쌀가루 40g

무는 껍질을 벗겨내고 삶은 뒤 잘게 다진다.

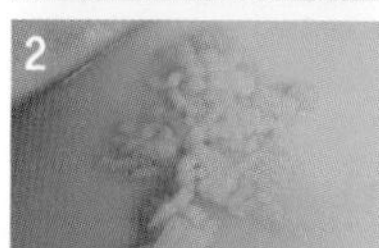

멜론은 껍질을 잘라낸 뒤 잘게 다진다.

1~2번을 섞어 쌀가루를 골고루 뿌려 가볍게 버무려준다.

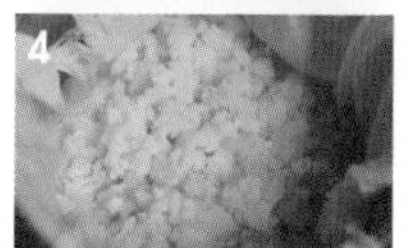

찜기에 면보를 깔고 3번을 넣고 쌀가루가 익을 때까지 찐다.

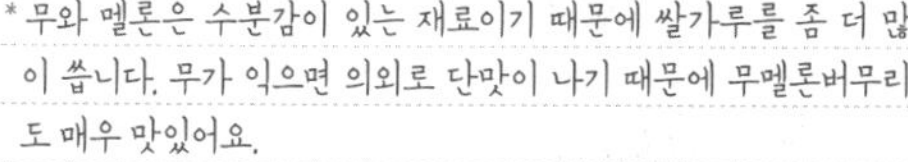

* 무와 멜론은 수분감이 있는 재료이기 때문에 쌀가루를 좀 더 많이 씁니다. 무가 익으면 의외로 단맛이 나기 때문에 무멜론버무리도 매우 맛있어요.

 단호박아보카도사과버무리

READY

□ 단호박 30g □ 아보카도 30g □ 사과 30g □ 쌀가루 30g

단호박은 찐 뒤 잘게 다진다.

아보카도도 잘게 다진다.

사과도 잘게 다진다.

1~3번의 재료를 섞어 쌀가루를 골고루 뿌려 가볍게 버무린 뒤 찜기에 면보를 깔고 쌀가루가 익을 때까지 찐다.

* 아보카도는 겉껍질이 검을수록 잘 익은 것이기 때문에 되도록 껍질이 검은 것을 고르세요.

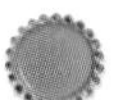

멜론전분젤리

READY

□ 멜론 80g □ 전분 2큰술

멜론 일부는 믹서에 갈아낸다.

남은 멜론 일부는 잘게 다진다.

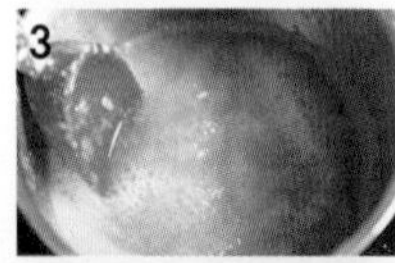

1~2번의 멜론을 냄비에 넣고 끓이다가 전분을 여러 번에 걸쳐 흩뿌리듯 넣어준 뒤 5분 정도 눅진하게 끓인다.

체에 걸러낸 뒤 작은 용기에 옮겨 담아 냉장고에 1시간 정도 넣어둔다.

* 과일젤리는 과일주스를 먹을 때처럼 흘리지 않기 때문에 먹이기 좀 더 수월한 편이에요. 일반적으로 젤리나 양갱은 우뭇가사리 혹은 젤라틴을 사용하여 만들지만 이 재료들은 중기에서 시도하기엔 아직 이르답니다. 따라서 전분을 활용하였어요.

복숭아전분젤리

READY

□ 복숭아 80g □ 전분 2큰술

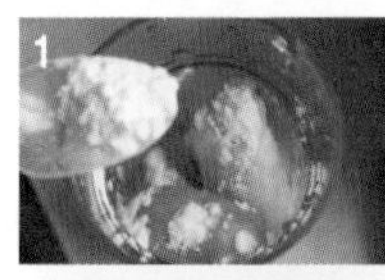

복숭아는 껍질을 깐 뒤 전분을 뿌려 믹서에 갈아낸다.

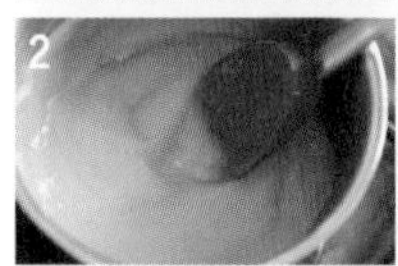

냄비에 넣고 눅진해질 때까지 끓인다.

용기에 옮겨 담아 냉장고에 30분 정도 넣어둔다.

* 멜론젤리를 만드는 과정과 다르게 처음부터 전분을 뿌려 믹서에 간 뒤 끓일 수도 있어요. 복숭아는 황도나 백도를 사용하세요.

사과전분젤리

READY

□ 사과 80g □ 전분 2큰술

1. 껍질을 깎은 사과에 전분을 뿌려 믹서에 갈아낸다.
2. 냄비에 1번과 함께 물 50mL를 넣어 바글바글 끓인다.
3. 용기나 모양틀에 옮겨 담는다.
4. 냉장고에 1시간 정도 넣어둔다.

* 젤리류는 과일 특유의 당도 때문인지 승아가 매우 잘 먹는 간식 중 하나예요. 비록 젤라틴이나 한천을 넣어 만든 것처럼 굳지는 않지만 전분만으로도 꽤 훌륭한 젤리가 됩니다.

 바나나핑거푸드

READY

ㅁ바나나 100g

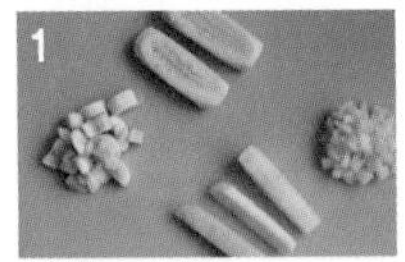

바나나는 길게 썰기도 하고 잘게 다지기도 한다.

* 이유식 중기 시점에서는 단단한 생과일은(사과, 배, 감 등) 얇게 썰거나 잘게다지더라도 흡인의 위험이 있습니다. 어금니가 나기 전까지는 숟가락으로 긁어주거나 강판에 갈아서 주세요. 핑거푸드는 '꼭 이걸 다 먹어야 한다' '잘 먹어야 한다'라는 강박에서 벗어나 소근육을 발달시킨다거나 스스로 먹는 재미를 느끼게 하는 정도로 생각하고 시도해주세요.

 멜론핑거푸드와 멜론즙

READY

ㅁ멜론 100g

멜론의 일부는 강판에 갈고, 일부 잘게 다져서 즙과 과육을 섞어준다.

남은 멜론 일부는 길고 네모나게 썰어준다.

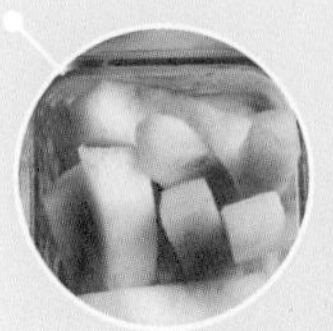

복숭아핑거푸드

ㅁ복숭아 100g

멜론과 같은 방식으로 일부는 잘게 다져 즙과 함께 내어주고, 일부 길고 네모나게 썰어준다.

 파인애플핑거푸드

READY

□ 파인애플 100g

파인애플은 껍질을 제거하고 길고 네모지게 썰어준다.

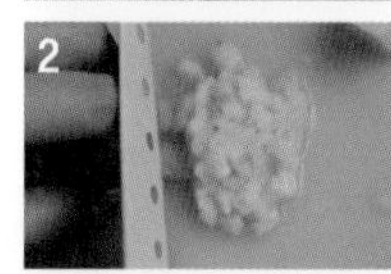

남은 파인애플 일부는 잘게 다진다.

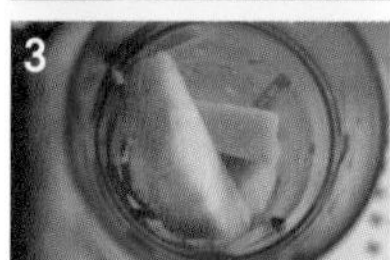

파인애플 일부는 믹서에 갈아내어 2번과 섞어준다.

* 이 시기 아이는 이유식을 먹이다 보면 숟가락도 뺏으려 하고 자기가 먹으려 하는 것처럼 주도적으로 식사에 참여하기를 바라는데 이러한 욕구를 핑거푸드를 통해 들어줄 수도 있습니다.

 고구마핑거푸드

READY

□ 고구마 100g(작은사이즈 2~3개)

손가락만한 길이와 두께를 가진 작은 밤고구마를 쪄서 껍질을 벗긴다.

* 아직 작은 음식은 손가락을 써서 집을 줄 모르기 때문에 집다가 다 흘리고, 정작 입에 들어가는 것은 몇 개 없지만 이런 행동들이 아이의 소근육 발달과 손가락의 사용에 도움이 됩니다.

 파인애플두부스무디

READY

□ 파인애플 50g □ 두부 30g □ 분유물(모유) 100mL

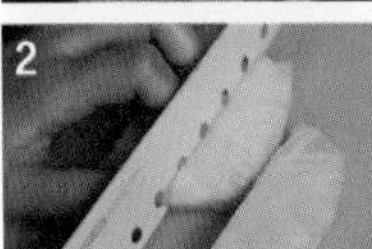

1 두부는 삶은 뒤 물기를 제거한다.

2 파인애플은 듬성듬성 썬다.

3 1~2번을 믹서에 넣고 분유물(모유)을 부어 갈아준다.

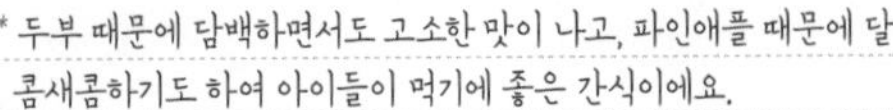

* 두부 때문에 담백하면서도 고소한 맛이 나고, 파인애플 때문에 달콤새콤하기도 하여 아이들이 먹기에 좋은 간식이에요.

 멜론바나나스무디

READY

□ 멜론 70g □ 바나나 40g □ 분유물(모유) 100mL

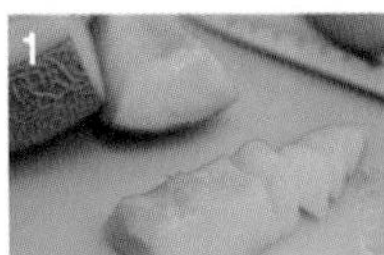

1 멜론은 껍질을 깎아내고 과육만 듬성듬성 썬다.

2 바나나는 껍질을 벗기고 적당한 크기로 자른다.

3 1~2번을 믹서에 넣고 분유물(모유)을 부어 갈아준다.

무화과바나나스무디

□ 바나나 100g □ 무화과 1~2개
□ 분유물(모유) 100mL

껍질을 벗긴 무화과와 바나나에 분유물(모유)을 부어 믹서에 갈아준다.

 아보카도바나나스무디

READY

□ 아보카도 40g □ 바나나 60g □ 분유물(모유) 100mL

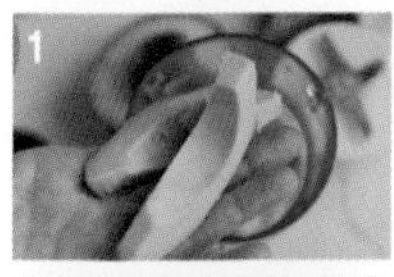

1 아보카도는 잘 익은 것을 골라 껍질을 깎아낸 뒤 듬성듬성 썬다.

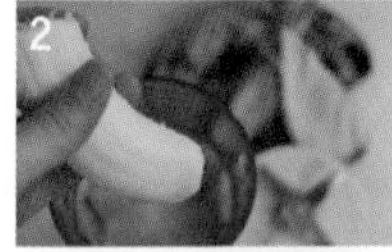

2 바나나는 껍질을 벗기고 적당한 크기로 썬다.

3 1~2번을 믹서에 넣고 분유물(모유)을 부어 갈아준다.

* 스무디를 만들 때에는 모유나 분유물을 사용하는데, 간식을 만들 정도로 모유가 충분하지 않다면 스틱 분유를 사용해도 좋아요. 돌이 지난 아기라면 스무디 레시피에서 분유나 모유 대신 우유를 대체해도 됩니다.

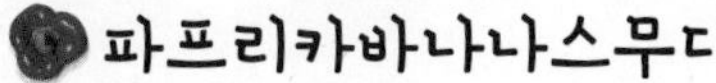 파프리카바나나스무디

READY

□ 바나나 50g □ 파프리카 30g □ 분유물(모유) 100mL

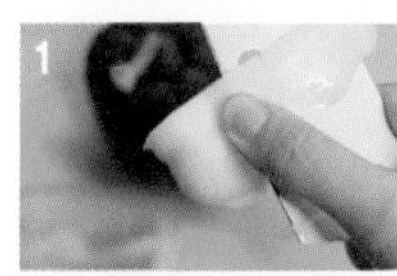

1 파프리카는 씨를 제거하고, 껍질은 벗겨낸다.

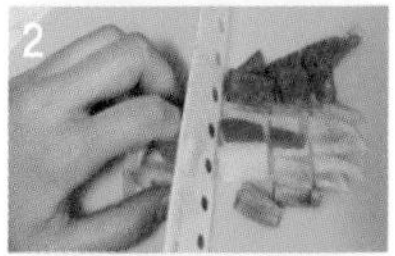

2 껍질을 벗긴 파프리카는 듬성듬성 썬다.

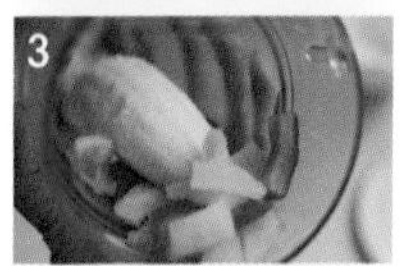

3 바나나는 껍질을 벗기고 적당한 크기로 썬다.

4 2~3번을 믹서에 넣고 분유물(모유)을 부어 갈아준다.

* 아이가 6개월이 지났다면 빨대컵이 아닌 일반 컵으로 마시는 연습이 필요해요. 아이는 생각보다 금방 적응한답니다.

 무화과복숭아주스

READY

□ 복숭아 50g □ 무화과 30g

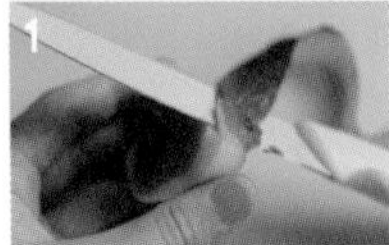

무화과는 껍질을 벗기고 씨를 제거한다.

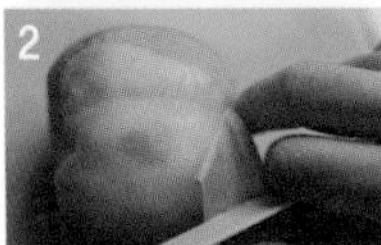

복숭아도 껍질을 벗기고 씨를 제거한다.

무화과와 복숭아를 듬성듬성 썬다.

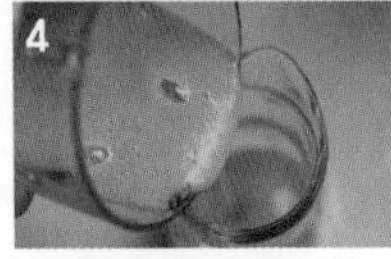

3번을 믹서에 갈아준다.

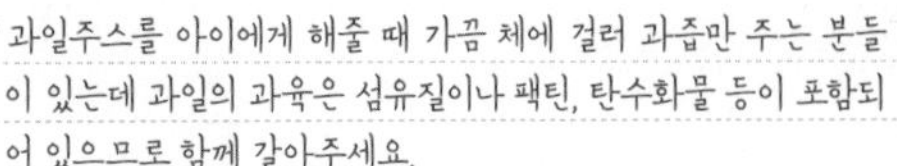

* 과일주스를 아이에게 해줄 때 가끔 체에 걸러 과즙만 주는 분들이 있는데 과일의 과육은 섬유질이나 팩틴, 탄수화물 등이 포함되어 있으므로 함께 갈아주세요.

 사과당근주스

READY

□사과 50g □당근 30g

사과와 당근은 껍질을 깎아 낸다.

당근은 끓는 물에 살짝 데친다.

사과는 듬성듬성 자르고 2번의 당근과 함께 믹서에 넣고 물 50mL를 부어 갈아준다.

사과파프리카주스

□파프리카 30g □사과 70g

껍질을 벗긴 사과와 파프리카를 믹서에 넣고 물 30mL를 부어 갈아준다.

감자오이달걀양파샐러드

READY

□ 감자 10g □ 오이 10g □ 양파 10g □ 달걀 1개

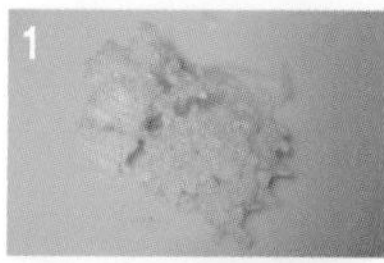

오이는 껍질을 깎고 잘게 다진다.

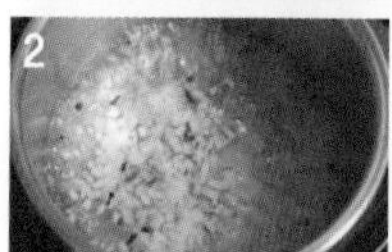

양파는 잘게 다져 삶아 찬물에 헹군 뒤 물기를 제거한다.

달걀은 삶아서 흰자는 잘게 다지고 노른자는 체에 걸러 가루 형태로 준비한다.

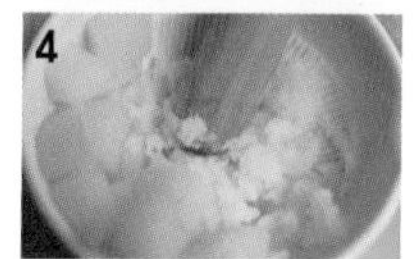

감자는 삶은 뒤 절구에 빻아 1~3번의 재료와 섞는다.

* 승아가 깜짝 놀랄 정도로 잘 먹었어요. 다소 퍽퍽할 수 있으니 목을 축이는 정도로 물을 주도록 합니다.

아보카도달걀샐러드

READY

□ 아보카도 50g □ 달걀 1개

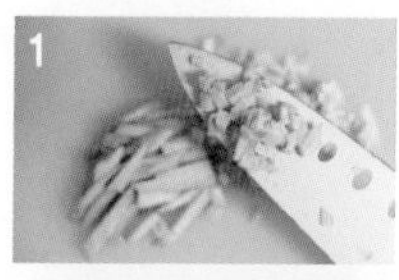

아보카도는 씨와 껍질을 제거한 뒤 일부는 잘게 다진다.

남은 아보카도 일부는 강판에 갈아준다.

달걀은 삶아서 흰자는 잘게 다진다.

노른자는 체에 걸러 가루형태로 준비하여 1~3번의 재료와 섞는다.

* 맛이 고소하고 식감이 좋은 간식이에요.

고구마과자

READY

□고구마 40g □분유물(모유) 20mL(농도에 따라 조절)
□전분 2작은술

1. 고구마는 찐 뒤에 으깨어 전분을 골고루 뿌려 잘 섞어 준다.
2. 분유물(모유)을 넣되, 그릇을 엎어도 떨어지지 않을 정도의 농도로 조절하여 섞는다.

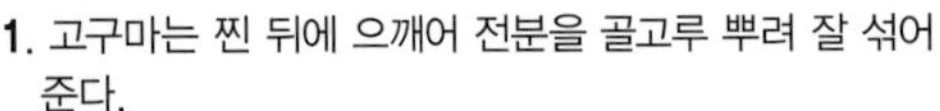

3. 짤주머니에 넣는다.
4. 다양한 모양으로 짠 뒤에 170도 오븐에서 15분 정도 구워주되, 중간에 한 번 뒤집어 굽도록 한다.

* 속은 말랑하지만 겉은 쫄깃한 편이에요. 구운 뒤 적당한 크기로 잘라주어도 좋아요.

 밤머랭쿠키

READY

□ 밤가루 2큰술 □ 달걀 1개

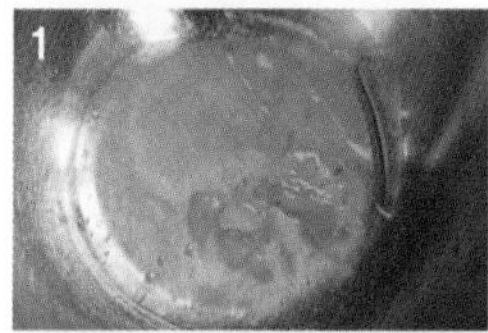

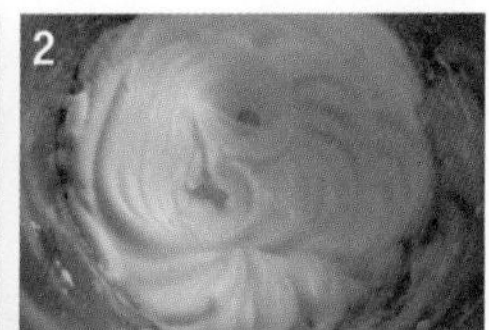

1. 달걀은 흰자만 차갑게 해서 물기 없는 볼에 담는다.
2. 뒤집었을 때 흘러내리지 않을 정도로 흰자를 휘저어 머랭을 만든다.
3. 2번의 머랭에 밤가루를 넣고 잘 섞는다.
4. 짤주머니에 3번의 반죽을 넣고 모양을 짠 뒤에 100도 오븐에서 1시간 정도 구워준다.

* 머랭은 달걀 흰자에 거품을 내어 낮은 온도의 오븐에서 구워 바삭거리도록 만든 거예요.

삼색고구마경단

READY

□호박고구마 1개 □달걀 1개 □사과 1/4개 □옥수수 20알

1. 호박고구마는 찐 뒤에 으깨어 아이가 집어 먹을 만한 크기로 동그랗게 빚고 상온에서 살짝 수분기를 말려준다.
2. 옥수수는 삶은 뒤 껍질을 벗기고 잘게 다져 1번의 고구마에 토핑한다.
3. 사과도 잘게 다져 1번의 고구마에 토핑한다.
4. 달걀은 삶은 뒤 노른자만 체에 내려 가루 형태로 만들어 1번의 고구마에 토핑한다.

* 노른자고구마경단은 고소하고, 옥수수고구마경단은 씹는 맛이 있으며, 사과고구마경단은 상큼해요.

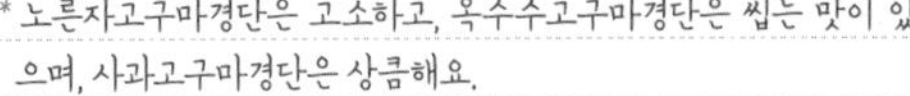

 달걀찜(차완무시)

READY

ㅁ달걀 1개 ㅁ닭고기 5g ㅁ대구살 5g ㅁ단호박 5g
ㅁ당근 5g ㅁ애호박 5g

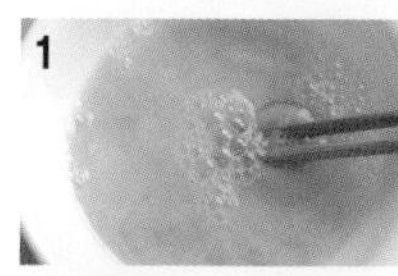

1 달걀은 풀어서 체에 걸러 알끈을 제거한다.

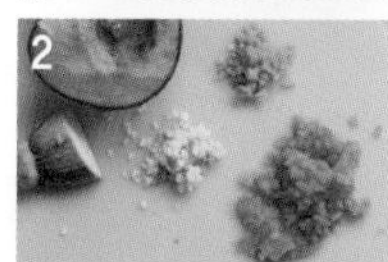

2 애호박, 단호박, 당근은 잘게 다진다.

3 대구살은 찐 뒤에 살만 발라내어 잘게 다지고, 닭고기는 끓는 물에 삶아 다진다.

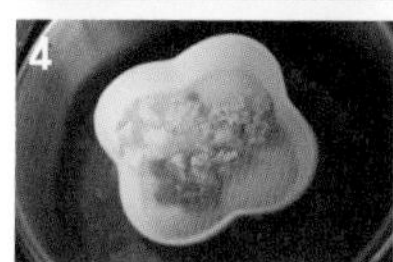

4 1번의 달걀에 2번의 재료를 넣고 육수 50mL를 부은 뒤 중탕하다가 어느 정도 찰랑찰랑 익었다 싶으면 3번의 재료를 고명처럼 올려준다.

* 3번의 과정에서 닭고기를 삶은 물은 육수로 사용합니다. 약불로 오랫동안 중탕해야 푸딩 같은 달걀찜을 만들 수 있어요.

 밤묵

READY

ㅁ밤가루 100g

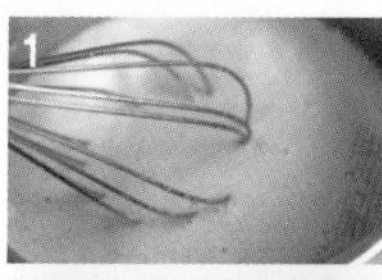

1 밤가루에 물 1200mL를 부어 잘 섞어준다(밤가루와 물은 1:6의 비율, 컵으로는 밤가루 1컵 : 물 6컵).

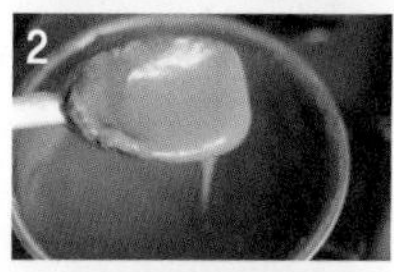

2 냄비에 넣고 계속 저어가며 끓인다.

3 어느 정도 걸쭉해지면 불에서 내려 틀에 붓고, 1시간 정도 냉장고에서 굳힌다.

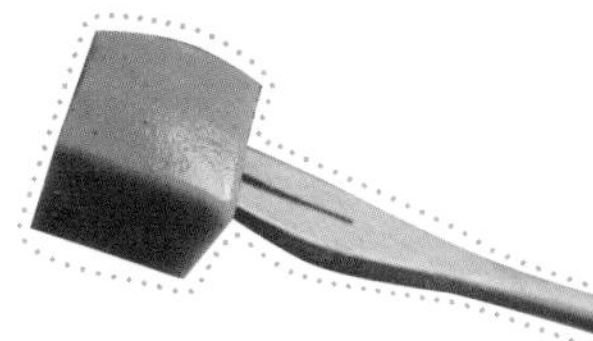

* 밤 100%로 만든 밤가루를 사용하도록 합니다. 밤묵은 도토리묵과는 다르게 쌉싸름하지 않고 살짝 단맛이 나요.

밤강낭콩양갱

READY

□밤 60g □강낭콩 40g □밤가루 1작은술 □전분 1작은술
□배즙 200mL

1. 밤과 반나절 정도 물에 불린 강낭콩은 껍질을 깐 뒤 삶아 물기를 제거한다. 밤의 일부는 고명으로 사용하기 위해 잘게 다진다.
2. 믹서에 1번의 삶은 밤과 강낭콩을 넣고 밤가루와 전분, 물 100mL를 부어 갈아준다.
3. 2번에 배즙을 넣고 걸쭉해질 때까지 저으면서 끓인다.
4. 틀에 넣고 1번의 밤 고명을 얹어 냉장고에서 30분~1시간 정도 둔다.

* 전분을 사용하면 젤라틴이나 한천을 사용하지 않고 젤리나 양갱을 만들 수 있어요. 밤가루에도 녹말이 있기 때문에 더욱 도움이 되었고, 설탕 없이 단맛을 내기 위해 배즙을 넣었습니다.

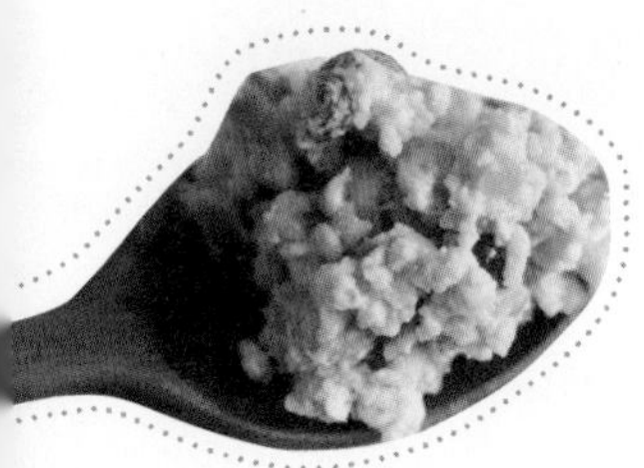

옥수수완두콩스크램블

READY

ㅁ브로콜리 10g ㅁ옥수수 5g ㅁ완두콩 5g ㅁ파프리카 10g
ㅁ분유물(모유) 50mL ㅁ달걀 1개

1. 파프리카는 껍질을 깎아내어 잘게 다지고, 브로콜리는 끓는 물에 살짝 데쳐 꽃 부분만 잘게 다진다. 물에 불린 완두콩과 옥수수는 껍질을 벗겨 삶은 뒤 잘게 다진다.
2. 1번의 재료는 물을 살짝 부어 잘 볶아준다.
3. 달걀은 풀어서 알끈을 제거하고 식힌 분유물(모유)을 넣고 잘 섞는다.
4. 2번에 3번을 넣고 휘저어가며 익힌다.

* 2번에서 채소를 볶을 때 물 대신 소고기육수를 사용하면 더욱 맛이 좋아요. 스크램블할 때 유제품을 넣으면 더욱 부드러워진답니다.

	첫째 달	둘째 달
고기, 생선	돼지고기, 새우, 게살	–
채소	가지, 근대, 늙은호박, 우엉, 표고버섯, 팽이버섯, 토마토, 아스파라거스	마늘종, 숙주, 콜라비, 양상추, 느타리버섯, 파, 새싹채소, 래디시, 자색고구마
과일	망고, 단감, 곶감, 홍시	오렌지, 딸기, 키위, 귤
곡류	흑미, 쌀국수	기장
유제품	요거트, 아기치즈, 코티지치즈, 버터	크림치즈
콩류 및 깨류	검은콩, 들깨가루, 흑임자, 참깨	–
견과류	잣	호두
기타	한천가루, 오일	젤라틴
알레르기 주의해야 할 식품	토마토	딸기, 키위

후기 이유식

첫째 달

가지·애호박·닭고기진밥

4배죽

진밥을 시작합니다. 진밥을 처음 시작할 때는 쌀알이 아닌, 지어낸 밥을 넣어 육수와 끓이면 됩니다. 질게 지은 밥을 주기보다는 죽과 진밥의 중간 단계에서 서서히 되기를 증가시키세요. 그리고 잘 먹는다고 해서 진밥을 건너뛰고 된밥을 주는 경우가 많은데 천천히 꼭 단계를 밟아가세요. 아직은 소화해내기에 어려움이 있고 급하게 진행하다가 아이가 이유식을 거부할 수도 있습니다.

만드는 법

재료

- □ **진밥** 50g
- □ **닭고기** 10g
- □ **가지** 15g
- □ **애호박** 10g

1. 가지는 껍질을 깎아낸다.
2. 껍질을 깎은 가지는 3~5mm 크기로 썬다.
3. 애호박도 3~5mm 크기로 썬다.
4. 진밥에 육수 200mL를 붓고 삶아서 다진 닭고기와 2~3번의 재료를 넣은 뒤 7~10분 정도 중불에서 잘 끓여준다.

1
2
3
4
진밥 형태로 만들어요.

이제
진밥 먹어요!

가지·양송이버섯·닭고기진밥

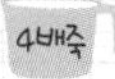
4배죽

[재료] □ **진밥** 50g □ **닭고기** 10g □ **가지** 15g □ **양송이버섯** 10g

양송이버섯은 머리 부분 껍질을 벗기고 3~5mm 크기로 썰어 **가지·애호박·닭고기진밥** 순서에 맞춰 애호박 대신 넣는다.

가지·브로콜리·소고기진밥

4배죽

보라색의 예쁜 채소 가지는 수분이 많고 익히면 식감이 매우 부드럽습니다. 단백질과 탄수화물, 지방의 함유량이 낮아 영양가 높은 채소는 아니지만 가지의 색을 구성하는 성분인 안토시아닌(보라색), 나스신(자주색), 히아신(적갈색) 등은 질병의 예방과 항암효과에 뛰어납니다.

만드는 법

재료

- 진밥 50g
- 소고기 10g
- 가지 15g
- 브로콜리 10g

1. 가지는 껍질을 깎아낸 뒤 3~5mm 크기로 썬다.
2. 브로콜리는 끓는 물에 살짝 데친 뒤 꽃 부분만 3~5mm 크기로 썬다.
3. 진밥에 육수 200mL를 붓고 삶아서 다진 소고기와 1~2번의 재료를 넣은 뒤 7~10분 정도 중불에서 잘 끓여준다.

1

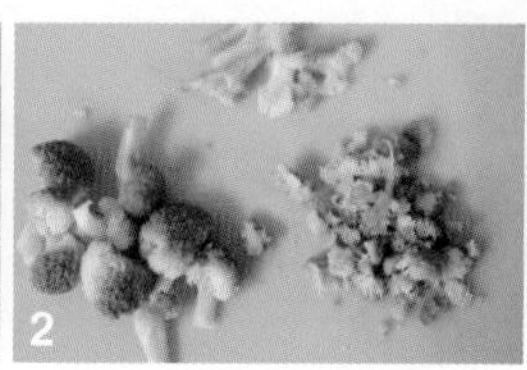
2

3

가지·파프리카·소고기진밥

【재료】 ▫ **진밥** 50g ▫ **소고기** 10g ▫ **가지** 15g ▫ **파프리카** 10g

파프리카는 껍질을 벗겨낸 뒤 3~5mm 크기로 썰어 **가지·브로콜리·소고기진밥** 순서에 맞춰 브로콜리 대신 넣는다.

가지·양파·소고기진밥

【재료】 ▫ **진밥** 50g ▫ **소고기** 10g ▫ **가지** 15g ▫ **양파** 10g

양파는 3~5mm 크기로 썰어 **가지·브로콜리·소고기진밥** 순서에 맞춰 브로콜리 대신 넣는다.

가지·오이·소고기진밥

【재료】 ▫ **진밥** 50g ▫ **소고기** 10g ▫ **가지** 15g ▫ **오이** 10g

오이는 껍질을 깎고 3~5mm 크기로 썰어 **가지·브로콜리·소고기진밥** 순서에 맞춰 브로콜리 대신 넣는다.

가지·청경채·소고기진밥

4배죽

가지를 이유식 재료로 쓸 때는 소고기나 두부(단백질), 무기질이나 비타민이 풍부한 채소를 함께 넣어 조리해보세요. 가지는 선명한 보라색의 매끈하고 곧은 것을 고르도록 합니다. 껍질은 조리해도 다소 질긴 편이라 처음에는 깎아내고 아이가 어느 정도 적응하면 껍질째 사용하세요.

재료

- **진밥** 50g
- **소고기** 10g
- **가지** 15g
- **청경채** 15g

만드는 법

1. 가지는 껍질을 깎아낸 뒤 3~5mm 크기로 썬다.
2. 청경채는 잎 부분만 끓는 물에 살짝 데쳐 3~5mm 크기로 썬다.
3. 진밥에 육수 200mL를 붓고 삶아서 다진 소고기와 1~2번의 재료를 넣은 뒤 7~10분 정도 중불에서 잘 끓여준다.

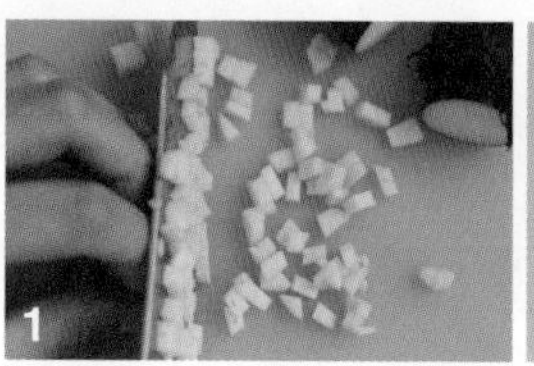

가지·시금치·소고기진밥

4배죽

【재료】 ▫ **진밥** 50g ▫ **소고기** 10g ▫ **가지** 15g ▫ **시금치** 10g

시금치는 잎 부분만 끓는 물에 살짝 데친 뒤 3~5mm 크기로 썰어 **가지·청경채·소고기진밥** 순서에 맞춰 청경채 대신 넣는다.

가지·부추·소고기진밥

4배죽

【재료】 ▫ **진밥** 50g ▫ **소고기** 10g ▫ **가지** 15g ▫ **부추** 10g

부추는 3~5mm 길이로 송송 썰어 **가지·청경채·소고기진밥** 순서에 맞춰 청경채 대신 넣는다.

가지·양파·두부·소고기진밥

4배죽

【재료】 ▫ **진밥** 50g ▫ **소고기** 10g ▫ **가지** 10g ▫ **두부** 10g ▫ **양파** 10g

양파와 두부는 3~5mm 크기로 썰어 **가지·청경채·소고기진밥** 순서에 맞춰 청경채 대신 넣는다.

단호박·파프리카·소고기진밥

4배죽

Mom

이유식에 단호박을 넣으면 색과 향이 모두 살아나요.
초중기 이유식에는 쪄서 으깨어 넣곤 했는데,
이제는 적당한 크기로 썰어서 넣어아이가 식감을 느끼도록 해주세요.

만드는 법

재료

- 진밥 50~60g
- 소고기 10g
- 단호박 15g
- 파프리카 10g

1. 단호박 일부는 3~5mm 크기로 썬다.
2. 남은 단호박 일부는 찐 뒤에 칼등으로 으깨준다.
3. 파프리카는 껍질을 벗겨 3~5mm 크기로 썬다.
4. 진밥에 육수 200mL를 붓고 삶아서 다진 소고기와 1~3번의 재료를 넣은 뒤 7~10분 정도 중불에서 잘 끓여준다.

1

2

3

단호박·가지·소고기진밥

【재료】 ㅁ **진밥** 50~60g ㅁ **소고기** 10g ㅁ **단호박** 15g ㅁ **가지** 15g

가지는 껍질을 깎아 3~5mm 크기로 썬 뒤 **단호박·파프리카·소고기진밥** 순서에 맞춰 파프리카 대신 넣는다.

단호박·비타민·닭고기진밥

【재료】 ㅁ **진밥** 50~60g ㅁ **닭고기** 10g ㅁ **단호박** 15g ㅁ **비타민** 15g

비타민은 잎 부분만 끓는 물에 살짝 데쳐 3~5mm 크기로 썬 뒤 **단호박·파프리카·소고기진밥** 순서에 맞춰 파프리카 대신 넣고, 닭고기는 삶아서 다진 뒤 소고기 대신 넣는다.

단호박·콩나물·양파·닭고기진밥

【재료】 ㅁ **진밥** 50~60g ㅁ **닭고기** 10g ㅁ **단호박** 10g ㅁ **콩나물** 10g ㅁ **양파** 10g

콩나물과 양파는 3~5mm 크기로 썰어 **단호박·파프리카·소고기진밥** 순서에 맞춰 파프리카 대신 넣고, 닭고기는 삶아서 다진 뒤 소고기 대신 넣는다.

완두콩·가지·소고기진밥

4배죽

고단백의 완두콩과 수분 함량이 높은 가지를 함께 조리하면 영양 손실이 줄어들어요. 완두콩은 보통 6월에 수확합니다. 햇완두콩이 출하될 때 알만 모아두었다가 얼리면 3~4개월 정도 보관이 가능해요. 완두콩의 껍질은 입안이나 목에 달라붙을 수 있으니 벗기고 사용하세요. 손질 전 콩을 불리거나 미리 삶으면 벗기기가 훨씬 수월하답니다.

만드는 법

재료

- **진밥** 50~60g
- **소고기** 10g
- **완두콩** 15g
- **가지** 15g

1. 가지는 껍질을 깎은 뒤 3~5mm 크기로 썬다.
2. 완두콩은 삶은 뒤 껍질을 벗기고 듬성듬성 썬다.
3. 진밥에 육수 200mL를 붓고 삶아서 다진 소고기와 1~2번의 재료를 넣은 뒤 7~10분 정도 중불에서 잘 끓여준다.

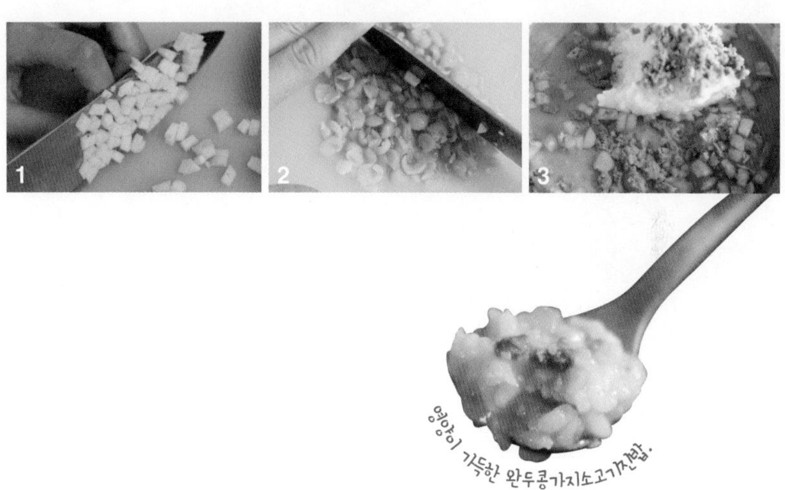

영양이 가득한 완두콩가지소고기진밥.

완두콩·양파·소고기진밥

【재료】 **진밥** 50~60g **소고기** 10g **완두콩** 15g **양파** 15g

양파는 3~5mm 크기로 썬 뒤 **완두콩·가지·소고기진밥** 순서에 맞춰 가지 대신 넣는다.

완두콩·오이·소고기진밥

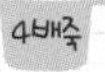

【재료】 **진밥** 50~60g **소고기** 10g **완두콩** 15g **오이** 15g

오이는 껍질을 깎고 3~5mm 크기로 썬 뒤 **완두콩·가지·소고기진밥** 순서에 맞춰 가지 대신 넣는다.

브로콜리·감자·달걀·소고기진밥

4배죽

이제 채소를 손질할 때 으깨거나 다지기보다
입자가 살아 있도록 썰어서 조리해주세요.
후기로 와서는 시도해본 야채가 많기 때문에 세 가지 이상의 재료를 함께 사용하면 좋습니다.
늘 3대 영양소와 무기질, 비타민이 균형을 이루는지
생각하여 조합해주세요.

만드는 법

재료

- 진밥 50~60g
- 소고기 10g
- 브로콜리 10g
- 감자 10g
- 달걀 1개

1. 브로콜리는 끓는 물에 살짝 데친 뒤 꽃 부분만 3~5mm 크기로 썬다.
2. 감자는 껍질을 깎고 3~5mm 크기로 썬다.
3. 달걀은 삶는다.
4. 삶은 달걀의 흰자는 3~5mm 크기로 썰고, 노른자는 칼등으로 으깬다.
5. 진밥에 육수 200mL를 붓고 삶아서 다진 소고기와 1~2번의 재료, 4번의 달걀을 넣은 뒤 7~10분 정도 중불에서 잘 끓여준다.

입자가 살아 있어요.

브로콜리·감자·콩나물·소고기진밥

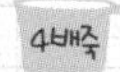

【재료】 ▫ **진밥** 50~60g ▫ **소고기** 10g ▫ **브로콜리** 10g ▫ **감자** 10g ▫ **콩나물** 10g

콩나물은 깨끗하게 씻어 줄기 부분만 잘라내어 3~5mm 길이로 썬 뒤 **브로콜리·감자·달걀·소고기진밥** 순서에 맞춰 달걀 대신 넣는다.

브로콜리·바나나·소고기진밥

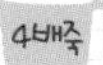

【재료】 ▫ **진밥** 50~60g ▫ **소고기** 10g ▫ **브로콜리** 10g ▫ **바나나** 15g

바나나는 칼등으로 으깨어 **브로콜리·감자·달걀·소고기진밥** 순서에 맞춰 감자와 달걀 대신 넣는다.

비트·청경채·소고기진밥

 4배죽

비트는 승아의 이유식에 즐겨 사용하는 천연색소입니다.
아이에게 색다른 이유식을 경험하게 해주고 싶으면 비트를 사용하세요.
아이는 눈으로도 먹는답니다.

재료

- **진밥** 50~60g
- **소고기** 10g
- **비트** 10g
- **청경채** 15g

만드는 법

1. 비트는 껍질을 깎고 끓는 물에 삶는다.
2. 삶은 비트는 3~5mm 크기로 썬다.
3. 청경채는 잎 부분만 끓는 물에 살짝 데친 뒤 3~5mm 크기로 썬다.
4. 진밥에 육수 200mL를 붓고 삶아서 다진 소고기와 2~3번의 재료를 넣은 뒤 7~10분 정도 중불에서 잘 끓여준다.

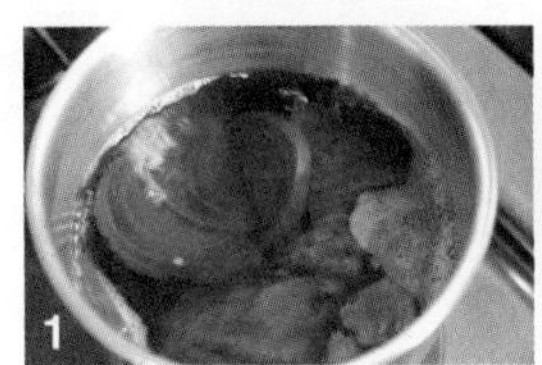

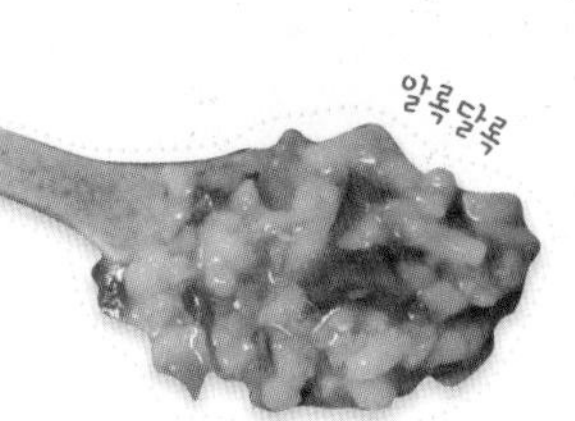

비트·시금치·소고기진밥

【재료】 □ **진밥** 50~60g □ **소고기** 10g □ **비트** 10g □ **시금치** 15g

시금치는 잎 부분만 끓는 물에 살짝 데친 뒤 3~5mm 크기로 썰어 **비트·청경채·소고기진밥** 순서에 맞춰 청경채 대신 넣는다.

비트·옥수수·비타민·소고기진밥

【재료】 □ **진밥** 50~60g □ **소고기** 10g □ **비트** 10g □ **옥수수** 10g □ **비타민** 10g

비타민은 잎 부분만 끓는 물에 살짝 데친 뒤 3~5mm 크기로 썰고 옥수수는 삶은 뒤 껍질을 까서 듬성듬성 썰어 **비트·청경채·소고기진밥** 순서에 맞춰 청경채 대신 넣는다.

양파·당근·양송이버섯·소고기진밥

4배죽

양파와 당근, 거기에 버섯까지 넣으면 은은히 풍기는 향이 요리하는 사람의 기분까지 들뜨게 합니다. 보양식 한 그릇을 먹는 것만 같아요. 달큰한 채소의 맛에 아이도 반할 거예요.

재료

- □ **진밥** 50~60g
- □ **소고기** 10g
- □ **양파** 10g
- □ **당근** 10g
- □ **양송이버섯** 10g

만드는 법

1. 당근은 끓는 물에 살짝 데쳐 3~5mm 크기로 썬다.
2. 양파도 3~5mm 크기로 썬다.
3. 양송이버섯은 머리 부분 껍질을 벗겨 3~5mm 크기로 썬다.
4. 진밥에 육수 200mL를 붓고 삶아서 다진 소고기와 1~3번의 재료를 넣은 뒤 7~10분 정도 중불에서 잘 끓여준다.

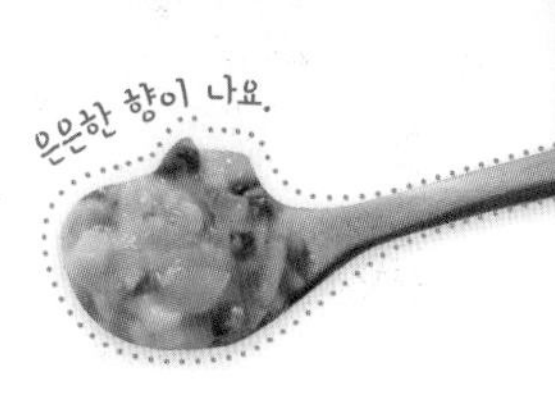

양파·당근·비타민·소고기진밥

【재료】 □ **진밥** 50~60g □ **소고기** 10g □ **양파** 10g □ **당근** 10g □ **비타민** 10g

비타민은 잎 부분만 끓는 물에 살짝 데친 뒤 3~5mm 크기로 썰어 **양파·당근·양송이버섯·소고기진밥** 순서에 맞춰 양송이버섯 대신 넣는다.

양파·당근·시금치·느타리버섯·소고기진밥

4배죽

【재료】 □ **진밥** 50~60g □ **소고기** 10g □ **양파** 10g □ **당근** 10g □ **시금치** 5g □ **느타리버섯** 5g

잎 부분만 끓는 물에 살짝 데친 시금치와 느타리버섯은 3~5mm 크기로 썰어 **양파·당근·양송이버섯·소고기진밥** 순서에 맞춰 양송이버섯 대신 넣는다.

양송이버섯·들깨·소고기진밥

4배죽

지금까지 진행해온 이유식에는 대부분 지방을 넣지 않았어요. 후기로 접어들었으니 식물성 불포화지방인 들깨를 넣어 이유식을 만들어봅니다. 통깨는 소화가 잘 되지 않으므로 가루로 만들어진 것을 사용하세요.

재료

- ▫ **진밥** 50~60g
- ▫ **소고기** 10g
- ▫ **양송이버섯** 15g
- ▫ **들깨가루** 2작은술

만드는 법

1. 양송이버섯은 머리 부분 껍질을 벗겨 3~5mm 크기로 썬다.
2. 들깨가루를 준비한다.
3. 진밥에 육수 200mL를 붓고 삶아서 다진 소고기와 1~2번의 재료를 넣은 뒤 7~10분 정도 중불에서 잘 끓여준다.

1

2

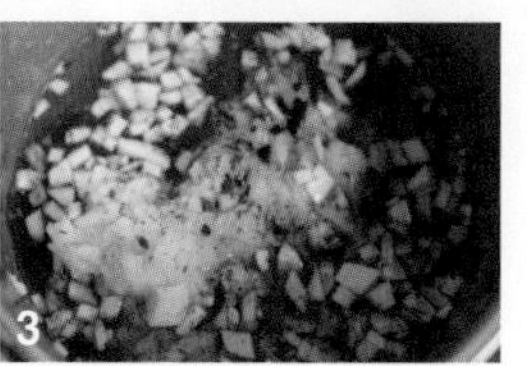
3

양송이버섯·가지·소고기진밥

【재료】 ▫ **진밥** 50~60g ▫ **소고기** 10g ▫ **양송이버섯** 15g ▫ **가지** 15g

가지는 껍질을 벗겨 3~5mm 크기로 썬 뒤 **양송이버섯·들깨·소고기진밥** 순서에 맞춰 들깨가루 대신 넣는다.

양송이버섯·감자·소고기진밥

【재료】 ▫ **진밥** 50~60g ▫ **소고기** 10g ▫ **양송이버섯** 15g ▫ **감자** 10g

감자는 3~5mm 크기로 썬 뒤 **양송이버섯·들깨·소고기진밥** 순서에 맞춰 들깨가루 대신 넣는다.

양송이버섯·단호박·소고기진밥

【재료】 ▫ **진밥** 50~60g ▫ **소고기** 10g ▫ **양송이버섯** 15g ▫ **단호박** 10g

단호박은 3~5mm 크기로 썬 뒤 **양송이버섯·들깨·소고기진밥** 순서에 맞춰 들깨가루 대신 넣는다.

우엉·새송이버섯·소고기진밥

4배죽

우엉도 연근처럼 쉽게 물러지지 않기 때문에 오랫 동안 익혀야 합니다.
우엉은 신장 기능을 좋게 하고 섬유질이 풍부합니다.
변비에 좋은 재료 중 하나이지요.

만드는 법

재료

- □ **진밥** 50~60g
- □ **소고기** 10g
- □ **우엉** 10g
- □ **새송이버섯** 15g

1. 우엉은 흐르는 물에 깨끗하게 씻은 뒤 껍질을 벗겨낸다.
2. 껍질 벗긴 우엉은 슬라이스하여 물렁해질 때까지 끓는 물에 삶는다.
3. 삶은 우엉은 3~5mm 크기로 썬다.
4. 새송이버섯은 머리 부분만 3~5mm 크기로 썬다.
5. 진밥에 육수 200mL를 붓고 삶아서 다진 소고기와 3~4번의 재료를 넣은 뒤 7~10분 정도 중불에서 잘 끓여준다.

우엉·고구마·소고기진밥

【재료】 □ **진밥** 50~60g □ **소고기** 10g □ **우엉** 10g □ **고구마** 15g

고구마는 찐 뒤에 3~5mm 크기로 썰어 **우엉·새송이버섯·소고기진밥** 순서에 맞춰 새송이버섯 대신 넣는다.

우엉·연두부·소고기진밥

【재료】 □ **진밥** 50~60g □ **소고기** 10g □ **우엉** 10g □ **연두부** 15g

연두부는 칼등으로 으깨어 **우엉·새송이버섯·소고기진밥** 순서에 맞춰 새송이버섯 대신 넣는다.

적채·애호박·소고기진밥

4배죽

적채처럼 섬유질이 많은 채소는 애호박, 버섯, 가지 등
부드러운 채소와 함께 조리해주세요.

재료

- 진밥 50~60g
- 소고기 10g
- 적채 10g
- 애호박 15g

만드는 법

1. 적채는 잎 부분만 끓는 물에 살짝 데친 뒤 3~5mm 크기로 썬다.
2. 애호박은 깨끗하게 씻은 뒤 3~5mm 크기로 썬다.
3. 진밥에 육수 200mL를 붓고 삶아서 다진 소고기와 1~2번의 재료를 넣은 뒤 7~10분 정도 중불에서 잘 끓여준다.

적채·양송이버섯·양파·소고기진밥

【재료】 □ **진밥** 50~60g □ **소고기** 10g □ **적채** 10g □ **양송이버섯** 10g □ **양파** 10g

양파와 껍질을 벗긴 양송이버섯의 머리 부분은 3~5mm 크기로 썰어 **적채·애호박·소고기진밥** 순서에 맞춰 애호박 대신 넣는다.

적채·가지·브로콜리·소고기진밥

【재료】 □ **진밥** 50~60g □ **소고기** 10g □ **적채** 10g □ **가지** 10g □ **브로콜리** 10g

껍질을 벗긴 가지와 끓는 물에 살짝 데친 브로콜리 머리 부분은 3~5mm 크기로 썰어 **적채·애호박·소고기진밥** 순서에 맞춰 애호박 대신 넣는다.

적채·감자·닭고기진밥

【재료】 □ **진밥** 50~60g □ **닭고기** 10g □ **적채** 10g □ **감자** 10g

감자는 3~5mm 크기로 썰어 **적채·애호박·소고기진밥** 순서에 맞춰 애호박 대신 넣고, 닭고기는 삶아서 다진 뒤 소고기 대신 넣는다.

아보카도·비트·소고기진밥

4배죽

비트는 삶지 않고 잘게 다져 사용하면 조리시간은 길어지지만 이유식 색은 더 선명해집니다. 비트물도 함께 섭취할 수 있다는 장점도 있지요. 만약 비트를 삶아서 쓸 경우에는 우러나온 비트물에 소고기를 삶아도 좋아요.

재료

- **진밥** 50~60g
- **소고기** 10g
- **아보카도** 15g
- **비트** 10g

만드는 법

1. 비트는 3~5mm 크기로 썬다.
2. 아보카도도 3~5mm 크기로 썬다.
3. 진밥에 육수 200mL를 붓고 삶아서 다진 소고기와 1~2번의 재료를 넣은 뒤 7~10분 정도 중불에서 잘 끓여준다.

1

2

3

우러나온 비트물 덕분에 색이 예뻐요.

맛있게 먹고 신나게 놀아요.

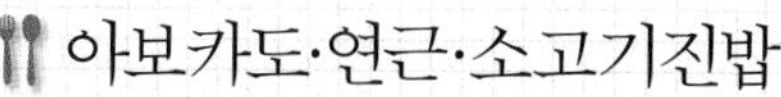

아보카도·연근·소고기진밥

【재료】 □ **진밥** 50~60g □ **소고기** 10g □ **아보카도** 15g □ **연근** 10g

연근은 무르게 푹 삶은 뒤 3~5mm 크기로 썰어 **아보카도·비트·소고기진밥** 순서에 맞춰 비트 대신 넣는다.

시금치·당근·옥수수·닭고기진밥

4배죽

Dr.Oh 옥수수 껍질을 언제까지 벗겨 먹여야 하는지 묻는 분들이 있는데, 어른들도 옥수수를 먹을 때는 입안에 껍질이 붙어서 난감할 때가 있지요. 어른들에게도 그 질감이 불편한데, 아이에게는 더 강하게 느껴질 것이고 또 목에 걸릴 수도 있으니 이유식을 진행하는 동안에는 되도록 옥수수는 껍질을 까서 제공하도록 합니다.

만드는 법

재료

- 진밥 50~60g
- 닭고기 10g
- 시금치 10g
- 당근 10g
- 옥수수 10g

1. 시금치, 당근은 끓는 물에 살짝 데치고, 옥수수는 삶는다.
2. 데친 시금치는 3~5mm 크기로 썬다.
3. 데친 당근도 3~5mm 크기로 썬다.
4. 삶은 옥수수는 껍질을 벗기고 듬성듬성 썬다.
5. 진밥에 육수 200mL를 붓고 삶아서 다진 닭고기와 2~4번의 재료를 넣은 뒤 7~10분 정도 중불에서 잘 끓여준다.

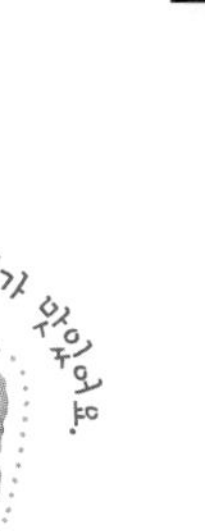

시금치 당근 옥수수가 들어가 맛있어요.

빨리 주세요!

시금치·늙은호박·닭고기진밥

4배죽

【재료】 ▫ **진밥** 50~60g ▫ **닭고기** 10g ▫ **늙은호박** 15g ▫ **시금치** 10g

늙은호박은 껍질을 벗기고 속을 파낸 뒤 3~5mm 크기로 썰어 **시금치·당근·옥수수·닭고기진밥** 순서에 맞춰 당근과 옥수수 대신 넣는다.

연근·검은콩·소고기진밥

4배죽

연근과 콩은 무르게 익히려면 생각보다 오랜 시간이 필요합니다.
진밥을 처음부터 함께 넣으면 죽처럼 물러지니까
연근과 콩을 먼저 푹 무르게 삶아내어 손질한 뒤 넣어주세요.

만드는 법

재료

- **진밥** 50~60g
- **소고기** 10g
- **연근** 10g
- **검은콩** 15g

1. 검은콩은 하루 정도 물에 불린 뒤 껍질을 깐다.
2. 연근과 껍질을 깐 검은콩은 끓는 물에 삶는다.
3. 삶은 검은콩은 듬성듬성 썬다.
4. 삶은 연근은 3~5mm 크기로 썬다.
5. 진밥에 육수 200mL를 붓고 삶아서 다진 소고기와 3~4번의 재료를 넣은 뒤 7~10분 정도 중불에서 잘 끓여준다.

연근·양파·소고기진밥

4배죽

【재료】 ▫ **진밥** 50~60g ▫ **소고기** 10g ▫ **연근** 10g ▫ **양파** 15g

양파는 3~5mm 크기로 썬 뒤 **연근·검은콩·소고기진밥** 순서에 맞춰 검은콩 대신 넣는다.

사과·비타민·닭고기진밥

4배죽

사과에 있는 펙틴은 변비에 좋습니다.
풍미도 아주 좋아 양식요리의 소스에도 넣어 쓰이기도 하고
간식류에 넣기도 해요. 사과는 이유식을 달콤하고 상큼하게 만들어주는 재료입니다.

재료

- □ **진밥** 50~60g
- □ **닭고기** 10g
- □ **사과** 15g
- □ **비타민** 10g

만드는 법

1. 사과 일부는 강판에 간다.
2. 남은 사과 일부는 3~5mm 크기로 썬다.
3. 비타민은 잎 부분만 잘라내어 끓는 물에 살짝 데친 뒤 3~5mm 크기로 썬다.
4. 진밥에 육수 200mL를 붓고 삶아서 다진 닭고기와 1~3번의 재료를 넣은 뒤 7~10분 정도 중불에서 잘 끓여준다.

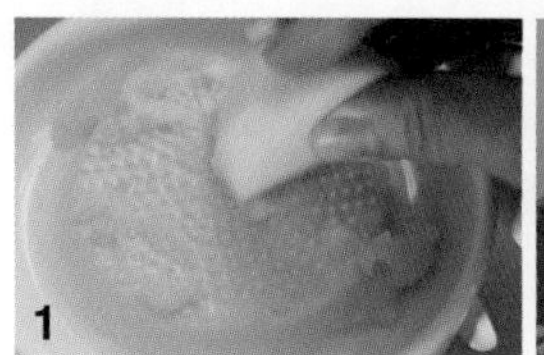
1

2
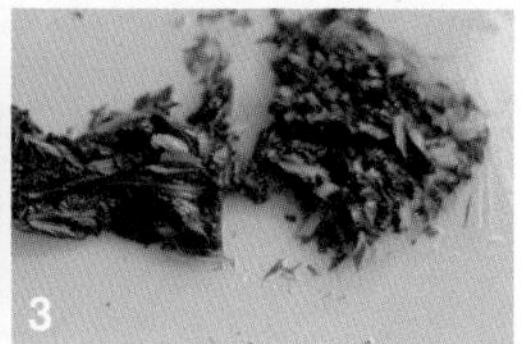
3

사과·오이·닭고기진밥

【재료】 □ **진밥** 50~60g □ **닭고기** 10g □ **사과** 15g □ **오이** 10g

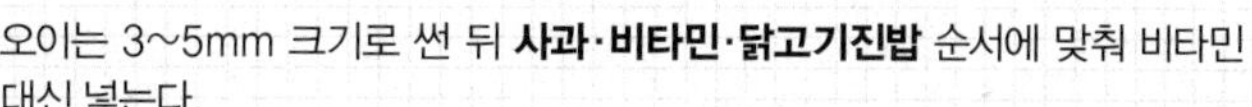

오이는 3~5mm 크기로 썬 뒤 **사과·비타민·닭고기진밥** 순서에 맞춰 비타민 대신 넣는다.

사과·참깨·닭고기진밥

4배죽

【재료】 □ **진밥** 50~60g □ **닭고기** 10g □ **사과** 20g □ **참깨** 2작은술

깨는 깨소금 정도의 크기로 믹서에 갈아 **사과·비타민·닭고기진밥** 순서에 맞춰 비타민 대신 넣는다.

사과·감자·부추·닭고기진밥

4배죽

【재료】 □ **진밥** 50~60g □ **닭고기** 10g □ **사과** 10g □ **감자** 5g □ **부추** 10g

감자와 부추는 3~5mm 크기로 썬 뒤 **사과·비타민·닭고기진밥** 순서에 맞춰 비타민 대신 넣는다.

사과·오이·소고기진밥

4배죽

사과와 오이는 매우 잘 어울리는 식재료입니다.
오이는 비타민C가 풍부한 알카리성 식품인데 그 특유의 향이 싫어
성인이 되어서도 먹기를 거부하는 경우가 꽤 있기 때문에 자주 사용하여
아이에게 익숙한 식재료가 되게 해주세요.

만드는 법

1. 오이는 3~5mm 크기로 썬다.
2. 사과 일부는 3~5mm 크기로 썬다.
3. 남은 사과 일부는 강판에 간다.
4. 진밥에 육수 200mL를 붓고 삶아서 다진 소고기와 1~3번의 재료를 넣은 뒤 7~10분 정도 중불에서 잘 끓여준다.

재료

- **진밥** 50~60g
- **소고기** 10g
- **사과** 15g
- **오이** 15g

1

2

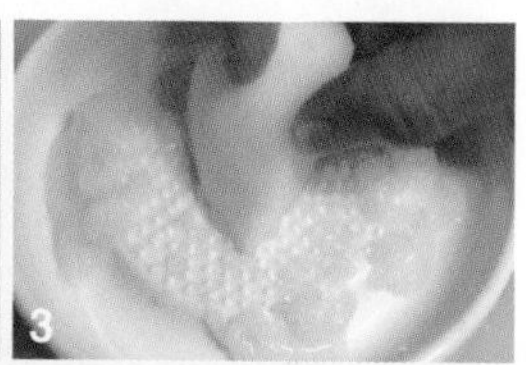
3

4

사과와 오이는 잘 어울려요.

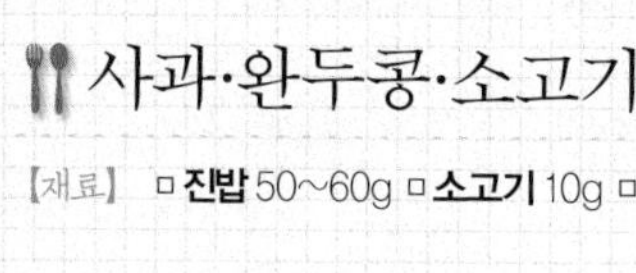

사과·완두콩·소고기진밥

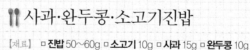

【재료】 ▫ **진밥** 50~60g ▫ **소고기** 10g ▫ **사과** 15g ▫ **완두콩** 10g

완두콩은 껍질을 벗기고 삶은 뒤 듬성듬성 썰어 **사과·오이·소고기진밥** 순서에 맞춰 오이 대신 넣는다.

사과·시금치·귀리·소고기진밥

【재료】 ▫ **진밥** 50g ▫ **불린 귀리** 10g ▫ **소고기** 10g ▫ **사과** 15g ▫ **시금치** 15g

귀리를 섞어 밥을 한 뒤 시금치는 잎 부분만 끓는 물에 살짝 데쳐 3~5mm 크기로 썰고 **사과·오이·소고기진밥** 순서에 맞춰 오이 대신 넣는다.

고구마·크림소스·소고기진밥

4배죽

크림소스는 크림이나 우유로 만드는데
지방이 대부분인 크림보다 모유나 분유를 이용하여 만들도록 합니다.
모유수유 아기라면 스틱형 분유를 사두었다가 한 포씩 활용하면 좋아요.
크림소스를 고구마나 바나나와 같이
단맛의 채소나 과일과 조합하면 더욱 맛있습니다.

재료

- **진밥** 50~60g
- **소고기** 10g
- **고구마** 25g
- **분유물**(모유) 100mL

만드는 법

1. 고구마 일부는 찐 뒤 3~5mm 크기로 썬다.
2. 남은 고구마 일부는 칼등으로 으깬다.
3. 분유물(모유)에 1번과 2번의 고구마와 삶아서 다진 소고기를 넣고 잘 섞어준 뒤 바글바글 끓인다.
4. 3번의 소스가 누진해지면 진밥을 넣고 볶듯이 끓인다.

모유수유 중이라면 스틱형 분유가 편리합니다.

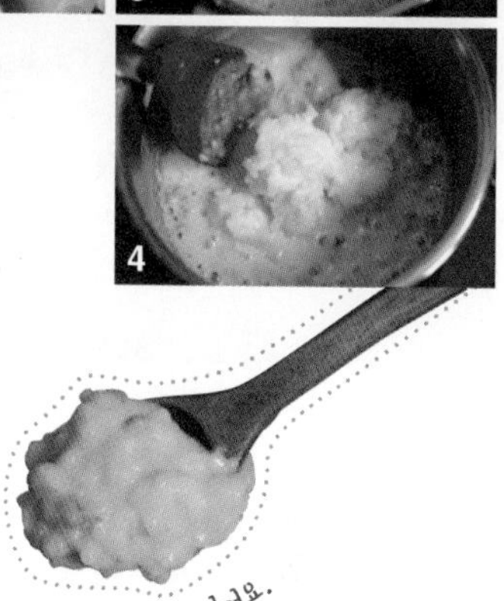

고소하고 맛있어요.

고구마·크림소스·참깨·소고기진밥

【재료】 ㅁ **진밥** 50~60g ㅁ **소고기** 10g ㅁ **고구마** 20g ㅁ **분유물**(모유) 100mL ㅁ **참깨** 2작은술

참깨는 믹서에 간 뒤 **고구마·크림소스·소고기진밥** 3번 순서에 추가로 넣는다.

고구마·아보카도·닭고기진밥

4배죽

고구마는 베타카로틴과 비타민C가 들어 있는 대표적인 알카리성 식품입니다.
고구마의 비타민C는 조리에 의한 손실도 적어 이유식에 넣기 좋습니다.
하지만 단맛이 강하니 너무 자주 주지는 마세요.

재료

- **진밥** 50~60g
- **닭고기** 10g
- **고구마** 15g
- **아보카도** 10g

만드는 법

1. 아보카도는 껍질을 깎아낸 뒤 3~5mm 크기로 썬다.
2. 고구마는 찐 뒤에 칼등으로 눌러 으깬다.
3. 진밥에 육수 200mL를 붓고 삶아서 다진 닭고기와 1~2번의 재료를 넣은 뒤 7~10분 정도 중불에서 잘 끓여준다.

1

2

3

고구마·양송이버섯·닭고기진밥

【재료】 ▫ **진밥** 50~60g ▫ **닭고기** 10g ▫ **고구마** 15g ▫ **양송이버섯** 15g

양송이버섯은 머리 부분만 껍질을 벗기고 3~5mm 크기로 썬 뒤 **고구마·아보카도·닭고기진밥** 순서에 맞춰 아보카도 대신 넣는다.

고구마·사과·닭고기진밥

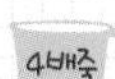

【재료】 ▫ **진밥** 50~60g ▫ **닭고기** 10g ▫ **고구마** 15g ▫ **사과** 15g

사과는 3~5mm 크기로 썬 뒤 **고구마·아보카도·닭고기진밥** 순서에 맞춰 아보카도 대신 넣는다.

고구마·비트·닭고기진밥

【재료】 ▫ **진밥** 50g ▫ **닭고기** 10g ▫ **고구마** 15g ▫ **비트** 10g

비트는 3~5mm 크기로 썬 뒤 **고구마·아보카도·닭고기진밥** 순서에 맞춰 아보카도 대신 넣는다.

오이·감자·소고기진밥

4배죽

오이는 수분이 많아 촉촉한 진밥을 만들 수 있습니다.
오이의 아래 부분은 떫은 맛이 강하니 몸통 부분만 손질하여 사용합니다.

만드는 법

재료

- **진밥** 50~60g
- **소고기** 10g
- **오이** 15g
- **감자** 10g

1. 오이는 3~5mm 크기로 썬다.
2. 감자는 3~5mm 크기로 썬다.
3. 진밥에 육수 200mL를 붓고 삶아서 다진 소고기와 1~2번의 재료를 넣은 뒤 7~10분 정도 중불에서 잘 끓여준다.

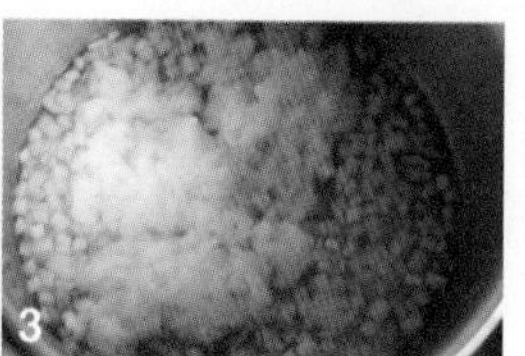

오이·배추·소고기진밥

【재료】 □ **진밥** 50~60g □ **소고기** 10g □ **오이** 15g □ **배추** 15g

배추는 잎 부분만 3~5mm 크기로 썬 뒤 **오이·감자·소고기진밥** 순서에 맞춰 감자 대신 넣는다.

오이·비타민·소고기진밥

4배죽

【재료】 □ **진밥** 50~60g □ **소고기** 10g □ **오이** 15g □ **비타민** 15g

비타민은 잎 부분만 끓는 물에 살짝 데쳐 3~5mm 크기로 썬 뒤 **오이·감자·소고기진밥** 순서에 맞춰 감자 대신 넣는다.

배·가지·소고기진밥

4배죽

배는 수분감이 많고 당도가 높아 승아의 이유식에서 다양한 방식으로 활용되었어요. 이유식을 조리할 때 재료를 갈아서도 해보고 다지기도 해보고 적당한 크기로 썰어보는 등 다양한 방법으로 조리해보세요. 단, 입자를 키울 때는 푹 익혀 아이가 잇몸으로 으깨어 소화할 수 있도록 합니다.

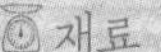

재료

- **진밥** 50~60g
- **소고기** 10g
- **배** 15g
- **가지** 10g

만드는 법

1. 가지는 껍질을 깎아낸 뒤 3~5mm 크기로 썬다.
2. 배도 껍질을 깎아낸 뒤 3~5mm 크기로 썬다.
3. 진밥에 육수 200mL를 붓고 삶아서 다진 소고기와 1~2번의 재료를 넣은 뒤 7~10분 정도 중불에서 잘 끓여준다.

1

2

3

입자가 커진 만큼 푹 익혀주세요.

이유식 활용만점 배!

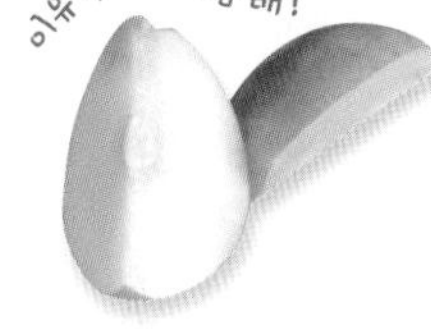

배·오이·소고기진밥

4배죽

【재료】 ▫ **진밥** 50~60g ▫ **소고기** 10g ▫ **배** 15g ▫ **오이** 10g

오이는 껍질을 깎아 3~5mm 크기로 썬 뒤 **배·가지·소고기진밥** 순서에 맞춰 가지 대신 넣는다.

배·부추·닭고기진밥

4배죽

【재료】 ▫ **진밥** 50~60g ▫ **닭고기** 10g ▫ **배** 15g ▫ **부추** 15g

부추는 3~5mm 길이로 송송 썰어 **배·가지·소고기진밥** 순서에 맞춰 가지 대신 넣고, 닭고기는 삶아서 다진 뒤 소고기 대신 넣는다.

흑미·옥수수·소고기진밥

4배죽

흑미나 현미로 이유식을 해줄 때는 100% 흑미나 현미를 쓰기보다 1/3 정도로만 섞어주길 권합니다. 아이가 소화를 못해 대변에 그대로 나오는 경우가 있기 때문이에요. 그럴 때는 진밥을 할 때 백미는 통으로 넣고 흑미나 현미는 살짝 믹서에 갈아서 넣도록 합니다.

만드는 법

재료

- **흑미+백미 진밥** 50~60g
- **소고기** 10g
- **옥수수** 20g

1. 옥수수는 알만 분리하여 끓는 물에 삶는다.
2. 삶은 옥수수는 껍질을 벗기고 듬성듬성 썬다.
3. 흑미와 백미를 섞은 진밥에 육수 200mL를 붓고 삶아서 다진 소고기와 3번의 옥수수를 넣은 뒤 7~10분 정도 중불에서 잘 끓여준다.

흑미·파프리카·오이·소고기진밥

【재료】 ▫ **흑미+백미 진밥** 50~60g ▫ **소고기** 10g ▫ **파프리카** 10g ▫ **오이** 15g

오이와 파프리카는 껍질을 벗기고 3~5mm 크기로 썬 뒤 **흑미·옥수수·소고기진밥** 순서에 맞춰 옥수수 대신 넣는다.

현미·부추·옥수수·소고기진밥

【재료】 ▫ **현미+백미 진밥** 50~60g ▫ **소고기** 10g ▫ **부추** 15g ▫ **옥수수** 15g

부추는 3~5mm 길이로 송송 썰어 **흑미·옥수수·소고기진밥** 순서에 맞춰 소고기와 함께 넣고, 흑미+백미 진밥 대신 현미+백미 진밥을 넣는다.

파프리카·양배추·소고기진밥

 4배죽

파프리카로 만드는 알록달록 진밥입니다.
비타민 덩어리인 파프리카를 섬유질이 많은
여러 채소와 함께 조합해 만들어보세요.

재료

- 진밥 50~60g
- 소고기 10g
- 파프리카 15g
- 양배추 10g

만드는 법

1. 양배추는 잎 부분만 끓는 물에 살짝 데친 뒤 3~5mm 크기로 썬다.
2. 파프리카는 껍질을 깎아 3~5mm 크기로 썬다.
3. 진밥에 육수 200mL를 붓고 삶아서 다진 소고기와 1~2번의 재료를 넣은 뒤 7~10분 정도 중불에서 잘 끓여준다.

1

2

3

파프리카·근대·소고기진밥

【재료】 □ **진밥** 50~60g □ **소고기** 10g □ **파프리카** 15g □ **근대** 10g

근대는 잎 부분만 끓는 물에 살짝 데친 뒤 3~5mm 크기로 썰어 **파프리카·양배추·소고기진밥** 순서에 맞춰 양배추 대신 넣는다.

파프리카·연근·소고기진밥

【재료】 □ **진밥** 50~60g □ **소고기** 10g □ **파프리카** 15g □ **연근** 15g

연근은 껍질을 벗기고 끓는 물에 푹 삶아 3~5mm 크기로 썬 뒤 **파프리카·양배추·소고기진밥** 순서에 맞춰 양배추 대신 넣는다.

파프리카·사과·양파·소고기진밥

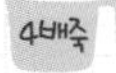

【재료】 □ **진밥** 50~60g □ **소고기** 10g □ **파프리카** 10g □ **사과** 10g □ **양파** 10g

양파와 사과는 껍질을 벗겨 3~5mm 크기로 썬 뒤 **파프리카·양배추·소고기진밥** 순서에 맞춰 양배추 대신 넣는다.

파프리카·우엉·닭고기진밥

4배죽

Mom

양파를 넣었을 때 이유식이 맛있어지는 것처럼
파프리카 특유의 다양한 맛은 이유식을 더욱 특별하게 만들어줍니다.
이유식을 진행하는 동안은 파프리카의 껍질은 질길 수 있어
깎아낸 뒤 조리해주세요.

재료

- **진밥** 50~60g
- **닭고기** 10g
- **파프리카** 15g
- **우엉** 10g

만드는 법

1. 우엉은 깨끗이 씻어 껍질을 벗기고 3~5mm 크기로 썬다.
2. 파프리카는 껍질을 벗겨 3~5mm 크기로 썬다.
3. 진밥에 육수 200mL를 붓고 삶아서 다진 닭고기와 1~2번의 재료를 넣은 뒤 7~10분 정도 중불에서 잘 끓여준다.

1

2

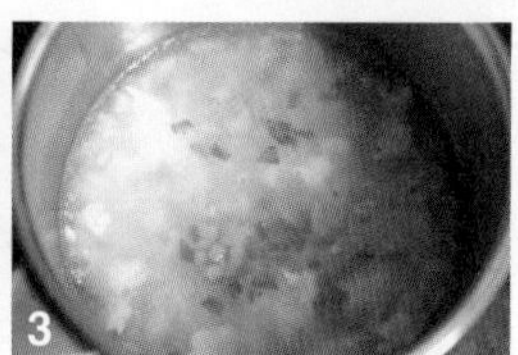
3

파프리카·무·닭고기진밥

【재료】 □ **진밥** 50~60g □ **닭고기** 10g □ **파프리카** 15g □ **무** 15g

무는 껍질을 깎아 3~5mm 크기로 썰어 **파프리카·우엉·닭고기진밥** 순서에 맞춰 우엉 대신 넣는다.

파프리카·브로콜리·닭고기진밥

【재료】 □ **진밥** 50~60g □ **닭고기** 10g □ **파프리카** 15g □ **브로콜리** 15g

브로콜리는 끓는 물에 살짝 데친 뒤 꽃 부분만 3~5mm 크기로 썰어 **파프리카·우엉·닭고기진밥** 순서에 맞춰 우엉 대신 넣는다.

만송이버섯·비타민·닭고기진밥

4배죽

버섯은 종류가 정말 다양합니다.
고단백인데다 식이섬유가 풍부해 변비에도 좋습니다.
양송이버섯에 비해 만송이, 새송이, 황금송이, 느타리버섯 등은 질길 수 있어요.
따라서 손질할 때 입자를 조금 더 작게 합니다.

만드는 법

재료

- **진밥** 50~60g
- **닭고기** 10g
- **만송이버섯** 10g
- **비타민** 15g

1. 비타민은 잎 부분만 끓는 물에 살짝 데친 뒤 3~5mm 크기로 썬다.
2. 만송이버섯은 찢은 뒤 2~3mm 크기로 썬다.
3. 진밥에 육수 200mL를 붓고 삶아서 다진 닭고기와 1~2번의 재료를 넣은 뒤 7~10분 정도 중불에서 잘 끓여준다.

1

2

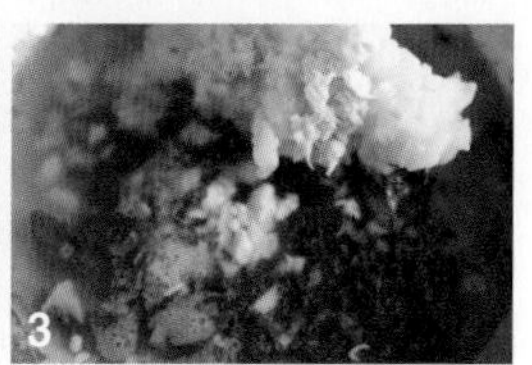
3

만송이버섯·브로콜리·닭고기진밥

【재료】 □ **진밥** 50~60g □ **닭고기** 10g □ **만송이버섯** 10g □ **브로콜리** 15g

브로콜리는 끓는 물에 살짝 데쳐 꽃 부분만 3~5mm 크기로 썬 뒤 **만송이버섯·비타민·닭고기진밥** 순서에 맞춰 비타민 대신 넣는다.

만송이버섯·청경채·닭고기진밥

【재료】 □ **진밥** 50~60g □ **닭고기** 10g □ **만송이버섯** 15g □ **청경채** 10g

청경채는 잎 부분만 끓는 물에 살짝 데쳐 3~5mm 크기로 썬 뒤 **만송이버섯·비타민·닭고기진밥** 순서에 맞춰 비타민 대신 넣는다.

황금송이버섯·오이·소고기진밥

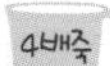

【재료】 □ **진밥** 50~60g □ **소고기** 10g □ **황금송이버섯** 15g □ **오이** 15g

밑동을 제거한 황금송이버섯과 오이는 3~5mm 크기로 썬 뒤 **만송이버섯·비타민·닭고기진밥** 순서에 맞춰 만송이버섯 대신 황금송이버섯, 비타민 대신 오이, 닭고기 대신 소고기를 삶아서 다져 넣는다.

망고·파프리카·닭고기진밥

4배죽

과일도 진밥에 넣어줄 수 있습니다. 다만 '가끔' 넣어야 하지요.
단맛에 익숙해진 아이들이 과일 없이는 먹지 않으려 할 수도 있습니다.
아파서 입맛을 잃은 아이에게 망고가 들어간 이유식은 좋습니다.
망고에는 비타민A가 많고, 초록 채소가 갖고 있는 만큼 카로틴이 함유되어 있습니다.

만드는 법

재료

- 진밥 50~60g
- 닭고기 10g
- 망고 15g
- 파프리카 15g

1. 망고는 껍질을 벗겨내고 중간의 큰 씨도 제거한다.
2. 망고 일부는 칼등으로 눌러 으깬다.
3. 남은 망고 일부는 3~5mm 크기로 썬다.
4. 파프리카는 껍질을 벗기고 3~5mm 크기로 썬다.
5. 진밥에 육수 200mL를 붓고 삶아서 다진 닭고기와 2~4번의 재료를 넣은 뒤 7~10분 정도 중불에서 잘 끓여준다.

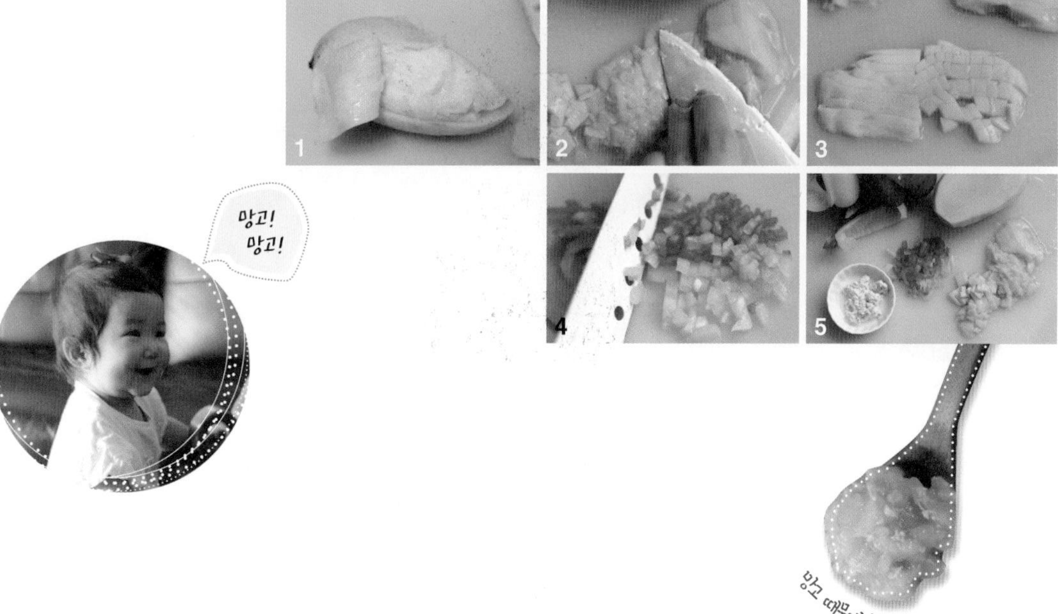

망고·연두부·닭고기진밥

4배죽

【재료】 ▫ **진밥** 50~60g ▫ **닭고기** 10g ▫ **망고** 15g ▫ **연두부** 15g

연두부는 듬성듬성 썬 뒤 **망고·파프리카·닭고기진밥** 순서에 맞춰 파프리카 대신 넣는다.

흑임자·단호박·소고기진밥

4배죽

DNA의 활성작용을 돕는 성분이 들어 있는 검은깨는 변을 부드럽게 해줍니다. 통깨로 넣기보다 소화되기 좋게 믹서에 갈아낸 뒤 사용하고, 소고기나 닭고기 등의 단백질과 비타민이 많은 채소를 함께 넣어 만들어주세요.

만드는 법

1. 흑임자는 믹서에 갈아낸다.
2. 단호박은 3~5mm 크기로 썬다.
3. 진밥에 육수 200mL를 붓고 삶아서 다진 소고기와 1~2번의 재료를 넣은 뒤 7~10분 정도 중불에서 잘 끓여준다.

재료

- **진밥** 50~60g
- **소고기** 10g
- **흑임자** 1작은술
- **단호박** 15g

고소한 흑임자가 들어갔어요.

들깨·두유·닭고기진밥

【재료】 ▫ **진밥** 50~60g ▫ **닭고기** 10g ▫ **들깨가루** 1작은술 ▫ **두유** 2큰술

진밥에 육수 200mL를 붓고 삶아서 다진 닭고기와 들깨가루를 넣고 한소끔 끓인 뒤 두유를 부어 7~10분 정도 중불에서 잘 끓인다(두유 만드는 법 640쪽 참고).

단감·대추·닭고기진밥

3배죽

Dr.Oh 감은 비타민A, 비타민B가 풍부하고 비타민C는 100g당 30~50mg 정도 함유되어 있어요. 껍질을 까보았을 때 검은 반점이 있는 것을 사용하세요. 검은 반점은 떫은 맛을 내는 탄닌 성분이 불용화된 흔적인데 탄닌 선분이 남아 있는 감은 변을 굳게 하여 변비를 유발할 수 있습니다. 곶감은 완숙되기 전의 감을 말린 것이지요. 당도도 높고 쫄깃해서 아이들이 좋아하고 표면의 하얀 가루는 당분이 농축된 것이니 걱정하지 않아도 됩니다.

만드는 법

재료

- 진밥 50~60g
- 닭고기 10g
- 단감 10g
- 대추 10g

1. 단감은 껍질을 벗기고 씨를 제거한다.
2. 1번의 단감은 3~5mm 크기로 썬다.
3. 대추는 베이킹소다를 푼 물에 담가 흐르는 물에 깨끗하게 씻어낸다.
4. 3번의 대추는 표면의 주름이 없어질 정도로 끓는 물에 푹 삶는다.
5. 삶은 대추는 껍질을 벗기고 잘게 다진다.
6. 진밥에 육수 150mL를 붓고 삶아서 다진 닭고기와 2번의 단감, 5번의 대추를 넣은 뒤 7~10분 정도 중불에서 잘 끓여준다.

대추 삶을 때 위로 뜨는 하얀 가루는 베이킹소다가 아니고 대추 성분 때문이에요.

단감·부추·소고기진밥

3배죽

【재료】 ▫ **진밥** 50~60g ▫ **소고기** 10g ▫ **단감** 15g ▫ **부추** 15g

부추는 3~5mm 길이로 송송 썬 뒤 **단감·대추·닭고기진밥** 순서에 맞춰 대추 대신 넣고, 소고기는 삶아서 다진 뒤 닭고기 대신 넣는다.

곶감·양파·소고기진밥

3배죽

【재료】 ▫ **진밥** 50~60g ▫ **소고기** 10g ▫ **곶감** 1개 ▫ **양파** 10g

깨끗하게 씻은 뒤 꼭지를 제거한 곶감과 양파는 3~5mm 크기로 썰어 **단감·대추·닭고기진밥** 순서에 맞춰 단감과 대추 대신 넣고, 소고기는 삶아서 다진 뒤 닭고기 대신 넣는다.

토마토·완두콩·닭고기진밥

3배죽

'토마토는 꼭 돌 이후에'라고 알고 있는 분들이 많은데요. 문제가 없다면 먹여도 됩니다. 새로운 재료를 첨가할 때 피부 이상 반응이 보였다면 좀 더 조심해서(시기를 늦춰서) 먹이면 됩니다. 토마토는 '알레르기 가능성'을 가지고 있는 음식이지 '알레르기 유발' 음식은 아닙니다.

재료

- **진밥** 50~60g
- **닭고기** 10g
- **토마토** 15g
- **완두콩** 10g

만드는 법

1. 토마토는 십자 모양으로 칼집을 내어 끓는 물에 살짝 데친다.
2. 데친 토마토는 껍질을 벗겨내고 3~5mm 크기로 썬다.
3. 완두콩은 껍질을 벗겨 삶은 뒤 3~5mm 크기로 썬다.
4. 진밥에 육수 150mL를 붓고 삶아서 다진 소고기와 2~3번의 재료를 넣은 뒤 7~10분 정도 중불에서 잘 끓여준다.

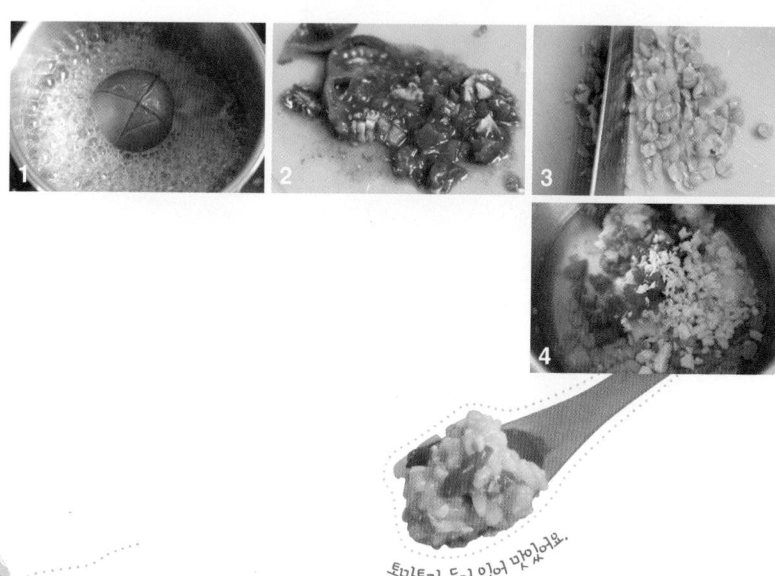
1
2
3
4
토마토가 들어 있어 맛있어요.

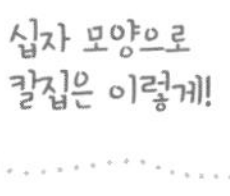
십자 모양으로
칼집은 이렇게!

토마토·고구마·소고기진밥

3배죽

【재료】 □ **진밥** 50~60g □ **소고기** 10g □ **토마토** 15g □ **고구마** 15g

고구마는 찐 뒤 3~5mm 크기로 썰어 **토마토·완두콩·닭고기진밥** 순서에 맞춰 완두콩 대신 넣고, 소고기는 삶아서 다진 뒤 닭고기 대신 넣는다.

아스파라거스·귤·닭고기진밥

3배죽

아스파라거스는 무기질이 풍부한 채소입니다. 섬유질이 풍부하여 변비 예방에도 탁월하지요. 시간이 지나면 쓴맛이 생기므로, 빨리 조리하는 게 좋습니다.

재료

- **진밥** 50~60g
- **닭고기** 10g
- **아스파라거스** 15g
- **귤** 15g

만드는 법

1. 아스파라거스는 줄기 부분만 잘라내어 껍질을 벗긴다.
2. 껍질을 벗긴 아스파라거스는 끓는 물에 삶아서 3~5mm 크기로 썬다.
3. 귤은 껍질을 벗기고 알맹이만 준비해둔다.
4. 3번의 귤을 잘게 다진다.
5. 진밥에 육수 150mL를 붓고 삶아서 다진 닭고기와 2번의 아스파라거스, 4번의 귤을 넣은 뒤 7~10분 정도 중불에서 잘 끓여준다.

아스파라거스의
머리 부분은 제거하고
줄기만 쓰세요.

아스파라거스·양파·닭고기진밥

【재료】 ㅁ **진밥** 50~60g ㅁ **닭고기** 10g ㅁ **아스파라거스** 15g ㅁ **양파** 15g

양파는 껍질을 벗기고 3~5mm 크기로 썬 뒤 **아스파라거스·귤·닭고기진밥** 순서에 맞춰 귤 대신 넣는다.

무·귤·닭고기진밥

【재료】 ㅁ **진밥** 50~60g ㅁ **닭고기** 10g ㅁ **무**15g ㅁ **귤** 15g

무는 껍질을 깎아 3~5mm 크기로 썬 뒤 **아스파라거스·귤·닭고기진밥** 순서에 맞춰 아스파라거스 대신 넣는다.

애호박·새우진밥

3배죽

새우는 칼슘과 타우린이 풍부해 성장발육에 효과적인 식품이라고 해요. 새우를 넣은 이유식은 감칠맛이 나서 승아에게 인기가 좋았어요.

재료

- **진밥** 50~60g
- **새우** 10g
- **애호박** 25g

만드는 법

1. 새우는 머리를 떼어내고 껍질과 내장을 제거하여 손질한다(새우 손질법 130쪽 참고).
2. 손질한 새우는 3~5mm 크기로 썬다.
3. 애호박도 3~5mm 크기로 썬다.
4. 진밥에 물 150mL를 붓고 3~4번의 재료를 넣은 뒤 7~10분 정도 중불에서 잘 끓여준다.

새우살이 빵빵!

어머나!
새로운 맛이네요?
짝짝짝! 박수~

브로콜리·달걀·게살진밥

3배죽

게살은 꽃게를 쪄서 발라내어도 되고
유기농숍에 판매하는 발라진 대게살을 사용해도 좋아요.
지방이 적어 담백하고 달짝지근한 게살은 이유식에 넣으면 참 맛있어요.
꽃게는 1~4월이 제철이니 이 시기에는 생물의 게를 사용해보세요.
단, 신선한 게를 골라 푹 익혀서 조리해야 식중독을 예방할 수 있어요.

만드는 법

재료

- **진밥** 50~60g
- **게살** 15g
- **브로콜리** 15g
- **달걀** 1/2개

1. 게는 깨끗하게 씻어 삶기 좋게 조각낸다.
2. 조각낸 게는 쪄서 결에 따라 살을 잘게 발라낸다.
3. 브로콜리는 끓는 물에 살짝 데친 뒤 꽃 부분만 3~5mm 크기로 썬다.
4. 진밥에 물 150mL를 붓고 2~3번의 재료를 넣은 뒤 한소끔 끓여낸다.
5. 4번에 알끈을 제거한 달걀을 풀어서 넣은 뒤 5분 정도 중불에서 잘 끓여준다.

1

2

3

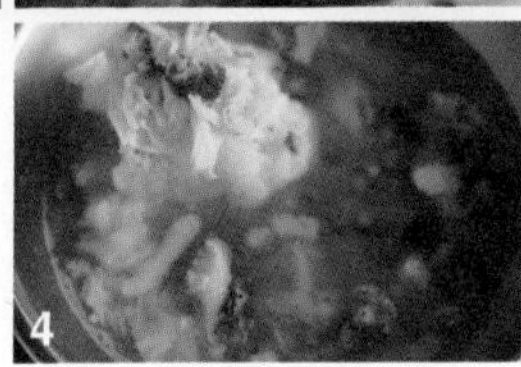
4

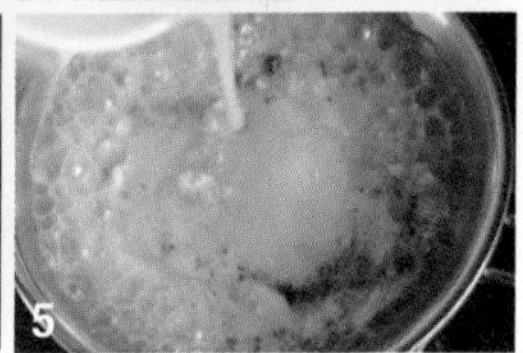
5

브로콜리·두부·게살진밥

【재료】 **진밥** 50~60g **게살** 15g **브로콜리** 10g **두부** 15g

두부는 3~5mm 크기로 썬 뒤 **브로콜리·달걀·게살진밥** 순서에 맞춰 달걀 대신 넣되, 처음부터 넣어 끓인다.

무·콩나물·게살진밥

3배죽

【재료】 **진밥** 50~60g **게살** 15g **무** 15g **콩나물** 15g

콩나물의 몸통 부분과 무는 3~5mm 크기로 썰어 **브로콜리·달걀·게살진밥** 순서에 맞춰 브로콜리와 달걀 대신 넣되, 처음부터 넣어 끓인다.

바나나·크림소스·닭고기진밥

3배죽

크림소스를 만들 때 걸쭉한 질감을 원한다면 밀가루를 조금 넣어보세요.
바나나크림소스닭고기진밥은 유제품을 넣은 리조또 같은 진밥입니다.
살짝 느끼할 수도 있지만 부드럽고 맛있어서 승아가
한 그릇 뚝딱 먹은 이유식이었어요.

재료

- **진밥** 50~60g
- **코티지치즈** 10g
- **닭고기** 10g
- **새송이버섯** 10g
- **양파** 10g
- **브로콜리** 5g
- **바나나** 5g
- **분유물**(모유) 100mL

만드는 법

1. 새송이버섯은 머리 부분만 3~5mm 크기로 썬다.
2. 양파도 3~5mm 크기로 썬다.
3. 브로콜리는 끓는 물에 살짝 데친 뒤 꽃 부분만 3~5mm 크기로 썬다.
4. 진밥에 육수 150mL를 붓고 삶아서 다진 닭고기와 1~3번의 재료를 넣은 뒤 한소끔 끓인다.
5. 바나나를 으깨어 4번에 넣고 5분 정도 더 끓인다.
6. 마지막으로 분유물(모유)을 넣고 국물이 자작해질 때까지 졸이듯 끓이다가 코티지치즈를 넣는다(코티지치즈 만드는 법 166쪽 참고).

코티지치즈는 나중에 먹을 때 뿌려도 좋아요.

한 그릇 뚝딱 먹을 각오가 되어 있어요.

감자·청경채·소고기·버터진밥

3배죽

이유식에 버터를 넣으면 풍미가 좋아져요. 만드는 동안 굉장한 요리가 나올 것만 같은 향이 주방을 채울 거예요. 버터에는 아이의 성장발육에 좋은 필수지방산인 올레익산이 많습니다.

만드는 법

1. 청경채는 잎 부분만 끓는 물에 살짝 데친 뒤 3~5mm 크기로 썬다.
2. 감자는 껍질을 벗긴 뒤 3~5mm 크기로 썬다.
3. 냄비에 버터를 넣고 삶아서 다진 소고기와 1~2번의 재료를 함께 볶아준다(버터 만드는 법 169쪽 참고).
4. 감자가 살짝 익을 때쯤 육수 150mL를 붓고 진밥을 넣어 5분 정도 더 끓인다.

재료

- **진밥** 50~60g
- **소고기** 10g
- **청경채** 15g
- **감자** 15g
- **버터** 1/2작은술

야무지게 냠냠.
엇? 이게 아닌데?

삼색주먹밥

핑거푸드

아이에게 핑거푸드를 해줄 때는 '골라먹는 재미'를 주세요.
또한 "이 주황색 밥은 당근이고, 노란색은 달걀 노른자야.
초록색은 브로콜리를 이용해 만들었단다."라고 색과 재료도 설명해주세요.
아이가 정말 재미있어 할 거예요.

재료

- **진밥** 50~60g
- **소고기** 30g
- **브로콜리** 10g
- **당근** 10g
- **달걀** 1개
- **참기름** 1작은술

만드는 법

1. 브로콜리는 끓는 물에 살짝 데친 뒤 꽃 부분만 잘게 다져 토핑으로 준비한다.
2. 당근은 삶은 뒤 잘게 다져 토핑으로 준비한다.
3. 달걀은 삶은 뒤 노른자만 체에 걸러내어 토핑으로 준비한다.
4. 진밥에 참기름과 삶아서 잘게 다진 소고기를 넣고 잘 비벼준다.
5. 4번의 밥을 작고 동그란 모양으로 빚는다.
6. 토핑을 골고루 묻혀준다.

밥에 모든 재료를 넣고 비벼준 뒤 주먹밥을 만들어줘도 돼요.

내 손으로 직접 먹어요.

검은콩·귀리·타락죽

3배죽

섬유질이 풍부한 귀리와 고단백의 검은콩으로
이유식을 만들면 매우 구수한 맛이 납니다.

만드는 법

재료

- 진밥 30g
- 귀리 20g
- 닭고기 10g
- 검은콩(서리태) 10g
- 분유물(모유) 100mL

1. 검은콩과 귀리는 물에 반나절 정도 불린다.
2. 불린 귀리는 믹서에 갈아낸다.
3. 불린 콩은 껍질을 벗겨 푹 삶은 뒤 듬성듬성 썬다.
4. 진밥과 2번의 귀리에 육수 150mL를 붓고 삶아서 다진 닭고기와 3번의 콩을 넣은 뒤 분유물(모유)을 넣고 7~10분 정도 중불에서 잘 끓여준다.

1

2

3

4

정말 구수해요.

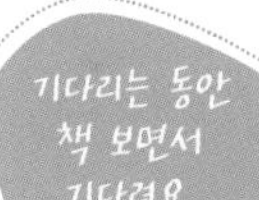
기다리는 동안
책 보면서
기다려요.

소고기·잣죽

3배죽

【재료】 ㅁ **진밥** 50~60g ㅁ **소고기** 15g ㅁ **잣** 3g(약 20개)

잣은 깨끗하게 씻어 잘게 다진 뒤 진밥, 삶아서 다진 소고기와 함께 냄비에 넣고 육수 150mL를 부어 7~10분 정도 중불에서 잘 끓여준다.

토마토마파두부덮밥

덮밥

마파두부, 어른만 먹으라는 법이 있나요.
아이에게 토마토를 이용하여 맵거나 자극적이지 않은
토마토마파두부덮밥을 해주세요. 토마토를 이용한 요리를 자주 해주어서인지
승아가 가장 잘 먹는 이유식 재료 중 하나가 바로 토마토입니다.

재료

- 진밥 50~60g
- 소고기 15g
- 토마토페이스트 10g
- 두부 15g
- 브로콜리 10g
- 전분물(전분 1작은술 +물 3작은술)

만드는 법

1. 두부는 3~5mm 크기로 썬다.
2. 브로콜리는 끓는 물에 살짝 데친 뒤 꽃 부분만 3~5mm 크기로 썬다.
3. 토마토페이스트에 삶아서 다진 소고기를 넣고 한소끔 끓여준다(토마토페이스트 만드는 법 159쪽 참고).
4. 3번에 1~2번의 재료를 넣어 계속해서 끓인다.
5. 두부가 어느 정도 익으면 전분물을 넣고 저어가며 눅진해질 때까지 끓인다.
6. 진밥은 물을 부어 따로 끓인 뒤 5번을 올려낸다.

두부가 쏙쏙!

새송이버섯연두부덮밥

덮밥

【재료】 ▫ **진밥** 50~60g ▫ **소고기** 10g ▫ **새송이버섯** 15g ▫ **연두부** 15g ▫ **전분물**(전분 1작은술+물 3작은술)

새송이버섯은 머리 부분만 3~5mm 크기로 썬 뒤 삶아서 다진 소고기와 연두부와 함께 육수 20mL를 넣어 볶다가 전분물을 넣고 눅진해질 때까지 끓인다. 물을 붓고 따로 끓인 진밥 위에 올린다.

옥수수우엉두부덮밥

덮밥

Mom

덮밥은 죽과 밥의 중간 단계처럼 활용해볼 수 있어요.
즉, 밥과 반찬으로 넘어가기 전에 특식으로 해주기 좋아요.
전분물로 농도를 조절하면 걸쭉한 소스가 완성된답니다.
덮밥을 해줄 때 그냥 질게 지은 밥에 주면 아이가 거북스러워할 수도 있어요.
그럴 땐 밥도 한 번 끓여서 줍니다.

재료

- □ **진밥** 50~60g
- □ **소고기** 10g
- □ **옥수수** 10g
- □ **두부** 10g
- □ **우엉** 10g
- □ **전분물**(전분 1작은술 +물 3작은술)

만드는 법

1. 우엉은 깨끗하게 씻어 껍질을 깎아낸 뒤 끓는 물에 푹 삶는다.
2. 삶은 우엉은 3~5mm 크기로 썬다.
3. 옥수수는 삶은 뒤 껍질을 벗기고 듬성듬성 썬다.
4. 두부는 3~5mm 크기로 썬다.
5. 2~4번의 재료에 육수 30mL를 넣고 끓이다가 전분물을 넣고 저어가며 누진해질 때까지 끓인다.
6. 진밥은 물을 부어 따로 끓인 뒤 5번을 올려낸다.

옥수수양파덮밥

덮밥

【재료】 □ **진밥** 50~60g □ **소고기** 10g □ **옥수수** 15g □ **양파** 15g □ **전분물**(전분 1작은술+물 3작은술)

양파는 3~5mm 크기로 썬 뒤 **옥수수우엉두부덮밥** 순서에 맞춰 우엉과 두부 대신 넣고 누진해질 때까지 끓인다. 물을 붓고 따로 끓인 진밥 위로 올린다.

단호박쌀수제비

수제비

밀가루가 아닌 쌀가루로 수제비를 만들기는 조금 어려워요. 반죽이 질기 때문에 손으로 떼어내기보다는 젓가락으로 떼어 끓는 육수에 넣어주세요. 쌀뜨물로 인해 걸쭉해진 수제비 한 그릇을 승아가 얼마나 잘 먹었는지 몰라요. 밀가루 수제비처럼 쫄깃하지 않아 아이가 먹기에 더 좋았습니다. 이처럼 후기로 오면 좀 더 다양한 조리법의 특식을 해줄 수 있어요.

재료

- □ **소고기** 10g
- □ **당근** 10g
- □ **양파** 10g
- □ **감자** 10g

수제비 반죽

- □ **쌀가루** 30g
- □ **전분** 10g
- □ **단호박** 120g (찐 단호박 60g)

만드는 법

1. 단호박은 찐 뒤에 칼등으로 눌러 으깬다.
2. 쌀가루와 전분에 따뜻한 물 20mL를 넣어 반죽한 뒤 어느 정도 찰기가 생기면 1번의 단호박을 넣어 반죽을 완성한다.
3. 2번의 반죽은 용기에 넣어 냉장고에서 2시간 이상 숙성시킨다.
4. 양파, 당근, 감자는 3~5mm 크기로 썰어 삶아서 다진 소고기와 함께 냄비에 넣고 육수 100mL를 부어 끓인다.
5. 3번의 반죽을 조금씩 떼어내어 넣는다.
6. 반죽이 익을 때까지 보글보글 끓여준다.

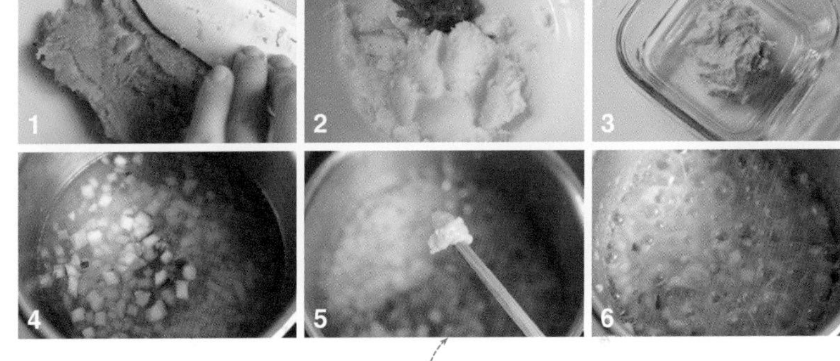
1
2
3
4
5
6

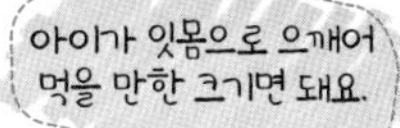
아이가 잇몸으로 으깨어
먹을 만한 크기면 돼요.

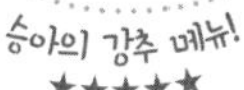
승아의 강추 메뉴!
★★★★★

한 그릇
더!

크림소스쌀파스타

파스타

시중에 무염식 100% 쌀국수는 없어서
소량의 염분이 있는 쌀국수를 유기농숍에서 구매했어요.
한살림에 쌀과 밀이 6:4 정도의 비율로 만들어진 쌀국수가 있으니 참고하세요.
하지만 반드시 쌀국수나 쌀수제비를 고집할 필요는 없어요. 밀가루도 돌 이전에 조금씩
노출시켜주는 것이 글루텐에 대한 적응력을 길러줄 수 있다고 해요.

만드는 법

재료

- **쌀국수** 30~40가닥
- **닭고기** 10g
- **양송이버섯** 10g
- **애호박** 10g
- **브로콜리** 10g
- **달걀**(노른자) 1/2개
- **분유물**(모유) 100mL

1. 브로콜리는 끓는 물에 살짝 데친 뒤 꽃 부분만 3~5mm 크기로 썬다.
2. 양송이버섯은 머리 부분만 껍질을 벗기고 3~5mm 크기로 썬다.
3. 애호박도 3~5mm 크기로 썬다.
4. 쌀국수는 가위로 3cm 길이로 잘라 5분 정도 삶는다.
5. 삶은 쌀국수는 건져내어 찬물에 헹군다.
6. 1~3번의 재료에 육수를 살짝 부어 삶아서 다진 닭고기와 함께 바글바글 끓이다가 분유물(모유)을 부어 한소끔 더 끓인다.
7. 5번의 국수를 6번에 넣는다.
8. 걸쭉해질 정도가 되면 달걀의 노른자를 넣고 섞어 살짝만 볶는다.

쌀국수는 3cm 길이로 잘라주세요. 손으로 부러뜨려도 잘 끊어진답니다.

야무지게 냠냠~

시금치쌀파스타

파스타

쌀국수를 삶을 때는 쌀뜨물로 인해 죽처럼 뭉칠 수 있으니
중간 중간 찬물을 부어가며 끓이거나 중간에 물을 교체하여 두 번 끓여줍니다.
혹은 불려두었다가 쌀뜨물을 버리고 끓여도 돼요.
면류를 먹을 때 아이는 아직도 손으로 집어 먹고 온몸에 묻히고 흘릴 거예요.
옷이 더러워질 각오하고 혼자만의 재미있는 식사시간을 즐길 수 있도록 해주세요.
그때그때 쓸고 닦거나 야단을 쳐서 아이가 주눅 들게 하지 않도록 합니다.

재료

- **쌀국수** 30~40가닥
- **닭고기** 10g
- **만송이버섯** 15g
- **양파** 15g
- **시금치페스토** 5큰술
- **방울토마토** 2개

만드는 법

1. 쌀국수는 가위로 3cm 정도 길이로 잘라 끓는 물에 5분 정도 삶은 뒤 면끼리 뭉치지 않도록 찬물에 헹군다.
2. 만송이버섯은 머리 부분만 3~5mm 크기로 썬다.
3. 양파도 3~5mm 크기로 썬다.
4. 팬에 시금치페스토를 넣고 끓이다가 삶아서 다진 닭고기와 2~3번의 재료를 넣고 바글바글 끓인다(시금치페스토 만드는 법 161쪽 참고).
5. 버섯과 양파가 익어갈 무렵 1번의 쌀국수를 넣는다.
6. 방울토마토는 껍질 벗기고 오븐에 구운 뒤 넣으면 더욱 맛있다.

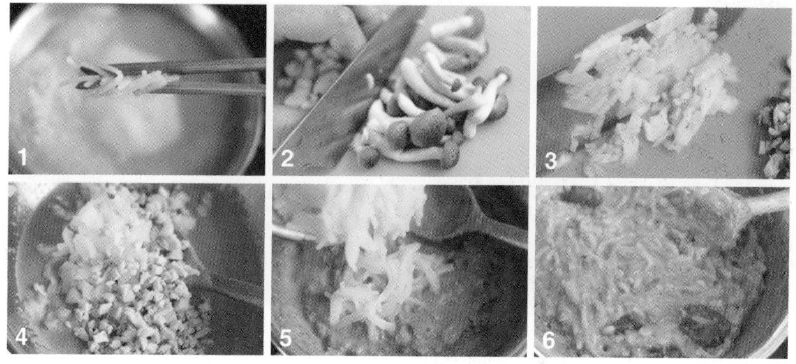

녹색의 맛있는 파스타

잘~ 먹었습니다!

단호박양파리조또

리조또

단호박과 유제품을 넣어 살짝 느끼할 수 있는 맛을
양파가 밸런스를 맞춰줘요.
간단하지만 승아가 한 그릇 뚝딱한 메뉴랍니다.

만드는 법

재료

- **진밥** 50~60g
- **닭고기** 10g
- **단호박** 15g
- **양파** 15g
- **아기치즈** 1/2장
- **분유물**(모유) 50mL

1. 단호박은 일부 3~5mm 크기로 썬다.
2. 양파도 3~5mm 크기로 썬다.
3. 진밥과 삶아서 다진 닭고기와 1~2번의 재료를 함께 냄비에 넣고 육수 20mL를 부어 끓인다.
4. 단호박의 일부는 쪄서 으깬 뒤 3번에 넣는다.
5. 단호박과 양파가 익어갈 무렵 분유물(모유)을 붓고 바글바글 끓인다.
6. 아기치즈를 찢어 넣는다.

1
2
3
4
5
6

노릇노릇 맛 좋은 리조또

배불리 먹었더니
졸려요~

버섯두부들깨탕

탕

버섯두부들깨탕은 밥에 뿌려 먹어도 좋고 수프처럼 그냥 떠서 먹어도 좋고, 말아서 먹어도 좋은 탕입니다.

재료

- **소고기** 10g
- **버섯**(양송이버섯, 새송이버섯, 만송이버섯 등) 20g
- **두부** 10g
- **들깨가루** 2작은술

만드는 법

1. 두부는 3~5mm 크기로 썬다.
2. 버섯은 머리 부분만 3~5mm 크기로 썬다.
3. 삶아서 다진 소고기와 2번의 버섯을 냄비에 넣고 육수 100mL를 부어 한소금 끓인다.
4. 3번에 들깨가루를 넣는다.
5. 1번의 두부를 4번에 넣고 두부가 익을 때까지 끓인다.

진밥과 함께 먹어요.

고소하고 맛이 좋은 버섯두부들깨탕!

소고기완자탕

탕

후기에 해주는 탕 종류는 아이 스스로 국처럼 잘 떠먹을 수 없어요.
승아에게는 따로 떠주기도 하고 컵에 담아 마시게도 했어요.
아이들은 핑거푸드를 참 좋아하잖아요?
완자는 여러 개를 해주어도 끝까지 손에 들고 야금야금 잘 먹더군요.

재료

- 소고기 30g
- 두부 20g
- 양파 5g
- 브로콜리 5g
- 부추 5g
- 전분 2작은술
- 배추 10g
- 무 10g
- 야채스톡 100mL

만드는 법

1. 소고기는 찰기가 생길 때까지 다진다.
2. 두부는 칼등으로 눌러 으깨고 수분을 빼준다.
3. 부추는 잘게 다진다.
4. 양파도 잘게 다진다.
5. 커다란 볼에 1~4번의 재료를 넣고 전분을 뿌려 잘 반죽한다.
6. 5번의 반죽은 작고 둥글게 빚는다.
7. 무는 3~5mm 크기로 썬 뒤 야채스톡을 부어 한소끔 끓인다(야채스톡 만드는 법 156쪽 참고).
8. 6번의 소고기완자는 끓는 물에 살짝 익혀둔다.
9. 배추의 잎 부분과 브로콜리의 꽃 부분은 3~5mm 크기로 썰어 8번의 완자와 함께 7번에 넣고 끓인다.

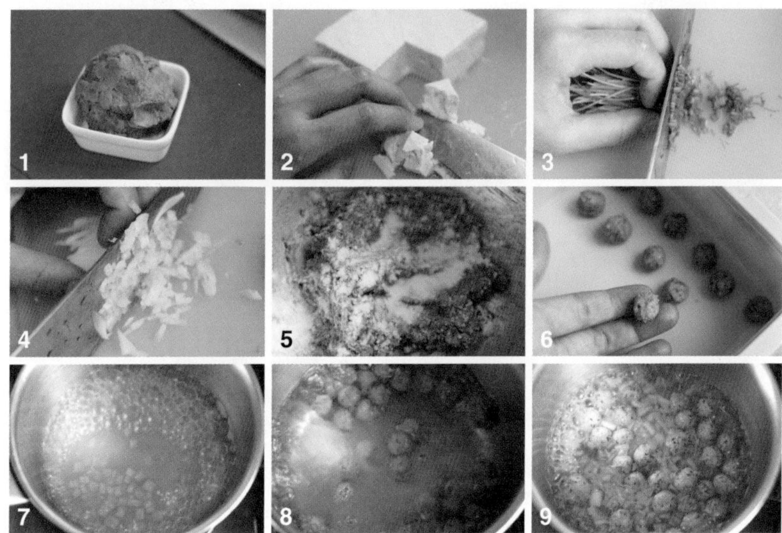

동그랑땡

반찬

돼지고기는 후기 이유식부터 사용이 가능합니다.
동그랑땡은 고기와 야채를 싫어하는 아이들에게 해줄 수 있는
좋은 반찬이에요. 또, 이 시기 아이들에게는 좋은 핑거푸드가 됩니다.
승아에게 내밀었더니 한 손으로 집어들고
다른 쪽 손으로 조금씩 떼어가며 먹었어요.

만드는 법

재료

- 돼지고기 30g
- 소고기(안심) 30g
- 두부 20g
- 양송이버섯 5g
- 파프리카 5g
- 당근 5g
- 양파 5g
- 부추 5g
- 애호박 5g
- 달걀 1/2개
- 전분 1작은술
- 현미유 약간

1. 돼지고기와 소고기는 잘 손질한다.
2. 손질한 고기는 믹서에 넣고 갈아낸다.
3. 양송이버섯 머리 부분, 부추, 당근, 애호박, 양파, 파프리카는 잘게 다진 뒤 면보에 싸서 물기를 제거한다.
4. 2번의 고기는 살짝 볶아둔다.
5. 두부는 칼등으로 으깨어 면보에 싼 뒤 물기를 짜준다.
6. 3~5번의 재료를 커다란 볼에 담고 달걀과 전분을 넣어 반죽한다.
7. 6번의 반죽은 작고 둥글게 빚는다.
8. 팬에 현미유를 두르고 키친타올로 살짝 닦아낸 후 준비해둔 7번의 동그랑땡을 올려 굽는다.

구울 때 타지 않도록 미리 볶는 거예요.

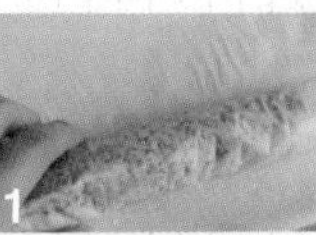

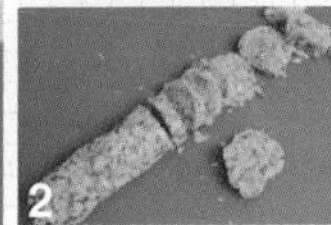

반죽 보관법

1. 남은 반죽은 종이호일에 넣어 김밥을 말듯이 말아서 냉동시킨다.
2. 냉동해두었던 반죽을 꺼내 상온에 두고 살짝 녹으면 썰어서 용기에 담아 보관한다.

무사과볶음

반찬

무를 채 썰면 아이는 마치 국수면을 보듯이 재미있어 합니다.
특히 무사과볶음은 달큰하게 맛도 좋아요.
처음 반찬을 줄 때는 꼭 숟가락이나 포크를 고집하지 말고
핑거푸드처럼 손으로 집어먹게 해주세요.

재료

- **무** 20g
- **사과** 20g
- **야채스톡** 100mL

만드는 법

1. 무는 껍질을 깎고 얇게 채 썬다.
2. 채 썬 무는 야채스톡을 붓고 투명해질 때까지 팬에서 익힌다.
3. 무가 익을 때쯤 사과도 채 썰어 넣고 볶는다.

들기름을 약간 넣고 볶아도 좋아요

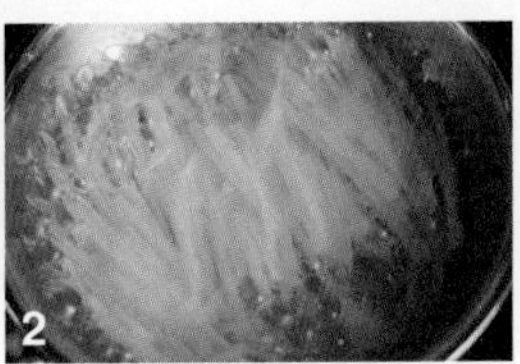

우엉배조림

【재료】 ▫ **우엉** 20g ▫ **배** 300g

우엉은 3~5mm 크기로 썬 뒤 끓는 물에 물러질 때까지 익히고 배 2/3는 3~5mm 크기로 썰고, 1/3은 믹서에 간 뒤에 우엉과 함께 수분감이 사라질 때까지 조린다.

토마토감자볶음

반찬

【재료】 ▫ **감자** 20g ▫ **토마토** 10g ▫ **야채스톡** 100mL

토마토는 칼집을 내어 끓는 물에 데친 뒤 3~5mm 크기로 썰고, 감자는 3~5mm 크기로 썰어 삶은 뒤 팬에 넣고 야채스톡을 부어 볶는다.

콩나물소고기볶음

반찬

【재료】 ▫ **소고기** 10g ▫ **콩나물** 약 20가닥

콩나물은 몸통 부분만 3~5mm 길이로 썰어 육수 100mL에 볶다가 삶아서 다진 소고기를 넣고 콩나물이 물러질 때까지 볶는다.

닭고기완자

반찬

완성된 닭고기 완자는 단단하고 다소 퍽퍽한 식감입니다.
닭고기의 질감이 불편할까 싶어 4등분 정도로 잘라서 승아에게 주었더니
핑거푸드로 아주 재밌게 오물오물 잘 먹었습니다.

재료

- **닭고기** 80g
- **양파** 10g
- **부추** 10g

만드는 법

1. 닭고기는 힘줄을 제거하고 찰기가 생길 때까지 잘게 다진다.
2. 부추는 잘게 다진다.
3. 양파도 잘게 다진다.
4. 1~3번의 재료들을 잘 섞어 반죽한다.
5. 4번의 반죽을 작고 둥글게 빚는다.
6. 찜기에 5분 정도 찐다.

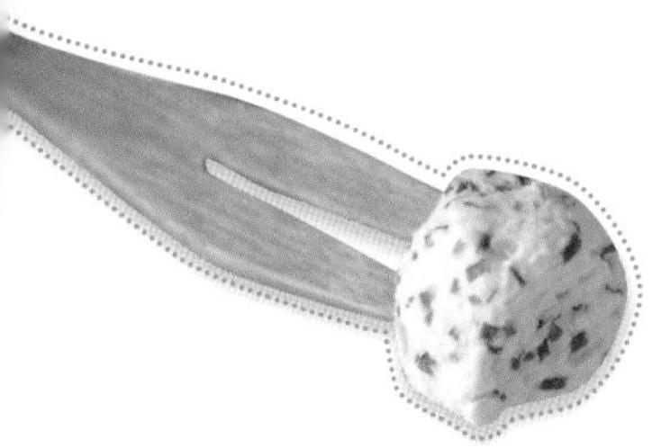

배추말이크림소스

반찬

양배추가 아닌 배추로 만드는 이유는 양배추보다 배춧잎이 더 부드럽고 아이가 소화하기에 좋기 때문이에요.
한식처럼 보이는 배추말이와 서양식 소스인 크림소스가 조화를 이룬 이유식이에요.
손은 많이 가지만 승아가 정말 좋아했답니다.

만드는 법

재료

- **소고기** 30g
- **두부** 20g
- **양파**
- **부추** 5g
- **브로콜리** 5g
- **전분** 2작은술
- **분유물**(모유) 100mL
- **밀가루** 1작은술
- **아기치즈** 1/2장

배추말이 소

소고기, 두부, 양파, 부추, 전분

1. 배추는 잎 부분만 숨이 죽을 때까지 끓는 물에 삶는다.
2. 배추말이에 넣을 소를 준비한다(소 만드는 법 471쪽 1~5번 과정 참고).
3. 삶은 배춧잎을 펴놓고 소를 넣고 돌돌 말아준다.
4. 찜기에 넣고 5분 정도 찐다.
5. 분유물(모유)을 바글바글 끓이다가 밀가루를 넣고 잘 풀어지도록 잘 끓인다.
6. 5번이 누진해질 정도로 끓기 시작하면 4번의 찐 배추말이를 넣는다.
7. 배추말이에 소스가 배게 되면 치즈를 조각내어 넣는다.
8. 브로콜리는 끓는 물에 살짝 데친 뒤 꽃 부분만 잘게 다져 넣는다.
9. 국물이 걸쭉해지면 배추말이를 꺼낸다.
10. 아이가 먹기 좋도록 썰고 9번의 소스를 끼얹는다.

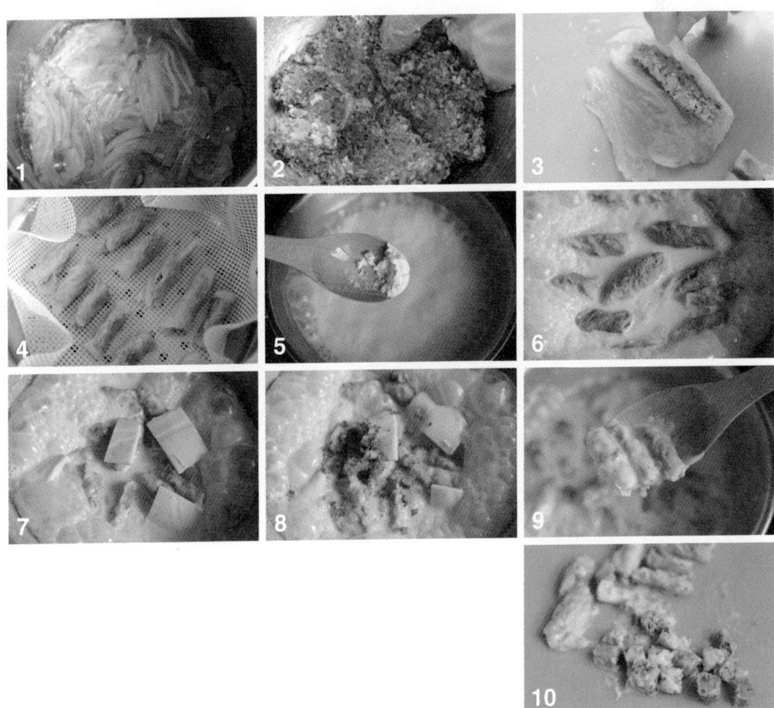

	첫째 달	둘째 달
고기, 생선	돼지고기, 새우, 게살	–
채소	가지, 근대, 늙은호박, 우엉, 표고버섯, 팽이버섯, 토마토, 아스파라거스	마늘종, 숙주, 콜라비, 양상추, 느타리버섯, 파, 새싹채소, 래디시, 자색고구마
과일	망고, 단감, 곶감, 홍시	오렌지, 딸기, 키위, 귤
곡류	흑미, 쌀국수	기장
유제품	요거트, 아기치즈, 코티지치즈, 버터	크림치즈
콩류 및 깨류	검은콩, 들깨가루, 흑임자, 참깨	–
견과류	잣	호두
기타	한천가루, 오일	젤라틴
알레르기 주의해야 할 식품	토마토	딸기, 키위

후기 이유식

둘째 달

배추·아스파라거스·소고기진밥

3배죽

배추는 아기배추(쌈배추)를 구매해 잎 부분만 사용합니다. 줄기는 섬유질이 많아 아이가 소화하기 어려울 수 있어요. 배추는 익으면 달큰한 맛이 나는데 다른 잎채소보다 부드러워서 먹기 좋아요.

만드는 법

1. 아스파라거스는 줄기 부분만 끓는 물에 살짝 데쳐 5~8mm 길이로 송송 썬다.
2. 배추는 잎 부분만 5~8mm 크기로 썬다.
3. 진밥에 육수 150mL를 붓고 삶아서 다진 소고기와 1~2번의 재료를 넣은 뒤 7~10분 정도 중불에서 잘 끓여준다.

재료

- **진밥** 50~60g
- **소고기** 15g
- **배추** 15g
- **아스파라거스** 15g

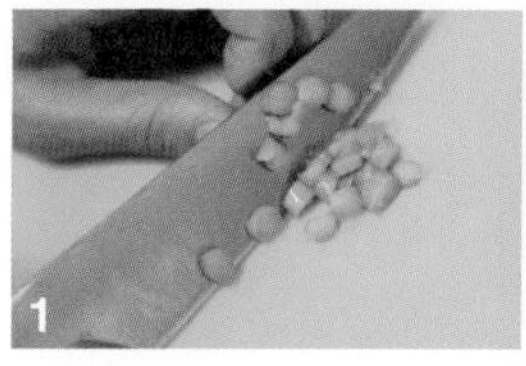

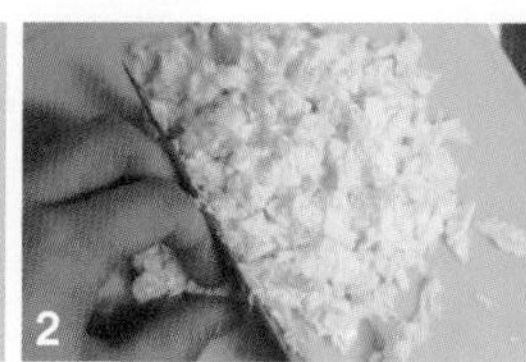

배추·무·소고기진밥

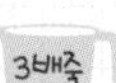

【재료】 □ **진밥** 50~60g □ **소고기** 15g □ **배추** 15g □ **무** 15g

무는 5~8mm 크기로 썬 뒤 **배추·아스파라거스·소고기진밥** 순서에 맞춰 아스파라거스 대신 넣는다.

배추·오이·소고기진밥

3배죽

【재료】 □ **진밥** 50~60g □ **소고기** 15g □ **배추** 15g □ **오이** 15g

오이는 5~8mm 크기로 썬 뒤 **배추·아스파라거스·소고기진밥** 순서에 맞춰 아스파라거스 대신 넣는다.

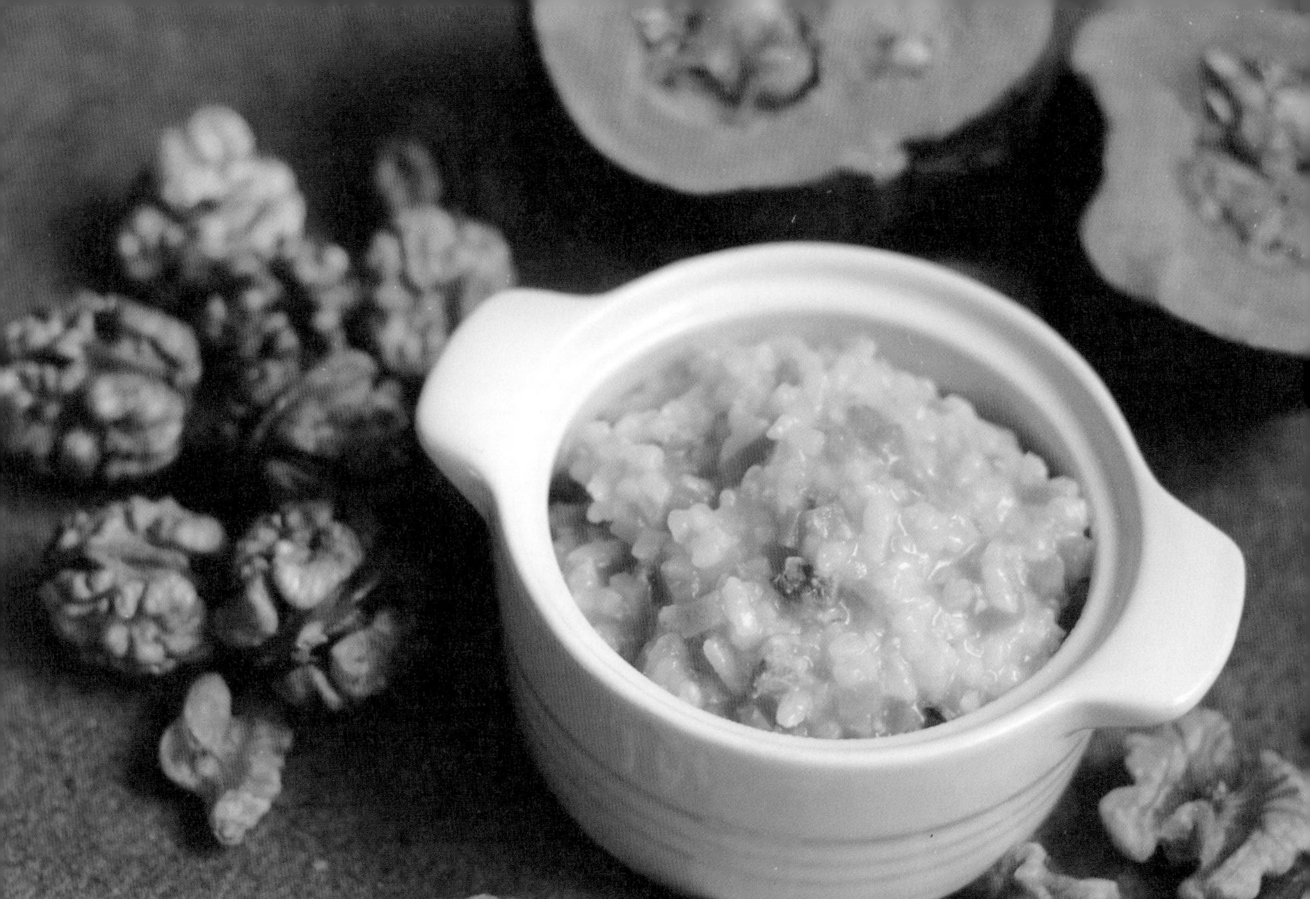

단호박·호두·소고기진밥

3배죽

견과류는 삶는다고 하여 물러지는 것이 아니므로,
흡인의 위험이 있으니 꼭 갈거나 잘게 다져서 만들도록 합니다.
호두에는 불포화지방산이 풍부하여 두뇌 건강에 아주 좋아
성장기 아이들에게 추천하는 견과류예요.
단백질과 칼슘, 식이섬유가 풍부한 재료와 함께 조리해 영양이 가득한 이유식을 만들어보세요.

재료

- **진밥** 50~60g
- **소고기** 15g
- **단호박** 20g
- **호두가루** 3g

만드는 법

1. 전처리한 호두는 믹서에 넣고 간다(호두 전처리하는 법 129쪽 참고).
2. 단호박은 5~8mm 크기로 썬다.
3. 진밥에 육수 150mL를 붓고 삶아서 다진 소고기와 1~2번의 재료를 넣은 뒤 7~10분 정도 중불에서 잘 끓여준다.

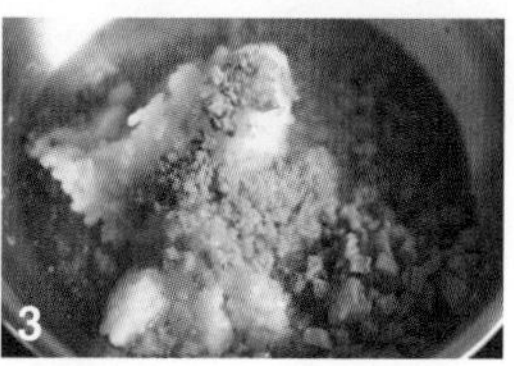

영양 가득 이유식

호두는 믹서에 갈아서 호둣가루가 되었어요

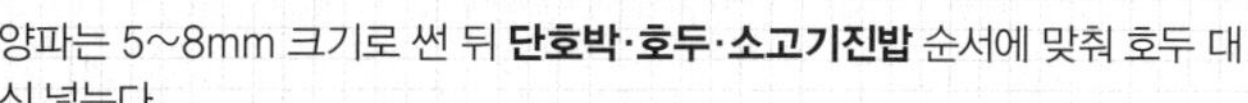

단호박·양파·소고기진밥

3배죽

【재료】 □ **진밥** 50~60g □ **소고기** 15g □ **단호박** 15g □ **양파** 15g

양파는 5~8mm 크기로 썬 뒤 **단호박·호두·소고기진밥** 순서에 맞춰 호두 대신 넣는다.

밤·대추·호두·닭고기진밥

3배죽

【재료】 □ **진밥** 50~60g □ **닭고기** 15g □ **호두가루** 3g □ **대추** 15g □ **밤** 10g

껍질을 깎은 밤과 푹 삶아 껍질과 씨앗을 제거한 대추는 5~8mm 크기로 썬 뒤 **단호박·호두·소고기진밥** 순서에 맞춰 단호박 대신 넣고, 닭고기는 삶아서 다진 뒤 소고기 대신 넣는다.

감자·아욱·옥수수·소고기진밥

3배죽

Dr.Oh 비타민C가 월등히 많은 감자를 '밭의 사과'라고 하지요. 시금치는 3분만 데쳐도 비타민C가 절반으로 줄어드는데 감자는 40분간 쪄도 3/4이 남아 있어요. 그만큼 열에 의한 손실이 적다는 얘기입니다. 하지만 감자가 들어간 이유식은 아이의 소화를 위해 조리시간이 길어질 수밖에 없어요. 열에 의한 비타민 손실이 적은 채소를 함께 사용하는 게 도움이 됩니다.

재료

- 진밥 50~60g
- 소고기 15g
- 감자 10g
- 아욱 10g
- 옥수수 10g

만드는 법

1. 감자는 5~8mm 크기로 썬다.
2. 아욱은 잎 부분만 끓는 물에 살짝 데친 뒤 5~8mm 크기로 썬다.
3. 옥수수는 끓는 물에 삶은 뒤 껍질을 벗기고 듬성듬성 썬다.
4. 진밥에 육수 150mL를 붓고 삶아서 다진 소고기와 1~3번의 재료를 넣은 뒤 7~10분 정도 중불에서 잘 끓여준다.

감자·숙주·소고기진밥

【재료】 □ **진밥** 50~60g □ **소고기** 15g □ **감자** 15g □ **숙주** 15g

숙주는 5~8mm 크기로 썰어 **감자·아욱·옥수수·소고기진밥** 순서에 맞춰 아욱과 옥수수 대신 넣는다.

감자·청경채·소고기진밥

3배죽

【재료】 □ **진밥** 50~60g □ **소고기** 15g □ **감자** 15g □ **청경채** 15g

청경채는 잎 부분만 끓는 물에 살짝 데친 뒤 5~8mm 크기로 썰어 **감자·아욱·옥수수·소고기진밥** 순서에 맞춰 아욱과 옥수수 대신 넣는다.

감자·멜론·아보카도·닭고기진밥

3배죽

감자가 익는 데 시간이 더 필요하므로 먼저 익히다가
진밥과 다른 재료를 넣고 끓여도 좋아요.
감자만 넣으면 뻑뻑할 이유식에 수분감 있는 과일을 넣어 변화를 주었어요.
여름철 아이가 입맛을 잃었을 때 해주면 잘 먹는답니다.

재료

- ▫ **진밥** 50~60g
- ▫ **닭고기** 15g
- ▫ **감자** 10g
- ▫ **멜론** 10g
- ▫ **아보카도** 10g

만드는 법

1. 멜론은 5~8mm 크기로 썬다.
2. 감자는 껍질을 벗기고 5~8mm 크기로 썬다.
3. 아보카도는 칼등으로 눌러 으깬다.
4. 진밥에 육수 150mL를 붓고 삶아서 다진 닭고기와 1~3번의 재료를 넣은 뒤 7~10분 정도 중불에서 잘 끓여준다.

1

2

3

4

감자·마늘종·닭고기진밥

【재료】 ▫ **진밥** 50~60g ▫ **닭고기** 15g ▫ **마늘종** 15g ▫ **감자** 15g

마늘종은 삶은 뒤 5~8mm 크기로 송송 썰어 **감자·멜론·아보카도·닭고기진밥** 순서에 맞춰 멜론과 아보카도 대신 넣는다.

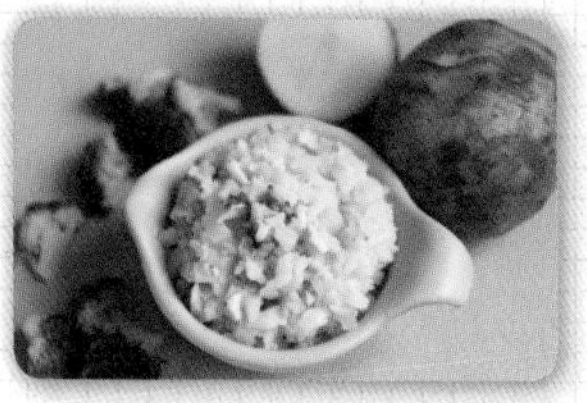

감자·브로콜리·닭고기진밥

3배죽

【재료】 ▫ **진밥** 50~60g ▫ **닭고기** 15g ▫ **감자** 15g ▫ **브로콜리** 15g

브로콜리는 끓는 물에 살짝 데친 뒤 꽃 부분만 5~8mm 크기로 썰어 **감자·멜론·아보카도·닭고기진밥** 순서에 맞춰 멜론과 아보카도 대신 넣는다.

팽이버섯·고구마·닭고기진밥

3배죽

식이섬유소와 수분이 풍부한 팽이버섯은
가늘지만 탱글탱글한 식감을 가지고 있어요.
그래서 이유식이나 아이를 위한 반찬에 활용하기 좋습니다.
밑둥을 잘라내고 붙어 있는 결들을 뜯어 손질하세요.

재료

- **진밥** 50~60g
- **닭고기** 15g
- **팽이버섯** 15g
- **고구마** 15g

만드는 법

1. 고구마는 잘 삶은 뒤 껍질을 벗기고 칼등으로 눌러서 으깬다.
2. 팽이버섯은 5~8mm 길이로 썬다.
3. 진밥에 육수 150mL를 붓고 삶아서 다진 닭고기와 1~2번의 재료를 넣은 뒤 7~10분 정도 중불에서 잘 끓여준다.

1

2

3

팽이버섯이 들어가서 탱글탱글 식감이 좋아요.

탱글탱글

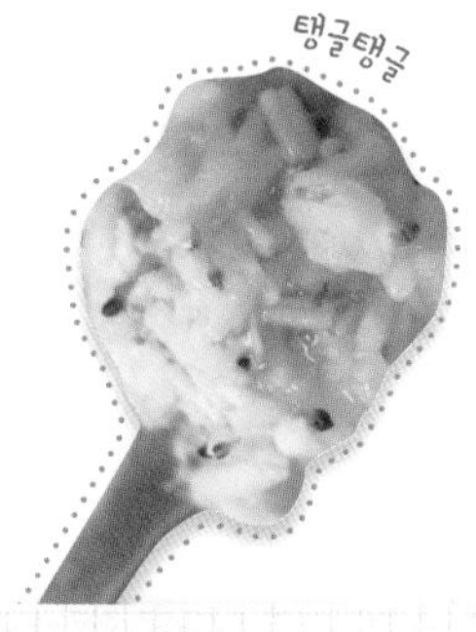

팽이버섯·배추·브로콜리·닭고기진밥

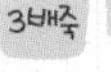

【재료】 □ **진밥** 50~60g □ **닭고기** 15g □ **팽이버섯** 10g □ **배추** 10g □ **브로콜리** 10g

배추의 잎 부분과 브로콜리의 꽃 부분은 5~8mm 크기로 썰어 **팽이버섯·고구마·닭고기진밥** 순서에 맞춰 고구마 대신 넣는다.

새송이버섯·청경채·소고기·기장진밥

3배죽

아주 작은 곡식인 기장은 비타민A와 B가 풍부합니다.
이유식을 진행하며 백미 외에도 흑미, 보리, 현미, 찹쌀, 기장 등
여러 곡류를 시도해봐도 좋습니다.
영양성분이 백미와 다르기 때문이지요.

만드는 법

재료

- **기장진밥** 30g
- **진밥**(멥쌀) 20~30g
- **소고기** 15g
- **새송이버섯** 15g
- **청경채** 15g

1. 청경채는 잎 부분만 끓는 물에 살짝 데친 뒤 5~8mm 크기로 썬다.
2. 새송이버섯은 머리 부분만 5~8mm 크기로 썬다.
3. 진밥에 육수 150mL를 붓고 삶아서 다진 소고기와 1~2번의 재료를 넣은 뒤 5~7분 정도 중불에서 잘 끓여준다.
4. 기장진밥을 넣은 뒤 3분 정도 더 끓여준다.

고구마·오이·소고기·기장진밥

【재료】 ▫ **기장진밥** 30g ▫ **진밥**(멥쌀) 20~30g ▫ **소고기** 15g ▫ **고구마** 15g ▫ **오이** 15g

오이는 5~8mm 크기로 썰고, 고구마는 찐 뒤 칼등으로 눌러 으깨어 **새송이버섯·청경채·소고기·기장진밥** 순서에 맞춰 새송이버섯과 청경채 대신 넣는다.

무·대추·소고기·기장진밥

【재료】 ▫ **기장진밥** 30g ▫ **진밥**(멥쌀) 20~30g ▫ **소고기** 15g ▫ **무** 15g ▫ **대추** 15g

무는 5~8mm 크기로 썰고, 대추는 푹 삶아 껍질을 벗기고 5~8mm 크기로 썬 뒤 **새송이버섯·청경채·소고기·기장진밥** 순서에 맞춰 새송이버섯과 청경채 대신 넣는다.

무·청경채·소고기진밥

 3배죽

천연 소화제로도 불리는 무는 제철에 이용해보세요.
제철의 무는 더욱 달큰한 맛이 난답니다.

만드는 법

재료

- 진밥 50~60g
- 소고기 15g
- 무 15g
- 청경채 15g

1. 청경채는 잎 부분만 끓는 물에 살짝 데친 뒤 5~8mm 크기로 썬다.
2. 무도 5~8mm 크기로 썬다.
3. 육수 150mL에 무를 먼저 넣고 5분 정도 끓이다가 진밥과 1번의 청경채를 넣고 3분 정도 마저 끓인다.

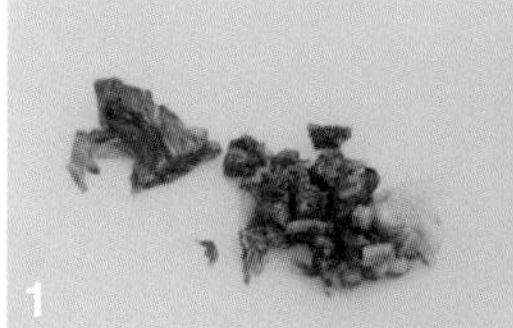

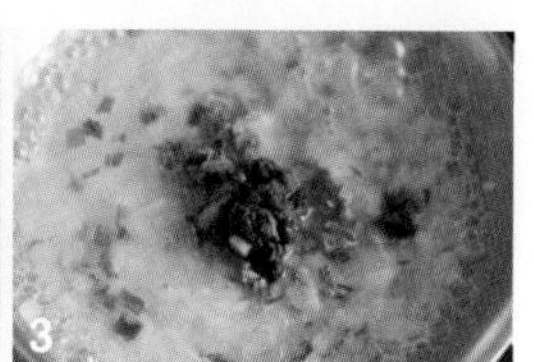

무·고구마·소고기진밥

3배죽

【재료】 ▫ **진밥** 50~60g ▫ **소고기** 15g ▫ **무** 15g ▫ **고구마** 15g

고구마는 찐 뒤 껍질을 벗기고 칼등으로 눌러 으깨어 **무·청경채·소고기진밥** 순서에 맞춰 청경채 대신 넣는다.

무·브로콜리·소고기진밥

3배죽

【재료】 ▫ **진밥** 50~60g ▫ **소고기** 15g ▫ **무** 15g ▫ **브로콜리** 15g

브로콜리는 끓는 물에 살짝 데친 뒤 꽃 부분만 5~8mm 크기로 썰어 **무·청경채·소고기진밥** 순서에 맞춰 청경채 대신 넣는다.

무·애호박·새송이버섯·닭고기진밥

3배죽

【재료】 ▫ **진밥** 50~60g ▫ **닭고기** 15g ▫ **무** 10g ▫ **애호박** 10g ▫ **새송이버섯** 10g

애호박과 새송이버섯 머리 부분은 5~8mm 크기로 썬 뒤 **무·청경채·소고기진밥** 순서에 맞춰 청경채 대신 넣고, 닭고기는 삶아서 다진 뒤 소고기 대신 넣는다.

당근·오이·양파·소고기진밥

3배죽

당근은 비타민A가 풍부한 채소입니다.
10% 정도밖에 되지 않는 비타민 흡수율이 가열하면
30~50%까지 높아집니다.

만드는 법

재료

- 진밥 50~60g
- 소고기 15g
- 당근 10g
- 오이 10g
- 양파 10g

1. 오이는 5~8mm 크기로 썬다.
2. 양파도 5~8mm 크기로 썬다.
3. 당근은 끓는 물에 살짝 데친 뒤 5~8mm 크기로 썬다.
4. 진밥에 육수 150mL를 붓고 삶아서 다진 소고기와 1~3번의 재료를 넣은 뒤 7~10분 정도 중불에서 잘 끓여준다.

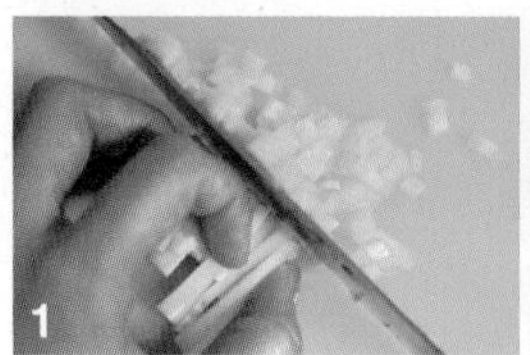
1

2

3

당근·양파·가지·소고기진밥

【재료】 □ **진밥** 50~60g □ **소고기** 15g □ **당근** 10g □ **가지** 10g □ **양파** 10g

가지는 껍질을 벗기고 5~8mm 크기로 썬 뒤 **당근·오이·양파·소고기진밥** 순서에 맞춰 오이 대신 넣는다.

당근·애호박·새송이버섯·소고기진밥

【재료】 □ **진밥** 50~60g □ **소고기** 15g □ **당근** 10g □ **애호박** 10g □ **새송이버섯** 10g

새송이버섯의 머리 부분과 애호박은 5~8mm 크기로 썬 뒤 **당근·오이·양파·소고기진밥** 순서에 맞춰 오이와 양파 대신 넣는다.

당근·근대·소고기진밥

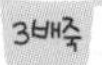

【재료】 □ **진밥** 50~60g □ **소고기** 15g □ **당근** 15g □ **근대** 15g

근대는 잎 부분만 잘라내어 끓는 물에 살짝 데친 뒤 5~8mm 크기로 썰어 **당근·오이·양파·소고기진밥** 순서에 맞춰 오이와 양파 대신 넣는다.

비트·홍시·닭고기진밥

3배죽

비트나 무처럼 익히는 데 시간이 걸리는 재료는 먼저 삶아주다가 진밥과 다른 재료를 넣고 마저 끓이는 게 좋아요.

만드는 법

재료

- **진밥** 50~60g
- **닭고기** 15g
- **비트** 15g
- **홍시** 10g

1. 비트는 껍질을 벗기고 5~8mm 크기로 썬다.
2. 홍시도 껍질을 벗기고 5~8mm 크기로 썬다.
3. 육수 150mL에 1번의 비트를 넣고 먼저 끓인 뒤 비트가 어느 정도 익으면 진밥과 2번의 홍시를 넣고 5분 정도 더 끓인다.

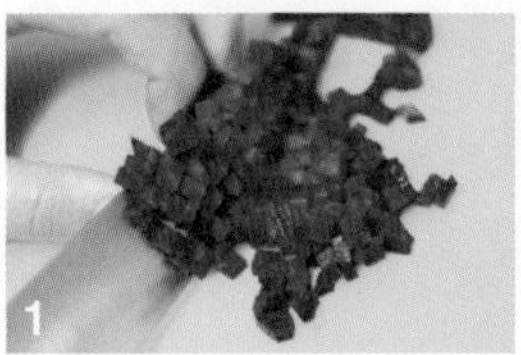
1

2

3

비트·배·닭고기진밥

【재료】 □ **진밥** 50~60g □ **닭고기** 15g □ **비트** 15g □ **배** 15g

배는 5~8mm 크기로 썬 뒤 **비트·홍시·닭고기진밥** 순서에 맞춰 홍시 대신 넣는다.

비트·브로콜리·닭고기진밥

3배죽

【재료】 □ **진밥** 50~60g □ **닭고기** 15g □ **비트** 15g □ **브로콜리** 15g

브로콜리는 끓는 물에 살짝 데친 뒤 꽃 부분만 5~8mm 크기로 썰어 **비트·홍시·닭고기진밥** 순서에 맞춰 홍시 대신 넣는다.

비트·부추·닭고기진밥

3배죽

【재료】 □ **진밥** 50~60g □ **닭고기** 15g □ **비트** 15g □ **부추** 15g

부추는 5~8mm 길이로 송송 썬 뒤 **비트·홍시·닭고기진밥** 순서에 맞춰 홍시 대신 넣는다.

귤·시금치·닭고기진밥

3배죽

귤은 속껍질이 식이섬유도 풍부하고 좋은 성분이 많지만
후기 이유식까지는 아이가 씹어 넘기지 못하므로 벗겨서 주는 것이 좋아요.
모든 과일을 이유식에 넣을 때는 조리가 마무리될 때쯤 넣어주세요.

만드는 법

재료

- **진밥** 50~60g
- **닭고기** 15g
- **귤** 15g
- **시금치** 15g

1. 시금치는 잎 부분만 끓는 물에 데친 뒤 5~8mm 크기로 썬다.
2. 귤은 속껍질까지 벗긴 뒤 칼로 듬성듬성 썬다.
3. 진밥에 육수 150mL를 붓고 삶아서 다진 닭고기와 1번의 시금치를 넣고 7~10분 정도 끓인 뒤 2번의 귤을 넣고 잘 저어준다.

1

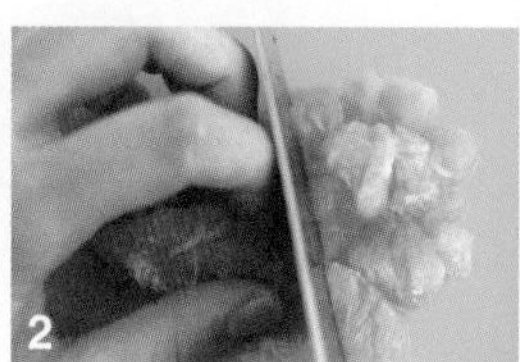
2

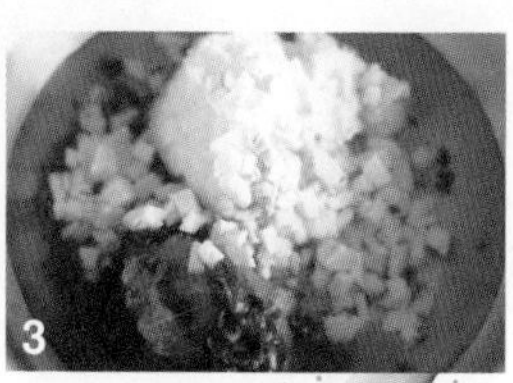
3

귤·청경채·닭고기진밥

【재료】 ㅁ **진밥** 50~60g ㅁ **닭고기** 15g ㅁ **귤** 15g ㅁ **청경채** 15g

청경채는 잎 부분만 끓는 물에 데친 뒤 5~8mm 크기로 썰어 **귤·시금치·닭고기진밥** 순서에 맞춰 시금치 대신 넣는다.

귤·오이·비타민·닭고기진밥

【재료】 ㅁ **진밥** 50~60g ㅁ **닭고기** 15g ㅁ **귤** 15g ㅁ **오이** 10g ㅁ **비타민** 10g

오이는 껍질을 벗긴 뒤 5~8mm 크기로 썰고, 비타민은 잎 부분만 끓는 물에 데친 뒤 5~8mm 크기로 썰어 **귤·시금치·닭고기진밥** 순서에 맞춰 시금치 대신 넣는다.

시금치·달걀·소고기진밥

3배죽

중기 죽의 단계에서는 달걀을 넣어 충분히 익혀주면 되었지만 진밥의 형태에 달걀을 풀어버리면 달걀이 밥알에 너무 엉겨 붙고 잘 익지 않을 수 있어요. 만약 이것이 걱정이라면 스크램블처럼 먼저 끓는 물에 익힌 뒤 넣어주세요.

재료

- □ **진밥** 50~60g
- □ **소고기** 15g
- □ **시금치** 10g
- □ **달걀** 1개

만드는 법

1. 시금치는 잎 부분만 잘라내어 끓는 물에 살짝 데쳐 5~8mm 크기로 썬다.
2. 달걀은 풀어서 끓는 물에 넣고 스크램블처럼 먼저 익혔다가 체로 건져낸다.
3. 진밥에 육수 150mL를 붓고 삶아서 다진 소고기와 1번의 시금치를 넣고 5분 정도 중불에서 잘 끓여준다.
4. 어느 정도 익으면 2번의 달걀을 넣어 잘 섞은 뒤 3분 정도 더 끓인다.

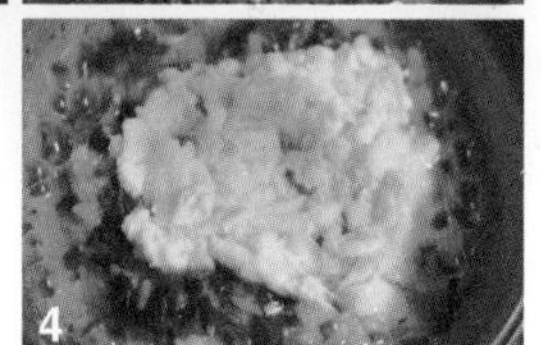

달걀은 스크램블처럼 먼저 익혔기
때문에 엉겨붙지 않았어요.

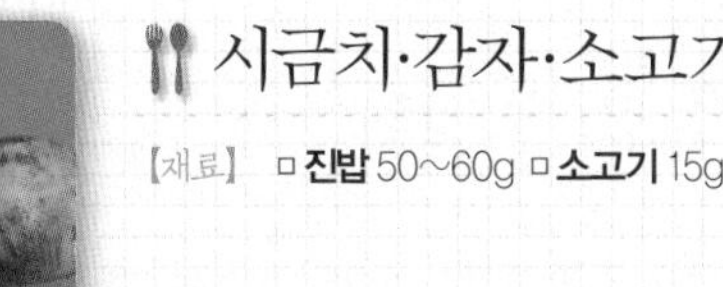

시금치·감자·소고기진밥

【재료】 □ **진밥** 50~60g □ **소고기** 15g □ **시금치** 15g □ **감자** 15g

감자는 5~8mm 크기로 썬 뒤 **시금치·달걀·소고기진밥** 순서에 맞춰 달걀 대신 넣되, 처음부터 넣고 함께 끓이도록 한다.

시금치·사과·소고기진밥

【재료】 □ **진밥** 50~60g □ **소고기** 15g □ **시금치** 15g □ **사과** 15g

사과는 5~8mm 크기로 썬 뒤 **시금치·달걀·소고기진밥** 순서에 맞춰 달걀 대신 넣되, 처음부터 넣고 함께 끓이도록 한다.

시금치·단호박·양파·닭고기진밥

3배죽

후기 이유식으로 갈수록 이미 한 번 사용해본 재료들이 많기 때문에
각각의 재료를 조합하여 이유식을 만들면 더 좋아요.
아이가 잘 먹었던 재료를 기억해놓고 맛있게 만들어주세요.

만드는 법

재료

- 진밥 50~60g
- 닭고기 15g
- 시금치 10g
- 단호박 15g
- 양파 10g

1. 시금치는 잎 부분만 끓는 물에 살짝 데친 뒤 5~8mm 크기로 썬다.
2. 양파도 5~8mm 크기로 썬다.
3. 단호박은 찐 뒤에 칼등으로 눌러 으깬다.
4. 진밥에 육수 150mL를 붓고 삶아서 다진 닭고기와 1~3번의 재료를 넣은 뒤 7~10분 정도 중불에서 잘 끓여준다.

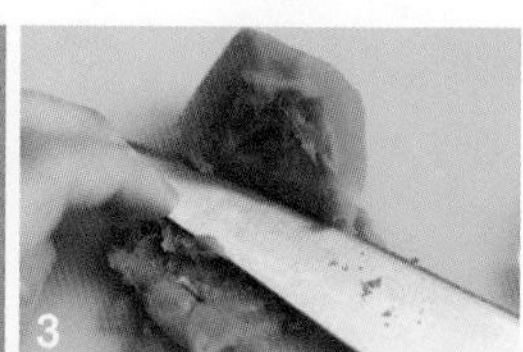

시금치·당근·치즈·닭고기진밥

【재료】 □ **진밥** 50~60g □ **닭고기** 15g □ **시금치** 15g □ **당근** 15g □ **아기치즈** 1/2장

당근은 5~8mm 크기로 썬 뒤 **시금치·단호박·양파·닭고기진밥** 순서에 맞춰 단호박과 양파 대신 넣고, 어느 정도 익으면 아기치즈를 올려 잘 저어준다.

시금치·무·숙주·닭고기진밥

【재료】 □ **진밥** 50~60g □ **닭고기** 15g □ **무** 10g □ **시금치** 10g □ **숙주** 10g

시금치는 잎 부분만 끓는 물에 살짝 데쳐 5~8mm로 썰고, 숙주는 5~8mm 길이로 송송 썰어 **시금치·단호박·양파·닭고기진밥** 순서에 맞춰 단호박과 양파 대신 넣는다.

청경채·양파·완두콩·닭고기진밥

3배죽

천연 자양강장제인 청경채는 니코티아나민과 칼슘이 풍부하기 때문에 이유식 재료로 매우 좋습니다. 양파와 완두콩을 함께 넣으면 영양이 가득한 이유식이 됩니다.

재료

- **진밥** 50~60g
- **닭고기** 15g
- **청경채** 10g
- **양파** 10g
- **완두콩** 10g

만드는 법

1. 청경채는 잎 부분만 끓는 물에 살짝 데친 뒤 5~8mm 크기로 썬다.
2. 완두콩은 삶아서 껍질을 벗긴 뒤 듬성듬성 썬다.
3. 양파는 껍질을 벗기고 5~8mm 크기로 썬다.
4. 진밥에 육수 150mL를 붓고 삶아서 다진 닭고기와 1~3번의 재료를 넣은 뒤 7~10분 정도 중불에서 잘 끓여준다.

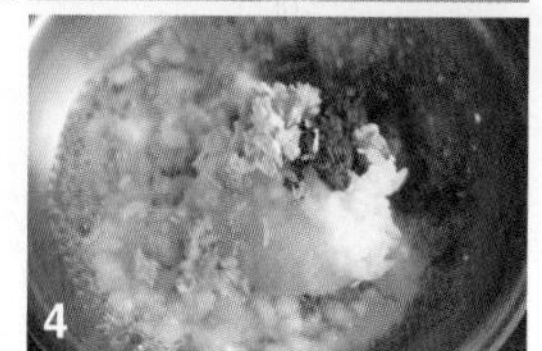

청경채와 양파, 완두콩이 들어간 맛있는 이유식

청경채·양파·사과·닭고기진밥

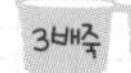

[재료] □ **진밥** 50~60g □ **닭고기** 15g □ **청경채** 10g □ **양파** 10g □ **사과** 10g

사과의 일부는 강판에 갈고, 일부는 5~8mm 크기로 썬 뒤 **청경채·양파·완두콩·닭고기진밥** 순서에 맞춰 완두콩 대신 넣는다.

완두콩·비트·소고기진밥

3배죽

후기 이유식을 진행하면서 재료의 입자를 키우되,
푹 익혀주어야 하는 것을 잊지 마세요.
콩류를 적절하게 익히기 어렵다면 먼저 삶았다가 넣어도 된답니다.

만드는 법

재료

- **진밥** 50~60g
- **소고기** 15g
- **완두콩** 10g
- **비트** 10g

1. 비트는 껍질을 벗기고 5~8mm 크기로 썬다.
2. 완두콩은 삶아서 껍질을 벗긴 뒤 1/2 크기로 썬다.
3. 1~2번의 재료에 육수 150mL를 넣고 끓이다가 비트가 어느 정도 익어가면 진밥과 삶아서 다진 소고기를 넣고 5분 정도 더 끓인다.

1

2

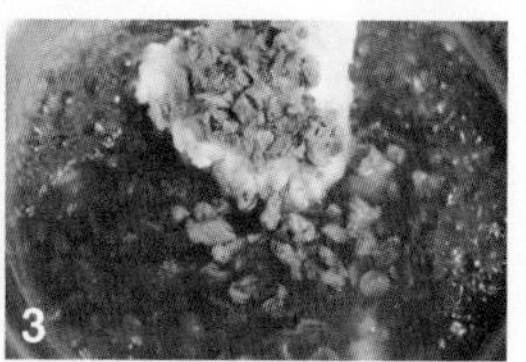
3

완두콩·애호박·양파·소고기진밥

【재료】 ▫ **진밥** 50~60g ▫ **소고기** 15g ▫ **완두콩** 10g ▫ **애호박** 10g ▫ **양파** 10g

양파와 애호박은 5~8mm 크기로 썰어 **완두콩·비트·소고기진밥** 순서에 맞춰 비트 대신 넣되, 처음부터 함께 넣고 끓인다.

완두콩·파프리카·소고기진밥

【재료】 ▫ **진밥** 50~60g ▫ **소고기** 15g ▫ **완두콩** 15g ▫ **파프리카** 15g

파프리카는 껍질을 깎아 5~8mm 크기로 썰어 **완두콩·비트·소고기진밥** 순서에 맞춰 비트 대신 넣되, 처음부터 함께 넣고 끓인다.

완두콩·당근·치즈·닭고기진밥

【재료】 ▫ **진밥** 50~60g ▫ **닭고기** 15g ▫ **완두콩** 15g ▫ **당근** 15g ▫ **아기치즈** 1/2개

당근은 5~8mm 크기로 썰어 **완두콩·비트·소고기진밥** 순서에 맞춰 비트 대신 넣고, 닭고기는 삶은 뒤 잘게 다져 소고기 대신 넣는다. 어느 정도 익으면 치즈를 올려준 뒤 잘 저어준다.

바나나·사과·소고기진밥

3배죽

바나나는 반점이 생길 정도로 잘 익은 것을 주는 게 좋지만 이 반점에는
변비를 일으키는 탄닌이 불용화되어 있어요.
그래서 알맹이의 색이 변하거나 반점이 온 껍질을 뒤덮을 정도라면
오히려 아이에게 좋지 않습니다.

만드는 법

재료

- **진밥** 50~60g
- **소고기** 15g
- **바나나** 15g
- **사과** 15g

1. 바나나는 5~8mm 크기로 썬다.
2. 사과도 5~8mm 크기로 썬다.
3. 진밥에 육수 150mL를 붓고 삶아서 다진 소고기와 1~2번의 재료를 넣은 뒤 7~10분 정도 중불에서 잘 끓여준다.

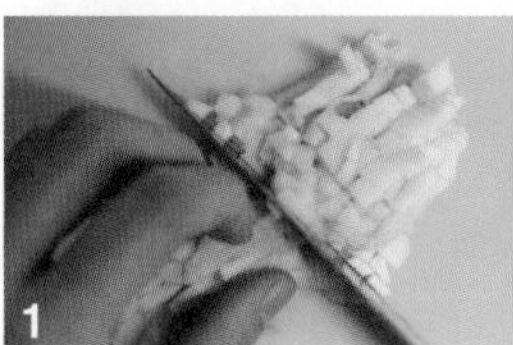

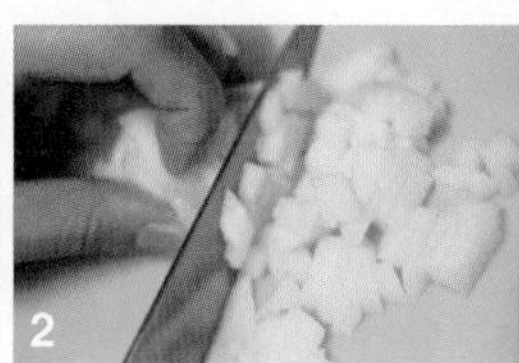

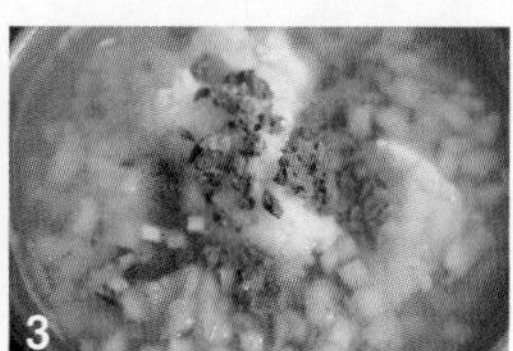

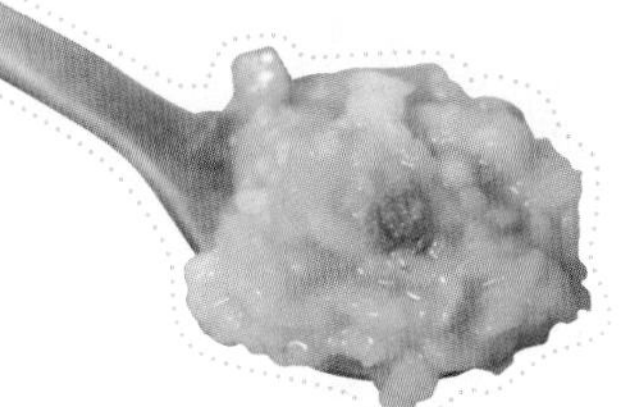

과일 듬뿍 이유식

검은 반점이 생긴
잘 익은 바나나를
사용해요.

바나나·적채·소고기진밥

【재료】 □ **진밥** 50~60g □ **소고기** 15g □ **바나나** 15g □ **적채** 15g

적채는 잎 부분만 끓는 물에 살짝 데친 뒤 5~8mm 크기로 썰어 **바나나·사과·소고기진밥** 순서에 맞춰 사과 대신 넣는다.

옥수수·양송이버섯·래디시·소고기진밥

3배죽

래디시 역시 비트나 무처럼 익히는 데 시간이 걸립니다. 이런 재료는 먼저 삶아주다가 진밥과 다른 재료를 넣고 마저 끓이도록 합니다.

재료

- **진밥** 50~60g
- **소고기** 15g
- **옥수수** 10g
- **양송이버섯** 10g
- **래디시** 10g

만드는 법

1. 양송이버섯은 머리 부분만 껍질을 벗기고 5~8mm 크기로 썬다.
2. 옥수수는 삶아서 껍질을 벗긴 뒤 듬성듬성 썬다.
3. 래디시는 5~8mm 크기로 썬다.
4. 진밥에 육수 150mL를 붓고 삶아서 다진 소고기와 1~3번의 재료를 넣은 뒤 7~10분 정도 중불에서 잘 끓여준다.

1

2

3

옥수수·브로콜리·달걀·소고기진밥

【재료】 ▫ **진밥** 50~60g ▫ **소고기** 15g ▫ **옥수수** 15g ▫ **브로콜리** 15g ▫ **달걀** 1/2개

브로콜리는 끓는 물에 살짝 데쳐 꽃 부분만 5~8mm 크기로 썰고, 달걀은 스크램블처럼 물에 풀어서 익힌 뒤 **옥수수·양송이버섯·래디시·소고기진밥** 순서에 맞춰 양송이버섯과 래디시 대신 넣는다.

옥수수·사과·비타민·소고기진밥

【재료】 ▫ **진밥** 50~60g ▫ **소고기** 15g ▫ **옥수수** 10g ▫ **사과** 15g ▫ **비타민** 10g

사과는 5~8mm 크기로 썰고, 비타민은 끓는 물에 살짝 데쳐 5~8mm 크기로 썬 뒤 **옥수수·양송이버섯·래디시·소고기진밥** 순서에 맞춰 양송이버섯과 래디시 대신 넣는다.

옥수수·청경채·소고기진밥

【재료】 ▫ **진밥** 50~60g ▫ **소고기** 15g ▫ **청경채** 15g ▫ **옥수수** 10g

청경채는 잎 부분만 끓는 물에 살짝 데친 뒤 5~8mm 크기로 썰어 **옥수수·양송이버섯·래디시·소고기진밥** 순서에 맞춰 양송이버섯과 래디시 대신 넣는다.

애호박·파프리카·양파·소고기진밥

3배죽

사시사철 마트에 가면 구할 수 있는 재료 중 하나가 애호박이에요.
구하기 쉬운데다 식감과 맛이 참 좋지요.
크기에 비해 무거운 것일수록 맛이 좋답니다.

재료

- **진밥** 50~60g
- **소고기** 15g
- **애호박** 10g
- **파프리카** 10g
- **양파** 10g

만드는 법

1. 애호박은 5~8mm 크기로 썬다.
2. 파프리카는 껍질을 벗기고 5~8mm 크기로 썬다.
3. 양파도 껍질을 벗기고 5~8mm 크기로 썬다.
4. 진밥에 육수 150mL를 붓고 삶아서 다진 소고기와 1~3번의 재료를 넣은 뒤 7~10분 정도 중불에서 잘 끓여준다.

애호박·양송이버섯·당근·소고기진밥

【재료】 ▫ **진밥** 50~60g ▫ **소고기** 15g ▫ **애호박** 10g ▫ **양송이버섯** 10g ▫ **당근** 10g

머리 부분 껍질을 벗긴 양송이버섯과 당근은 5~8mm 크기로 썰어 **애호박·파프리카·양파·소고기진밥** 순서에 맞춰 파프리카와 양파 대신 넣는다.

애호박·연두부·소고기진밥

【재료】 ▫ **진밥** 50~60g ▫ **소고기** 15g ▫ **애호박** 15g ▫ **연두부** 15g

연두부는 듬성듬성 썰어 **애호박·파프리카·양파·소고기진밥** 순서에 맞춰 파프리카와 양파 대신 넣은 뒤 끓인다.

애호박·당근·브로콜리·소고기진밥

【재료】 ▫ **진밥** 50~60g ▫ **소고기** 15g ▫ **당근** 10g ▫ **브로콜리** 10g

끓는 물에 살짝 데친 브로콜리의 꽃 부분과 당근은 5~8mm 크기로 썰어 **애호박·파프리카·양파·소고기진밥** 순서에 맞춰 파프리카와 양파 대신 넣는다.

애호박·래디시·양송이버섯·닭고기진밥

3배죽

래디시는 비타민과 칼슘이 풍부한 채소입니다.
유기농숍보다는 백화점 야채 코너에서 구하기가 쉬워요.
녹말을 분해하는 성분도 있어 소화를 돕습니다.
래디시나 파프리카처럼 색깔이 선명한 채소는 보석처럼 예쁜 색의 이유식이 나온답니다.

재료

- **진밥** 50~60g
- **닭고기** 15g
- **래디시** 10g
- **애호박** 10g
- **양송이버섯** 10g

만드는 법

1. 래디시는 5~8mm 크기로 썬다.
2. 양송이버섯은 머리 부분만 껍질을 벗기고 5~8mm 크기로 썬다.
3. 애호박도 5~8mm 크기로 썬다.
4. 진밥에 육수 150mL를 붓고 삶아서 다진 닭고기와 1~3번의 재료를 넣은 뒤 7~10분 정도 중불에서 잘 끓여준다.

1

2

3

4

어디서
맛있는 냄새가~

애호박·파프리카·양파·닭고기진밥

【재료】 ▫ **진밥** 50~60g ▫ **닭고기** 15g ▫ **애호박** 10g ▫ **파프리카** 10g ▫ **양파** 10g

파프리카와 양파는 껍질을 벗기고 5~8mm 크기로 썬 뒤 **애호박·래디시·양송이버섯·닭고기진밥** 순서에 맞춰 래디시와 양송이버섯 대신 넣는다.

콜라비·사과·소고기진밥

3배죽

콜라비는 양배추와 순무를 교배시켜 만들어낸 품종입니다.
생긴 것은 꼭 무 같지만 손질할 때에는 양배추 향이 강하게 납니다.
수분과 비타민C가 풍부하고, 섬유질이 많아
변비에 좋은 채소입니다. 맛은 무보다 달큰해요.

만드는 법

재료

- 진밥 50~60g
- 소고기 15g
- 콜라비 15g
- 사과 15g

1. 콜라비는 껍질을 깎아내고 5~8mm 크기로 썬다.
2. 사과도 껍질을 깎아내고 5~8mm 크기로 썬다.
3. 1번의 콜라비에 육수 150mL를 붓고 먼저 끓이다가 콜라비가 어느 정도 익으면 진밥과 삶아서 다진 소고기와 2번의 사과를 넣은 뒤 5분 정도 중불에서 잘 끓여준다.

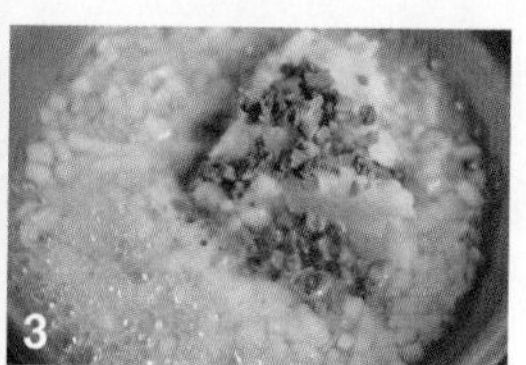

맛있게 먹고 기분 좋은 승아예요.

달큰한 맛이 나요.

콜라비·가지·당근·소고기진밥

3배죽

【재료】 ▫ **진밥** 50~60g ▫ **소고기** 15g ▫ **콜라비** 10g ▫ **가지** 10g ▫ **당근** 10g

가지와 당근은 껍질을 벗기고 5~8mm 크기로 썬 뒤 **콜라비·사과·소고기진밥** 순서에 맞춰 사과 대신 넣는다.

콜라비·새송이버섯·당근·소고기진밥

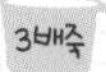

3배죽

【재료】 ▫ **진밥** 50~60g ▫ **소고기** 15g ▫ **콜라비** 10g ▫ **새송이버섯** 10g ▫ **당근** 10g

껍질을 벗긴 당근과 새송이버섯의 머리 부분은 5~8mm 크기로 썬 뒤 **콜라비·사과·소고기진밥** 순서에 맞춰 사과 대신 넣는다.

고구마·콜라비·닭고기진밥

3배죽

고구마를 이유식 재료로 넣을 때 고구마 특유의 단맛을 전체적으로 내고 싶다면 삶거나 찐 후 으깨어 넣고, 식감을 느끼게 해주고 싶다면 다른 야채처럼 날 것을 썰어넣어도 좋아요. 3배죽 이유식을 진행 중이므로 입자 크기는 5~8mm이기 때문에 푹 익혀야 한답니다.

재료

- ▫ **진밥** 50~60g
- ▫ **닭고기** 15g
- ▫ **고구마** 15g
- ▫ **콜라비** 15g

만드는 법

1. 콜라비는 껍질을 깎아낸다.
2. 껍질을 깎은 콜라비는 5~8mm 크기로 썬다.
3. 고구마는 찐 뒤 칼등으로 눌러 으깬다.
4. 진밥에 육수 150mL를 붓고 삶아서 다진 닭고기와 2~3번의 재료를 넣은 뒤 7~10분 정도 중불에서 잘 끓여준다.

1
2
3
4
입자가 커진 만큼 푹 익혀주세요.

고구마·배추·닭고기진밥

3배죽

【재료】 ▫ **진밥** 50~60g ▫ **닭고기** 15g ▫ **고구마** 15g ▫ **배추** 15g

배추는 잎 부분만 5~8mm 크기로 썰어 **고구마·콜라비·닭고기진밥** 순서에 맞춰 콜라비 대신 넣는다.

고구마·양상추·닭고기진밥

3배죽

【재료】 ▫ **진밥** 50~60g ▫ **닭고기** 15g ▫ **고구마** 15g ▫ **양상추** 15g

양상추는 5~8mm 크기로 썰어 **고구마·콜라비·닭고기진밥** 순서에 맞춰 콜라비 대신 넣는다.

아스파라거스·파프리카·닭고기진밥

3배죽

아스파라거스는 그 자체의 맛은 밋밋하기 때문에
맛을 내줄 수 있는 재료(양파, 파프리카, 멜론 등)와 함께 조리하면 좋아요.
죽순처럼 땅에서 나는 아스파라거스는 4월이 제철이니
땅 속의 영양을 아이의 몸으로 전해주세요.

만드는 법

재료
- 진밥 50~60g
- 닭고기 15g
- 아스파라거스 15g
- 파프리카 15g

1. 아스파라거스는 줄기 부분만 끓는 물에 살짝 데친 뒤 5~8mm 크기로 썬다.
2. 파프리카는 껍질을 깎아내어 5~8mm 크기로 썬다.
3. 진밥에 육수 150mL를 붓고 삶아서 다진 닭고기와 1~2번의 재료를 넣은 뒤 7~10분 정도 중불에서 잘 끓여준다.

1

2

3

아스파라거스·멜론·닭고기진밥

【재료】 □ **진밥** 50~60g □ **닭고기** 15g □ **아스파라거스** 15g □ **멜론** 15g

멜론은 5~8mm 크기로 썬 뒤 **아스파라거스·파프리카·닭고기진밥** 순서에 맞춰 파프리카 대신 넣는다.

아스파라거스·애호박·소고기진밥

【재료】 □ **진밥** 50~60g □ **소고기** 15g □ **아스파라거스** 15g □ **애호박** 15g

애호박은 5~8mm 크기로 썬 뒤 **아스파라거스·파프리카·닭고기진밥** 순서에 맞춰 파프리카 대신 넣고, 소고기는 삶아서 다진 뒤 닭고기 대신 넣는다.

아스파라거스·배·소고기진밥

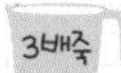

【재료】 □ **진밥** 50~60g □ **소고기** 15g □ **아스파라거스** 15g □ **배** 15g

배는 껍질을 깎고 5~8mm 크기로 썬 뒤 **아스파라거스·파프리카·닭고기진밥** 순서에 맞춰 파프리카 대신 넣고, 소고기는 삶아서 다진 뒤 닭고기 대신 넣는다.

오이·당근·양송이버섯·소고기진밥

3배죽

수분 함량이 높은 오이는 영양소의 보고인 버섯과 함께 해주세요.
향이 강한 재료들이지만 잘 어우러진답니다.

만드는 법

재료

- **진밥** 50~60g
- **소고기** 15g
- **오이** 10g
- **당근** 10g
- **양송이버섯** 10g

1. 오이는 껍질을 벗겨 5~8mm 크기로 썬다.
2. 양송이버섯은 머리 부분만 껍질을 벗겨 5~8mm 크기로 썬다.
3. 당근도 껍질을 벗겨 5~8mm 크기로 썬다.
4. 진밥에 육수 150mL를 붓고 삶아서 다진 소고기와 1~3번의 재료를 넣은 뒤 7~10분 정도 중불에서 잘 끓여준다.

오늘은 여기에 담아 먹겠습니다.

오이·느타리버섯·소고기진밥

【재료】 □ **진밥** 50~60g □ **소고기** 15g □ **오이** 15g □ **느타리버섯** 15g

느타리버섯은 5~8mm 크기로 썬 뒤 **오이·당근·양송이버섯·소고기진밥** 순서에 맞춰 당근과 양송이버섯 대신 넣는다.

만송이버섯·숙주·당근·소고기진밥

3배죽

만송이, 백만송이, 황금송이, 양송이, 새송이, 표고, 팽이 등
버섯의 종류는 참 많습니다. 그래서 이 재료들 모두 2~3일의 간격을 두고
새롭게 시도해봐야 하는 것인지 궁금할 겁니다.
비슷하게 개량된 버섯은 음식 간격을 두지 않아도 됩니다.
아이에게 특이한 종류의 버섯을 시도하게 된다면 그때는 2~3일의 간격을 두도록 합니다.

만드는 법

재료

- 진밥 50~60g
- 소고기 15g
- 만송이버섯 15g
- 숙주 10g
- 당근 10g

1. 숙주는 5~8mm 길이로 송송 썬다.
2. 만송이버섯도 5~8mm 길이로 송송 썬다.
3. 당근은 끓는 물에 살짝 데친 뒤 5~8mm 크기로 썬다.
4. 진밥에 육수 150mL를 붓고 삶아서 다진 소고기와 1~3번의 재료를 넣은 뒤 7~10분 정도 중불에서 잘 끓여준다.

1

2

3

만송이버섯·비타민·소고기진밥

【재료】 ㅁ **진밥** 50~60g ㅁ **소고기** 15g ㅁ **만송이버섯** 15g ㅁ **비타민** 15g

비타민은 잎 부분만 끓는 물에 살짝 데쳐 5~8mm 크기로 썬 뒤 **만송이버섯·숙주·당근·소고기진밥** 순서에 맞춰 숙주와 당근 대신 넣는다.

만송이버섯·옥수수·소고기진밥

【재료】 ㅁ **진밥** 50~60g ㅁ **소고기** 15g ㅁ **만송이버섯** 15g ㅁ **옥수수** 15g

옥수수는 삶아서 껍질을 벗긴 뒤 듬성듬성 썰어서 **만송이버섯·숙주·당근·소고기진밥** 순서에 맞춰 숙주와 당근 대신 넣는다.

만송이버섯·오이·소고기진밥

【재료】 ㅁ **진밥** 50~60g ㅁ **소고기** 15g ㅁ **만송이버섯** 15g ㅁ **오이** 15g

오이는 5~8mm 크기로 썬 뒤 **만송이버섯·숙주·당근·소고기진밥** 순서에 맞춰 숙주와 당근 대신 넣는다.

양파·당근·연두부·소고기진밥

3배죽

한 가지 재료를 사서 이유식에 쓰고 나면 남는 양이 절반 이상이지요.
그럴 땐 냉장고 속의 이런저런 채소들과 함께 영양진밥을 해주세요.
후기로 와서는 이미 시도해보고 통과된 야채가 많기 때문에 괜찮아요.

만드는 법

재료

- 진밥 50~60g
- 소고기 15g
- 양파 10g
- 당근 10g
- 연두부 10g

1. 양파는 5~8mm 크기로 썬다.
2. 당근은 끓는 물에 살짝 데친 뒤 5~8mm 크기로 썬다.
3. 진밥에 육수 150mL를 붓고 삶아서 다진 소고기와 1~2번의 재료를 넣은 뒤 5분 정도 끓이다가 연두부를 넣고 잘게 으깨어가며 3분 정도 더 끓인다.

양파·당근·근대·소고기진밥

【재료】 ㅁ **진밥** 50~60g ㅁ **소고기** 15g ㅁ **양파** 10g ㅁ **당근** 10g ㅁ **근대** 10g

근대는 잎 부분만 끓는 물에 살짝 데쳐 5~8mm 크기로 썬 뒤 **양파·당근·연두부·소고기진밥** 순서에 맞춰 연두부 대신 넣되, 처음부터 함께 넣고 끓인다.

양파·자색고구마·닭고기진밥

【재료】 ㅁ **진밥** 50~60g ㅁ **닭고기** 15g ㅁ **자색고구마** 15g ㅁ **양파** 15g

자색고구마는 껍질을 벗기고 5~8mm 크기로 썬 뒤 **양파·당근·연두부·소고기진밥** 순서에 맞춰 당근과 연두부 대신 넣되, 처음부터 함께 넣고, 닭고기는 삶아서 다진 뒤 소고기 대신 넣는다.

양파·단감·비타민·닭고기진밥

【재료】 ㅁ **진밥** 50~60g ㅁ **닭고기** 15g ㅁ **양파** 10g ㅁ **단감** 10g ㅁ **비타민** 10g

단감은 5~8mm 크기로 썰고, 비타민은 잎 부분만 끓는 물에 살짝 데친 뒤 5~8mm 크기로 썰어 **양파·당근·연두부·소고기진밥** 순서에 맞춰 당근과 연두부 대신 넣되, 단감을 먼저 익힌 후 나머지 재료를 넣고 끓인다. 닭고기는 삶아서 다진 뒤 소고기 대신 넣는다.

브로콜리·사과·소고기진밥

3배죽

세계 10대 슈퍼푸드 중 하나인 브로콜리는
시금치보다 칼슘이 무려 4배나 더 들어 있습니다.
그리고 칼슘의 흡수를 돕는 비타민C도 풍부합니다.

만드는 법

재료

- **진밥** 50~60g
- **소고기** 15g
- **브로콜리** 15g
- **사과** 15g

1. 사과는 5~8mm 크기로 썬다.
2. 브로콜리는 끓는 물에 살짝 데친 뒤 꽃 부분만 5~8mm 크기로 썬다.
3. 진밥에 육수 150mL를 붓고 삶아서 다진 소고기와 1~2번의 재료를 넣은 뒤 7~10분 정도 중불에서 잘 끓여준다.

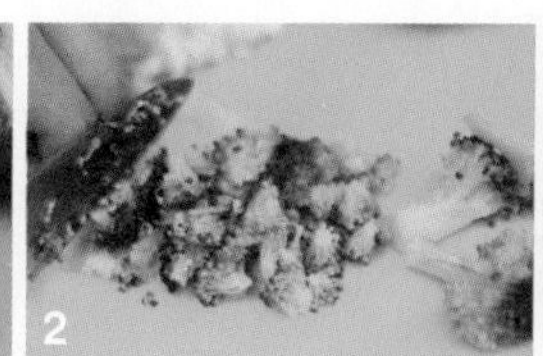
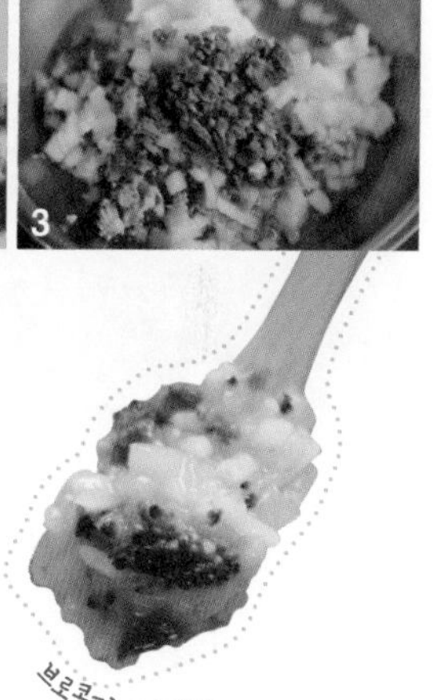

브로콜리가 쏙쏙쏙!

브로콜리·단호박·소고기진밥

3배죽

[재료] □ **진밥** 50~60g □ **소고기** 15g □ **브로콜리** 15g □ **단호박** 15g

단호박은 5~8mm 크기로 썬 뒤 **브로콜리·사과·소고기진밥** 순서에 맞춰 사과 대신 넣는다.

브로콜리·양송이버섯·소고기진밥

3배죽

[재료] □ **진밥** 50~60g □ **소고기** 15g □ **브로콜리** 15g □ **양송이버섯** 15g

양송이버섯은 머리 부분만 껍질을 벗기고 5~8mm 크기로 썬 뒤 **브로콜리·사과·소고기진밥** 순서에 맞춰 사과 대신 넣는다.

딸기·시금치·닭고기진밥

3배죽

딸기를 손질할 때 물에 30초 이상 담가두면 비타민C가 물에 녹아버려요. 흐르는 물에 가볍게 씻어주세요. 아이가 좋아하는 과일이니만큼 딸기가 들어간 이유식은 아주 잘 먹습니다. 딸기와 시금치는 샐러드나 피자에 함께 쓰이기도 하는 등 찰떡궁합을 자랑합니다.

재료

- 진밥 50~60g
- 닭고기 15g
- 딸기 15g
- 시금치 15g

만드는 법

1. 딸기는 흐르는 물에 깨끗하게 씻어 5~8mm 크기로 썬다.
2. 시금치는 잎 부분만 끓는 물에 살짝 데쳐 5~8mm 크기로 썬다.
3. 진밥에 육수 150mL를 붓고 삶아서 다진 닭고기와 2번의 시금치를 넣은 뒤 7~10분 정도 중불에서 잘 끓인다.
4. 3번의 불을 끄기 직전에 1번의 딸기를 넣고 살짝 저어준다.

상큼하고 맛있어요.

내가 좋아하는 딸기!

딸기·오이·닭고기진밥

3배죽

【재료】 □ 진밥 50~60g □ 닭고기 15g □ 딸기 15g □ 오이 15g

오이는 5~8mm 크기로 썰어 **딸기·시금치·닭고기진밥** 순서에 맞춰 시금치 대신 넣는다.

단감·비타민·소고기진밥

3배죽

단감은 껍질을 까보았을 때 검은 반점이 있는 것을
사용해야 변비를 방지할 수 있습니다.
검은 반점은 탄닌 성분이 불용화되면서 변성된 형태이기 때문이지요.

만드는 법

재료

- **진밥** 50~60g
- **소고기** 15g
- **단감** 15g
- **비타민** 15g

1. 비타민은 잎 부분만 끓는 물에 살짝 데쳐 5~8mm 크기로 썬다.
2. 단감은 껍질을 벗긴 뒤 5~8mm 크기로 썬다.
3. 2번의 단감에 육수 150mL를 넣고 먼저 끓인 뒤 단감이 어느 정도 익으면 진밥과 삶아서 다진 소고기, 1번의 비타민을 넣고 5분 정도 더 끓인다.

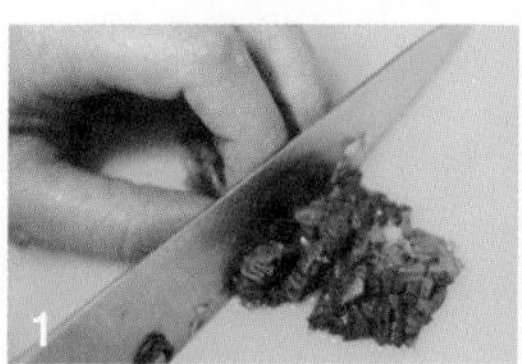

검은 반점이 있는 감을 사용하세요.

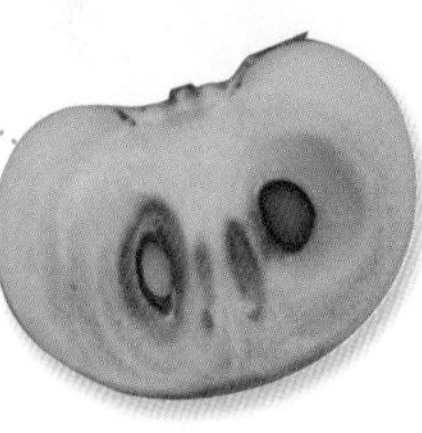

무럭무럭 쑥쑥 자라는 승아예요.

아욱·단호박·양파·소고기진밥

3배죽

아욱은 칼슘, 칼륨, 베타카로틴, 비타민C와
식이섬유가 풍부한 잎채소입니다.
칼슘은 거의 시금치의 2배라고 합니다.
성장기 아이에게 아주 좋은 알칼리 식품이지요.

재료

- **진밥** 50~60g
- **소고기** 15g
- **아욱** 10g
- **단호박** 10g
- **양파** 10g

만드는 법

1. 단호박은 5~8mm 크기로 썬다.
2. 아욱은 잎 부분만 끓는 물에 살짝 데친 뒤 5~8mm 크기로 썬다.
3. 양파도 5~8mm 크기로 썬다.
4. 단호박에 육수 150mL를 넣고 먼저 끓인 뒤 단호박이 어느 정도 물러지면 진밥, 삶아서 다진 소고기, 2~3번의 재료를 넣고 5분 정도 더 끓인다.

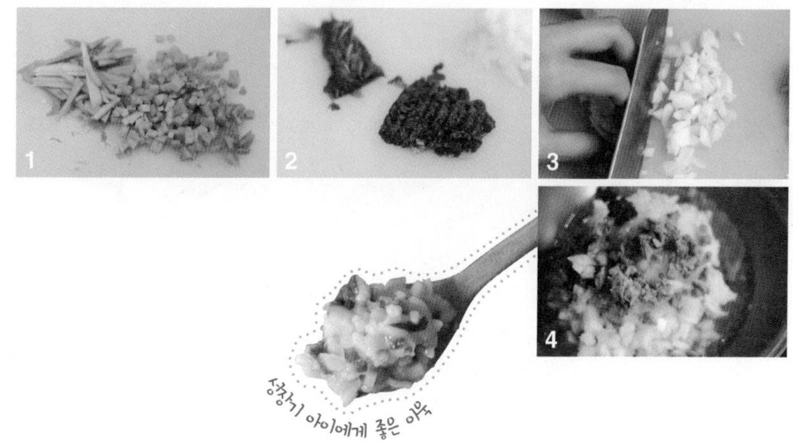

아욱·밤·소고기진밥

【재료】 □ **진밥** 50~60g □ **소고기** 15g □ **아욱** 15g □ **밤** 15g

밤은 껍질을 깎아내고 5~8mm 크기로 썬 뒤에 **아욱·단호박·양파·소고기진밥** 순서에 맞춰 단호박과 양파 대신 넣되, 처음부터 함께 넣고 끓인다.

아욱·콩나물·소고기진밥

3배죽

【재료】 □ 진밥 50~60g □ **소고기** 15g □ **아욱** 15g □ **콩나물** 15g

콩나물은 몸통 부분만 5~8mm 길이로 송송 썬 뒤에 **아욱·단호박·양파·소고기진밥** 순서에 맞춰 단호박과 양파 대신 넣되, 처음부터 함께 넣고 끓인다.

파프리카·비타민·닭고기진밥

3배죽

파프리카가 들어가는 이유식은 모두 색깔이 알록달록 예쁩니다.
그래서인지 승아도 먹을 때마다 즐거워했어요.
파프리카는 완료기 전까지는 껍질을 깎아주세요.

재료

- **진밥** 50~60g
- **닭고기** 15g
- **파프리카** 15g
- **비타민** 15g

만드는 법

1. 파프리카는 껍질을 깎아 5~8mm 크기로 썬다.
2. 비타민은 잎 부분만 끓는 물에 살짝 데쳐 5~8mm 크기로 썬다.
3. 진밥에 육수 150mL를 붓고 삶아서 다진 닭고기와 1~2번의 재료를 넣은 뒤 7~10분 정도 중불에서 잘 끓여준다.

파프리카·콜라비·닭고기진밥

【재료】 ▫ **진밥** 50~60g ▫ **닭고기** 15g ▫ **콜라비** 15g ▫ **파프리카** 15g

콜라비는 껍질을 깎아내고 5~8mm 크기로 썬 뒤 **파프리카·비타민·닭고기진밥** 순서에 맞춰 비타민 대신 넣는다.

파프리카·멜론·소고기진밥

【재료】 ▫ **진밥** 50~60g ▫ **닭고기** 15g ▫ **파프리카** 15g ▫ **멜론** 15g

멜론은 일부 5~8mm 크기로 썰고 일부 강판에 갈아서 **파프리카·비타민·닭고기진밥** 순서에 맞춰 비타민 대신 넣고, 소고기는 삶아서 다진 뒤 닭고기 대신 넣는다.

마늘종·새우진밥

3배죽

마늘종은 5월이 제철입니다.
혹시나 마트에 갔다가 보게 되면 구입하여 이유식에 넣어보세요.
마늘과 비슷한 효능을 가지고 있는 마늘종은 알리신 성분이 있어
체내 면역력 증강에 도움이 됩니다.

재료

- **진밥** 50~60g
- **새우살** 15g
- **마늘종** 20g

만드는 법

1. 마늘종은 삶은 뒤 5~8mm 크기로 송송 썬다.
2. 새우는 머리와 껍질을 분리한다.
3. 껍질을 벗긴 새우는 배와 등에 있는 내장을 제거한다.
4. 내장을 제거한 새우는 5~8mm 크기로 썬다.
5. 진밥에 육수 150mL를 붓고 4번의 새우와 1번의 마늘종을 넣은 뒤 7~10분 정도 중불에서 잘 끓여준다.

근대·양파·새우진밥

【재료】 ㅁ **진밥** 50~60g ㅁ **새우살** 15g ㅁ **근대** 15g ㅁ **양파** 10g

끓는 물에 살짝 데친 근대의 잎 부분과 양파는 5~8mm 크기로 썰어 **마늘종·새우진밥** 순서에 맞춰 마늘종 대신 넣는다.

파프리카·양송이버섯·새우진밥

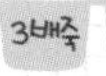

【재료】 ㅁ **진밥** 50~60g ㅁ **새우살** 15g ㅁ **파프리카** 10g ㅁ **양송이버섯** 10g

머리 부분 껍질을 벗긴 양송이버섯과 껍질을 벗긴 파프리카는 5~8mm 크기로 썬 뒤 **마늘종·새우진밥** 순서에 맞춰 마늘종 대신 넣는다.

흑미·애호박·당근·새우진밥

3배죽

흑미를 넣으면 마치 자장밥과 같은 느낌이 난답니다.
100% 흑미로 밥을 지으면 소화가 잘 안 되어 대변으로 그대로 나올 수도 있어요.
아이의 소화 역량을 참고해서 백미와 흑미를 섞어도 좋아요.
그리고 흑미는 하루나 이틀 정도 충분히 물에 불린 뒤에 사용하세요.

재료

- □ **흑미진밥** 50~60g
- □ **새우살** 15g
- □ **애호박** 15g
- □ **당근** 15g

만드는 법

1. 당근은 껍질을 벗기고 5~8mm 크기로 썬다.
2. 애호박은 5~8mm 크기로 썬다.
3. 새우는 껍질을 벗기고 내장을 손질하여 5~8mm 크기로 썬다.
4. 흑미진밥에 물 150mL를 붓고 1~3번의 재료를 넣은 뒤 7~10분 정도 중불에서 잘 끓여 준다.

1

2

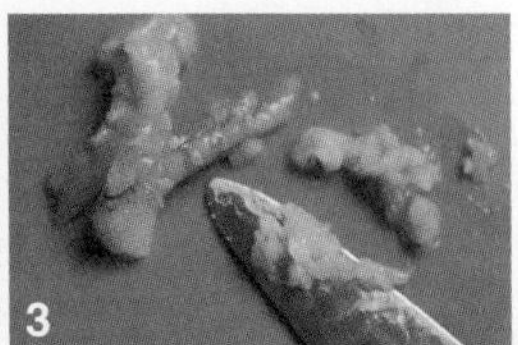
3

4

자장밥처럼 맛있어 보이는 흑미애호박당근새우진밥

청경채·배·새우진밥

【재료】 □ **진밥** 50~60g □ **새우살** 15g □ **청경채** 15g □ **배** 15g

끓는 물에 살짝 데친 청경채의 잎 부분과 배는 5~8mm 크기로 썬 뒤 **흑미·애호박·당근·새우진밥** 순서에 맞춰 애호박과 당근 대신 넣는다.

크림소스새우진밥

3배죽

크림소스와 새우는 매우 잘 어울리는 재료예요.
부드러운 크림소스에 감칠맛이 나는 새우가 들어 있어 정말 맛있습니다.

재료

- **진밥** 50~60g
- **새우살** 15g
- **파프리카** 10g
- **브로콜리** 10g
- **양파** 10g
- **분유물**(모유) 100mL

만드는 법

1. 파프리카는 껍질을 깎아내고 5~8mm 크기로 썬다.
2. 양파는 껍질을 벗겨낸 뒤 5~8mm 크기로 썬다.
3. 브로콜리는 끓는 물에 살짝 데쳐 꽃 부분만 5~8mm 크기로 썬다.
4. 새우는 껍질을 벗기고 내장 손질을 하여 5~8mm 크기로 썬다.
5. 1~2번의 재료에 물을 살짝 부어 먼저 볶는다.
6. 5번에 분유물(모유)을 넣어 끓인다.
7. 6번에 진밥과 새우살을 넣어 걸쭉해질 때까지 끓인다.
8. 걸쭉해진 7번에 3번의 브로콜리 넣고 5분 정도 더 익힌다.

크림소스와 새우는 정말 잘 어울려요.

청경채·당근·게살진밥

3배죽

중식의 '게살청경채볶음'에서 아이디어를 내보았습니다.
중식의 대표적 재료가 청경채와 당근인 만큼
궁합도 잘 맞는 이유식이었어요.

만드는 법

재료

- 진밥 50~60g
- 꽃게살 20g
- 청경채 15g
- 당근 15g

1. 꽃게는 찜기에 쪄서 살만 발라낸다.
2. 청경채는 잎 부분만 끓는 물에 살짝 데친 뒤 5~8mm 크기로 썬다.
3. 당근도 끓는 물에 살짝 데친 뒤 5~8mm 크기로 썬다.
4. 진밥에 물 150mL를 넣고 1~3번의 재료를 넣어 7~10분 정도 중불에서 잘 끓여준다.

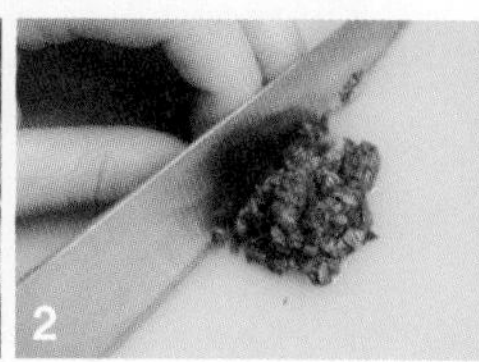

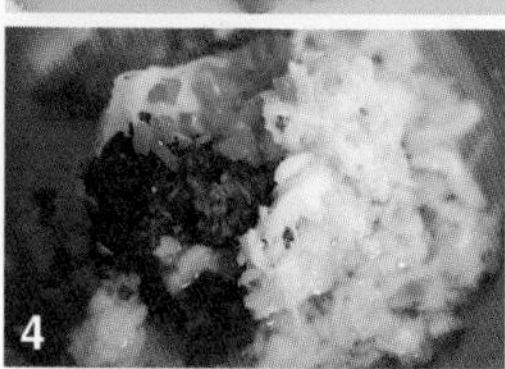

맛있게 먹었으니
엄마 우리 외출해요.

게살과 청경채, 찰떡궁합!

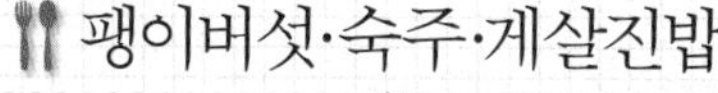

팽이버섯·숙주·게살진밥

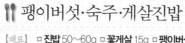

3배죽

【재료】 ㅁ **진밥** 50~60g ㅁ **꽃게살** 15g ㅁ **팽이버섯** 15g ㅁ **숙주** 10g

팽이버섯과 숙주는 5~8mm 길이로 송송 썰어 **청경채·당근·게살진밥** 순서에 맞춰 청경채와 당근 대신 넣는다.

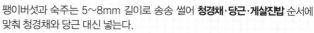

홍시기장리조또

리조또

리조또를 만들 때는 '냉장고 정리'를 해보세요.
정해진 재료나 다소 궁합이 맞는 재료가 아니더라도
냉장고 속 남은 여러 채소를 넣어 리조또를 만들면 조화롭게 어우러집니다.

재료

- 기장진밥 30g
- 진밥(멥쌀) 20~30g
- 닭고기 15g
- 양파 7g
- 가지 7g
- 팽이버섯 7g
- 아보카도 7g
- 홍시 1/2개
- 아기치즈 1/2장

만드는 법

1. 양파는 껍질을 벗기고 5~8mm 크기로 썬다.
2. 가지도 껍질을 벗기고 5~8mm 크기로 썬다.
3. 팽이버섯은 5~8mm 길이로 송송 썬다.
4. 아보카도는 껍질을 벗겨내고 5~8mm 크기로 썬다.
5. 홍시는 껍질과 씨를 제거하고 믹서에 간다.
6. 진밥에 육수 150mL를 붓고 삶아서 다진 닭고기와 1~4번의 재료를 넣은 뒤 끓인다.
7. 재료가 어느 정도 익으면 5번의 홍시를 넣고 중불에서 잘 끓여준다.
8. 마지막에 아기치즈를 넣어 한 번 저어준다.

홍시가 들어가 더 맛있어요.

흑미버섯리조또

리조또

이번 레시피에는 흑미만 100% 사용했는데 만약 아이가 소화하는 데 걱정이라면 백미를 섞어도 됩니다.
흑미를 먹이고 하루이틀 정도 아이가 '검은 똥'을 누더라도 걱정하지 마세요.

재료

- □ **흑미진밥** 50~60g
- □ **닭고기** 15g
- □ **양송이버섯** 15g
- □ **새송이버섯** 15g
- □ **팽이버섯** 10g
- □ **분유물**(모유) 50mL
- □ **아기치즈** 1/2장

만드는 법

1. 팽이버섯, 새송이버섯의 머리 부분, 껍질을 벗긴 양송이버섯의 머리 부분은 5~8mm 크기로 썬다.

2. 1번의 버섯에 육수 50mL를 넣고 끓인다.

3. 버섯이 익으면 흑미진밥과 삶아서 다진 닭고기를 넣고 함께 끓인다.

4. 국물이 조금 걸쭉해지면 분유물(모유)을 넣어 뭉근하게 끓여준다.

5. 마지막에 아기치즈를 넣어 한 번 저어준다.

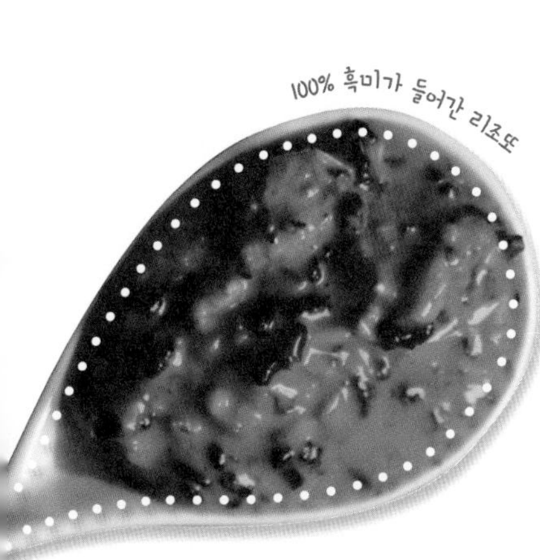

잔치국수

국수

야채도 면처럼 함께 먹을 수 있도록 섞어주는 게 포인트입니다.
야채를 다져서 넣으면 아기가 잘 떠먹지도 손으로 집어먹지도 못하지만
가늘게 채 썰어 국수면처럼 주면 함께 먹을 수 있답니다.
포크보다 손이 먼저 가더라도 굳이 교정해주지 말고 어떤 방식으로든
혼자만의 식사시간을 즐길 수 있도록 해주세요.

재료

- **쌀국수** 40~50가닥
- **소고기** 15g
- **애호박** 10g
- **당근** 10g
- **사과** 10g
- **양파** 10g
- **달걀** 1/2개
- **참기름** 약간

육수

무, 다시마, 양파 적당량

만드는 법

1. 무와 다시마 등을 넣고 육수를 만든다.
2. 당근, 사과, 애호박, 양파는 얇게 채 썰어 1번의 육수를 부어 국수 면처럼 늘어질 때까지 삶는다.
3. 2번은 체에 걸러 육수를 따로 분리하여 식힌다.
4. 국수는 아기가 먹기 편하도록 3~4등분으로 잘라준 뒤 끓는 물에 넣어 삶는다.
5. 5번의 면이 익으면 꺼내어 체를 받쳐 찬물에 헹구고 물기를 빼준다.
6. 달걀은 노른자와 흰자를 구분하여 지단을 만들어 채 썰어둔다.
7. 삶아서 다진 소고기는 참기름을 넣고 볶아둔다.
8. 3번의 야채와 5번의 국수를 잘 섞어준다.
9. 6번의 달걀을 올린 뒤 3번의 육수를 부어준다.
10. 7번의 소고기를 올려준다.

후루룩~

토마토잣비빔국수

국수

겨울보다는 여름에 해주면 참 좋을 새콤하면서도 고소한 비빔국수입니다.
지용성인 토마토의 라이코펜은 항산화작용에 효과적인데
잣이나 호두 같은 지질성분의 재료는 체내 흡수율을 높여주어
함께 먹으면 좋아요. 더불어 맛도 고소해지거든요.

만드는 법

재료

- **쌀국수** 40~50가닥
- **소고기** 15g
- **토마토** 1/2개
- **잣** 3g
- **배** 30g
- **참기름** 약간

1. 토마토는 십자 모양 칼집을 넣어 끓는 물에 데친 뒤 껍질을 벗긴다.
2. 1번의 토마토와 잣, 배를 넣고 믹서에 갈아낸다.
3. 오이와 파프리카는 껍질을 벗기고 5~8mm 크기로 썬다.
4. 삶아서 다진 소고기는 참기름을 둘러 볶아둔다.
5. 국수는 아기가 먹기 편하도록 3~4등분으로 잘라준 뒤 끓는 물에 넣어 삶는다.
6. 5번의 면이 익으면 꺼내어 체를 받쳐 찬물에 헹구고 물기를 빼준다.
7. 6번의 면에 2번의 소스를 부어준다.
8. 3번의 야채와 4번의 소고기를 고명으로 올린다.

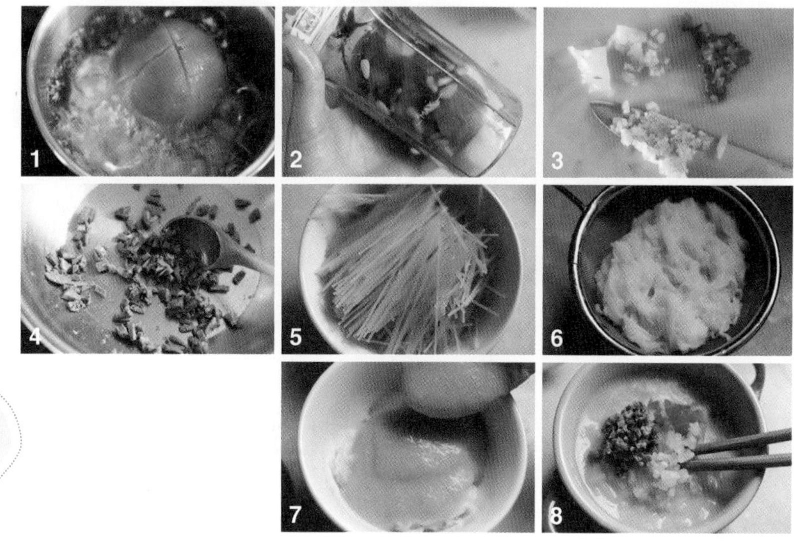

딸기비빔국수

국수

【재료】 ▫ **쌀국수** 40~50가닥 ▫ **딸기** 2~3개

딸기를 강판에 갈아 소스를 만들어둔 뒤 **토마토잣비빔국수**와 같이 삶은 면에 붓고 딸기를 잘게 썰어 고명으로 올려준다.

들깨콩국수

국수

아이들에게는 면이 아주 신기하기만 합니다.
상이나 옷이 더럽혀질 것이 두려워 아이에게 다양한 음식을 해주기 꺼려하거나
먹이면서 계속 닦아내는 엄마들이 있습니다. 전자는 아이가 경험할 수 있는
많은 것들을 빼앗는 셈이고, 후자는 결과적으로 엄마도 아이도 스트레스를 받게 되지요.
물론 먹는 것으로 장난을 쳐서는 안 되지만, 음식의 시각과 촉각, 후각을
직접 경험해가며 먹는 것 자체가 아이에게 아주 좋은 일입니다.

재료

- **쌀국수** 40~50가닥
- **소고기** 10g
- **콩**(서리태) 50g
- **들깨가루** 1큰술
- **오이** 20g
- **참기름** 1/2작은술

만드는 법

1. 콩은 반나절 이상 불려두었다가 끓는 물에 푹 삶아낸다.
2. 삶은 콩과 들깨가루는 물 250mL를 부어 믹서에 갈아낸다.
3. 2번을 체에 걸러 고운 국물을 만들어둔다.
4. 오이는 껍질을 벗기고 5~8mm 크기로 썬다.
5. 삶아서 다진 소고기는 참기름을 둘러 볶아둔다.
6. 국수는 아기가 먹기 편하도록 3~4등분으로 잘라준 뒤 끓는 물에 넣어 삶는다.
7. 6번의 면이 익으면 꺼내어 체를 받쳐 찬물에 헹구고 물기를 빼준다.
8. 7번의 면에 3번의 국물을 부어준다.
9. 4번의 오이와 5번의 소고기를 고명으로 올린다.

맛 좋은 콩국물

크림소스애호박파스타

파스타

스스로 먹기를 권하면서부터 승아는 새로운 감각에 눈 뜨고 있는 것처럼 보였어요.
사실 스스로 먹게끔 포크나 수저를 쥐여주기 전까지는
그릇에서 푸는 시늉이나 또 입으로 가져가는 행동을 할 줄 몰랐거든요.
물론 난장판이 되어 매번 닦고 씻어야 하지만 언젠가는 배워나갈 것이라 믿고 여유 있게
지켜보는 중이랍니다. 아이들은 언제 하나 싫어도 어느새 하게 되니까요.

만드는 법

재료

- **쌀국수** 30~40가닥
- **애호박** 50g
- **분유물**(모유) 100mL
- **액상 생크림** 30g

1. 애호박은 면처럼 아주 가늘게 채 썬다.
2. 채 썬 애호박을 끓는 물에 넣어 물러질 때까지 삶아서 건져둔다.
3. 국수는 아기가 먹기 편하도록 3~4등분으로 잘라준 뒤 끓는 물에 넣어 삶는다.
4. 3번의 면이 익으면 꺼내어 체를 받쳐 찬물에 헹구고 물기를 빼준다.
5. 2번의 애호박과 4번의 면에 분유물(모유)을 붓고 끓인다.
6. 어느 정도 눅진해지면 액상 생크림을 넣어 더 걸쭉하게 끓인다.

탄수화물 보충을 위해 넣었어요.

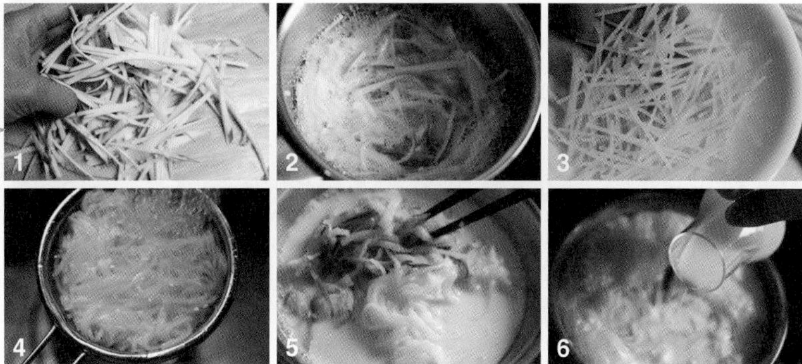

애호박도 면처럼 얇~게!

먹기 바쁘니까 말 걸지 마세요~

잡채밥

특식

블로그 이웃들이 "Two thumbs up!"(정말 최고입니다)이라고 해주신 메뉴예요.
승아에게는 태어나서 가장 많이 먹고, 맛있게 먹고,
끝도 없이 먹은 음식이었어요.

재료

- **진밥** 50~60g
- **돼지고기** 15g
- **소고기** 15g
- **양파** 10g
- **애호박** 10g
- **시금치** 10g
- **새송이버섯** 10g
- **당근** 10g
- **당면** 50g
- **참기름** 1작은술
- **야채스톡** 100mL
- **전분물** (전분 1작은술+물 3작은술

만드는 법

1. 당근은 끓는 물에 넣어 푹 삶고, 시금치는 살짝만 데쳐낸다.
2. 1번의 당근, 1번의 시금치 잎 부분, 양파, 새송이버섯 머리 부분, 애호박은 5~8mm 크기로 썰고, 소고기는 삶은 뒤 5~8mm 크기로 썬다.
3. 돼지고기는 잘게 다져 2번의 소고기와 함께 야채스톡 50mL를 부어 볶는다.
4. 2번도 야채스톡 50mL를 부어 물러질 때까지 익힌다.
5. 당면은 잘 끊어질 정도로 끓는 물에 충분히 삶은 뒤 찬물에 헹구어 물기를 제거한다.
6. 4번의 당면을 5~8mm 크기로 썬다.
7. 6번의 야채가 어느 정도 익으면 3번의 고기와 5번의 당면을 넣고, 참기름을 넣어 볶는다.
8. 육수를 조금씩 부어가며 국물이 자작하게 하되, 전분물을 넣어 걸쭉해지게 한다.
9. 진밥에 8번을 올려낸다.

끝도 없이 먹고 싶어요.

새우팟타이

특식

깊게 우려낸 야채스톡에는 단맛과 감칠맛이 있는데,
새우의 향과 이 맛이 어우러지니 조미료나 소금, 간장 없이도 맛이 좋았어요.
저는 평소에도 비교적 심심하게 간을 하는 편인데도
지금까지 재료맛보다 간에 치중해 먹지 않았나 하는 생각을 했습니다.
이유식을 하면서 요리를 새롭게 배우는 기분이에요.

만드는 법

재료

- **쌀국수** 30~40가닥
- **새우살** 20g
- **양파** 10g
- **애호박** 10g
- **파프리카** 10g
- **숙주** 20g
- **달걀** 1개
- **야채스톡** 100mL
- **참기름** 2작은술

1. 양파, 애호박, 껍질을 깎아낸 파프리카는 5~8mm 크기로 썬다.
2. 숙주는 끓는 물에 푹 삶은 뒤 5~8mm 길이로 송송 썬다.
3. 새우는 손질하여 5~8mm 크기로 썬다.
4. 달걀은 스크램블처럼 만들어둔다.
5. 국수는 아기가 먹기 편하도록 3~4등분으로 잘라준 뒤 끓는 물에 넣어 삶는다.
6. 5번의 면이 익으면 꺼내어 체를 받쳐 찬물에 헹구고 물기를 빼준다.
7. 1~3번의 재료는 야채스톡을 부어 볶아준다.
8. 7번에 5번의 면을 넣어 볶다가 4번의 달걀을 넣고 마저 볶는다.
9. 물기가 자작해지면 참기름을 둘러 센불에 한 번 더 볶아낸다.

물기가 살짝 남을 때까지 볶아요.

감자게살프리타타

 특식

간식으로 주기에도 훌륭한 프리타타에 진밥을 넣어 만들면 끼니가 될 정도로 든든한 특식이 됩니다.

재료

- 진밥 50~60g
- 게살 50g
- 감자 5g
- 파프리카 5g
- 양파 5g
- 애호박 5g
- 브로콜리 5g
- 아기치즈 1/2장
- 분유물(모유) 50mL
- 달걀 1/2개

만드는 법

1. 게는 쪄서 살을 발라낸다.
2. 애호박과 껍질을 벗긴 감자, 양파, 파프리카는 5~8mm 크기로 썬다.
3. 브로콜리는 끓는 물에 살짝 데친 뒤 꽃 부분만 5~8mm 크기로 썬다.
4. 2번의 야채를 볶는다.
5. 야채가 투명해질 정도로 익으면 진밥을 넣고 볶음밥처럼 약불에서 볶아준다.
6. 달걀은 잘 푼 뒤 체에 걸러 알끈을 제거한다.
7. 6번의 달걀에 분유물(모유)을 부어 잘 섞어준다.
8. 5번의 밥을 오븐용기에 담고 게살을 위에 올리고 7번을 부어준다.
9. 3번의 브로콜리와 아기치즈를 올려준다.
10. 175도 오븐에서 20분 정도 구워준다.

무사카

특식

그리스와 터키를 여행한 적이 있는데요.
그때 먹어본 '무사카Moussaka'라는 요리를
승아만의 레시피로 만들어보았어요. 그리스의 유명한 요리인 무사카가
이유식으로 어떻게 바뀌었을까요?

재료

- 진밥 50g
- 소고기 30g
- 가지 30g
- 감자 30g
- 양파 20g
- 당근 20g
- 현미유 1작은술
- 코티지치즈 20g
- 아기치즈 1/2장
- 토마토페이스트 100g
- 현미유 1작은술

크림소스

- 분유물(모유) 100mL
- 전분물 (전분 1작은술+물 3작은술)

만드는 법

1. 가지는 껍질을 벗기고 5~8mm 크기로 썬 뒤 육수 30mL를 붓고 볶는다. 가지가 어느 정도 익으면 현미유 1/2 작은술을 넣고 센불에 한 번 더 볶는다.
2. 감자도 껍질을 벗기고 5~8mm 크기로 썬 뒤 육수 100mL를 붓고 볶는다. 감자가 어느 정도 익으면 현미유 1/2 작은술을 넣고 센불에 한 번 더 볶는다.
3. 소고기는 5~8mm 크기로 썬다.
4. 양파와 당근은 잘게 다지고 3번의 소고기와 함께 볶다가 진밥을 넣어 좀 더 볶아준다.
5. 토마토페이스트를 4번에 넣어 뭉근하게 익을 때까지 볶아 미트소스를 만든다.
6. 오븐용기에 미트소스를 깐다.
7. 그 위에 2번의 감자를 깐다.
8. 그 위에 1번의 가지을 깔고 그 위에 다시 미트소스를 올린다.
9. 분유물(모유)을 끓이다가 전분물을 넣고 눅진하게 끓여 크림소스를 만들어 올린다.
10. 그 위에 다시 2번의 감자, 1번의 가지를 올린다.
11. 마지막으로 미트소스를 다시 올리고, 아기치즈를 올린다.
12. 코티지치즈를 부셔서 얹은 뒤 175도 오븐에서 15분 정도 구워준다.

함박스테이크

특식

죽 형태의 이유식을 하지 않게 되면
고기 섭취를 어떻게 해주어야 할지 고민하게 될 거예요.
그렇다면 가끔 고기를 잘 다져 특식으로 함박스테이크를 해주세요.

재료

- **진밥** 50~60g
- **소고기** 200g
- **돼지고기** 70g
- **양파** 20g
- **양송이버섯** 10g
- **달걀** 1/2개
- **쌀가루** 2작은술
- **토마토페이스트** 100g
- **전분물** (전분 1작은술+물 3작은술)
- **메추리알** 1개

만드는 법

1. 양파 일부는 잘게 다져 물에 한 번 볶는다.
2. 소고기와 돼지고기는 잘게 다진다.
3. 1~2번의 재료에 쌀가루와 달걀을 넣어 반죽한다.
4. 찰기가 느껴질 정도로 치대어 반죽한 뒤 둥글게 모양을 만든다.
5. 175도 오븐에서 30분 정도 구워준다.
6. 남은 양파 일부와 껍질을 벗긴 양송이 머리 부분은 5~8mm 크기로 썬 뒤 믹서에 간 토마토페이스트를 부어 끓인다.
7. 6번에 전분물을 부어 걸쭉하게 만들어 소스로 사용한다.
8. 팬에 물을 찰랑거리게 넣고 끓이다가 메추리알을 깨뜨려 완숙 수란을 만든다.
9. 그릇에 7번의 소스를 깔고 그 위에 구워진 5번의 함박스테이크와 8번의 수란을 얹고 밥과 함께 내어준다.

종이호일을 깔면 바닥이 타지 않아요!

분량대로 하면 이렇게 4개가 만들어져요.

웨지감자를 곁들이면 더 맛있어요.

버섯오믈렛

오믈렛

달걀은 유제품을 넣고 섞은 뒤 체에 내리면
더 부드러운 오믈렛을 만들 수 있어요.

재료

- **진밥** 50~60g
- **소고기** 15g
- **양송이** 20g
- **양파** 10g
- **파프리카** 10g
- **토마토페이스트** 50g
- **달걀** 1개
- **분유물**(모유) 30mL
- **야채스톡** 50mL

만드는 법

1. 껍질을 벗긴 파프리카와 양송이버섯의 머리 부분, 양파는 5~8mm 크기로 썰어 삶아서 다진 소고기와 함께 야채스톡을 붓고 볶는다.
2. 어느 정도 야채가 물러지면 진밥을 넣어 좀 더 끓인다.
3. 토마토페이스트를 넣어 야채가 묽어질 때까지 볶는다.
4. 달걀은 풀어서 체에 걸러 알끈을 제거한다.
5. 분유물(모유)은 식혀서 달걀에 넣어 섞는다.
6. 팬은 미리 달궈놓고 5번의 달걀을 부어 한쪽 면이 살짝 익었을 때 3번의 밥을 올려 말아준다.

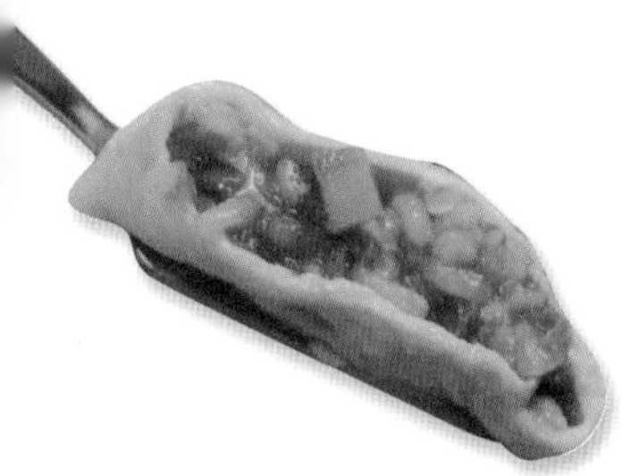

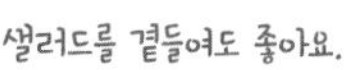
샐러드를 곁들여도 좋아요.

시금치고구마그라탕

특식

승아가 아주 잘 먹은 요리예요.
원래 펜네(파스타면의 일종)를 넣어 만드는 그라탕이지만
진밥을 넣어 진밥 그라탕을 만들어주었어요.
시금치는 이탈리아식 요리에 넣으면 아주 잘 어울린답니다.

만드는 법

재료

- 진밥 50~60g
- 닭고기 15g
- 시금치 15g
- 고구마 15g
- 아기치즈 1장

1. 시금치는 잎 부분만 끓는 물에 살짝 데친 뒤 5~8mm 크기로 썬다.
2. 고구마는 잘 삶은 뒤 칼등으로 눌러 으깬다.
3. 진밥에 육수 50mL를 붓고 삶아서 다진 닭고기와 1~2번의 재료를 넣은 뒤 5분 정도 뭉근히 끓여준다.
4. 3번을 오븐용기에 담아 치즈를 올리고 180도 오븐에서 10분 정도 구워준다.

1

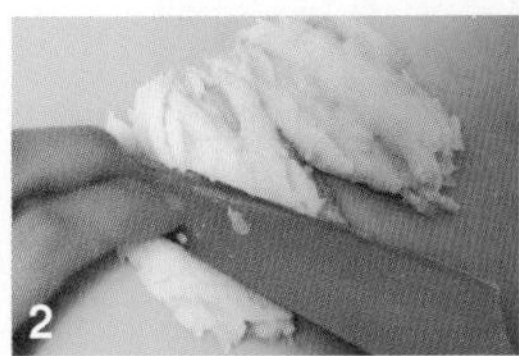
2

3

4

시금치감자그라탕

특식

【재료】 □ **진밥** 50~60g □ **닭고기** 15g □ **시금치** 15g □ **감자** 15g □ **아기치즈** 1장 □ **분유물**(모유) 50mL

감자는 껍질을 벗기고 5~8mm 크기로 썬 뒤 **시금치고구마그라탕** 순서에 맞춰 고구마 대신 넣되, 육수 30mL와 분유물(모유)을 넣고 끓인다.

비트약식

특식

약밥에는 원래 간장도 넣고, 설탕이나 꿀도 넣어야 합니다.
혹은 경우에 따라서 캐러멜 시럽도 넣지만
이 모든 것을 넣지 않고 천연 재료로만 맛과 색을 내어 약식을 만들어보았어요.

재료

- 찹쌀 200g
- 멥쌀 100g
- 비트 80g
- 배 1개
- 밤 100g
- 대추 20g
- 참기름 1큰술

만드는 법

1. 배와 비트는 껍질을 깎아 물 100mL와 함께 믹서에 갈아낸다.
2. 갈아낸 배와 비트는 체에 걸러 즙만 준비한다.
3. 멥쌀과 찹쌀에 2번의 즙 2/3를 붓고 쌀을 불린다.
4. 대추는 껍질이 팽팽해질 때까지 삶은 뒤 껍질을 벗기고 5~8mm 크기로 썬다.
5. 밤은 껍질을 깎아 5~8mm 크기로 썬다.
6. 3번의 쌀에 4번의 대추, 5번의 밤을 넣고 3시간 이상 불린다.
7. 압력밥솥을 이용하여 밥을 짓듯이 밥을 한다.
8. 밥이 다 되면 참기름을 넣고 잘 섞어준다.
9. 밥의 일부는 틀에 넣는다.
10. 밥의 일부는 2번의 남은 즙 1/3을 끓여 시럽으로 만들어 부어준다.
11. 10번의 시럽이 들어간 밥을 틀에 넣어준다.

남은 약식 보관법

1. 랩에 일정량씩 약식을 넣고 사탕처럼 만다.
2. 외출할 때 하나씩 들고 나갈 수 있도록 낱개로 만들어둔다.

소고기난자완스

특식

소고기완자를 만들 때는 안심이나 우둔살 부위가 적당해요.
다지거나 다짐육을 사용하여 만들었다면 보관용기에 넣어 냉장고에서
하루 정도 숙성시켜보세요. 더욱 맛있어진답니다.

만드는 법

재료

- **소고기** 100g
- **전분** 1큰술
- **달걀** 1/2개
- **청경채** 10g
- **양파** 10g
- **양송이버섯** 10g
- **전분물** (전분 2작은술+물 6작은술)
- **야채스톡** 100mL

1. 소고기는 잘게 다져서 달걀과 전분을 넣고 반죽한다.
2. 찰기가 생길 때까지 반죽한 뒤 손에 묻어나지 않을 정도가 되면 작고 둥글게 빚는다.
3. 160도 오븐에서 10분 정도 구워준다.
4. 끓는 물에 살짝 데친 청경채의 잎 부분과 양파, 양송이버섯의 머리 부분은 5~8mm 크기로 썬다.
5. 4번의 야채에 야채스톡을 넣고 끓인다.
6. 5번에 전분물을 넣어가며 농도를 맞춘다.
7. 3번의 완자를 넣고 국물이 걸쭉해질 때까지 충분히 끓인다.

일반 팬이 아닌 오븐에서 구웠기 때문에 육즙이 살아 있어요.

완자는 한입에 넣고 오물오물.

게살수프

수프

게살수프는 특히나 부드러워 목 넘김이 좋고 게살의 감칠맛이 살아 있어 자신 있게 추천할 수 있는 메뉴예요. 수프만 주어도 좋고 진밥에 수프를 끼얹어가며 덮밥식으로 주어도 훌륭합니다.

재료

- **게살** 50g
- **달걀**(흰자) 1개
- **당근** 10g
- **양파** 10g
- **참기름** 1작은술
- **치킨스톡** 200mL
- **전분물** (전분 2작은술+물 6작은술

만드는 법

1. 양파는 5~8mm 크기로 썰고, 당근은 가늘게 채 썬다.
2. 게는 쪄서 살만 발라낸다.
3. 1번의 야채에 치킨스톡을 넣고 끓이다가 2번의 게살을 넣는다.
4. 달걀 흰자를 체에 걸러 3번에 바로 넣고 끓인다.
5. 전분물을 부으며 농도를 조절하며 끓여준 뒤 참기름을 부어준다.

언제나 아~

소고기진밥 위에 부어서 덮밥으로 만들어줘도 돼요.

수제소시지

반찬

돼지고기와 소고기를 잘게 다져 여러 야채와 함께 섞어서 만드는 소시지는 토마토비트케첩과 함께 내어주면 좋아요.

재료

- **돼지고기** 300g
- **소고기** 50g
- **전분** 2큰술
- **비타민** 10g
- **양파** 10g
- **양송이버섯** 10g
- **파프리카** 10g
- **아기치즈** 1/2장

만드는 법

1. 비타민과 양파, 양송이버섯과 파프리카 일부는 끓는 물에 살짝 데친다.
2. 1번의 야채는 믹서에 갈아낸다.
3. 남은 파프리카 일부는 껍질을 깎고 매우 잘게 다진다.
4. 돼지고기와 소고기는 잘게 다진 뒤 2번을 넣는다.
5. 전분과 3번의 파프리카를 넣어 찰기가 생길 때까지 반죽한다.
6. 일정량을 덜어내어 200도 오븐에서 20분 정도 구워준다.
7. 오븐에서 꺼내어 바로 치즈를 올려준다.

토마토비트케첩 만드는 법 160쪽 참고

보관법

1. 일정량을 종이호일에 올리고 말아서 얼려둔다.
2. 밀폐용기에 옮겨 담아 먹을 때마다 해동해서 먹는다.

쉬림프토마토피자

피자

도우에 올린 피자는 아이에게 아직 부담스러울 수 있어요.
떠먹는 피자로 영양 가득한 특별식을 해주세요.
치즈가 쭉쭉 늘어나는 피자는 아니지만 촉촉하고 부드럽답니다.

재료

- 진밥 50g
- 새우살 50g
- 자색고구마 60g
- 파프리카 10g
- 양파 10g
- 애호박 10g
- 양송이버섯 10g
- 아기치즈 1장
- 토마토 1개
- 야채스톡 30mL
- 브로콜리 5g
- 토마토비트소스 30g

만드는 법

1. 껍질을 벗긴 파프리카, 양송이버섯 머리 부분, 양파, 애호박, 껍질을 벗긴 토마토는 5~8mm 크기로 썬다.
2. 새우도 손질하여 5~8mm 크기로 썬다.
3. 1번의 야채는 야채스톡을 부어 볶아준다.
4. 야채가 어느 정도 익으면 2번의 새우를 넣고 볶는다.
5. 자색고구마는 쪄서 으깬 뒤 오븐용기에 도우처럼 둘러준다.
6. 토마토비트소스에 브로콜리 꽃 부분만 잘게 다져 넣고 한소끔 끓인 뒤 도우 위에 펴 바른다 (토마토비트소스 만드는 법 597쪽 참고).
7. 진밥을 얇게 깐 뒤 다시 토마토비트소스를 펴 바른다.
8. 그 위에 4번을 올린다.
9. 아기치즈를 올려 200도 오븐에서 10분 정도 구워준다.

촉촉하고 부드러워요.

연두부새싹비빔밥

비빔밥

부드럽고 담백하고 상큼한 비빔밥이에요.
제가 여러 수식어를 달아놓은 만큼 아이가 잘 먹을 거예요.
넉넉히 만들어서 어른의 밥상에는 간장양념장과 함께 내어보세요.

재료

- **진밥** 50~60g
- **닭고기** 15g
- **새싹** 30g
- **연두부** 15g
- **사과** 1/2개
- **양파** 20g
- **참기름** 1작은술

만드는 법

1. 새싹은 깨끗하게 씻어 끓는 물에 물러질 때까지 삶는다.
2. 삶은 새싹은 찬물에 한 번 헹군 뒤 5~8mm 크기로 썬다.
3. 진밥에 육수 150mL를 넣고 삶아서 다진 닭고기와 함께 끓인다.
4. 연두부는 끓는 물에 살짝 데친다.
5. 사과와 양파는 믹서에 갈아낸다.
6. 5번을 뭉근해질 때까지 끓여 소스로 만들어둔다.
7. 3번의 밥에 새싹과 연두부를 올린다.
8. 7번에 6번의 사과소스를 올린다.
9. 참기름을 넣고 비빈다.

맛있게 비벼진 새싹비빔밥

두부선

 특식

아이디어는 두부선에서 출발했으나 만들고 보니
'두부밥버거'가 되었어요. 이유식 후기에 줄 만한 특식이기도 하지만
유아식으로도 좋을 거예요.

재료

- **진밥** 50~60g
- **닭고기** 20g
- **두부** 2/3모
- **달걀**(노른자) 1개
- **부추** 20g
- **파프리카** 20g
- **현미유** 약간

만드는 법

1. 두부는 칼등으로 눌러 으깬다.
2. 으깬 두부는 젖은 면보에 담아 물기를 꽉 짠다.
3. 2번의 두부에 갈아낸 닭고기와 달걀 노른자를 넣고 잘 섞어 찰기가 생길 때까지 반죽한다.
4. 파프리카와 부추는 5~8mm 크기로 썬 뒤 현미유에 살짝 볶아준다.
5. 4번에 진밥을 넣고 함께 볶는다.
6. 찜기에 면보를 깐 뒤 3번의 반죽을 깔고 그 위에 5번의 밥을 올린다.
7. 그 위에 3번의 반죽을 한 번 더 깔아준 뒤 15~20분 정도 찜기에서 찐다.
8. 아기가 먹기 좋게 잘라준다.

야채달걀찜밥

찜밥

진밥도 죽도 아닌 찜밥은 꽤 그럴싸한 한 끼 식사가 됩니다.
만들기도 간단해서 아침에 뚝딱 만들어낼 수 있는 특식이기도 해요.

만드는 법

재료

- **진밥** 50~60g
- **소고기** 15g
- **대파** 10g
- **양파** 10g
- **파프리카** 10g
- **달걀** 1개

1. 껍질을 벗긴 파프리카와 양파, 대파는 5~8mm 크기로 썬다.
2. 달걀은 잘 푼 뒤 체에 걸러 알끈을 제거한다.
3. 뚝배기에 육수 50mL를 붓고 먼저 끓인 뒤 1번의 야채를 넣는다.
4. 3번이 한소끔 끓어오르기 직전에 2번의 달걀을 넣어 젓가락으로 빠르게 풀어낸다.
5. 진밥을 넣고 잘 저어준다.
6. 삶아서 다진 소고기를 넣어 함께 익히되, 타지 않도록 계속 저어준다.

뚝딱 만들어낼 수 있어요.

한 그릇 더 먹으면 안 되나요?

연두부달걀탕

탕

야채스톡과 고소한 달걀, 연두부가
조화롭게 어우러져 간을 하지 않아도 무척 맛이 좋아요.
연두부의 경우 뜨거울 때 먹으면 위험하니 충분히 식혀서 먹이세요.

재료

- 연두부 15g
- 달걀 1개
- 애호박 10g
- 양파 10g
- 만송이버섯 10g
- 야채스톡 200 mL

만드는 법

1. 야채스톡은 끓인다.
2. 애호박, 양파, 만송이버섯은 잘게 다져 1번에 넣고 계속 끓인다.
3. 달걀은 잘 푼 뒤 체에 걸러 알끈을 제거한다.
4. 2번에 3번의 달걀을 넣고 약불에서 천천히 풀어낸다.
5. 연두부를 조금씩 떠 넣으며 한소끔 더 끓인다.

간을 하지 않아도 맛있어요.

소고기진밥과 함께 주세요.

맑은새우탕

탕

새우의 시원한 맛이 일품인 새우탕, 맑은 국물로 만들어보았어요.
한 가지 명심할 것은 탕(국)을 반찬으로 줄 때 밥을 말지 마세요.
씹는 연습을 할 수 없기 때문이에요.
밥을 먹고 따로 떠먹는 정도로 생각하는 것이 좋습니다.

만드는 법

재료

- **새우** 50g
- **무** 10g
- **애호박** 10g
- **양파** 10g
- **야채스톡** 100mL

1. 무는 껍질을 깎아내고 5~8mm 크기로 썬다.
2. 애호박도 5~8mm 크기로 썬다.
3. 양파도 5~8mm 크기로 썬다.
4. 새우도 손질하여 5~8mm 크기로 썬다.
5. 야채스톡에 1번의 무를 넣고 먼저 끓인다.
6. 무가 어느 정도 익으면 2~3번의 재료를 넣고 계속 끓이다가 마지막에 새우를 넣고 한소끔 더 끓인다.

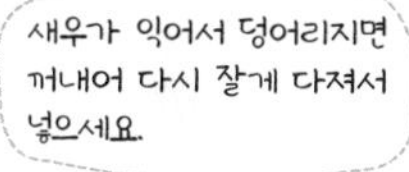
새우가 익어서 덩어리지면 꺼내어 다시 잘게 다져서 넣으세요.

시원한 맛이 일품이에요.

새우완자탕

탕

새우를 믹서에 갈아내면 아주 부드러운 입자가 되기 때문에
아이가 입에 넣으면 쉽게 으깨어진답니다.

만드는 법

재료

- **새우** 50g
- **양파** 5g
- **당근** 5g
- **전분** 1작은술
- **래디시** 10g
- **애호박** 10g
- **야채스톡** 200mL

1. 새우는 껍질과 내장을 제거하여 손질한다.
2. 1번의 새우와 양파, 당근은 믹서에 함께 갈다가 전분을 넣고 마저 갈아낸다.
3. 완성된 반죽은 치대어 작고 둥글게 빚는다.
4. 애호박과 래디시는 5~8mm 크기로 썬다.
5. 야채스톡에 4번의 야채를 넣고 먼저 끓인다.
6. 야채가 어느 정도 익으면 3번의 새우완자를 넣고 마저 끓인다.

새우완자가 매우 부드러워요.

오잉?
벌써 다
먹어버렸어요.

감자뇨끼

특식

이탈리아식 수제비인 감자뇨끼를 만들어보았어요.
이탈리아식으로 하면 너무 쫀득하여 아이에게
다소 부담스러울 수 있어서 프랑스식 감자뇨끼로 조리하였습니다.

만드는 법

재료

- **감자** 2개
- **버터** 20g
- **밀가루** 30g
- **달걀** 1개
- **브로콜리** 15g
- **아기치즈** 1장
- **토마토비트소스**

1. 감자는 푹 삶아 뜨거울 때 으깨어둔다.
2. 버터는 팬에 녹여 약불에서 밀가루를 넣어 빠르게 섞는다.
3. 2번의 불을 끄고 달걀을 넣는다.
4. 3번을 빠른 속도로 섞어주면 슈반죽이 된다.
5. 1번의 으깬 감자에 4번의 슈반죽을 넣고 반죽한다.
6. 5번의 반죽을 작은 타원형으로 만들고 포크를 이용하여 뇨끼 모양을 낸다.
7. 끓는 물에 6번을 넣고 끓이다가 위로 떠오르면 바로 건져올린다.
8. 뇨끼를 오븐용기에 담고 토마토비트소스를 끼얹는다.
9. 브로콜리는 끓는 물에 살짝 데친 뒤 꽃 부분만 잘게 다져 8번에 뿌린다.
10. 마지막으로 아기치즈를 올리고 190도 오븐에서 15분 정도 구워준다.

토마토비트소스

소스

【재료】 □ **토마토** 1개 □ **양파** 15g □ **비트** 5g □ **사과** 30g
□ **전분물**(전분 1작은술 + 물 3작은술)

토마토와 양파는 끓는 물에 살짝 데치고, 사과, 비트와 함께 믹서에 간 뒤 한 소끔 끓인 뒤 전분물을 넣고 좀 더 끓여낸다.

닭온반

특식

겨울철 따뜻한 국물의 닭온반은 훌륭한 보양식이 됩니다.
닭온반은 함경도 음식인데 비빔밥의 종류라 합니다.
밥에 나물을 얹고 닭고기를 넣어 국물을 자작하게 부어 먹는 음식이에요.

만드는 법

재료

- **진밥** 50~60g
- **당근** 15g
- **애호박** 15g
- **참기름** 1작은술

닭온반 육수

- **애호박** 50g
- **무** 50g
- **양파** 50g
- **당근** 50g
- **닭다리** 1개

1. 당근, 애호박, 양파, 무, 닭다리를 넣고 푹 삶아 국물을 우려낸다.
2. 닭이 익으면 건더기를 모두 면보에 걸러 국물만 걸러내어 육수로 준비한다.
3. 삶은 닭다리는 껍질을 모두 벗기고 순살만 아주 잘게 찢는다.
4. 애호박은 가늘게 채 썬 뒤 2번의 육수를 약간 넣어 볶아주다가 참기름 1/3작은술을 넣어 물러질 때까지 볶아준다.
5. 1번의 당근을 가늘게 채 썰어 2번의 육수를 약간 넣어 볶아주다가 참기름 1/3작은술을 넣어 볶아준다.
6. 3번의 닭고기도 2번의 육수를 약간 넣어 볶아주다가 참기름 1/3작은술을 넣어 볶아준다.
7. 진밥을 그릇에 담는다.
8. 4~6번의 재료를 올리고 2번의 육수를 붓는다.

밥두부동그랑땡

반찬

Mom

동그랑땡을 찌는 이유는 굽는 조리법으로 너무 오래 음식을 데우지 않기 위해서예요. 쪄서 고기나 채소 등을 익히고 굽는 것은 풍미를 더하는 용도로만 이용하세요. 찐 밥두부동그랑땡은 기름을 조금 둘러 노릇하게 구워내는데, 이때 달걀물을 풀어 적신 뒤 구워도 되고 그냥 앞뒤 고루 타지 않게 구워내도 좋습니다.

재료

- **진밥** 40~50g
- **돼지고기**(안심) 30g
- **두부** 2/3모
- **파프리카** 5g
- **당근** 5g
- **양파** 5g
- **부추** 5g
- **현미유** 약간
- **치킨스톡** 30mL

만드는 법

1. 껍질을 벗긴 파프리카와 당근, 양파, 부추는 5~8mm 크기로 썬다.
2. 1번의 야채는 치킨스톡 30mL를 넣고 볶는다.
3. 두부는 칼등으로 눌러 으깬다.
4. 면보에 3번의 두부와 2번의 볶은 야채를 넣어 물기를 꼭 짠다.
5. 진밥과 4번을 잘 섞어준다.
6. 돼지고기는 믹서에 갈아서 5번에 넣고 치대어 반죽한다.
7. 동그랑땡 모양으로 작고 둥글게 빚는다.
8. 찜기에 넣어 7~10분 정도 찐다.
9. 찐 동그랑땡은 팬에 현미유를 두르고 살짝 구워낸다.

양파부추전

전

전 종류는 무슨 재료로 해주어도 참 잘 먹어요.
전을 부칠 때 양파를 넣어 부치면 무척 달큰해져요.
재료는 일부 곱게 갈아내고, 일부는 다져서 넣어보세요.
또 오징어를 잘게 갈아 넣거나 새우를 다져 넣으면 맛이 더 좋아진답니다.

만드는 법

재료

- **양파** 20g
- **부추** 10g
- **밀가루** 40g
- **현미유** 약간
- **멸치육수** 30mL

1. 부추와 양파는 일부 멸치육수와 함께 믹서에 곱게 갈아낸다.
2. 남은 부추와 양파의 일부는 5~8mm 크기로 썬다.
3. 밀가루에 1번을 넣고 잘 섞는다.
4. 3번에 2번의 야채를 넣고 반죽한다.
5. 현미유를 두르고 팬에 노릇하게 굽는다.

치킨크림스튜

특식

승아의 첫 크리스마스를 맞이하여
크리스마스 분위기가 물씬 나는 크림스튜를 만들어보았어요.
육아를 하며 아이도 엄마도 아무 날이 아닌 듯 지나갈 수 있겠지만
집에서라도 맛있는 음식으로 기분을 내보세요.

재료

- **닭고기** 60g
- **파프리카** 30g
- **애호박** 30g
- **양송이버섯** 30g
- **치킨스톡** 50mL
- **액상 생크림** 50g

만드는 법

1. 껍질을 벗긴 파프리카는 5~8mm 크기로 썬다.
2. 양송이버섯의 머리 부분은 껍질을 벗겨 5~8mm 크기로 썬다.
3. 애호박도 5~8mm 크기로 썬다.
4. 삶아서 다진 닭고기와 1~3번의 재료에 치킨스톡을 부어 끓인다.
5. 야채가 어느 정도 익으면 액상 생크림을 넣고 야채가 무르게 익을 때까지 푹 끓인다.

미트로프

특식

크리스마스를 기념하는 특식으로 미트로프도 만들어주었어요.
아직은 산타할아버지도 모를 나이이지만,
승아도 크리스마스 분위기를 느껴보라고 만든 크리스마스 푸드.
분유물을 넣은 매시드포테이토를 사이드 메뉴로 만들어주면 더욱 좋아요.

만드는 법

재료

- 소고기 150g
- 돼지고기 75g
- 달걀 1개
- 빵가루 100g
- 양송이버섯 30g
- 당근 30g
- 양파 30g
- 토마토비트소스 100g

1. 머리 부분 껍질을 벗긴 양송이버섯과 양파, 당근은 5~8mm 크기로 썬다.
2. 소고기와 돼지고기는 다진다.
3. 1번의 야채에 빵가루와 달걀을 넣고 치대어 반죽한다(빵가루 만드는 법 하단 레시피 참고).
4. 반죽은 타원형으로 만든다.
5. 오븐용기에 담는다.
6. 토마토비트소스를 윗면에 고르게 발라서 180도 오븐에서 40분 정도 구워준다(토마토비트소스 만드는 법 597쪽 참고).

육즙이 흘러나와야 하므로 핏물을 제거할 필요가 없어요.

분량대로 하면 두 덩어리가 나와요.

오늘도 메리크리스마스!

습식빵가루

빵가루

【재료】 □ **식빵**

식빵을 믹서에 넣고 잘 갈아준다(건식빵가루를 만들 때에는 전자레인지에 잠깐 식빵을 돌린 뒤 습기를 말린 후 똑같은 방법으로 믹서에 갈면 된다).

토마토그릇밥

특식

큰 토마토뿐만 아니라 방울토마토로도 만들어보았어요.
쪼글쪼글해진 껍질은 목에 걸릴 수도 있으니 벗겨주세요.
토마토 과즙이 밥까지 스며들어 촉촉하고 맛있습니다.

만드는 법

재료

- **진밥** 50~60g
- **소고기** 15g
- **토마토** 1개
- **양파** 10g
- **파프리카** 10g
- **애호박** 10g
- **양송이버섯** 10g
- **아기치즈** 1/2장
- **토마토비트소스** 30g

1. 깨끗하게 씻어낸 토마토는 밑동을 얇게 잘라낸다.

2. 뚜껑이 될 만한 두께로 토마토 위도 잘라낸다.

3. 칼을 둘러 홈을 만들어둔 뒤 숟가락으로 속을 깨끗하게 파낸다.

4. 껍질을 벗긴 파프리카와 양송이버섯 머리 부분, 애호박과 양파는 5~8mm 크기로 썬다.

5. 삶아서 다진 소고기와 진밥, 4번의 야채를 넣고 육수 50mL를 부어 끓인다.

6. 5번에 토마토비트소스를 넣고 야채가 물러질 때까지 볶아준다(토마토비트소스 만드는 법 597쪽 참고).

7. 3번의 토마토에 6번의 밥을 넣고 아기치즈 1/4장을 얹는다.

8. 그 위에 다시 6번의 밥을 채우고 다시 아기치즈 1/4장을 얹는다.

9. 180도 오븐에서 15분 정도 구워준다.

제가 좋아하는 토마토~♪

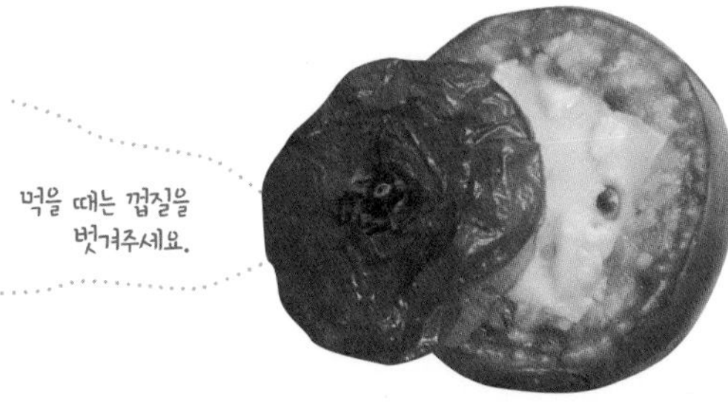

먹을 때는 껍질을 벗겨주세요.

과일초밥

특식

천연 재료로 만든 단촛물로 초밥을 만들고 생선 대신
달콤한 과일을 얹으면 정말 맛있는 과일초밥이 된답니다.
밥을 거부하는 아이에게 해줄 수 있는 과일밥이에요.
며칠간 밥을 먹지 않으려던 승아가 과일초밥 덕분에 밥을 꽤 많이 먹었답니다.

재료

- **진밥** 50~60g
- **소고기** 15g
- **과일**(딸기, 키위, 배, 오이, 아보카도, 파인애플, 오렌지 등)

단촛물

- **레몬즙** 2큰술
- **배** 1/2개

만드는 법

1. 배를 믹서에 간다.
2. 간 배는 체에 내려 즙만 걸러낸다.
3. 맑게 걸러진 배즙을 끓이다가 레몬즙을 넣고 마저 끓인다.
4. 즙 색이 진해질 때까지 끓이면 단촛물이 완성된다.
5. 과일은 껍질을 벗겨내고 매우 얇게 썰어둔다.
6. 진밥에 삶아서 다진 소고기를 넣은 후 육수 20mL를 붓고 한 번 끓여준다.
7. 6번에 4번의 단촛물을 붓고 비벼준다.
8. 아기가 먹기 편하도록 작고 둥글게 만들어 과일을 올려준다.

제가 언제 밥을 거부했다고 그러세요?

야채주먹밥

주먹밥

죽과 같은 형태면 아이가 주먹밥으로 먹기 힘들어 해요.
야채와 진밥은 잠시 상온에 두고 수분을 날리고 식히도록 합니다.
질척한 진밥으로 만든 주먹밥은 호둣가루에 굴려주면
손에 묻지 않고 고소한 핑거푸드가 됩니다.

만드는 법

재료

- **진밥** 50~60g
- **소고기** 15g
- **파프리카** 10g
- **양파** 10g
- **양송이버섯** 10g
- **완두콩** 10g
- **참기름** 1작은술

1. 껍질을 벗긴 파프리카, 양송이버섯 머리 부분, 양파는 아주 잘게 다진다.
2. 완두콩은 삶은 뒤 껍질을 벗겨 듬성듬성 썬다.
3. 1~2번의 재료에 육수 50mL를 부어 끓인 뒤 잠시 수분을 날리며 식혀준다.
4. 진밥은 삶아서 다진 소고기를 넣고 육수 30mL를 부어 끓인 뒤 잠시 수분을 날리며 식혀준다.
5. 3번의 야채와 4번의 밥을 함께 섞다가 참기름을 넣고 마저 비벼준다.
6. 아기가 한입에 넣을 수 있도록 작고 둥글게 빚는다.

오물오물
냠냠!

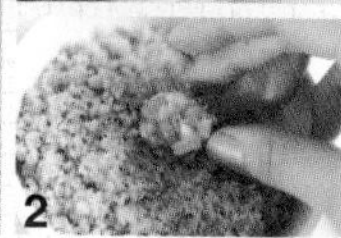

호둣가루 곁들이기

【재료】 □ **호두** 30g

1. 호두를 믹서에 간다(호두 전처리 방법 129쪽 참고).
2. 간 호둣가루에 주먹밥을 굴린다.

새우주먹밥

주먹밥

Mom 주먹밥을 만들 때 너무 질척거려 만들기도 어렵고 아이가 먹기도 곤란하다면 이렇게 해보세요. 다진 야채와 새우는 물기가 없을 때까지 육수볶음하고, 볶아진 야채를 진밥에 넣어 비비는 거예요. 밥까지 한데 넣어 볶을 때보다 손에 달라붙지 않아요. 갈아낸 깨나 견과류에 굴려내어주는 것도 방법이랍니다.

만드는 법

재료

- **진밥** 50~60g
- **새우** 20g
- **부추** 15g
- **당근** 15g
- **야채스톡** 50mL

1. 당근과 부추는 아주 잘게 다지고, 새우는 믹서에 갈아낸다.
2. 1번의 야채에 야채스톡을 붓고 먼저 끓인 뒤 새우를 넣어 볶는다.
3. 진밥에 2번을 넣고 잘 비벼준다.
4. 아이가 한입에 넣을 수 있도록 작고 둥글게 빚는다.

1

2

3

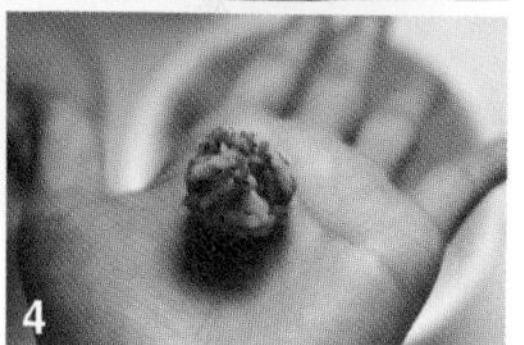
4

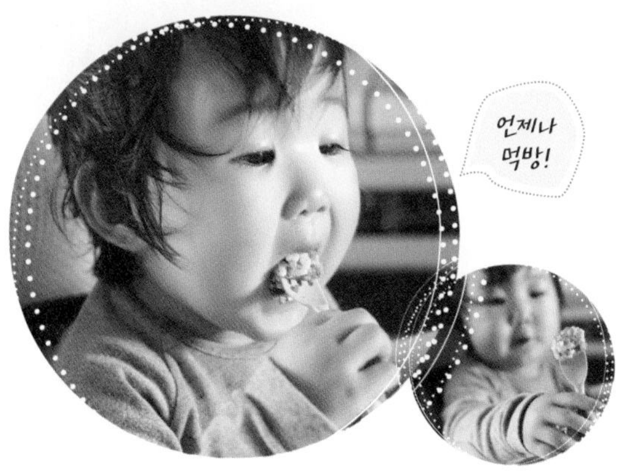

깨주먹밥

주먹밥

【재료】 □ **진밥** 50~60g □ **소고기** 15g □ **양송이버섯** 15g □ **당근** 15g □ **양파** 15g □ **검은깨** 1큰술 □ **참깨** 1큰술 □ **야채스톡** 50mL

껍질을 깐 양송이버섯의 머리 부분, 당근, 양파는 아주 잘게 다진 뒤 야채스톡을 부어 야채가 익을 때까지 볶아내고 삶아서 다진 소고기를 넣어 좀 더 볶는다. 이를 진밥과 비벼 둥글게 빚어 주먹밥을 만든 뒤 참깨와 검은깨를 믹서에 각각 갈아 고물처럼 묻혀준다.

미트볼덮밥

덮밥

승아가 미트볼덮밥을 먹을 때쯤, 그러니까 만 11개월이 되었을 무렵 포크로 미트볼을 찍어 입까지 가져가 오물오물 먹더라고요. 아이가 새로운 기술을 배워나갈 때마다 연습할 수 있는 음식을 만들어주세요.

만드는 법

재료

- **진밥** 50~60g
- **소고기** 50g
- **돼지고기** 25g
- **양파** 1/4개
- **전분** 2작은술
- **현미유** 약간
- **치킨스톡** 50mL
- **파프리카** 20g
- **브로콜리** 20g
- **토마토페이스트** 50g

1. 양파는 5~8mm 크기로 썬 뒤 현미유를 살짝 두르고 매운 냄새가 사라지고 양파가 투명해질 때까지 볶는다.
2. 돼지고기와 소고기를 다져 1번의 양파를 식혀서 넣은 뒤 전분과 잘 섞어준다.
3. 찰기가 생길 정도로 치대어 반죽한다.
4. 작고 둥글게 빚는다.
5. 찜기에 넣고 10분간 찐다.
6. 치킨스톡은 따로 끓이다가 토마토페이스트를 넣고 잘 풀어가며 끓인다(토마토페이스트 만드는 법 159쪽 참고).
7. 파프리카는 껍질을 깎고 5~8mm 크기로 썰어 6번에 넣는다.
8. 5번의 찐 미트볼도 넣는다.
9. 파프리카가 익어갈 때쯤 끓는 물에 살짝 데쳐 꽃 부분만 5~8mm 크기로 썬 브로콜리를 넣어 익힌다.

새로운 기술
선보이는 승아예요.
포크로 쿡!

삼색스크램블덮밥

덮밥

고기와 야채를 다져넣어 끓이는 진밥이 지겨울 땐
치킨스톡을 부어 덮밥을 해주세요.
비트, 부추도 갈아서 넣으면 더욱 영양가 있는 달걀 스크램블이 된답니다.

재료

- □ **진밥** 50~60g
- □ **소고기** 15g
- □ **비트** 10g
- □ **부추** 10g
- □ **달걀** 1개
- □ **현미유** 약간
- □ **치킨스톡** 100mL

만드는 법

1. 부추는 믹서에 갈아서 즙을 낸다.
2. 비트도 믹서에 갈아서 즙을 낸다.
3. 달걀은 알끈을 제거한 뒤 잘 풀어서 3등분으로 나눠 담는다.
4. 2개의 그릇에는 각각 1번의 부추즙, 2번의 비트즙을 붓고 뭉치지 않게 잘 섞는다.
5. 팬에 현미유를 두르고 4번의 달걀을 각각 스크램블한다.
6. 진밥에 삶아서 다진 소고기를 넣고 육수 150mL를 부어 끓여준다.
7. 덮밥소스로 쓸 치킨스톡은 따로 끓여놓는다.
8. 그릇에 6번의 진밥을 담고 5번의 스크램블을 올린 뒤 7번의 치킨스톡을 살짝 둘러준다.

야채닭고기덮밥

덮밥

덮밥을 만들 때는 전분물을 너무 많이 넣지 마세요. 심하게 걸쭉해진 덮밥소스는 식으면서 뭉치고 먹기에 불편한 형태가 되거든요. 끓인 직후 약간 걸쭉해 물처럼 잘 흘러내리는 정도가 좋아요.

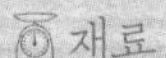

재료

- **진밥** 50~60g
- **닭고기** 15g
- **옥수수** 10g
- **당근** 10g
- **새송이버섯** 10g
- **브로콜리** 10g
- **야채스톡** 100mL
- **전분물**
  (전분 1작은술+물 3 작은술

만드는 법

1. 새송이버섯, 당근, 브로콜리 꽃 부분은 5~8mm로 썰고, 옥수수는 끓는 물에 살짝 데친 뒤 껍질을 벗겨내고 듬성듬성 썬다.
2. 야채스톡에 1번의 야채와 삶아서 다진 닭고기를 넣고 끓인다.
3. 전분물로 농도를 맞춘 뒤 진밥 위에 올려준다.

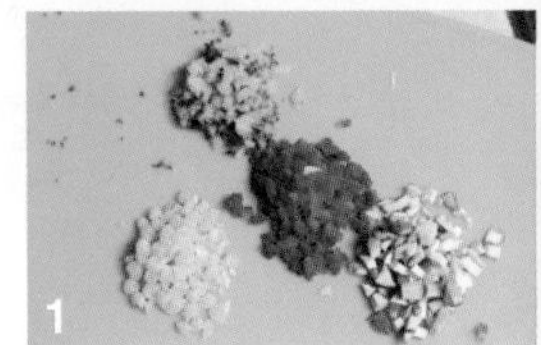

1

2

3

오렌지소스두부덮밥

덮밥

후기 이유식이나 완료기 초반까지는 밥을 끓여 진밥으로 내주세요.
이 덮밥은 "폐렴을 앓은 후 아이가 입맛을 잃었는데 이 레시피로 입맛이 다시 돌아왔어요."라는 블로그 이웃님의 댓글도 달렸던 뿌듯한 레시피예요.
새콤달콤 탕수육 소스와 비슷하답니다.

재료

- **진밥** 50~60g
- **소고기** 15g
- **두부** 20g
- **전분** 적당량
- **전분물** (전분 1작은술+물 3작은술)
- **현미유** 약간

오렌지소스

- **오렌지** 1개 (오렌지즙 80g)
- **배** 1/2개(배즙 80g)
- **브로콜리** 15g
- **양파** 15g
- **야채스톡** 50mL

만드는 법

1. 오렌지는 반을 갈라 즙을 짜낸다.
2. 배는 믹서에 갈아 체에 걸러 즙만 낸다.
3. 1번의 오렌지즙과 2번의 배즙을 섞는다.
4. 3번에 5~8mm 크기로 썬 양파를 넣고 끓인다.
5. 양파가 어느 정도 투명해지면 끓는 물에 데친 뒤 꽃 부분만 잘게 다진 브로콜리와 야채스톡을 넣고 한소끔 끓여 소스로 만들어둔다.
6. 두부는 1cm 크기로 썬다.
7. 썬 두부는 전분을 묻힌다.
8. 팬에 현미유를 살짝 둘러 노릇하게 구워낸다.
9. 5번의 오렌지소스를 넣고 소스가 잘 배도록 끓인다.
10. 전분물로 농도를 조절한다.
11. 진밥은 삶아서 다진 소고기를 넣고 육수 150mL를 부어 끓인 뒤 10번을 올려준다.

토마토스크램블

특식

브런치 메뉴에 빠지지 않는 것이 토마토와 달걀 스크램블이잖아요?
그만큼 토마토와 달걀은 참 잘 어울려요.
오일을 약간 넣어 라이코펜의 흡수율을 높여주세요.

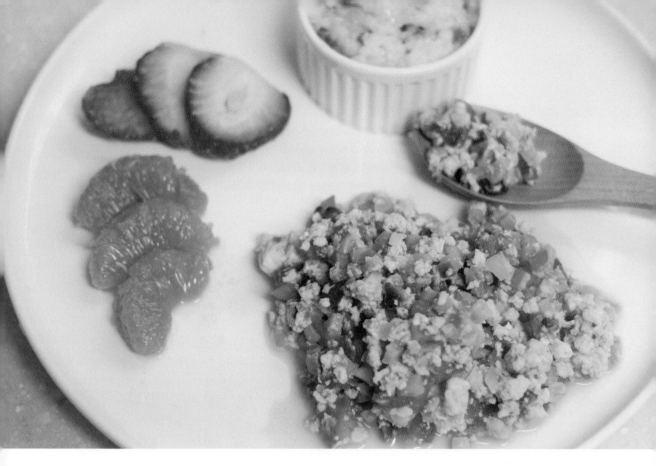

재료

- ㅁ **진밥** 50~60g
- ㅁ **소고기** 15g
- ㅁ **양파** 10g
- ㅁ **양송이버섯** 10g
- ㅁ **애호박** 10g
- ㅁ **야채스톡** 100mL
- ㅁ **토마토** 1/2개
- ㅁ **달걀** 1개
- ㅁ **현미유** 1/2작은술

만드는 법

1. 토마토는 십자 모양으로 칼집을 내고 끓는 물에 데친 뒤 껍질을 벗겨 5~8mm 크기로 썬다.
2. 껍질을 벗긴 양송이버섯 머리 부분과 애호박, 양파는 5~8mm 크기로 썬다.
3. 야채스톡에 2번의 야채를 넣고 볶아준다.
4. 익힌 야채에 현미유를 두른다.
5. 알끈을 제거한 달걀을 넣어 볶는다.
6. 1번의 토마토를 넣어 다시 볶아준다.

토마토와 잘 어울리는 달걀

단호박치즈퐁듀

특식

승아가 태어난 해의 마지막날인 12월 31일을 보내며
특별한 요리를 해줘야지 생각했어요.
엄마가 같이 먹어도 맛좋은 단호박치즈퐁듀가 그 요리였어요.
과일도 주먹밥도 좋고 무르게 푹 삶은 야채도 매우 잘 어울립니다.

재료

- **진밥** 50~60g
- **소고기** 15g
- **가지** 15g
- **완두콩** 15g

퐁듀

- **단호박** 400g
- **분유물**(모유) 100mL
- **아기치즈** 1장

곁들이면 좋을 재료

- **딸기, 파인애플, 키위, 귤, 감자, 고구마 등**

만드는 법

1. 가지는 껍질을 벗기고 5~8mm 크기로 썬다.
2. 완두콩은 삶아서 껍질을 벗기고 듬성듬성 썬다.
3. 1~2번의 재료에 삶아서 다진 소고기를 넣고 육수 30mL를 부어 볶아준다.
4. 3번의 재료를 진밥과 잘 섞어준다.
5. 작고 둥글게 빚는다.
6. 분유물(모유)을 끓이다가 찐 단호박을 으깨어 넣고 뭉근해질 때까지 끓인다.
7. 마지막에 아기치즈 1/2장을 넣고 섞은 뒤 불에서 내린다.
8. 7번을 퐁듀 그릇에 담아 나머지 치즈 1/2장을 잘라 얹는다.
9. 과일은 아기가 먹기 적당한 크기로 잘라 함께 곁들인다(감자나 고구마는 삶은 뒤 썰어준다).
10. 퐁듀에 쿡 찍어서 먹는다.

퐁듀에
쿡!

후기 간식

 팬케이크와 사과콩포트

READY

□쌀가루 50g □배 20g □분유물(모유) 50mL □달걀 1개
□사과 1/2개 □배 1/4개

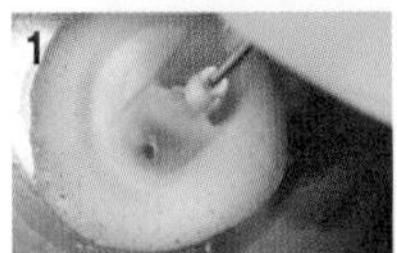

달걀 흰자로 머랭을 부드럽게 만들어둔다.

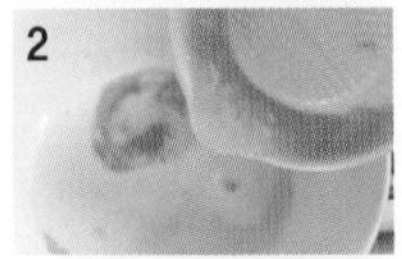

분유물에 달걀 노른자와 배를 강판에 갈아 함께 넣고 섞는다.

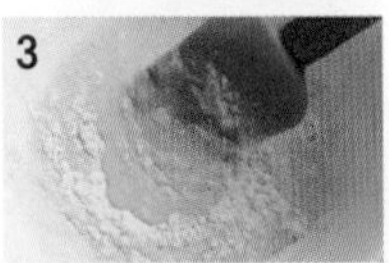

2번에 쌀가루를 넣어 가르듯이 섞어준 뒤 마지막에 1번의 머랭을 넣고 섞는다.

예열된 팬에 반죽을 펼치고 윗면에 기포가 생기면 뒤집어서 마저 익힌다.

* 콩포트는 원래 과일을 설탕에 졸이는 것이지만 설탕을 제외하고 과일만 졸이도록 해요. 사과 일부는 적당한 크기로 썰고, 일부는 배와 같이 강판에 갈아내어 물 100mL를 붓고 눅진해질 때까지 졸입니다.

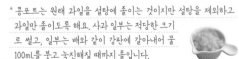

 팬케이크와 망고쿨리

READY

□팬케이크 3개 □망고 1/2개

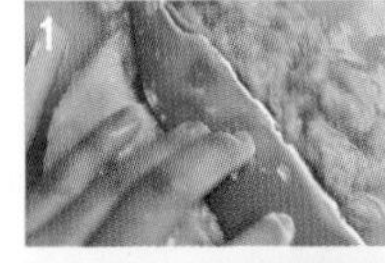

망고는 껍질을 벗기고 씨를 제거한 뒤 칼등으로 눌러 으깬다.

물 5mL를 넣고 수분을 날려준다는 느낌으로 졸여 망고쿨리를 만든다.

팬케이크에 망고쿨리를 올려낸다(팬케이크 만드는 법 왼쪽 레시피 참고).

* 쿨리coulis라는 것은 과일을 간 것이나 과즙을 설탕과 함께 졸여서 만드는 것이에요. 하지만 아기가 먹을 것이므로 설탕은 사용하지 않았어요.

 단호박당근케이크

READY

□쌀가루 30g □당근 20g □단호박 20g □사과 10g
□현미유 1작은술 □달걀 1개

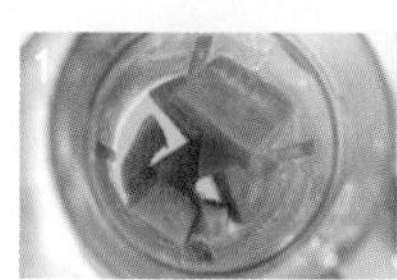

당근과 단호박은 삶은 뒤 믹서에 갈아낸다.

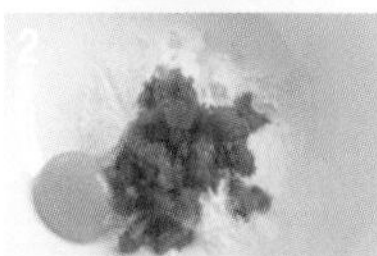

쌀가루, 달걀 노른자, 현미유에 강판에 간 사과와 1번을 넣고 잘 섞어준다.

달걀 흰자는 머랭을 쳐서 2번의 반죽과 살살 섞어준다.

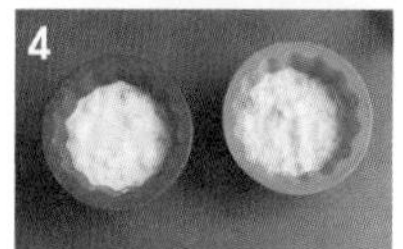

3번의 반죽은 머핀 틀에 넣고 175도 오븐에서 15분 정도 구워준다.

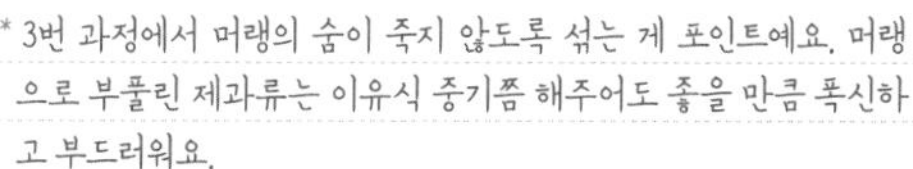

* 3번 과정에서 머랭의 숨이 죽지 않도록 섞는 게 포인트예요. 머랭으로 부풀린 제과류는 이유식 중기쯤 해주어도 좋을 만큼 폭신하고 부드러워요.

 딸기잼샌드

READY

□밀가루(중력분) 55g □분유물(모유) 50mL □달걀 1개
□액상 생크림 40mL □버터(오일) 약간 □딸기잼 적당량
□딸기 2개

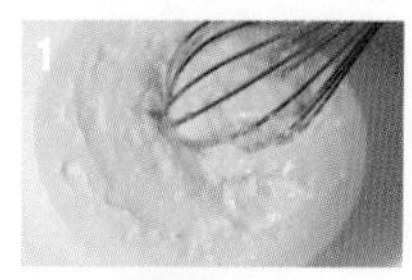

밀가루는 체를 친 뒤 액상 생크림과 분유물(우유)을 넣고 잘 섞어준다.

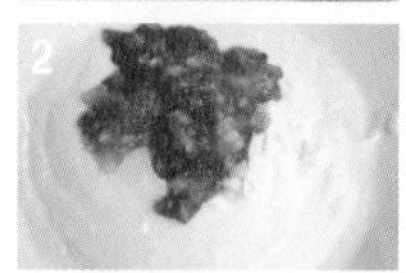

딸기는 잘게 다져 1번에 넣고 반죽한다.

달걀 흰자는 머랭을 친 뒤 2번에 넣고 반죽을 가르듯이 섞어준다.

예열된 팬에 버터를 살짝 바른 뒤 닦아내어 표면에 얇게 퍼지게 반죽을 펼치고 윗면에 기포가 생기면 뒤집어서 마저 익힌다. 한쪽 면에 딸기잼을 바르고 덮어주면 완성(딸기잼 만드는 법 163쪽 참고).

* 아기에게 줄 팬케이크이므로 약불에 조금 더 오랜 시간 구워내는 것이 좋아요.

 아기식빵

READY

▫밀가루(강력분) 300g ▫분유물(모유) 100mL
▫요거트 120mL ▫이스트 4g

1 제빵기에 요거트와 분유물(모유)을 먼저 넣는다(손으로 반죽해도 된다).

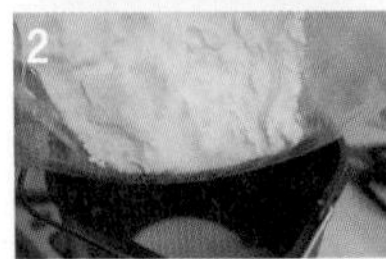

2 1번의 액체류가 고루 덮이도록 밀가루는 체를 쳐서 넣고 그 위로 이스트를 넣고 다시 밀가루를 덧뿌린 뒤 반죽한다.

3 반죽이 완성되면 꺼내어 1시간 정도 1차 발효시킨다(오븐의 발효기능을 활용하면 편하다).

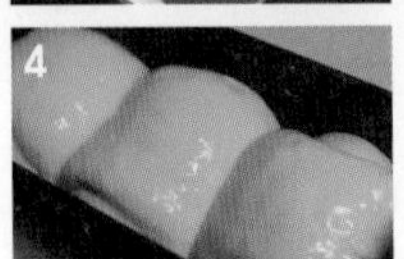

4 반죽을 넓게 펼쳐 가스를 빼준 뒤 둥글게 말아서 젖은 면보를 잠시 덮어두고, 팬닝하여 1시간 30분 정도 2차 발효한다. 그런 뒤 170도 오븐에서 25분 정도 구워준다.

* 4번 과정에서 반죽은 왼쪽과 오른쪽을 먼저 접고 아래부터 돌돌 말아주세요. 완성된 빵은 토스트해서 주세요.

바나나호두파운드

READY

▫버터 40g ▫밀가루(박력분) 85g ▫달걀 1개
▫분유물(모유) 20g ▫바나나 1개 ▫호두 20g

1 버터를 크림처럼 만든 뒤 달걀 노른자와 밀가루를 넣는다(버터 만드는 법 169쪽 참고).

2 1번에 분유물(모유)을 넣고 좀 더 반죽하고, 달걀 흰자는 머랭을 친 뒤 추가로 넣고 섞어 준다.

3 호두는 믹서에 갈아내고 바나나는 포크로 으깨어 반죽에 넣고 계속 섞는다.

4 틀에 80% 정도 채우고 면을 매끈하게 정돈한 뒤 170도 오븐에서 25분 정도 구워준다.

* 실제로 바나나가 들어 있어 촉촉해요. 버터는 실온에 두어 말랑말랑해졌을 때 휘저으면 크림화가 돼요.

 단호박무스케이크

READY

ㅁ단호박 125g ㅁ분유물(모유) 50mL ㅁ액상 생크림 50g
ㅁ판 젤라틴 1장

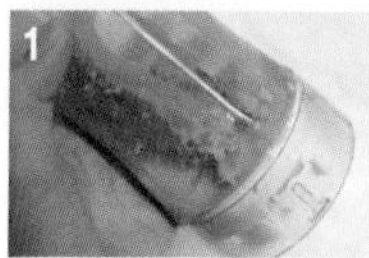

단호박은 잘 찐 뒤 분유물(모유)과 함께 믹서에 갈아준다.

젤라틴은 물에 불려두었다가 꺼내어 중탕으로 녹여 1번에 넣고 잘 섞는다.

액상 생크림은 80~90% 정도 휘핑한 뒤 2번에 넣고 잘 섞는다.

용기에 채워 넣고 냉장고에서 1시간 정도 굳힌다.

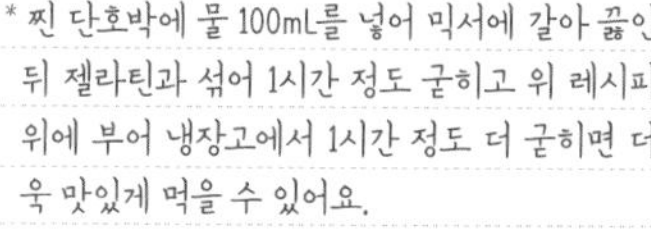

* 찐 단호박에 물 100mL를 넣어 믹서에 갈아 끓인 뒤 젤라틴과 섞어 1시간 정도 굳히고 위 레시피 위에 부어 냉장고에서 1시간 정도 더 굳히면 더욱 맛있게 먹을 수 있어요.

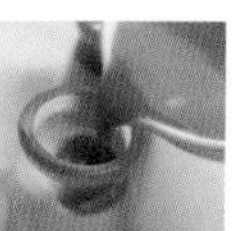

 키위찜케이크

READY

ㅁ키위 50g ㅁ배시럽 3큰술 ㅁ달걀 1/2개
ㅁ밀가루(중력분) 70g ㅁ베이킹파우더 1g

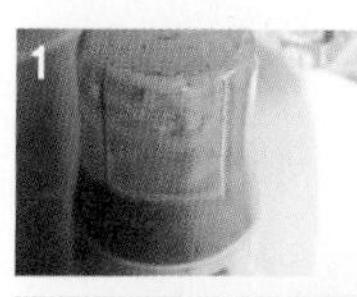

키위는 일부 믹서에 갈아내고 일부 잘게 다진다.

달걀에 밀가루와 베이킹파우더를 체친 뒤 섞어준다.

2번에 배시럽과 1번의 키위를 넣어 반죽을 완성한다(배시럽 만드는 법 158쪽 참고).

용기에 반죽을 담아 찜기에서 15~20분 정도 찐다.

* 신 과일을 별로 좋아하지 않는다면 배시럽을 함께 넣어 만들어주는 것이 좋아요.

크랩케이크

READY

□게살 30g □새우살 20g □애호박 10g □당근 10g
□양파 10g □달걀(노른자) 1/2개 □전분 2작은술

1. 양파와 애호박, 당근, 새우살은 잘게 다지고, 게살은 잘게 찢어둔다.
2. 1번에 달걀 노른자와 전분을 넣어 잘 섞는다.
3. 완성된 반죽은 틀 안에 채워넣는다.
4. 찜기에서 5~7분간 찐다.

* 원래 크랩케이크는 게살에 빵가루를 넣어 튀겨 내는 음식이지만 튀기는 과정이나 빵가루, 소스를 생략하여 아기용으로 만들어보았어요. 찐 것을 노릇하게 살짝 구워줘도 좋아요.

 망고판나코타

READY

□분유물(모유) 100mL □한천가루 1g □망고 1/2개

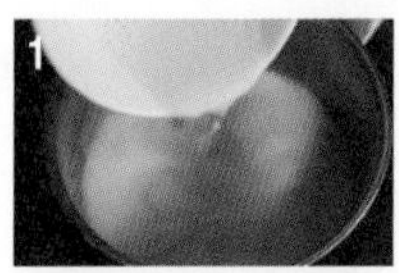

물 20mL에 한천가루를 넣고 불려두었다가 바글바글 끓인다.

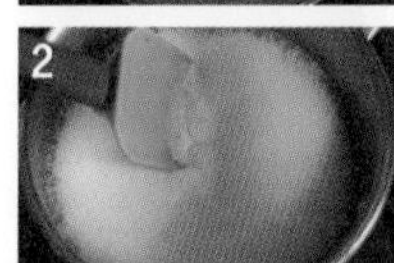

1번에 분유물(모유)을 넣고 한 소끔 끓인다.

용기에 담아 냉장고에 넣고 1시간 정도 굳힌다.

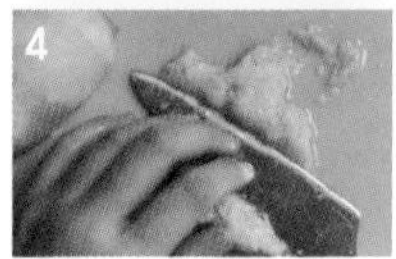

망고는 칼등으로 눌러 으깨어 3번에 올려준다.

* 판나코타Panna cotta는 '열을 가한 크림'이라는 뜻을 가진 이탈리아 디저트인데, 탱글탱글하게 만들기보다 떠먹을 수 있을 정도로 부드러운 푸딩 형태로 만드는 것이 좋아요.

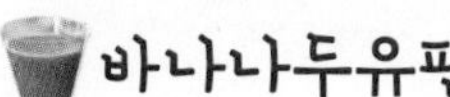

바나나두유판나코타

READY

□서리태 100g □바나나 1개 □한천가루 2g

서리태는 반나절 물에 불린 뒤 바나나와 함께 믹서에 넣고 물 300mL를 부어 갈아낸다.

한천가루는 물 100mL를 붓고 잘 녹이면서 끓인다.

2번의 가루가 녹으면 1번을 넣고 함께 끓인다.

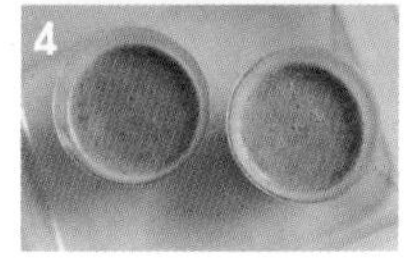

바글바글 끓어오르면 불에서 내리고 용기에 담아 식힌 뒤 냉장고에서 1시간 정도 굳힌다.

* 좀 더 부드럽게 만들고 싶다면 1번의 두유를 체에 걸러내요.

 망고젤리

READY

□망고 1/2개 □한천가루 2g

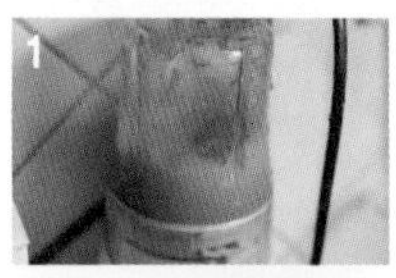

1 망고는 믹서에 갈아낸다.

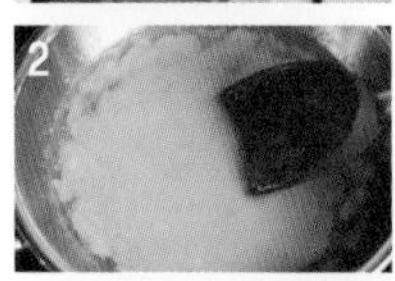

2 한천가루는 물 100mL에 넣어 불려두었다가 녹인 뒤 1번의 망고를 넣고 한소끔 끓여낸다.

3 틀에 담아 냉장고에서 30분 굳힌다.

* 한천가루만 있으면 젤리 만들기가 가능해요.

 요거트망고젤리

READY

□한천가루 2g □분유물(모유) 50mL □요거트 100mL □망고 적당량

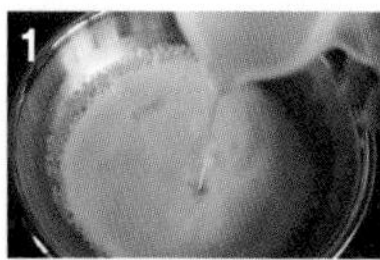

1 한천가루는 물 50mL에 불려두었다가 끓여서 잘 녹인 뒤 분유물(모유)을 넣어 한소끔 끓인다.

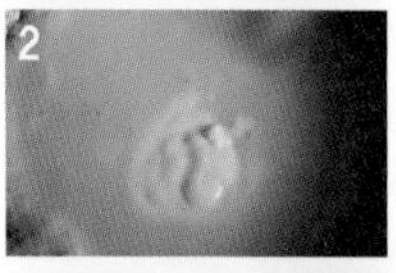

2 요거트를 1번에 넣어 저어가며 더 끓여준다.

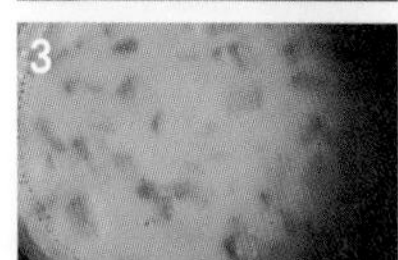

3 망고는 잘게 다져 1번에 넣은 뒤 불에서 내린다.

4 틀에 담아 냉장고에서 30분 굳힌다.

* 비슷한 방법으로 다른 과일을 넣어주어도 좋아요.

 홍시젤리

READY

ㅁ홍시(반시) 1개 ㅁ한천가루 2g

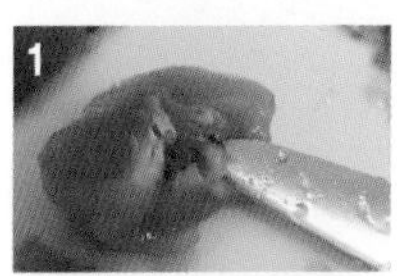

홍시나 반시는 껍질을 벗기고, 꼭지 부분의 하얀 것은 제거한 뒤 믹서에 갈아낸다.

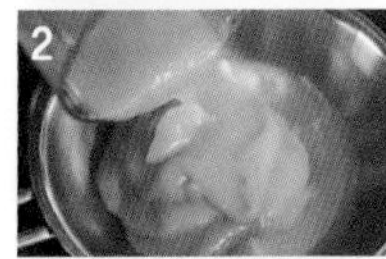

한천가루는 물 100mL에 불려두었다가 끓여서 잘 녹인 뒤 1번을 넣고 한소끔 끓인다.

틀에 넣고 냉장고에서 30분 식힌다.

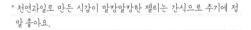

* 천연과일로 만든 식감이 말캉말캉한 젤리는 간식으로 주기에 정말 좋아요.

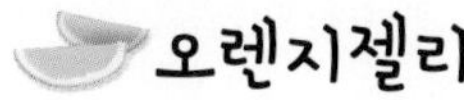 오렌지젤리

READY

ㅁ오렌지 2개(오렌지즙 200mL) ㅁ배 1/4개(배즙 100mL) ㅁ한천가루 4g

오렌지는 속껍질까지 벗겨내어 믹서에 갈아낸 뒤 체에 걸러 즙만 준비한다.

배도 오렌지처럼 믹서에 갈아낸 뒤 체에 걸러 즙만 준비한다.

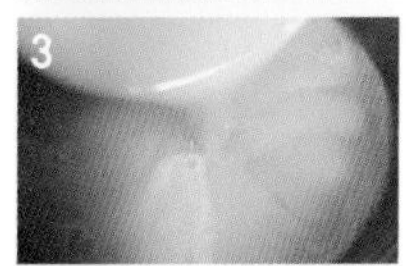

한천가루는 물 50mL에 불려두었다가 끓여서 잘 녹인 뒤 1~2번을 섞어 누진해질 때까지 끓인다.

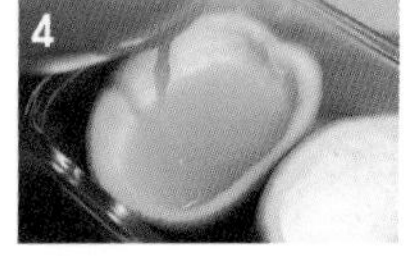

오렌지 껍질을 틀로 사용하여 냉장고에서 30분 정도 굳힌다.

* 3번 과정에서 중간중간 거품이 생기면 걷어내세요.

 배젤리

READY

□배 1개 □물 50mL □한천가루 2g

배는 1/4 정도 다진다.

남은 배 3/4은 믹서에 갈아낸다.

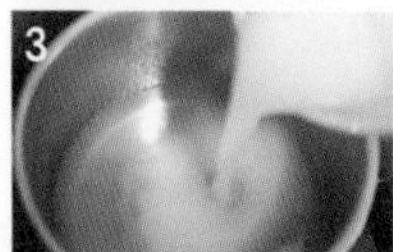

한천가루는 물 50mL에 불려두었다가 끓여서 잘 녹인 뒤 2번의 배를 넣고 눅진하게 끓인다.

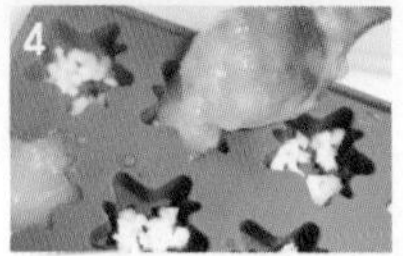

틀에 1번의 다진 배를 넣은 뒤 3번을 부어 냉장고에 1시간 정도 굳힌다.

* 한천가루만으로 예쁘고 탱글탱글한 젤리가 완성되니 아이에게 젤리를 따로 사줄 필요가 없어요.

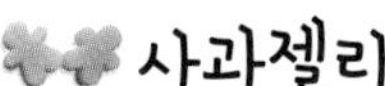 사과젤리

READY

□사과 1개 □한천가루 2g

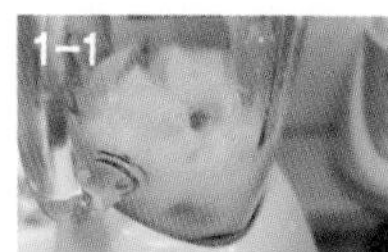

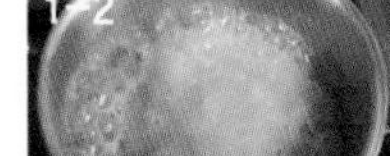

방법1)

1. 사과에 물 100mL를 넣고 믹서에 갈아낸다.
2. 한천가루는 물 50mL에 불려두었다가 끓여서 잘 녹인 뒤 1번을 넣고 눅진하게 끓여 틀에 넣고 냉장고에서 1시간 정도 굳힌다.

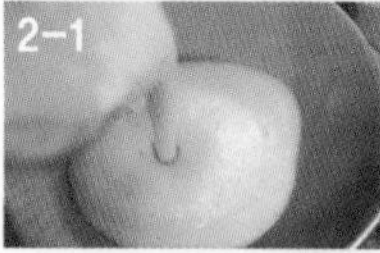

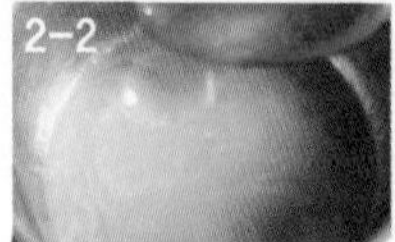

방법2)

1. 사과를 믹서에 갈아서 체에 걸러내어 즙만 준비한다.
2. 한천가루는 물 50mL에 불려두었다가 끓여서 잘 녹인 뒤 1번을 넣고 눅진하게 끓여 사과 다진 것을 틀에 깔아 그 위에 부어 냉장고에서 1시간 정도 굳힌다.

* 두 가지 방법 중 편한 방법을 선택해보세요.

귤젤리

READY

□귤 1개(귤즙 100g) □판 젤라틴 1장

귤은 반으로 잘라서 즙을 짜낸다.

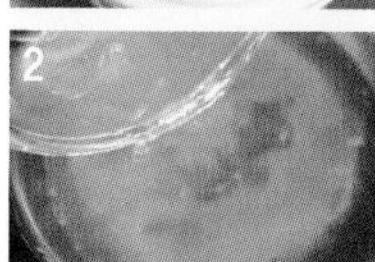

1번의 귤즙은 냄비에 넣어 끓이고 젤라틴은 5분 정도 물에 불려두었다가 넣는다.

젤라틴이 녹을 때까지 충분히 끓인 뒤 틀에 넣어 냉장고에서 30분 굳힌다.

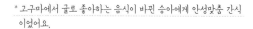

* 고구마에서 귤로 좋아하는 음식이 바뀐 승아에게 안성맞춤 간식이었어요.

멜론젤리

READY

□멜론 100g □판 젤라틴 1장

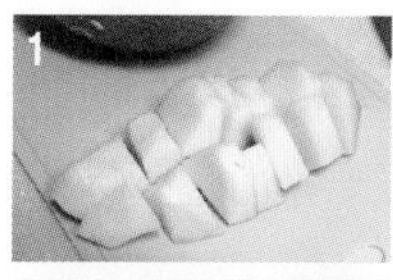

멜론은 껍질과 씨를 제거한 뒤 적당한 크기로 썬다.

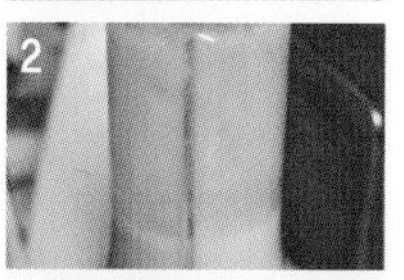

1번의 멜론은 믹서에 넣고 갈아낸 뒤 한소끔 끓인다.

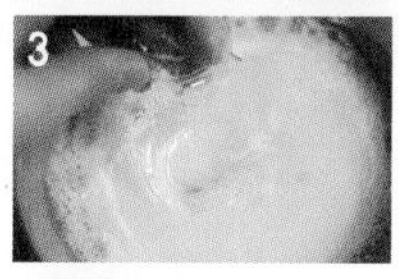

젤라틴은 5분 정도 물에 불려두었다가 2번에 넣고 끓인다.

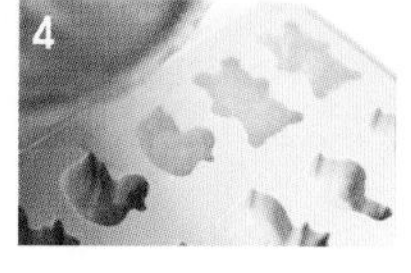

틀에 넣어 냉장고에서 3시간 정도 굳힌다.

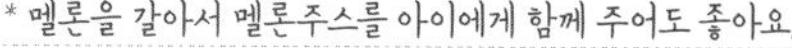

* 멜론을 갈아서 멜론주스를 아이에게 함께 주어도 좋아요.

 검은콩두유

READY

□검은콩 100g

검은콩은 반나절 동안 물에 불려두었다 끓는 물에 푹 삶는다.

삶아낸 검은콩은 믹서에 갈아낸다.

2번에 물 300mL를 넣고 한소끔 끓인다.

*물로 농도 조절을 하세요. 고소하니 맛이 좋아요.

 검은콩배두유

READY

□검은콩 100g □배 100g

검은콩은 반나절 동안 물에 불려두었다 끓는 물에 푹 삶은 뒤 배와 물 250mL를 넣고 믹서에 갈아낸다.

체에 걸러낸다(좀 더 부드러운 두유가 된다).

*1번 과정에서 검은콩을 삶는 데 시간이 너무 걸린다 싶으면 압력솥에 넣고 쪄도 좋아요. 검은콩배두유는 배를 넣어 더 달콤하답니다.

 귤푸딩

READY

□귤 1개 □달걀(노른자) 1개 □분유물(모유) 50mL

1 귤 일부는 즙을 낸다.

2 남은 귤 일부는 알맹이만 발라낸다.

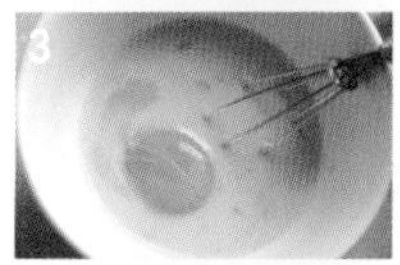
3 1번의 귤즙에 분유물(모유)을 붓고, 달걀 노른자를 넣어 잘 섞는다.

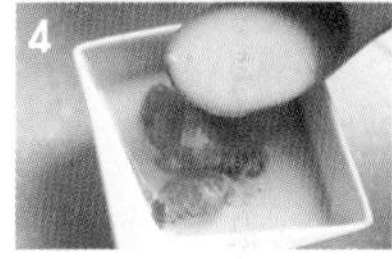
4 2번의 귤 알맹이를 그릇에 담고 그 위에 3번을 부어준 뒤 찜기에 10분간 찐다.

* 4번 과정에서 중탕을 해도 돼요.

 커스터드귤푸딩

READY

□귤 100g □전분물(전분 2작은술+물 6작은술) □버터 약간 □달걀(전란 1개+노른자 1/2개) □분유물(모유) 125mL

1 귤은 믹서에 갈아 체에 걸러 즙만 받아둔다.

2 1번의 귤즙에 전분물을 넣고 잘 섞은 뒤 눅진해질 때까지 끓인다.

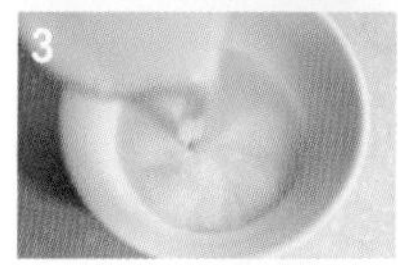
3 달걀은 풀어서 체에 내려 알끈을 제거하고, 분유물(모유)을 식힌 뒤 붓는다.

4 용기에 버터를 살짝 닦아내듯 바른 뒤 2번을 먼저 깔고 3번으로 용기를 채워 중탕하듯 그릇에 담아 150도 오븐에서 40~50분 정도 구워준다.

* 부드럽고 탱글탱글해서 아이가 먹기 좋아요.

늙은호박죽

READY

□ 늙은호박 500g □찹쌀가루 50g

늙은호박은 껍질을 깎아내고 씨를 제거하여 삶아낸다.

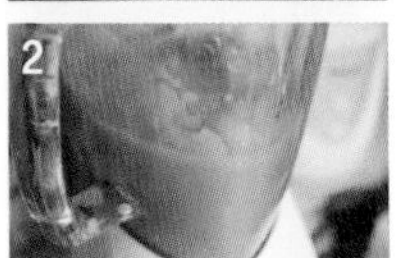

1번의 호박은 믹서에 갈아낸다.

찹쌀가루는 물 200mL에 잘 풀어놓는다.

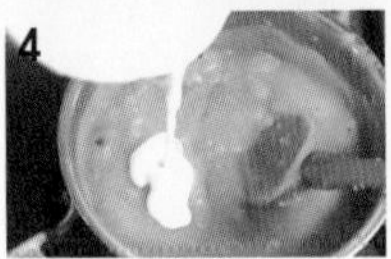

2번을 중불에서 끓이다가 3번을 넣고 눅진해질 때까지 더 끓인다.

* 늙은호박은 굉장히 단단하여 손질하기가 여간 까다로운 게 아닌데, 껍질을 깎는다기보다는 썬다는 느낌으로 손질하는 것이 좋아요. 1번의 과정에서 삶지 않고 쪄도 돼요.

아보카도새송이버섯양파수프

READY

□새송이버섯 15g □아보카도 1/2개 □양파 15g
□전분물(전분 1작은술 + 물 3작은술) □분유물(모유) 100mL

양파와 새송이버섯은 잘게 다진다.

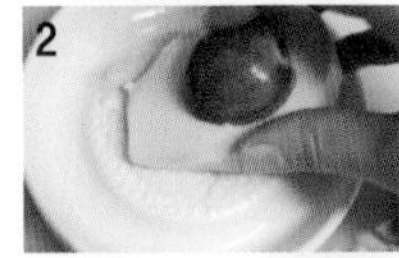

아보카도는 강판에 갈아낸다.

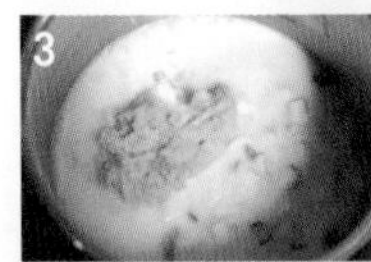

분유물(모유)에 1~2번의 재료를 넣고 푹 끓인다.

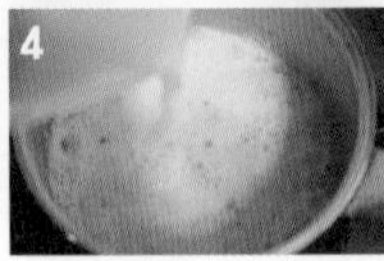

한소끔 끓어오르면 전분물을 넣고 2분 정도 더 끓인다.

* 수프에 정성을 더하려면 전분 성분이 있는 재료(감자나 고구마)를 넣거나 아기치즈를 반 장 또는 1장 정도 넣어도 된답니다.

흑임자고구마수프

READY

□흑임자(검은깨) 2작은술 □고구마 30g
□분유물(모유) 100mL

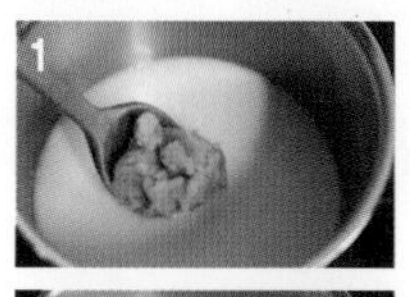

고구마는 찐 뒤에 칼등으로 눌러 으깨어 분유물(모유)에 넣고 끓인다.

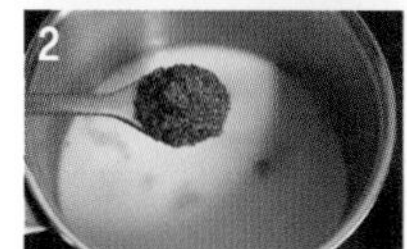

흑임자는 믹서에 갈아낸 뒤 1번에 넣고 한소끔 끓인다.

* 고구마는 으깨고 흑임자는 갈아넣어 소화도 잘 되고 풍미도 좋은 수프를 만들어보세요.

고구마치즈수프

READY

□ 고구마 40g □분유물(모유) 100mL □아기치즈 1/4장

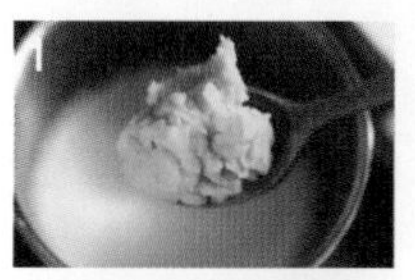

고구마는 찐 뒤에 칼등으로 눌러 으깨어 분유물(모유)에 넣고 끓인다.

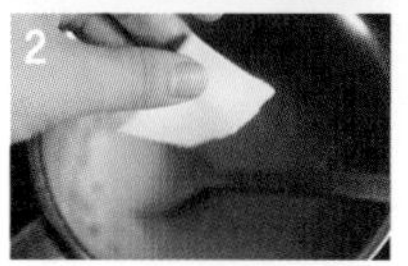

아기치즈를 넣어 눅진하게 끓여낸다.

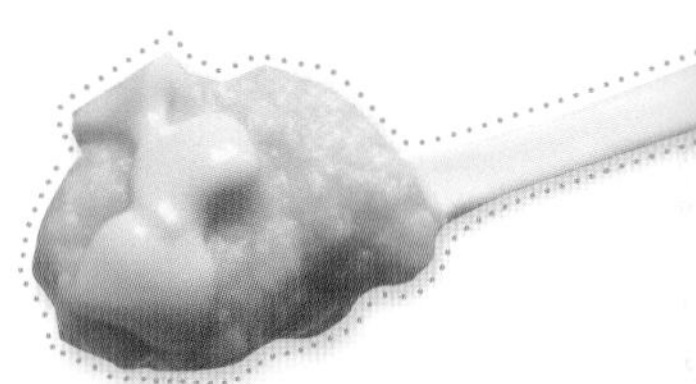

* 아기치즈는 시중 제품 중 나트륨 함량이 적은 것으로 선택해주세요.

토마토사과수프

READY

□토마토 40g □사과 40g □양파 10g □양송이버섯 10g □브로콜리 5g

1 토마토는 십자 모양으로 칼집을 낸 뒤 끓는 물에 데치고 껍질을 벗겨 잘게 다진다.

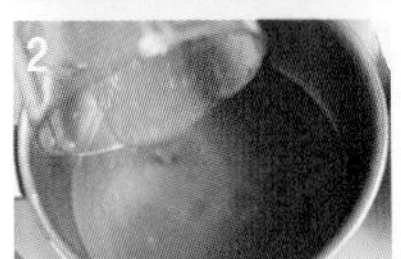

2 사과는 1번의 토마토와 함께 믹서에 갈아낸다.

3 양파와 껍질을 벗긴 양송이버섯의 머리 부분은 잘게 다져 2번에 넣고 함께 끓인다.

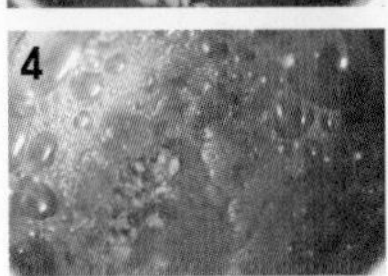

4 브로콜리는 끓는 물에 데친 뒤 꽃 부분만 잘게 다져 3번이 어느 정도 익으면 넣는다.

* 맛과 향이 좋은 토마토사과수프는 변비에도 아주 좋은 간식이에요.

아스파라거스수프

READY

□분유물(모유) 100mL □아스파라거스 15g □양파 15g

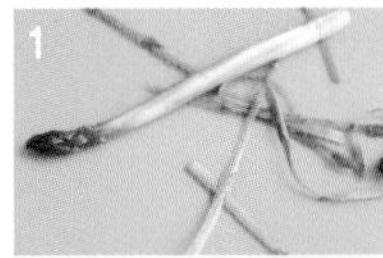

1 아스파라거스는 다소 딱딱한 밑동을 3cm 정도 잘라내고 껍질을 얇게 벗긴다.

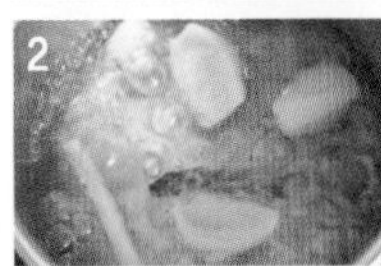

2 양파와 1번의 아스파라거스는 끓는 물에 데친다.

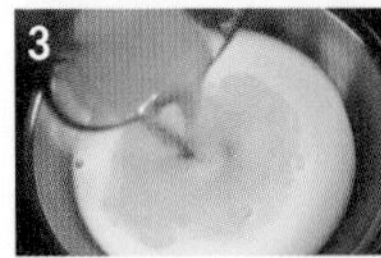

3 2번을 믹서에 갈아낸 뒤 분유물(모유)을 넣고 눅진하게 끓인다.

* 아스파라거스가 들어간 수프는 영양적으로 매우 우수해요.

 완두콩수프

READY

□분유물(모유) 100mL □완두콩 60g □양파 10g
□버터 1/2작은술

1 완두콩은 삶아서 껍질을 벗긴 뒤 분유물(모유)과 함께 믹서에 넣는다.

2 양파도 껍질을 벗기고 잘라서 1번에 넣은 뒤 믹서에 갈아낸다.

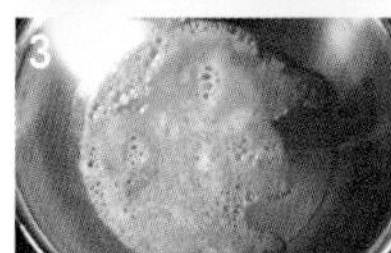

3 버터를 팬에 살짝 두른다.

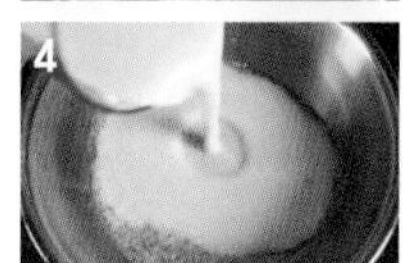

4 2번을 팬에 붓고 눅진하게 끓인다.

* 걸쭉한 식감의 완두콩수프예요. 버터는 수프의 풍미를 살려준답니다.

 감자양파수프

READY

□분유물(모유) 100mL □감자 100g □양파 15g

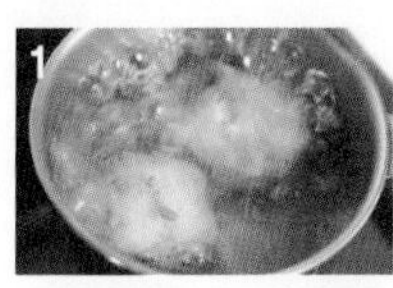

1 감자는 삶은 뒤 껍질을 벗긴다.

2 양파는 껍질을 벗기고 1번의 감자와 분유물(모유)을 넣고 믹서에 갈아낸다.

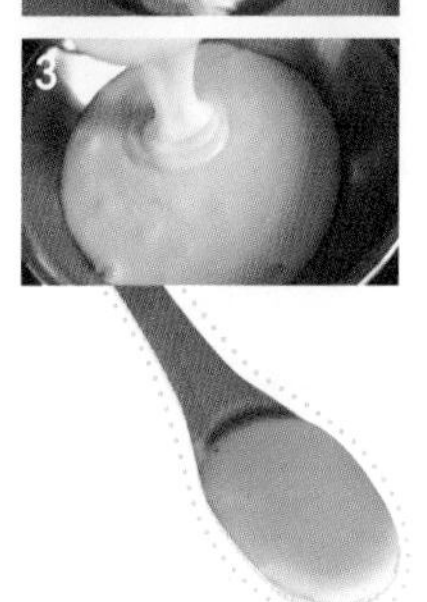

3 팬에 붓고 눅진하게 끓인다.

* 양파의 달콤한 향이 나면 불에서 내리면 됩니다.

오이양배추수프

READY

□분유물(모유) 100mL □오이 30g □양배추 30g
□전분물(전분 1작은술 + 물 3작은술)

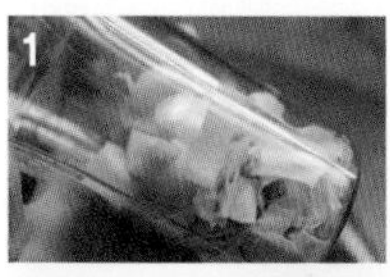

1 양배추와 오이는 믹서에 갈아낸다.

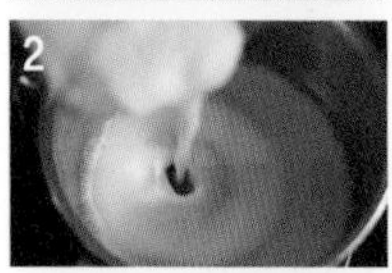

2 분유물(모유)을 끓이다가 1번을 넣고 한소끔 끓인다.

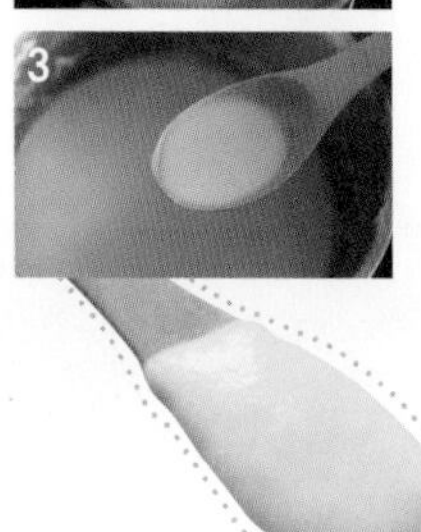

3 전분물을 넣고 눅진해질 때까지 끓인다.

* 향긋한 수프입니다. 변비에 좋아요.

 시금치완두콩수프

READY

□분유물(모유) 100mL □시금치 40g □완두콩 40g

1 시금치와 완두콩은 끓는 물에 살짝 데친다.

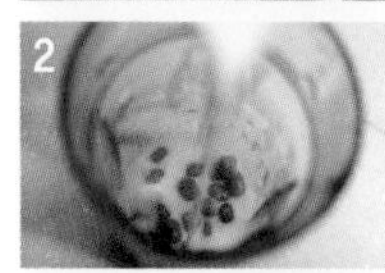

2 믹서에 1번과 분유물(모유)을 넣고 갈아낸다.

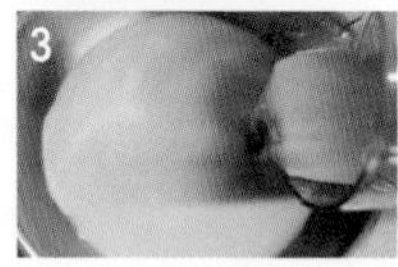

3 2번을 눅진해질 때까지 끓인다.

* 고소하여 아기가 좋아할 만한 맛이에요.

사과바나나크림수프

READY

□분유물(모유) 70mL □사과 40g □바나나 40g
□액상 생크림 30mL

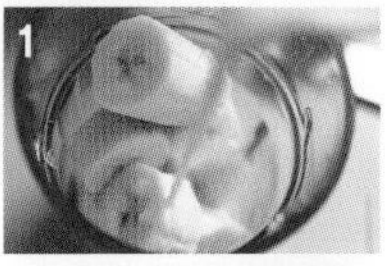

사과와 바나나는 분유물(모유), 액상 생크림과 함께 믹서에 갈아준다.

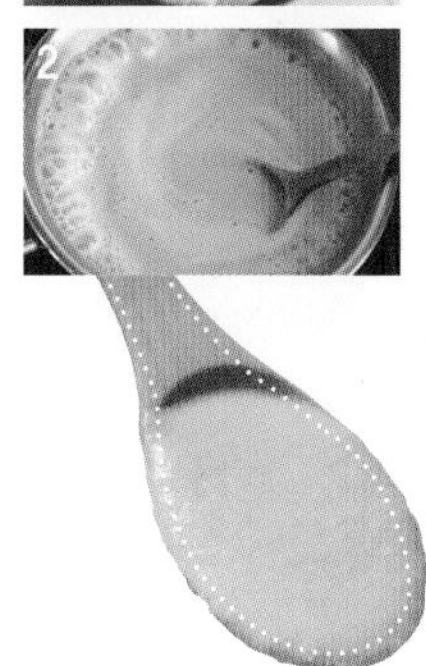

갈아낸 1번은 뭉근해질 때까지 끓인다.

* 승아가 더 달라고 보채기까지 했던 꿀맛 수프입니다.

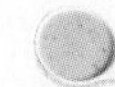

양송이버섯수프

READY

□분유물(모유) 100mL □양송이버섯 60g □양파 20g
□밀가루 3g

양송이버섯 일부는 머리 부분만 껍질을 벗기고 잘게 다진다.

남은 양송이버섯 일부와 양파는 분유물(모유)을 붓고 믹서에 갈아준다.

갈아낸 2번에 1번의 양송이버섯을 넣고 한소끔 끓여준다.

밀가루는 체 쳐서 넣어 눅진해질 때까지 끓인다.

* 양송이버섯과 양파로 수프를 만들면 맛과 향이 정말 부드러워요. 양송이버섯은 껍질을 벗겨 갈지 말고 다져주세요. 버섯의 식감을 살리기 위해서입니다.

당근요거트수프

READY

□당근 70g □사과 40g □요거트 20g

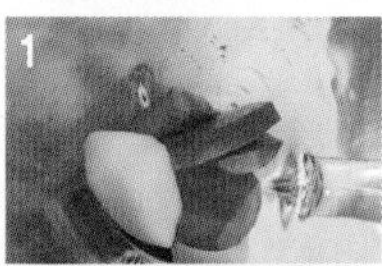

당근과 사과는 적당한 크기로 썰어 믹서에 갈아낸다.

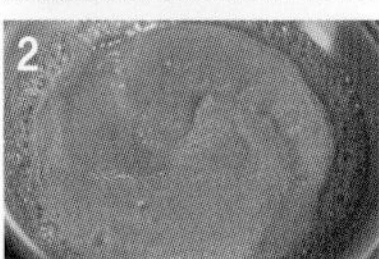

갈아낸 1번은 뭉근해질 때까지 끓인다.

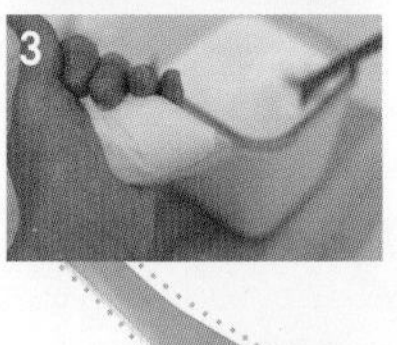

2번을 식힌 뒤 요거트를 얹어준다.

* 요거트를 섞기 전에는 끓인 수프를 충분히 식혀주세요.

 토마토아보카도마리네이드

READY

□토마토 1/2개 □아보카도 1/2개 □배 1/4개
□레몬즙 2작은술 □현미유 1작은술

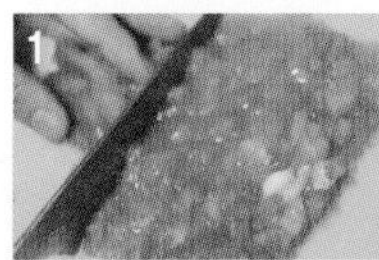

토마토는 십자 모양으로 칼집을 내어 끓는 물에 살짝 데치고 껍질을 벗겨 잘게 다진다.

아보카도는 잘게 다진다.

배는 믹서에 갈아내어 1번의 토마토와 2번의 아보카도에 부어준 뒤 현미유를 넣는다.

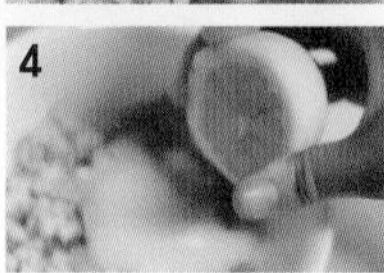

레몬즙을 뿌려 잘 섞어주고 냉장고에 2시간 정도 숙성시킨다.

* 원래 마리네이드는 비니거와 올리브유, 소금을 넣고 만들어야 하지만 아기가 먹을 거라 변형했어요.

가스파쵸

READY

□토마토 200g □오이 20g □파프리카 30g
□현미유 1작은술

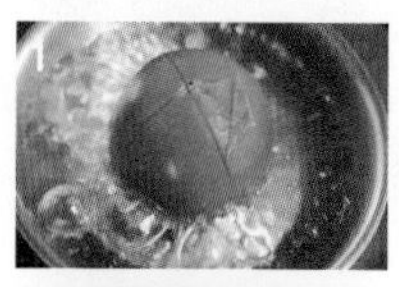

토마토는 십자 모양으로 칼집을 내어 끓는 물에 데친 뒤 껍질을 벗긴다.

1번의 토마토, 파프리카 일부, 오이 일부는 믹서에 갈아낸다.

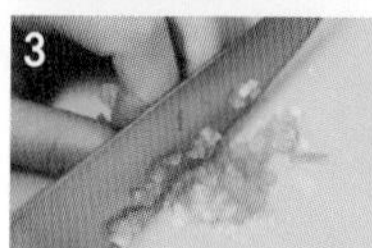

남은 파프리카 일부는 껍질을 깎아내고 잘게 다진다.

남은 오이 일부도 잘게 다져 3번의 파프리카와 함께 2번에 토핑으로 올려준다. 마지막에 현미유를 떨어뜨린다.

* 가스파쵸는 스페인에서 먹는 차가운 여름수프입니다. 토마토뿐만 아니라 고추나 양파, 마늘도 들어가고, 식초, 빵가루를 넣기도 하지만 아기가 먹을 것이므로 자극적인 재료는 모두 제외했어요. 4번 과정의 현미유는 생략해도 돼요.

단호박양갱

READY

□단호박 250g □배 1개 □한천가루 2g

단호박은 찐 뒤 칼등으로 눌러 으깬다.

배는 강판에 갈아 체에 걸러 즙만 한소끔 끓인다.

한천가루는 물 10mL에 불려 놓은 뒤 2번의 배즙과 섞어 한소끔 더 끓여낸다.

한천가루가 녹으면 1번의 단호박을 넣고 잘 섞어준 뒤 누진해지면 불에서 내려 틀에 넣고 냉장고에 2시간 정도 굳힌다.

* 배즙은 단맛을 내기 위해 사용했어요.

아보카도게살샐러드

READY

□ 게살 30g □아보카도 1/2개 □요거트 3~4큰술

1. 아보카도는 5~8mm 크기로 썬다.
2. 게는 찜기에 찐다.
3. 찐 게는 살만 발라낸다.
4. 그릇에 3번의 게살과 1번의 아보카도를 넣고 요거트를 소스로 뿌린 뒤 잘 섞어준다(요거트 만드는 법 165쪽 참고).

* 상큼하고 담백한 맛이 나는 아보카도게살샐러드.

 검은깨소스과일샐러드

READY

□각종 과일(멜론, 단감, 사과, 귤, 바나나 등) □요거트 40g
□검은깨 1작은술

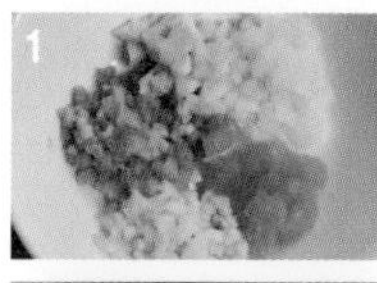
1 각종 과일을 손질하여 아기가 먹기 편한 크기로 썰어 그릇에 담는다.

2 검은깨를 믹서에 간 뒤 요거트를 섞어 소스로 만들어둔다(요거트 만드는 법 165쪽 참고).

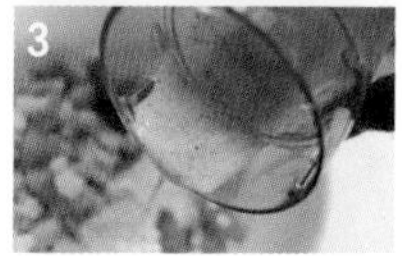
3 1번의 과일에 2번의 검은깨소스를 부어 섞어준다.

* 고소하고 새콤달콤한 검은깨소스과일샐러드. 집에 남은 과일로 활용해서 만들면 좋아요.

 망고아보카도샐러드

READY

□망고 50g □아보카도 50g

1 망고는 껍질과 씨앗을 제거하고 일부 1cm 크기로 썬다.

2 아보카도는 껍질과 씨앗을 제거하고 일부 5~8mm 크기로 썬다.

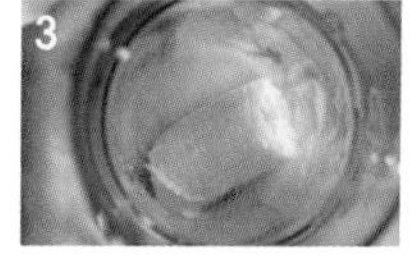
3 남은 망고의 일부와 아보카도의 일부는 믹서에 넣고 갈아서 드레싱으로 활용한다.

* 만약 아보카도가 과육이 단단하게 덜 익은 상태라면 끓는 물에 살짝 데쳐서 사용해요. 드레싱을 만들 때 바나나를 첨가하면 더 맛있는 드레싱이 됩니다.

 망고요거트무침

READY

□ 망고 50g □ 요거트 50g

망고는 껍질과 씨를 제거하고 1cm 크기로 썬다.

요거트를 넣고 잘 섞어준다(요거트 만드는 법 165쪽 참고).

* 망고와 요거트는 궁합이 잘 맞는 재료예요.

 단호박요거트무침

READY

□ 단호박 100g □ 요거트 50g

단호박은 찜기에 찐다.

찐 단호박은 껍질을 잘라내고 1cm 크기로 썬다.

요거트를 넣고 잘 섞어준다(요거트 만드는 법 165쪽 참고).

* 간단하게 만들 수 있는 아이 간식입니다.

단감라떼와 대추라떼

READY

□ 단감 1/2개 □대추 5~6알 □분유물(모유) 200mL

단감라떼

1. 단감은 꼭지를 따고 껍질을 깎고 씨를 제거한다.
2. 믹서에 단감을 넣고 분유물(모유) 100mL를 붓고 함께 갈아낸 뒤 한소끔 끓인다.

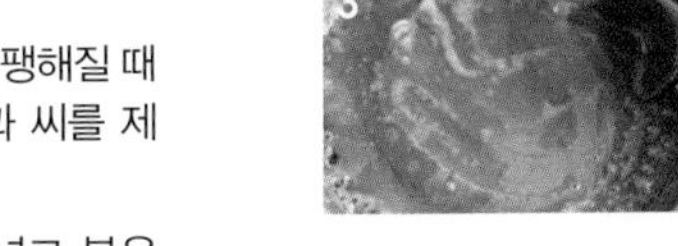

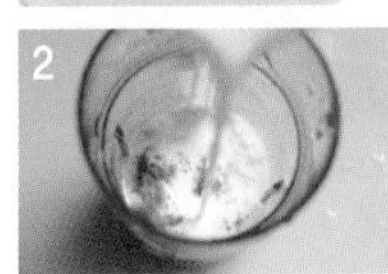

대추라떼

1. 대추는 껍질이 팽팽해질 때까지 삶은 뒤 껍질과 씨를 제거한다.
2. 믹서에 대추를 넣고 분유물(모유) 100mL를 붓고 함께 갈아낸 뒤 한소끔 끓인다.

* 단감라떼는 단감 대신 홍시를 넣어 홍시라떼로 만들어도 맛이 좋아요. 단감은 설사에, 대추는 변비에 좋은 식재료이므로 아이에게도 좋은 간식이 될 거예요.

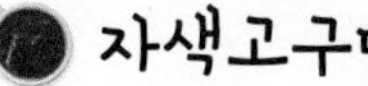

자색고구마라떼

READY

□ 자색고구마 50g □분유물(모유) 100mL

자색고구마는 찐 뒤에 껍질을 벗긴다.

1번의 자색고구마와 분유물(모유)을 믹서에 넣고 갈아준다.

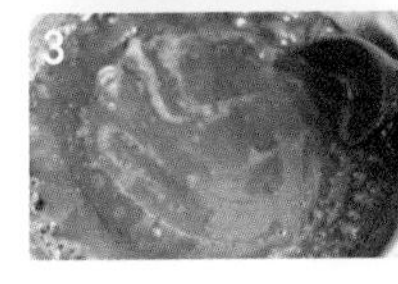

팬에 부어 한소끔 끓인다.

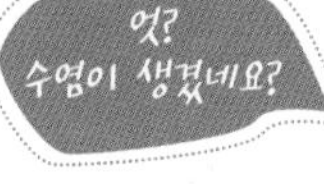

* 아이가 먹기 편하도록 조금 걸쭉하게 끓여주어도 좋아요.

바나나사과요거트스무디

READY

□바나나 50g □사과 50g □요거트 100mL

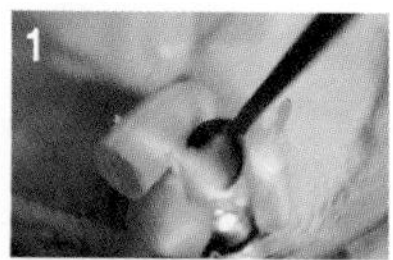

사과와 바나나를 갈기 좋게 썬 뒤 믹서에 넣고 요거트를 넣는다.

믹서에 갈아낸다.

* 스무디는 과일이나 과일주스에 유제품을 넣어 만든 음료입니다.

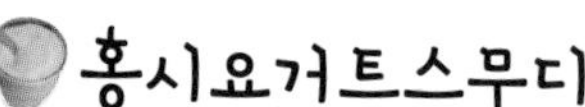홍시요거트스무디

READY

□홍시 100g □요거트 100mL

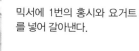

홍시는 꼭지를 따내어 껍질을 벗긴다.

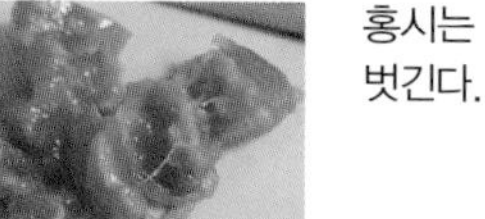

믹서에 1번의 홍시와 요거트를 넣어 갈아낸다.

* 달달하면서도 상큼한 맛이에요.

골드키위요거트스무디

READY

□골드키위 100g □요거트 100mL

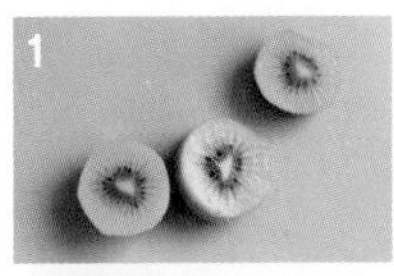

골드키위는 껍질을 깎아내어 적당한 크기로 썬다.

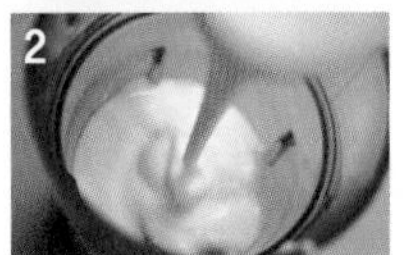

믹서에 1번의 골드키위와 요거트를 넣어 갈아낸다.

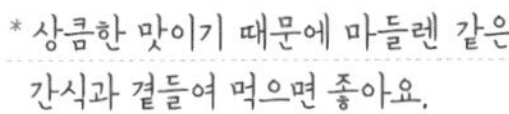

* 상큼한 맛이기 때문에 마들렌 같은 간식과 곁들여 먹으면 좋아요.

 멜론요거트스무디

READY

□멜론 100g □요거트 100mL

멜론의 껍질을 벗기고 적당한 크기로 잘라 믹서에 갈아낸다.

요거트에 1번을 넣고 잘 저어 준다.

* 달콤하면서도 상큼한 멜론요거트스무디는 함께 갈지 않고 이렇게 섞어주어도 맛이 좋아요.

 딸기바나나요거트스무디

READY

□딸기 50g □바나나 50g □요거트 100mL

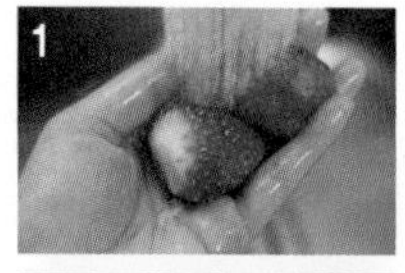

딸기는 베이킹소다를 푼 물에 담갔다가 흐르는 물에 깨끗하게 씻고 꼭지를 제거한다.

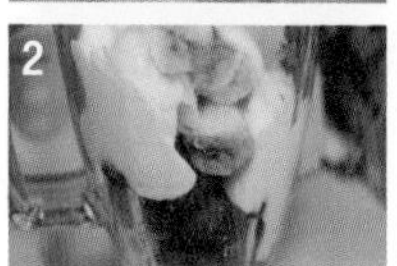

1번의 딸기, 바나나, 요거트를 믹서에 넣고 갈아낸다.

* 어른도 아이도 함께 먹을 수 있는 맛있는 간식입니다.

 망고요거트스무디

READY

□망고 1/2개 □요거트 100mL

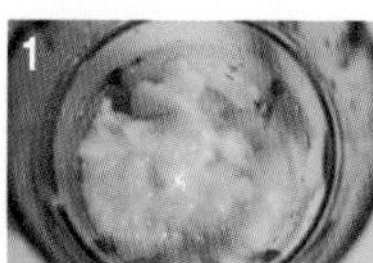

망고는 껍질을 벗겨내고 과육만 살짝 다진다.

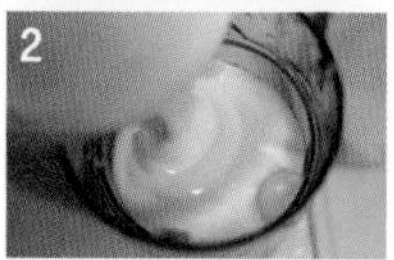

1번의 망고와 요거트를 믹서에 넣고 갈아낸다.

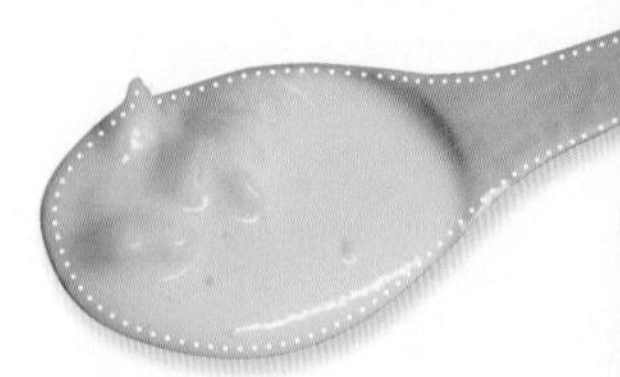

* 망고는 전부 갈아내지 말고 일부는 다져서 넣어 씹는 맛을 좋게 해주세요.

단호박참깨스무디

READY

□ 단호박 70g □참깨 1작은술 □분유물(모유) 100mL

단호박은 쪄서 껍질을 벗겨낸다.

믹서에 1번의 단호박과 분유물(모유)을 넣는다.

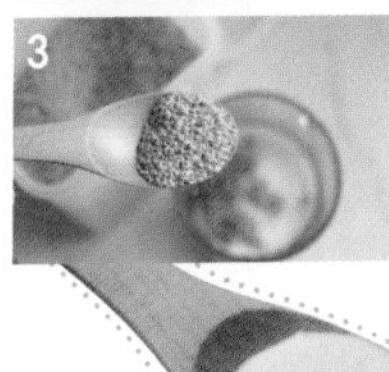

참깨도 넣어서 함께 믹서에 갈아낸다.

색이 참 예뻐요.

* 어른이 먹을 때는 분유 대신 생우유를 넣으면 돼요.

시금치바나나스무디

READY

□ 시금치 30g □바나나 40g □분유물(모유) 100mL

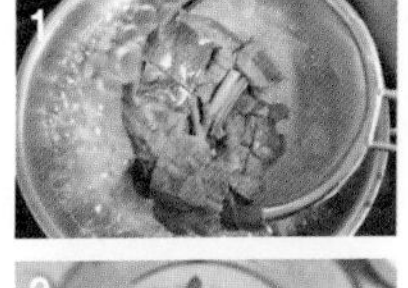

시금치는 잎 부분만 끓는 물에 살짝 데친다.

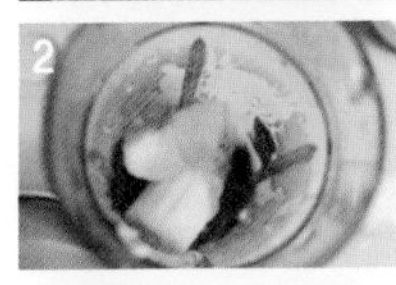

믹서에 1번의 시금치와 바나나를 넣는다.

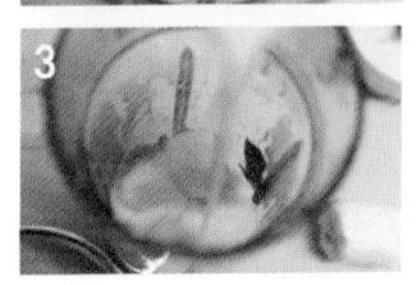

2번에 분유물(모유)을 넣고 함께 갈아낸다.

이번에는 녹색 수염이!

* 달콤한 맛이라 승아도 맛있게 먹었어요.

 호두바나나스무디

READY

□ 호두 10g □바나나 60g □분유물(모유) 100mL

바나나는 믹서에 갈기 적당한 크기로 자른다.

호두는 전처리하여 준비해둔다(호두 전처리 방법 129쪽 참고).

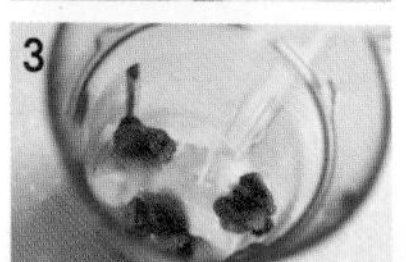

믹서에 1~2번의 재료를 넣고 분유물(모유)을 부은 뒤 갈아낸다.

* 질식의 위험이 있으므로 호두가 잘 갈아진 것을 반드시 확인해야 해요.

 멜론오이주스

READY

□ 멜론 70g □오이 40g

오이는 껍질을 벗기고 듬성듬성 썬다.

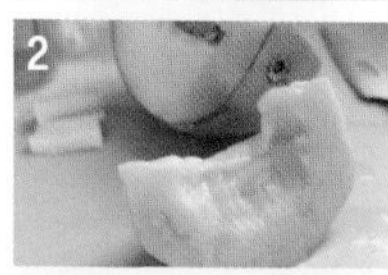

멜론도 껍질과 씨를 제거하고 듬성듬성 썬다.

믹서에 1~2번의 재료를 넣어 갈아낸다.

* 청량하고 달콤한 맛의 멜론오이주스

 사과양배추당근주스

READY

□양배추 20g □사과 50g □당근 40g

양배추의 잎 부분과 당근은 끓는 물에 2분 정도 삶는다.

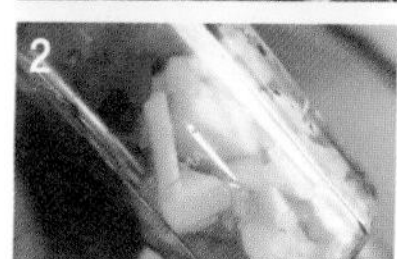

믹서에 사과와 1번의 재료를 넣고 물 50mL를 부어 함께 갈아낸다.

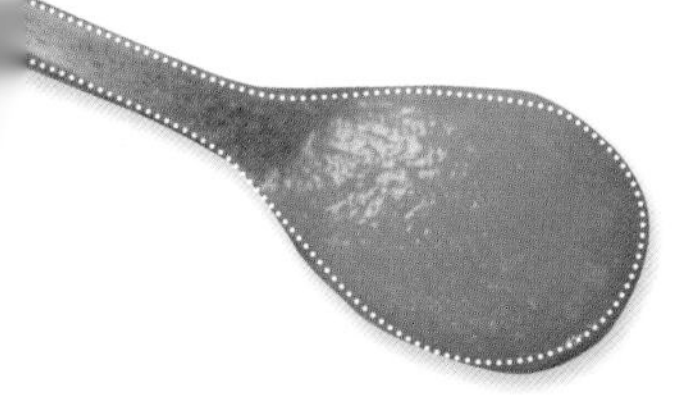

* 색도 예쁘고 아기에게 좋은 건강주스예요.

 비트사과주스

READY

□사과 1/2개 □비트 30g

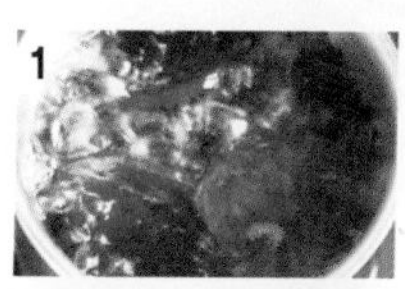

비트는 껍질을 벗기고 끓는 물에 삶는다.

사과도 잘 갈아지도록 듬성듬성 썰어둔다.

믹서에 1~2번의 재료를 넣고 갈아낸다.

* 비트는 냉장고에 넣어둘수록 질산염 수치가 증가해요. 이유식에 쓰고 남았다면 이렇게 주스로 갈아주세요.

 토마토주스

READY

□ 토마토 100g

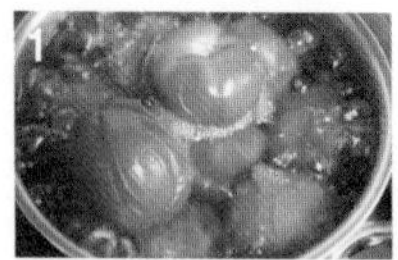
토마토는 십자 모양으로 칼집을 넣어 끓는 물에 데친다.

데친 토마토는 딱딱할 수 있는 꼭지 부분을 도려낸다.

2번의 토마토는 믹서에 갈아낸다.

* 토마토나 딸기를 돌 이후에 먹이라는 얘기가 있지만 문제가 없으면 먹여도 돼요. 이런 음식들은 알레르기 '가능성'을 가지고 있는 음식인 것이지 알레르기 '유발' 음식은 아닙니다.

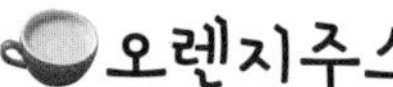

READY

□ 오렌지 1개

오렌지는 반을 가른 뒤 즙을 짠다.

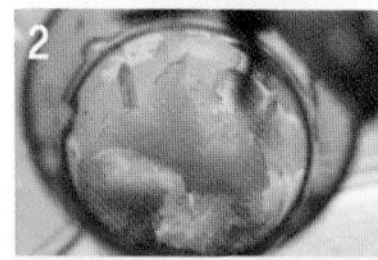
나머지 반은 속껍질까지 벗긴 뒤 믹서에 갈아준다.

1~2번을 섞는다.

* 비타민C가 풍부한 오렌지는 주스로 먹으면 참 맛있어요.

 삶은감자볶음

READY

ㅁ감자 60g ㅁ양파 20g 파프리카 10g ㅁ브로콜리 10g
ㅁ현미유 1작은술

감자는 듬성듬성 썰어 물에 삶는다.

파프리카도 중간에 넣어 살짝 데친 뒤 잘게 다진다.

삶은 감자는 양파와 함께 믹서에 갈아낸다.

3번에 2번의 파프리카, 데친 뒤 꽃 부분만 잘게 다진 브로콜리를 넣고 현미유를 뿌려 볶듯이 익힌다.

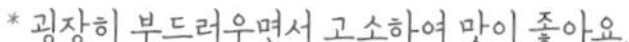
* 굉장히 부드러우면서 고소하여 맛이 좋아요.

 크림소스감자볶음

READY

ㅁ야채스톡 50mL ㅁ감자 1/2개 ㅁ분유물(모유) 100mL

감자는 1cm 크기로 썰어 끓는 물에 완전히 무르지 않을 정도만 익혀서 건진다.

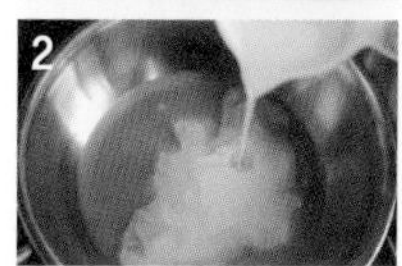

야채스톡을 살짝 끓인 뒤 분유물(모유)을 넣어 한소끔 끓인다.

브로콜리는 끓는 물에 살짝 데친 뒤 꽃 부분만 잘게 다진다.

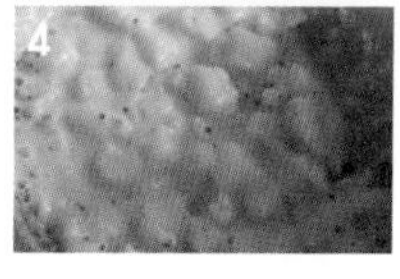

2번에 1번의 감자와 3번의 브로콜리를 넣고 눅진해질 때까지 볶는다.

* 영양보충에 좋은 간식이에요. 너무 물러 으깨지지 않도록 감자는 설익혀서 건진 뒤 다시 조리하는 게 포인트예요.

 단호박달걀찜

READY

□ 단호박 1/4개 □분유물(모유) 30mL □달걀 1개

단호박은 찐 뒤에 속을 파내어 믹서에 담고 분유물(모유)을 부어준다.

알끈을 제거한 달걀을 넣고 믹서에 갈아낸다.

2번을 체에 내린다.

그릇에 담아 10분 정도 중탕한다.

* 더 곱고 탱글탱글한 달걀찜을 원한다면 단호박의 양을 줄여서 해보세요. 분유물(모유) 대신 고기육수를 사용해도 돼요.

 달걀볼

READY

□ 달걀(노른자) 2개 □전분 1큰술 □분유물(모유) 2작은술

달걀은 완숙으로 삶아 노른자만 골라내어 잘 부신 뒤 물 1작은술과 전분을 넣어 섞는다.

1번에 분유물을 넣고 반죽한다.

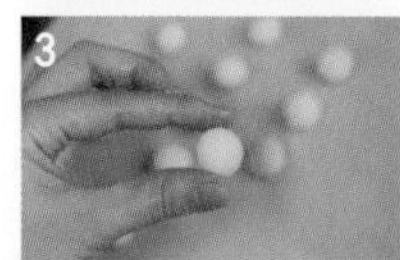

아기가 먹기 좋게 작고 둥글게 빚는다.

유산지를 깔고 180도 오븐에서 15분 정도 구워주되, 중간에 뒤집거나 살짝 굴려준다.

* 일본 와코도사에서 나오는 달걀볼 레시피로 만들어보았어요.

감자옥수수볼

READY

□감자 100g □옥수수 30g □아기치즈 1/2장

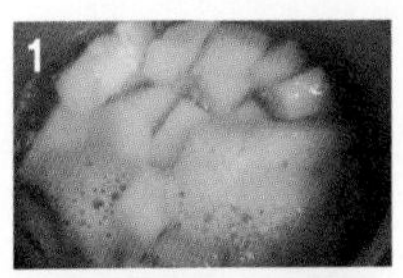

감자는 듬성듬성 썰어 끓는 물에 푹 삶는다.

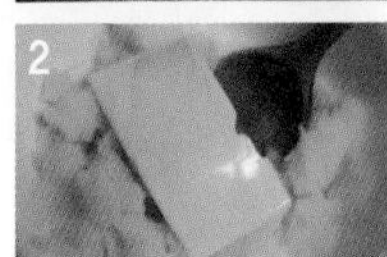

삶은 감자는 뜨거운 상태에서 으깨어 아기치즈를 넣고 잘 섞어준다.

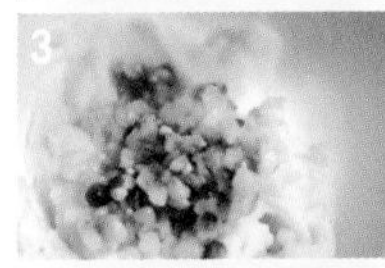

옥수수도 삶아서 잘게 다져 2번과 함께 섞어 반죽한다.

아기가 먹기 좋게 작게 빚어 180도 오븐에서 10~15분 정도 구워준다.

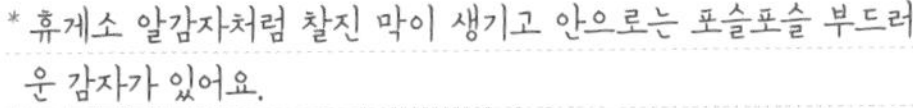

* 휴게소 알감자처럼 찰진 막이 생기고 안으로는 포슬포슬 부드러운 감자가 있어요.

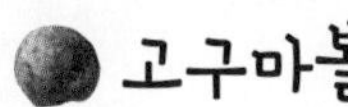 고구마볼

READY

□ 호박고구마 100g □자색고구마 30g □아기치즈 1/2장

호박고구마와 자색고구마는 굽거나 찐 뒤 뜨거울 때 으깨어 아기치즈를 넣는다.

잘 섞어서 반죽한다.

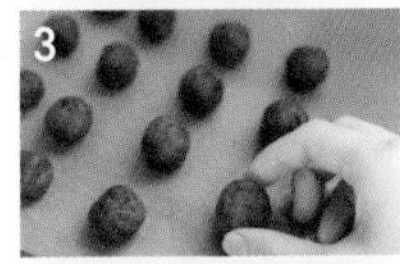

아기가 먹기 좋게 작고 둥글게 빚는다.

180도 오븐에서 13~15분 정도 구워준다.

* 겉면은 손에 묻어나지 않게 매끄럽고 안은 폭신한 고구마볼이에요.

굴림만두

READY

ㅁ돼지고기 50g ㅁ소고기 30g ㅁ두부 60g ㅁ부추 20g
ㅁ양파 20g ㅁ양송이버섯 20g ㅁ당면 약 20가닥
ㅁ전분 1작은술 ㅁ쌀가루와 밀가루(3:1=비율) 적당량

1. 부추와 양파, 양송이버섯은 잘게 다지고 물기를 제거한다.
2. 당면은 무르게 삶은 뒤 잘게 다진다.
3. 돼지고기와 소고기는 각각 믹서에 갈아내고 두부는 칼등으로 눌러 으깨어 1~2번의 재료와 함께 치대어가며 잘 섞은 뒤 전분을 넣어 반죽한다.
4. 작고 둥글게 빚어 밀가루와 쌀가루 섞은 것에 골고루 묻혀 끓는 물에 넣어 익힌다. 겉면이 투명해지면 한 번 더 밀가루와 쌀가루에 굴려서 묻힌 뒤 물에 익힌다.

* 손으로 먹기를 원하는 시기에 해주기 좋은 레시피예요. 이 시기의 아이들은 엄마가 먹여주는 이유식은 모두 거부하고 본인이 먹으려고 해요. 그러한 시기에 굴림만두는 적당한 간식이 됩니다.

 매시드포테이토

READY

□감자 80g □버터 1작은술 □분유물(모유) 100mL

감자는 푹 찐 뒤에 곱게 으깬다.

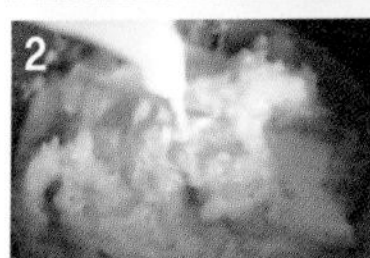

으깬 감자에 버터를 넣고 섞어준 뒤 분유물(모유)을 부어 끓인다(버터 만드는 법 169쪽 참고).

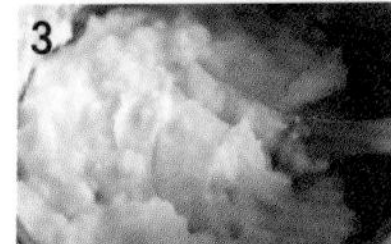

고소한 냄새가 나면서 재료들이 잘 섞인 것 같으면 불에서 내린다.

체에 곱게 내린다.

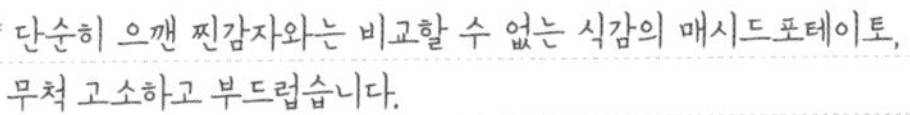

* 단순히 으깬 찐감자와는 비교할 수 없는 식감의 매시드포테이토, 무척 고소하고 부드럽습니다.

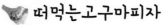

 떠먹는고구마피자

READY

□고구마 40g □소고기 10g □분유물(모유) 100mL
□각종 야채(파프리카, 양파, 애호박, 양송이버섯 등 5g씩)
□아기치즈 1/2장 □전분물(전분 1작은술 + 물 3작은술)
□현미유 약간

껍질을 벗긴 파프리카와 옥수수, 양송이버섯의 머리 부분과 애호박, 양파는 잘게 다져서 현미유를 둘러 볶아준다.

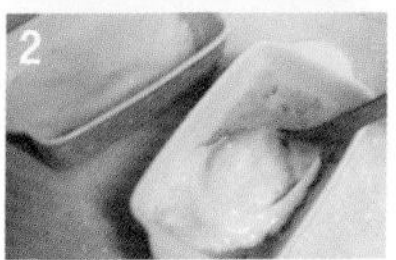

고구마는 쪄서 그릇에 납작하게 꾹꾹 눌러 깔아준 뒤 바글바글 끓인 분유물(모유)에 전분물을 섞어 소스처럼 얹는다.

2번 위에 1번의 볶은 야채를 올리고 삶아서 다진 소고기를 뿌려준다.

치즈를 올려 전자레인지에서 1분~1분 30초 정도 돌려준다.

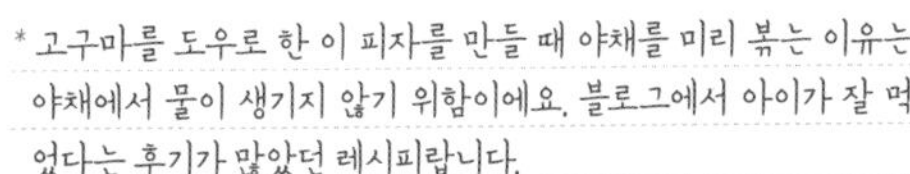

* 고구마를 도우로 한 이 피자를 만들 때 야채를 미리 볶는 이유는 야채에서 물이 생기지 않기 위함이에요. 블로그에서 아이가 잘 먹었다는 후기가 많았던 레시피랍니다.

 코티지치즈까나페

READY

ㅁ생과일(귤, 아보카도, 망고, 자두 등) ㅁ고구마 적당량
ㅁ두부 적당량 ㅁ코티지치즈 적당량 ㅁ현미유 약간

두부는 한입 크기로 잘라 현미유를 살짝 둘러 구워준다.

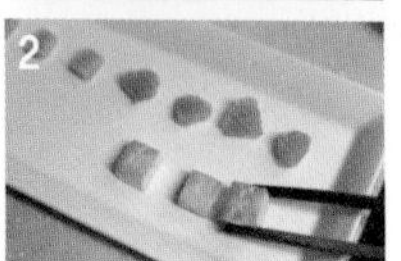

찐 고구마나 과일도 한입 크기로 잘라 그릇에 놓는다.

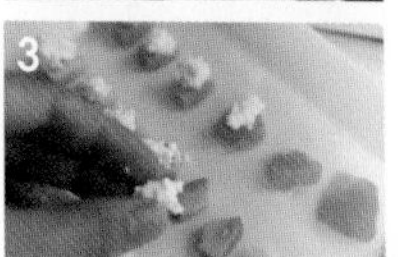

코티지치즈를 올려준다(코티지치즈 만드는 법 166쪽 참고).

* 대표적인 핑거푸드인 카나페는 아이가 참 좋아해요. 과일은 잘 익은 것을 사용하세요.

딸기크레페와 바나나크레페

READY

ㅁ밀가루 90g ㅁ분유물(모유) 100mL ㅁ달걀 1개 ㅁ딸기 적당량
ㅁ바나나 적당량 ㅁ크림치즈 적당량 ㅁ현미유 1작은술

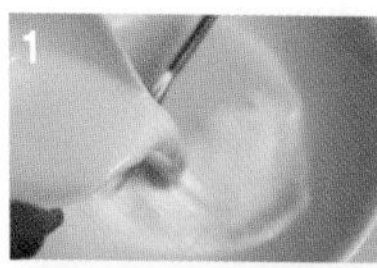

달걀을 푼 뒤에 분유물과 밀가루를 체 쳐서 넣어 잘 섞어서 반죽을 만든다.

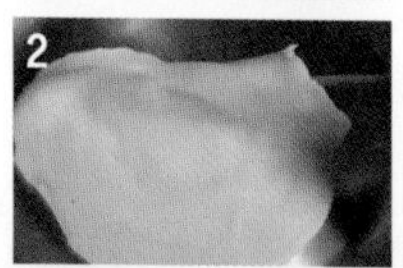

반죽이 후루룩 떨어지는 느낌이 되면 현미유를 넣어 잘 섞어준 뒤 팬에 얇게 펴서 부쳐준다.

크림치즈를 고르게 펴 바른 뒤 과일을 올려준다(크림치즈 만드는 법 170쪽 참고).

돌돌 말아서 아이가 먹기 좋은 크기로 썬다.

* 반죽은 최대한 얇게 구워내는 게 좋아요.

프리타타

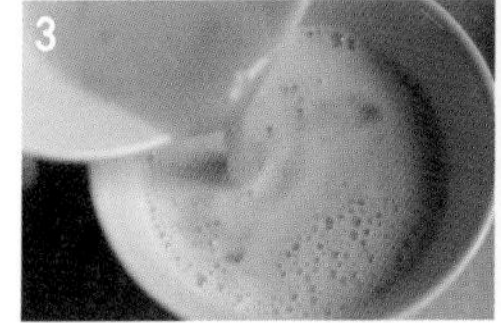

READY

□야채(방울토마토, 파프리카, 양파, 애호박, 양송이버섯, 시금치 등 20~30g씩) □소고기 30g □닭고기 30g
□야채스톡 100mL □분유물(모유) 50mL □달걀 1/2개
□코티지치즈 15g □아기치즈 1/2장

1. 방울토마토는 십자 모양으로 칼집을 넣어 끓는 물에 살짝 데치고 껍질을 벗겨 다진다. 시금치도 데친 뒤 잘게 다지고, 껍질을 벗긴 파프리카와 양송이버섯의 머리 부분, 양파, 애호박도 모두 잘게 다진다.
2. 시금치와 토마토를 제외한 1번의 재료는 야채스톡을 넣어 볶다가 삶아서 다진 소고기와 닭고기를 넣어 함께 볶아준다.
3. 달걀과 분유물은 잘 섞는다.
4. 오븐용기에 2번을 담고 3번을 찰랑찰랑하게 부어 1번의 시금치와 토마토, 코티지치즈를 올리고 아기치즈도 잘게 올린다. 180도 오븐에서 20~30분 정도 구워준다.

* 프리타타frittata는 이탈리아식 요리예요. 비슷하게는 프랑스의 키쉬quiche, 우리나라의 달걀찜 등이 있어요. 아이가 먹기 좋게 부드러운데다가 각종 채소가 들어가 매우 건강한 레시피입니다.

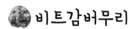

 비트감버무리

READY

□비트 40g □감 40g □쌀가루 10g

삶은 비트와 감은 5~8mm 크기로 썰어 찜기에 담는다.

쌀가루를 뿌려 버무린다.

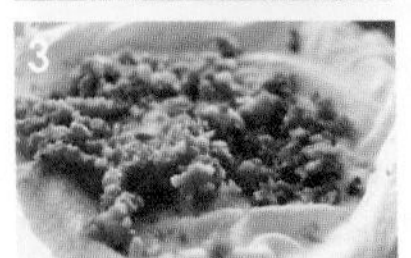

15분 정도 찐 뒤에 펼쳐놓고 수분을 날린다.

* 비트는 냉장보관하면 질산염 수치가 올라가요. 따라서 구입한 뒤에는 바로 먹는 게 좋아요. 감은 검은 반점이 있을 정도로 잘 익은 것을 선택하세요.

 완두콩버무리

READY

□완두콩 60g □쌀가루 20g

완두콩은 충분히 삶아서 껍질을 벗기고 듬성듬성 썬다.

1번의 완두콩을 찜기에 담고 쌀가루를 뿌려 버무린다.

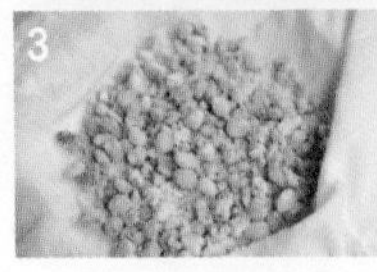

찜기에서 7~10분 정도 찐 뒤에 펼쳐놓고 수분을 날린다.

* 콩은 쉽게 으깨지도록 푹 삶아 사용하세요.

고구마호두버무리

READY

□ 고구마 70g □ 호두 10g □ 쌀가루 20~30g

고구마는 잘 구워서 결 따라 찢듯이 손질한다.

호두는 믹서에 갈아낸 뒤 1번의 고구마와 섞어준다.

2번은 찜기에 담고 쌀가루를 뿌려 버무려준다.

찜기에서 10~15분 정도 찐 뒤에 펼쳐놓고 수분을 날린다.

* 승아가 정말 잘 먹었어요. 단, 아이가 무척 좋아하고 잘 먹는 간식이라고 해도 밥을 잘 먹지 않았다면 수량을 제한해야 해요.

망고바나나버무리

READY

□ 망고 40g □ 바나나 40g □ 쌀가루 20g

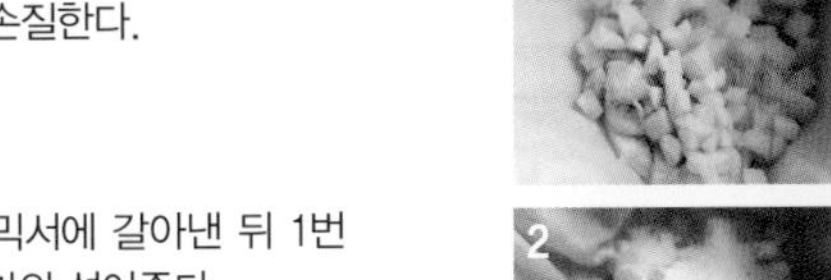

망고와 바나나는 1cm 크기로 썬 뒤에 찜기에 담는다.

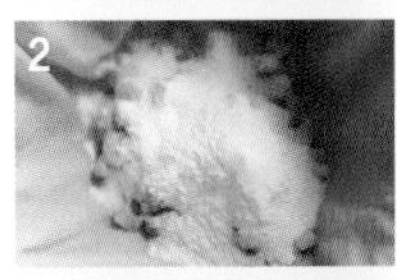

쌀가루를 뿌려 버무려준다.

찜기에서 10~15분 정도 찐 뒤에 펼쳐놓고 수분을 날린다.

* 신 과일은 버무리에 적합하지 않아요.

 곶감버무리

READY

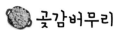

□곶감 2개 □쌀가루 30g

곶감은 1cm 크기로 썬 뒤에 찜기에 담는다.

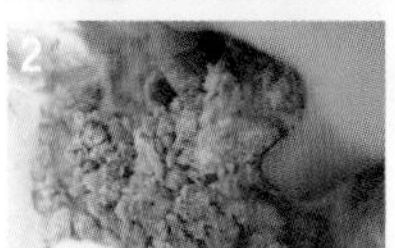

쌀가루를 뿌려 버무려준다.

찜기에서 10~15분 정도 찐 뒤에 펼쳐놓고 수분을 날린다.

* 쫀득쫀득 맛있는 곶감버무리

 고구마건포도조림

READY

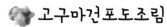

□고구마 40g □건포도 10알 □사과 40g

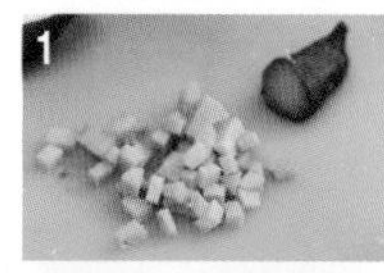

고구마는 찐 뒤에 5~8mm 크기로 썬다.

건포도는 끓는 물에 살짝 데친 뒤 잘게 다진다.

사과는 믹서에 갈아내어 1~2번의 재료에 부어준다.

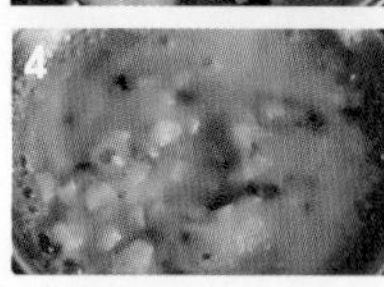

3번에 물 50mL를 넣고 조린다.

* 건포도는 유기농을 사용하되, 유통과정 중 보존력을 위해 기름을 코팅하므로 끓는 물에 데쳐서 쓰세요.

 새우쿠키

READY

ㅁ건새우가루 2큰술 ㅁ전분 2큰술 ㅁ달걀(흰자) 2개

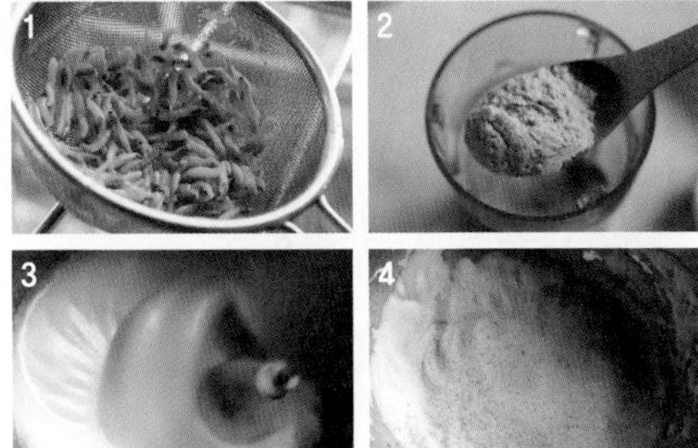

1. 건새우는 물에 1시간 정도 담가 짠맛을 빼고 다시 말려 준다.
2. 말린 새우는 믹서에 넣고 아주 곱게 갈아낸다.
3. 달걀의 흰자는 머랭을 친다.
4. 2번의 새우가루와 전분을 체 쳐서 3번에 넣은 뒤 반죽하여 동그랗게 모양을 내서 100도 오븐에서 1시간 정도 구워준다.

* 건어물을 아이 음식에 사용할 때는 짠맛을 빼주는 것, 곱게 다지거나 갈아 아이가 먹을 때 찔리지 않도록 하는 것이 포인트입니다.

고구마호두굴림찐빵

READY

□고구마 70~100g □호두 10g
□쌀가루와 밀가루(1:1 비율) 적당량

고구마는 굽거나 찐 뒤에 으깨고 호두는 믹서에 갈아서 함께 잘 섞어 반죽한다.

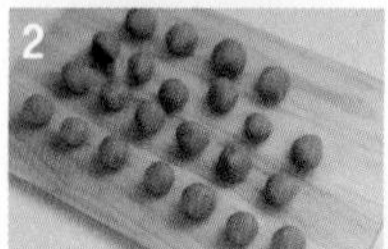

작고 둥글게 빚는다.

쌀가루와 밀가루를 섞어두고 2번을 굴려준다.

15분 정도 한 번 쪄낸 다음 다시 쌀가루와 밀가루를 묻혀 다시 10분 정도 찐다.

* 두 번 쪄냈기 때문에 가루가 골고루 묻어 더욱 맛있는 찐빵이 됩니다.

단호박굴림찐빵

READY

□단호박 1/2개 □쌀가루와 밀가루(1:1 비율) 적당량

단호박은 찐 뒤에 껍질을 벗기고 으깨어준다.

으깬 단호박을 작고 둥글게 빚는다.

쌀가루와 밀가루를 섞어두고 2번을 굴려 15분 정도 한 번 쪄낸 뒤에 다시 가루를 묻혀 쪄낸다.

* 밀가루가 막을 형성하고 그 위에는 카스테라처럼 익은 쌀가루가 앉아 있기 때문에 아이가 손으로 먹어도 잘 묻어나지 않는 영양 간식이 돼요.

 크림치즈수플레

READY

□크림치즈 40g □밀가루(박력분) 8g □분유물(모유) 50mL □달걀 1개

달걀 노른자에 밀가루를 넣어 잘 섞는다.

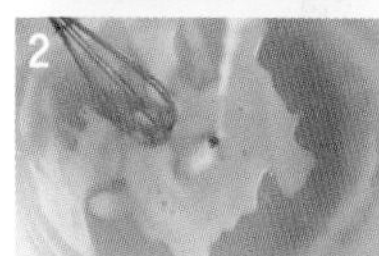

1번에 분유물을 넣고 잘 섞은 뒤 약불에서 끓이다가 크림치즈를 넣고 계속 저어준다(크림치즈 만드는 법 170쪽 참고).

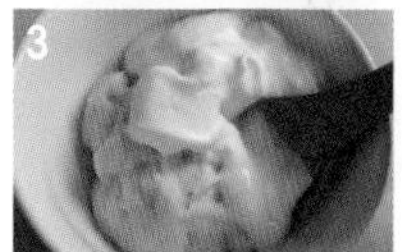

달걀 흰자는 머랭을 쳐서 2번의 반죽에 넣되 꺼지지 않도록 살살 섞도록 한다.

오븐용기에 담아 중탕하듯이 190도 오븐에서 20분 정도 구워준다.

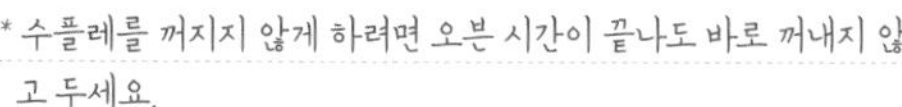

* 수플레를 꺼지지 않게 하려면 오븐 시간이 끝나도 바로 꺼내지 않고 두세요.

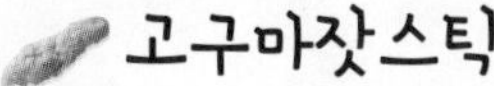

고구마잣스틱

READY

□ 고구마 100g □잣 3g □아기치즈 1/2장

고구마는 굽거나 찐 뒤에 으깨고 아기치즈를 얹어 잘 섞어 작은 스틱 모양을 만든다.

잣은 믹서에 갈아서 1번의 스틱에 묻혀준다(잣은 잘게 다져도 된다).

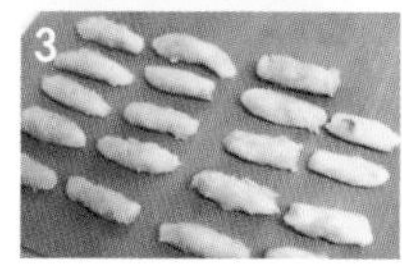

150도 오븐에서 15분 정도 구워준다.

* 꼭 소보로 같은 모양이 나와요. 여러 개를 만들어두고 먹이면 좋을 간식입니다.

 베이비슈

READY

□버터 30g □밀가루(박력분) 60g □달걀 2개

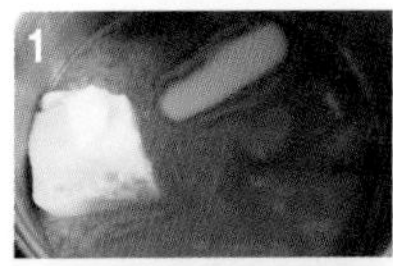
물 90mL에 버터를 넣어 약불에서 녹인다.

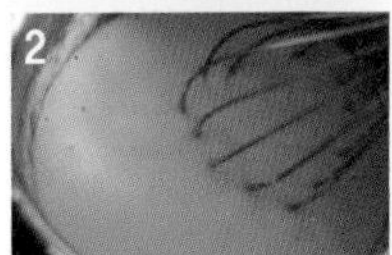
밀가루는 체 쳐서 1번에 넣은 뒤 저어가며 끓인다.

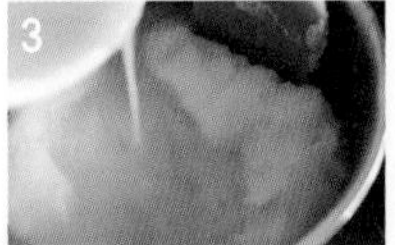
반죽의 겉면에 막이 형성되어 덩어리로 뭉쳐지면 불을 끈 뒤 풀어놓은 달걀을 조금씩 넣어가며 저어준다.

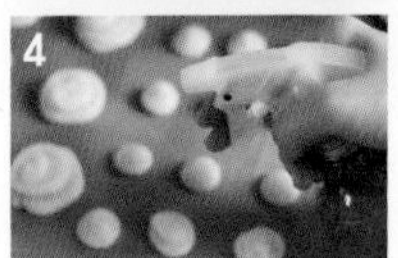
완성된 반죽은 짤주머니에 넣고 모양을 만든 뒤 분무기에 물을 채워 뿌려주고 180도 오븐에서 20분 정도 구워준다.

* 아기 베이비슈에는 크림은 넣지 않고, 부드러운 퍼프를 주기로 했어요. 분량상 버터와 밀가루가 많아 보이겠지만 아주 작은 퍼프 30~35개 정도의 분량이므로 하루 3~4개의 퍼프를 먹는다고 생각하면 걱정할 필요 없어요.

 단호박머랭쿠키

READY

□단호박가루 2큰술 □전분 1큰술 □달걀(흰자) 2개

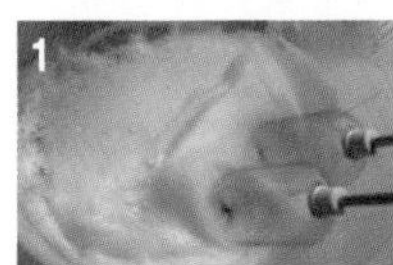
달걀 흰자는 머랭을 친다.

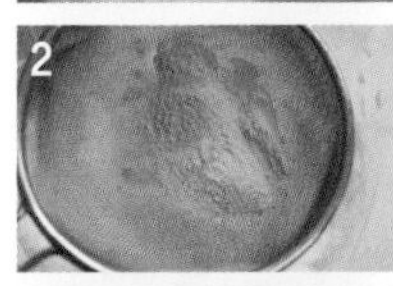
단호박가루와 전분은 체를 쳐서 1번에 넣는다.

머랭이 꺼지지 않게 주의하여 잘 섞어 반죽한다.

짤주머니에 반죽을 넣어 모양을 만든 뒤 100도 오븐에서 1시간 정도 구워준다.

* 단호박 특유의 달콤하고 고소한 향이 납니다. 단호박가루는 유기농 매장에 가보면 100% 유기농 국산 단호박을 열풍 건조하여 만든 가루를 판매하는데 이를 이용하면 돼요.

고구마상투과자

READY

□호박고구마＋자색고구마 150g □달걀(노른자) 1/2개
□액상 생크림 1큰술

1 호박고구마와 자색고구마는 구운 뒤 껍질을 벗겨준다.

2 1번의 고구마와 액상 생크림, 달걀 노른자를 넣어 믹서에 갈아낸다.

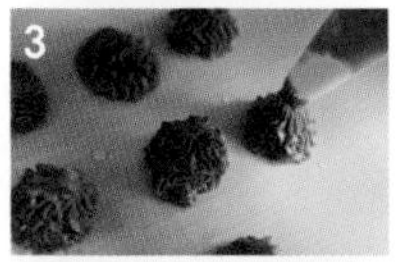

3 짤주머니 입구에 상투 모양을 끼워 2번의 반죽을 넣고 모양을 만든다.

4 180도 오븐에서 15분 정도 구워준다.

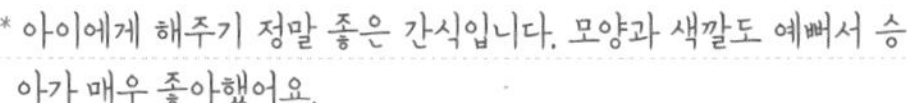

* 아이에게 해주기 정말 좋은 간식입니다. 모양과 색깔도 예뻐서 승아가 매우 좋아했어요.

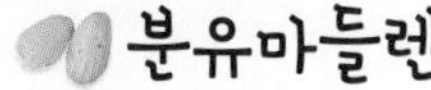

분유마들렌

READY

□달걀 1개 □버터 30g □분유가루 20g
□밀가루(중력분) 45g

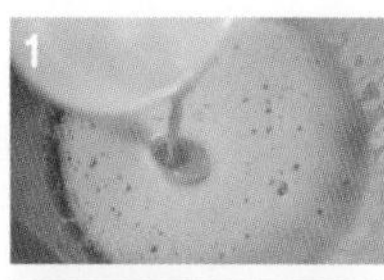

1 달걀은 거품이 나게끔 푼 뒤에 버터를 녹여서 함께 잘 섞는다.

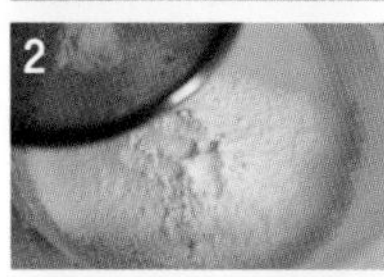

2 분유가루와 밀가루는 체를 쳐서 1번에 넣고 잘 섞어 반죽한다.

3 2번의 반죽은 30분 정도 냉장고에서 숙성시킨다.

4 짤주머니에 넣고 모양을 만들어 170도 오븐에서 15분 정도 구워준다.

* 아이에게 해주는 베이킹은 제빵류(식빵 등)보다 제과류(과자, 마들렌, 머핀 등)가 좋아요. 제빵류는 흡인의 위험이 있기 때문이지요.

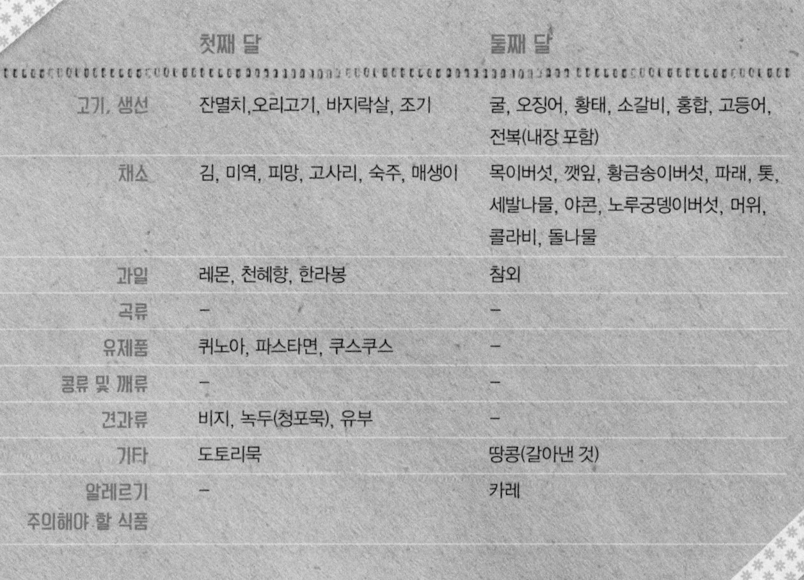

	첫째 달	둘째 달
고기, 생선	잔멸치,오리고기, 바지락살, 조기	굴, 오징어, 황태, 소갈비, 홍합, 고등어, 전복(내장 포함)
채소	김, 미역, 피망, 고사리, 숙주, 매생이	목이버섯, 깻잎, 황금송이버섯, 파래, 톳, 세발나물, 야콘, 노루궁뎅이버섯, 머위, 콜라비, 돌나물
과일	레몬, 천혜향, 한라봉	참외
곡류	–	–
유제품	퀴노아, 파스타면, 쿠스쿠스	–
콩류 및 깨류	–	–
견과류	비지, 녹두(청포묵), 유부	–
기타	도토리묵	땅콩(갈아낸 것)
알레르기 주의해야 할 식품	–	카레

완료기 이유식

버섯콩나물야채밥

야채밥

야채밥소스를 부어서 비벼 먹으면 되는 특식이에요. 버섯콩나물야채밥을 짓는 동안 부엌에 퍼지는 향긋한 내음은 식욕을 자극한답니다. 여유 있게 어른들 몫도 만들어서 함께 드셔보세요.

만드는 법

재료(3그릇 분량)

- **쌀** 80g
- **소고기** 30g
- **양송이버섯** 30g
- **만송이버섯** 30g
- **콩나물** 30g
- **당근** 30g
- **야채스톡** 적당량

야채밥소스

- **양파** 20g
- **파프리카** 20g
- **당근** 20g
- **사과** 40g

1. 양파, 파프리카, 당근, 사과를 넣고 믹서에 곱게 갈아낸다.
2. 중불에서 걸쭉해질 때까지 끓여 야채밥소스로 만들어둔다.
3. 당근은 껍질을 깎고 1cm 크기로 썬다.
4. 만송이버섯은 1cm 길이로 송송 썬다.
5. 양송이버섯은 머리 부분만 얇게 썬다.
6. 애호박도 1cm 크기로 썬다.
7. 압력밥솥에 불려둔 쌀을 담고 3~5번의 재료와 콩나물 몸통을 1/2 길이로 잘라서 넣는다.
8. 7번에 삶아서 다진 소고기를 넣고 야채스톡으로 물을 맞춰 밥을 지은 뒤, 그릇에 담아 야채밥소스를 곁들인다.

맛있게 비벼서 한입에 쏙!

새콤달콤 맛있는 야채밥소스!

대나무통밥

밥

떡갈비와 함께 먹으면 정말 맛있는 대나무통밥을 아기용으로 만들어보았어요.
평소 취사 시간보다 3~5분 정도 더 길게 하고, 뜸 들이는 시간도
여유를 두어야 밥이 더 맛있게 돼요.

재료

- **소고기** 15g
- **콩** 5알
- **대추** 1개
- **밤** 15g
- **찹쌀** 15g
- **멥쌀** 15g

만드는 법

1. 콩은 물에 불려둔 뒤 껍질을 까고 듬성듬성 썬다.
2. 밤은 껍질을 깎아 1cm 크기로 썬다.
3. 대나무통에 찹쌀과 멥쌀을 먼저 담는다.
4. 1~2번의 다진 콩과 밤을 넣는다.
5. 반으로 자른 대추도 올려준다(밥이 완성되면 대추는 껍질을 까고 다져준다).
6. 삶아서 다진 소고기도 올린 뒤 물을 쌀 위로 2cm 정도 부어 압력솥에 넣는다. 이때 압력솥에는 대나무통이 1/2 정도 잠기게끔 물을 담아준다.

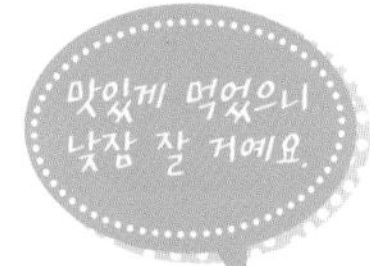

떡갈비와 함께 먹으면 정말 맛있어요.
(떡갈비 만드는 법 784쪽 참고)

미역 · 소고기진밥

진밥

콩류는 많이 먹으면 몸속의 요오드가 빠져나가므로 미역과 같은 해초와 함께 만드는 것이 좋대요. 칼슘이 풍부하고 요오드가 특히 많이 들어 있는 미역은 미끄러워 썰기 불편한데 칼로 두드리듯 내리쳐서 자르면 더 쉬워요.

만드는 법

재료

- 진밥 80g
- 소고기 15g
- 미역 20g

1. 미역은 물에 불려둔다.
2. 불린 미역은 쌀뜨물에 반나절 정도 담가둔다 .
3. 2번의 미역은 줄기를 제거하고 잎 부분만 잘게 다진다.
4. 진밥에 육수 150mL를 붓고 삶아서 다진 소고기와 3번의 미역을 넣어 중불에서 잘 끓여준다.

1

2

3

4

미역의 짠맛과 비린내를 제거하기 위함이에요.

미역·두부·소고기진밥

【재료】 ㅁ **진밥** 50~60g ㅁ **소고기** 15g ㅁ **미역** 15g ㅁ **두부** 15g

두부는 1cm 크기로 썬 뒤에 **미역·소고기진밥** 순서에 맞춰 소고기와 함께 넣는다.

미역·당근·소고기진밥

진밥

【재료】 ㅁ **진밥** 50~60g ㅁ **소고기** 15g ㅁ **미역** 15g ㅁ **당근** 20g

당근은 1cm 크기로 썬 뒤에 **미역·소고기진밥** 순서에 맞춰 소고기와 함께 넣는다.

단호박야채주먹밥

주먹밥

승아의 돌잔치날 밥을 먹이기 힘들 것 같아 만들어본 주먹밥이에요.
외출할 때 주먹밥만큼 간편하고 요긴한 것은 없지요.

만드는 법

1. 양파와 브로콜리는 잘게 다지고, 소고기는 삶아서 잘게 다진다.
2. 1번의 재료를 육수 30mL에 넣어 볶아준다.
3. 단호박은 찐 뒤에 으깨어 진밥과 섞어준다.
4. 2번과 3번을 잘 섞어준다.
5. 작고 동그랗게 빚는다.

재료

- **진밥** 80g
- **소고기** 15g
- **단호박** 10g
- **양파** 10g
- **브로콜리** 10g

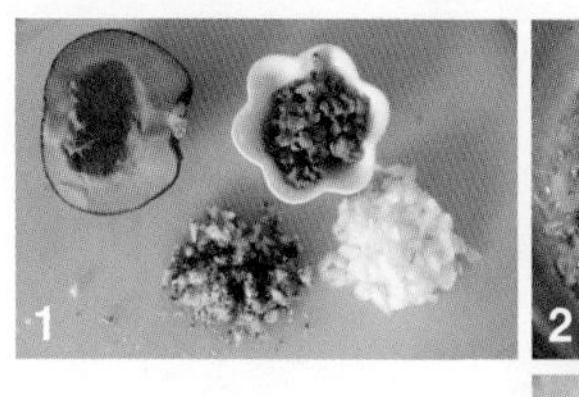

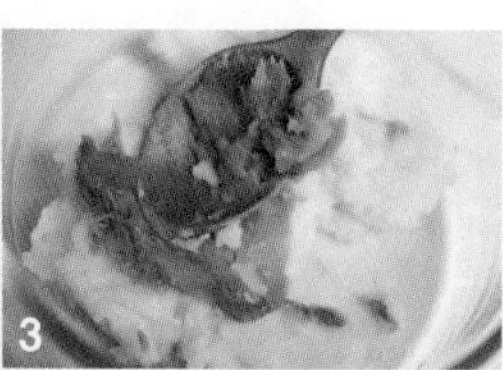

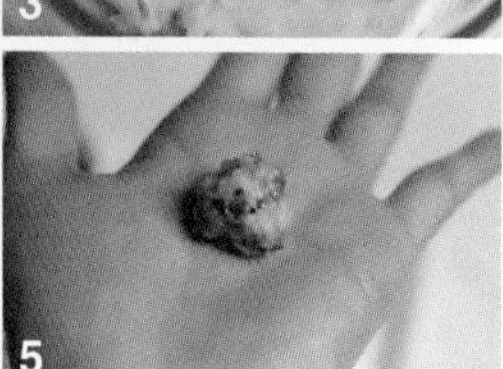

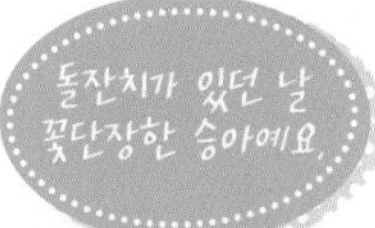

멸치주먹밥

주먹밥

멸치는 단백질, 칼슘, 무기질이 풍부한 재료입니다.
이유식에는 식감이 부드러운 지리멸치를 사용하는 것이 좋아요.

재료

- ▫ **진밥** 80g
- ▫ **소고기** 15g
- ▫ **멸치**(지리멸치) 30g
- ▫ **양파** 10g
- ▫ **당근** 10g
- ▫ **피망** 10g
- ▫ **유부** 10g

만드는 법

1. 멸치는 깨끗하게 씻은 뒤 쌀뜨물에 담가 반나절 정도 짠맛을 빼준다.
2. 1번의 멸치는 물기를 제거한 뒤 잘게 다진다.
3. 유부는 끓는 물에 데친 뒤 잘게 다진다.
4. 양파와 당근, 피망은 잘게 다져 육수 30mL를 부어 볶는다.
5. 4번의 야채가 어느 정도 익으면 진밥과 삶아서 다진 소고기, 2~3번의 재료를 넣는다.
6. 잘 섞은 뒤 작고 둥글게 빚는다.

주먹밥 싸서
우리 놀러가나요?

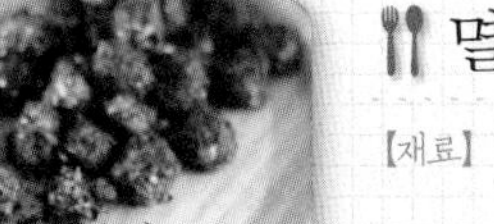

멸치김주먹밥

【재료】 ▫ **진밥** 50~60g ▫ **소고기** 15g ▫ **멸치**(지리멸치) 30g ▫ **양파** 10g ▫ **당근** 10g ▫ **피망** 10g ▫ **새송이버섯** 10g ▫ **김** 2장

새송이버섯을 잘게 다져 **멸치주먹밥** 순서에 맞춰 유부 대신 넣고 주먹밥을 완성한다. 완성된 주먹밥은 바삭하게 구운 김을 부셔서 굴려주면 된다.

도토리묵밥

묵밥

도토리도 견과류이기 때문에 알레르기가 있다면 주의해야 해요. 여름에는 찬 육수를, 겨울에는 따뜻한 육수를 만들어주면 좋아요. 승아는 탱글탱글한 묵의 식감을 재미있어 하며 맛있게 먹었어요.

재료

- **진밥** 80g
- **소고기** 15g
- **오이** 10g
- **달걀** 1/2개
- **멸치육수** 100mL
- **도토리묵** 150g

만드는 법

1. 도토리묵은 가늘게 채 썬다(도토리묵 만드는 법 하단 레시피 참고).
2. 진밥에 삶아서 다진 소고기를 섞어 그릇에 담는다.
3. 1번의 묵을 올린 뒤 달걀 지단과 오이도 채 썰어 올린다.
4. 멸치육수를 끓여서 부어준다.

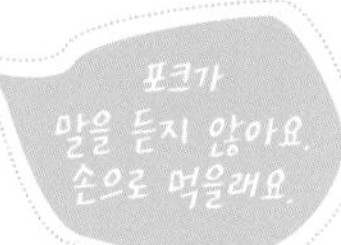

포크가
말을 듣지 않아요.
손으로 먹을래요.

도토리묵

묵

【재료】 ▫ **도토리가루** 100g

1. 도토리가루에 물 1200mL를 부어 잘 섞은 뒤 끓인다(가루와 물은 1:6의 비율이 되어야 한다. 즉 '컵'으로는 '도토리가루 1컵 : 물 6컵'이면 된다).
2. 약불에서 서서히 끓이다가 눅진해지면 저어준다. 방울이 튀어나올 정도로 끓기 시작하면 계속 저어가며 5분 정도 더 끓인 뒤 틀에 넣어 냉장고에 한나절 둔다.

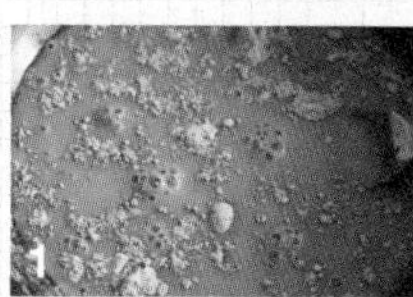

톳밥

진밥

칼슘, 요오드, 철 등의 무기염류가 많이 포함된 톳에 함유된 철분은 시금치의 3~4배라고 합니다. 따라서 빈혈이 있는 아이에게 매우 좋습니다.

재료(2그릇 분량)

- **쌀** 60g
- **소고기** 50g
- **톳** 40g

만드는 법

1. 톳은 물에 20분 정도 불려두었다가 깨끗하게 씻어낸다.
2. 줄기 부분은 제거하고 잎 부분만 잘게 다진다.
3. 불린 쌀에 2번의 톳과 소고기 덩어리를 넣고 진밥을 짓는다.
4. 소고기는 건져내어 다진 후 섞어준다.

파인애플어묵볶음밥

볶음밥

여행이나 외출할 때 좋은 완료기 이유식 레시피입니다.
파인애플은 볶음밥이 완성될 때쯤 넣어 한두 번 뒤적여 볶아내면 되는데,
파인애플 특유의 맛 때문에 밥이 매우 상큼해요. 어묵을 구워낼 때 오일을 살짝 둘렀기 때문에
파인애플볶음밥을 만들 때는 오일을 사용하지 않았어요.

재료

- **진밥** 80g
- **파프리카** 30g
- **파인애플** 10g
- **어묵** 20g
- **멸치육수** 50mL

만드는 법

1. 파인애플은 1cm 크기로 썬다.
2. 파프리카는 껍질을 깎아 1cm 크기로 썬다.
3. 어묵도 1cm 크기로 썬다(수제어묵 만드는 법 800쪽 참고).
4. 진밥에 멸치육수를 붓고 2~3번의 재료를 넣고 볶는다.
5. 볶음밥이 완성될 무렵 1번의 파인애플을 넣고 한두 번 뒤적여 볶아낸다.

엄마가 만들어준 이유식 덕분에 언제나 힘이 솟는 승아예요!

새우볶음밥

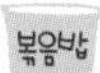

【재료】 ▫ **진밥** 50~60g ▫ **새우** 30g ▫ **양파** 10g ▫ **애호박** 10g ▫ **당근** 10g ▫ **피망** 10g ▫ **현미유** 약간 ▫ **멸치육수** 50mL

새우와 양파, 애호박, 당근, 피망은 잘게 다져 멸치육수를 부어 먼저 볶은 뒤 진밥을 넣고 현미유를 두르고 물기가 사라질 때까지 계속 볶는다.

꼬마김밥

김밥

밥 위에 치즈를 깔고 재료를 넣고 말면 치즈김밥이 된답니다.
김밥이야말로 외출할 때 좋은 이유식이지요.

만드는 법

재료

- 당근
- 시금치
- 파프리카
- 소고기
- 달걀
- 김
- 밥
- 참기름

※ 먹는 양에 따라 달라지므로 계량 표기하지 않았음.

1. 당근은 가늘게 채 썰어 물볶음한다.
2. 파프리카도 껍질을 벗기고 가늘게 채 썰어 물볶음한다.
3. 시금치는 끓는 물에 살짝 데친 뒤 잘게 다진다.
4. 달걀은 잘 풀어서 팬에 부친 뒤 가늘게 채 썬다.
5. 소고기는 다져서 참기름 1작은술을 넣고 볶는다.
6. 김밥용 김은 2등분한 뒤, 1/3씩 자른다.
7. 밥은 참기름 1작은술을 넣어 비비고 간은 따로 하지 않는다.
8. 6번의 김에 밥을 얇게 펴고(끝 부분 약간만 남겨두고 골고루 편다), 1~4번의 재료를 얹는다.
9. 밥알을 꾹꾹 눌러주며 돌돌 말아준다.

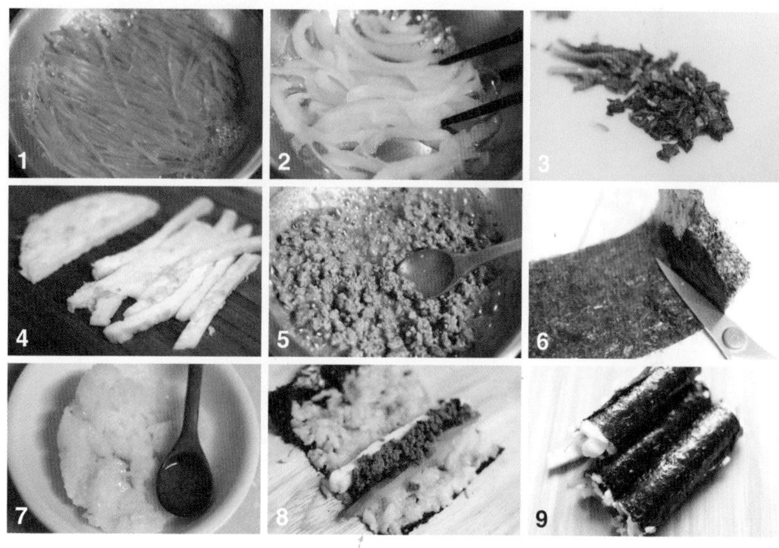

소고기나 시금치 등 흐트러지는 재료는 나중에 올리세요.

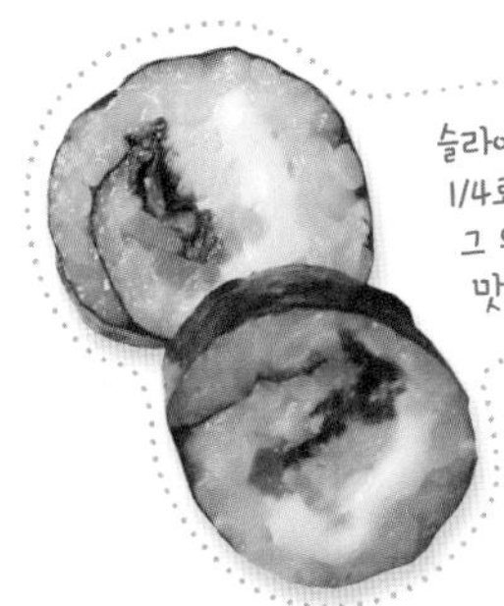

슬라이스 아기치즈 한 장을 1/4로 잘라 밥 위에 얹고 그 위로 재료를 올리면 맛있는 치즈김밥이 돼요!

외출할 때는 이렇게!

비빔밥

비빔밥

아이의 밥상을 어른 밥상의 축소판으로 만들어보세요. 비슷한 맛이 난답니다. 각종 야채와 지방(참기름), 단백질(고기, 달걀)이 들어간 건강한 비빔밥에 상큼한 소스를 얹어 비비면 아이도 정말 잘 먹어요. 어른들의 저염식 식단으로도 추천합니다.

만드는 법

1. 전분물, 비트, 사과, 배, 양파를 넣어 함께 믹서에 갈아낸 뒤 걸쭉해질 때까지 끓여 비빔밥소스를 만들어둔다.
2. 애호박은 가늘게 채 썰어 물볶음한다.
3. 당근도 가늘게 채 썰어 물볶음한다.
4. 가지도 가늘게 채 썰어 물볶음한다.
5. 시금치는 끓는 물에 데친 뒤 잘게 다진다.
6. 소고기는 다져서 참기름을 넣어 볶는다.
7. 밥에 2~6번의 재료를 차례로 얹고 1번의 비빔밥소스를 붓는다.
8. 메추리알은 현미유를 약간 둘러 깨뜨려 넣고 물을 자작하게 부어 뚜껑을 덮고 1~2분간 끓여서 익힌 후 7번에 올린다.

재료

- **진밥** 80g
- **애호박** 10g
- **가지** 10g
- **당근** 10g
- **시금치** 10g
- **소고기** 20g
- **메추리알** 1개
- **참기름** 1작은술
- **현미유** 약간

비빔밥소스

- **비트** 10g
- **사과** 40g
- **배** 40g
- **양파** 10g
- **전분물** (전분 1작은술 + 물 3작은술)

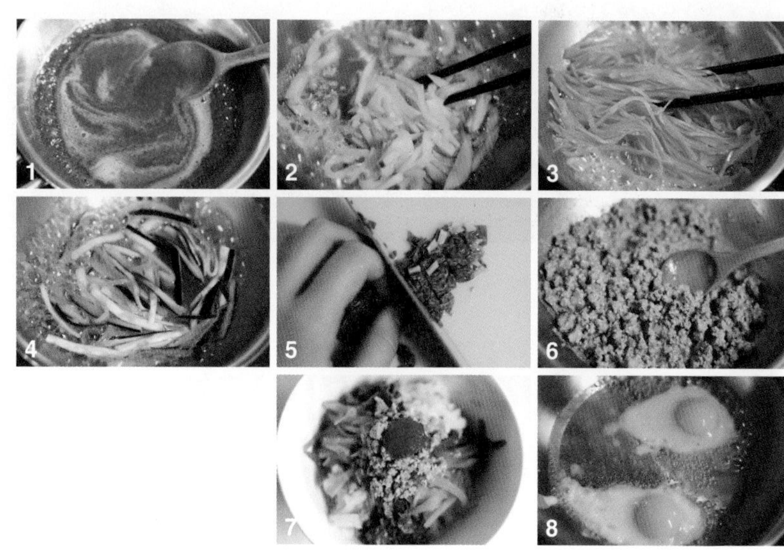

쓱싹 맛있게 비벼진 밥

불고기달걀덮밥

덮밥

육수를 자작하게 부어 달걀, 양파와 함께 먹는 일식 불고기 덮밥이에요.
얇게 저민 불고기감 소고기는 불고기베이스에 재우면
어금니가 나지 않은 아이도 잇몸으로 으깨어 먹을 정도로 연해집니다.

만드는 법

재료

- **진밥** 80g
- **소고기**(불고기용) 30g
- **불고기베이스** 30g
- **양파** 10g
- **달걀** 1/2개
- **멸치육수** 100mL

1. 소고기는 불고기베이스에 3시간 이상 재워두었다가 타지 않게 잘 볶아낸다.
2. 양파는 얇게 썰어 멸치육수에 넣고 끓인다.
3. 2번에 달걀을 풀어서 넣고 익을 때까지 끓인다.
4. 그릇에 진밥을 담는다.
5. 1번의 불고기를 얹는다.
6. 그 위에 3번을 끼얹는다.

엄마, 오늘은 또 어떤 특식이에요?

불고기가 부드러워요.

토마토감자덮밥

덮밥

토마토를 요리에 넣으면 맛이 시큼해서 거부하는 아이들이 있어요.
신맛은 단맛으로 잡아주면 됩니다.
사과 반 개를 갈아서 넣으면 신맛이 조금 사라진답니다.

재료

- **토마토** 20g
- **감자** 20g
- **브로콜리** 20g
- **사과** 1/2개
- **진밥** 80g
- **소고기** 30g
- **야채스톡** 100mL
- **전분물** (전분 1작은술 + 물 3작은술)

만드는 법

1. 토마토는 껍질을 벗기고 1cm 크기로 썬다.
2. 야채스톡에 1번의 토마토와 잘게 다진 감자를 넣고 삶는다.
3. 브로콜리도 꽃 부분만 다져서 넣는다.
4. 사과는 강판에 갈아서 넣는다.
5. 전분물로 농도를 맞춘다.
6. 진밥에 삶아서 다진 소고기를 섞어 그릇에 담아 5번의 덮밥 소스를 얹는다.

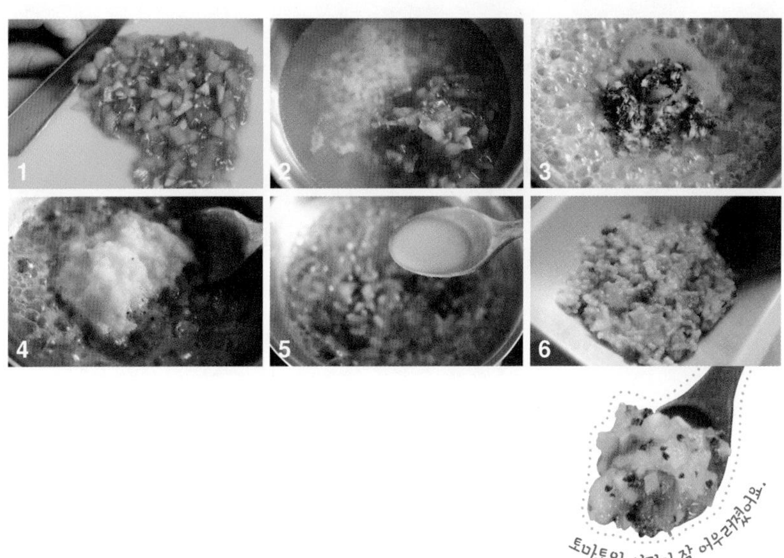

토마토와 사과가 잘 어우러졌어요.

양배추양파애호박덮밥

덮밥

【재료】 **진밥** 60g **소고기** 30g **양배추** 30g **양파** 10g **애호박** 10g **전분물**(전분 1작은술 + 물 3작은술) **멸치육수** 100mL

양배추는 잎 부분만 1cm 크기로 썰고, 양파와 애호박도 1cm 크기로 썰어 멸치육수에 익힌다. 어느 정도 야채가 익으면 삶아서 다진 소고기와 전분물을 넣어 한소끔 끓인 뒤 밥 위에 얹는다.

새우완자덮밥

덮밥

새우를 곱게 갈아내어 만든 완자는 먹으면 입안에서 사르르 녹아요. 완자류는 분량을 늘려서 만들어 냉동시켰다가 간식이나 반찬으로 쪄서 주어도 좋습니다. 이렇게 덮밥으로 만들면 새우로 인해 감칠맛이 난답니다.

재료

- **진밥** 80g
- **새우** 80g
- **당근** 10g
- **애호박** 10g
- **양파** 10g
- **청경채** 10g
- **전분물**
  (전분 1작은술 + 물 3작은술)
- **멸치육수** 100mL

만드는 법

1. 새우는 손질하여 믹서에 곱게 갈아낸다.

2. 애호박 일부와 당근은 잘게 다져 1번 새우와 함께 섞어 반죽을 완성한다.

3. 작고 둥글게 빚는다.

4. 찜기에 5~7분간 찐다.

5. 양파와 남은 애호박은 잘게 다져서 멸치육수에 넣어 먼저 익힌다.

6. 5번의 야채가 투명해지면 4번의 새우완자를 넣어 함께 끓이고 전분물로 농도를 맞춰 끓인 뒤 진밥에 올려준다.

새우의 감칠맛이 최고예요.

승아는
이유식 먹고
이렇게 많이
컸어요.

유산슬덮밥

덮밥

승아가 저녁 먹는 것을 도와주다가 우연히 맛을 보고는
승아엄마에게 "간을 진짜 안 했어?"라고 물어보았던 메뉴입니다.
그 정도로 해물의 감칠맛이 상당히 좋고 맛있습니다.
블로그를 통해서도 아이가 남기지 않고 싹싹 비웠다는 후기가 올라왔었지요.

재료

- **진밥** 80g
- **게살** 10g
- **바지락살** 10g
- **새우살** 10g
- **피망** 10g
- **양파** 10g
- **새송이버섯** 10g
- **가지** 10g
- **전분물** (전분 1작은술 + 물 3작은술)
- **멸치육수** 200mL

만드는 법

1. 양파, 피망, 가지, 새송이버섯은 1cm 크기로 썰어 볶아준다.
2. 새우살과 바지락살은 잘게 다지고 게살은 결대로 찢어 1번과 함께 볶는다.
3. 야채와 해물이 어느 정도 익으면 멸치육수를 부어 끓인다.
4. 전분물을 넣어 농도를 맞추고 진밥에 올려준다.

블로그 속 인기 최고 메뉴였어요!

오야꼬동

덮밥

일식덮밥인 오야꼬동의 오야꼬(親子)는 부모와 자식이라는 뜻이에요.
닭과 달걀이 함께 들어가서 붙여진 이름이라고 하니 참 재미있지요?
단백질이 풍부한 특식으로 아이의 입맛을 살려줄 수 있습니다.

재료

- **진밥** 80g
- **닭다리** 1개
- **양파** 10g
- **파프리카** 10g
- **달걀** 1/2개
- **치킨스톡** 100mL
- **참기름** 약간

만드는 법

1. 닭다리는 치킨스톡에 삶은 뒤 살만 발라내고 국물은 육수로 사용한다.
2. 양파와 파프리카는 가늘게 채 썰어 1번의 육수에 넣고 닭다리살도 함께 끓인다.
3. 달걀을 풀어 넣고 익을 때까지 끓인다.
4. 진밥에 참기름을 약간 넣어 비빈 뒤 그릇에 담고 3번을 얹는다.

1

2

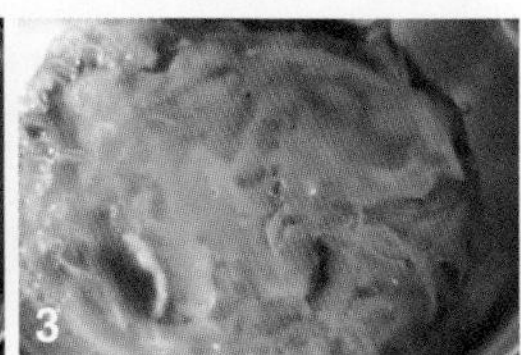
3

4

입맛이 살아나는 오야꼬동

닭과 달걀을
함께 먹는다고요?

바지락죽

죽

전복죽과 같은 맛이 나는 바지락죽입니다.
완료기를 진행하고 있으므로 쌀알을 갈아넣거나 너무 푹 무르게 익히지는 않고 밥알이 살아 있을 정도의 죽을 끓여보았어요.
끓이는 중간중간 불순물이 떠오르면 살짝 제거해주세요.

만드는 법

재료

- 쌀 40g
- 바지락 20g
- 양파 10g
- 당근 10g
- 애호박 10g
- 야채스톡 200mL
- 참기름 1/2작은술

1. 바지락은 깨끗하게 손질하여 잘게 다진다.
2. 당근과 양파, 애호박은 1cm 크기로 썰어 1번의 바지락과 쌀, 참기름을 둘러 볶는다.
3. 쌀알이 투명해질 정도로 익으면 야채스톡을 부어 국물이 자작해질 때까지 끓인다.

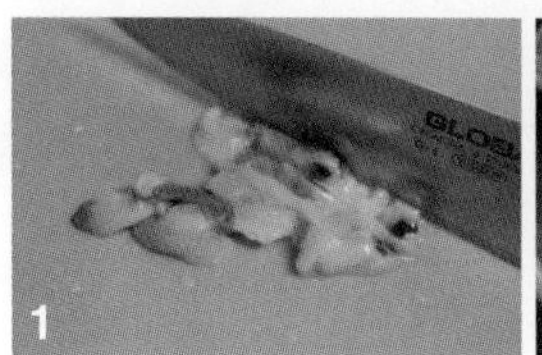

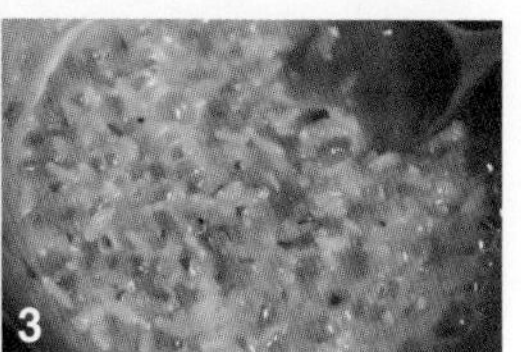

전복죽과 바지락죽 둘 다 맛있어요.

전복죽

죽

【재료】 ㅁ **양파** 20g ㅁ **파프리카** 20g ㅁ **애호박** 20g ㅁ **당근** 20g ㅁ **새송이버섯** 20g ㅁ **전복** 2개 ㅁ **참기름** 1작은술 ㅁ **쌀** 50g ㅁ **멸치육수** 300mL

껍질을 벗긴 파프리카, 양파, 애호박, 당근, 새송이버섯, 전복은 잘게 다진 뒤 참기름을 넣고 볶다가 쌀을 넣어 함께 볶는다. 쌀이 투명하게 익으면 멸치육수를 넣고 끓인다.

토마토소스배추말이밥

특식

진밥은 지겨워하고 주먹밥은 뻑뻑하다 싶으면
배추에 밥과 고기를 채워 토마토소스로 조림을 해보세요.
무척 촉촉하게 밥과 고기를 먹을 수 있어요.
간을 하지 않아도 맛이 좋은 토마토 요리는 늘 승아에게 성공적이었어요.

재료

- **진밥** 50~60g
- **돼지고기** 50g
- **토마토비트소스** 100~150g
- **배추** 4장
- **당근** 30g

만드는 법

1. 당근은 잘게 다지고, 돼지고기는 갈아내어 진밥과 함께 섞는다.
2. 찰기가 있도록 반죽하여 가늘고 길게 모양을 만든다.
3. 끓는 물에 살짝 데친 배춧잎에 2번의 반죽을 올려 말아준다.
4. 3번의 배추말이는 반나절 정도 냉장고에서 숙성시킨다.
5. 숙성된 배추말이는 찜기에서 10분 정도 찐다.
6. 토마토비트소스 위에 찐 배추말이를 올린 뒤 약불에서 조린다(토마토비트소스 만드는 법 597쪽 참고).

아이가 먹기 좋은 크기로 썰어주세요.

촉촉하고 맛있어요.

엄마가 마법사처럼 뚝딱 뚝딱!

대구탕

 탕

저열량 고단백 식품인 대구는 탕을 끓이거나 전으로 만들어주면 좋아요.
대구살을 손질할 때에는 가시가 없는지 주의 깊게 보아야 합니다.

재료

- **대구살** 40g
- **무** 10g
- **새송이버섯** 10g
- **애호박** 10g
- **야채스톡** 100mL

만드는 법

1. 무, 새송이버섯, 애호박은 1cm 크기로 썬다.
2. 야채스톡에 1번의 재료를 넣고 끓인다.
3. 대구살은 다져서 2번에 넣고 충분히 익힌다.
4. 위에 뜨는 거품은 걷어내면서 끓인다.

1

2

3

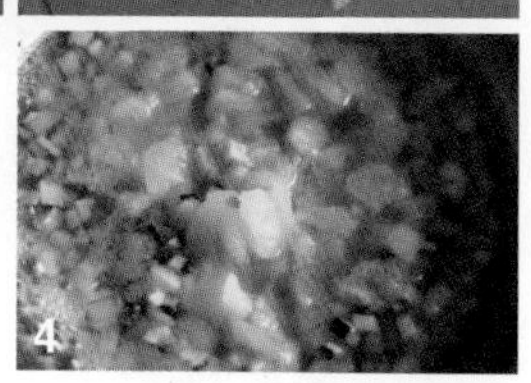
4

저열량 고단백 영양만점!

소고기진밥과 함께 한 끼 뚝딱!

맑은육개장

국

이열치열 삼복 음식 중의 하나예요. 각종 야채에 고기를 넣어 고아내듯 푹 끓인 맑은 육개장입니다.

재료

- 숙주 10g
- 고사리 10g
- 파 10g
- 느타리버섯 10g
- 소고기(사태) 20g
- 참기름 1작은술

만드는 법

1. 소고기는 덩어리째 1시간 정도 푹 끓여 육수를 낸다.
2. 1번의 삶은 소고기는 잘게 찢는다.
3. 고사리와 숙주, 파, 느타리버섯은 끓는 물에 살짝 데친 뒤 1cm 길이로 송송 썬다.
4. 2~3번의 재료에 참기름을 넣고 잘 섞어 냉장고에서 3시간 정도 숙성시킨다.
5. 1번의 육수 200mL를 4번의 재료에 붓고 20~30분 정도 푹 끓인다.

승아의 한 끼

바지락매생이국

국

일반 달걀국, 미역국, 매생이국 등에 바지락을 잘게 다져 넣어보세요. 깊은 맛이 우러나온답니다. 특히 궁합이 좋았던 바지락매생이국은 한 그릇 뚝딱하고도 아쉬움에 승아가 숟가락을 놓지 못했었어요.

만드는 법

재료

- **매생이** 30g
- **바지락** 10g
- **멸치육수** 100mL
- **참기름** 1작은술
- **다진 마늘** 1g

1. 바지락은 깨끗하게 손질하여 잘게 다진다.
2. 매생이는 손질하여 잘게 다진다.
3. 1~2번의 재료에 참기름과 다진 마늘을 넣어 약불에서 볶는다.
4. 멸치육수를 부어 한소끔 끓여낸다.

1

2

3

4

바지락미역국

국

【재료】 ㅁ **바지락** 10g ㅁ **미역** 20g ㅁ **다진 마늘** 1g ㅁ **야채스톡** 100mL

미역은 불린 뒤에 잘게 다져 바지락과 함께 마늘을 넣고 약불에서 볶아낸다. 이후 야채스톡을 붓고 오래 끓인다.

바지락순두부탕

탕

【재료】 ㅁ **바지락** 10g ㅁ **순두부** 2큰술 ㅁ **양파** 20g ㅁ **달걀** 1/2개 ㅁ **멸치육수** 100mL

양파는 가늘게 채 썰어 멸치육수에 넣고 끓이다가 순두부와 잘게 다진 바지락을 넣고 계속 끓인다. 마지막에 달걀을 넣고 어느 정도 익을 때까지 기다렸다가 휘젓는다.

맑은닭개장

국

맑은 육개장을 해줄 때 아이가 소고기를 소화하기
어려워했다면 닭개장을 해보세요.
닭고기살이 부드럽고 뽀얀 닭국물의 맛이 아주 좋답니다.

만드는 법

재료

- **숙주** 10g
- **고사리** 10g
- **파** 10g
- **느타리버섯** 10g
- **참기름** 1/2작은술
- **닭다리** 1개
- **치킨스톡** 200mL

1. 닭다리는 치킨스톡에 삶은 뒤 살만 발라내고 국물은 육수로 사용한다(치킨스톡 만드는 법 156쪽 참고).
2. 고사리와 숙주, 파, 느타리버섯은 끓는 물에 살짝 데쳐 1cm 크기로 송송 썬다.
3. 1~2번의 재료에 참기름을 넣고 잘 섞어 냉장고에 한나절 정도 숙성시킨다.
4. 3번에 1번의 육수를 부어 국물이 우러날 때까지 끓인다.

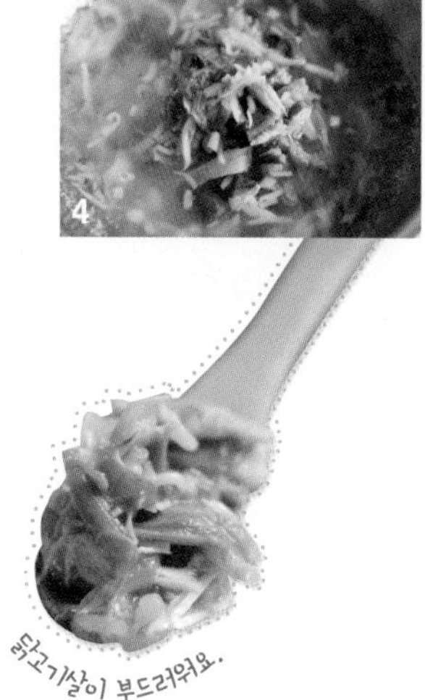

4
닭고기살이 부드러워요.

엇? 벌써
다 먹어버렸어요?
제가요?

황태탕

탕

황태탕은 간 없이도 맛있게 만들 수 있는 국 중 하나예요.
야채와 황태를 볶아 우려낸 뽀얀 국물은 깊은 맛이 난답니다.

재료

- **황태** 20g
- **무** 20g
- **양파** 10g
- **파** 3g
- **멸치육수** 100mL
- **참기름** 1/2작은술
- **다진마늘** 1g

만드는 법

1. 황태는 물에 10분 정도 불린다.
2. 물에 불린 황태는 1cm 크기로 썬다.
3. 무도 1cm 크기로 썬다.
4. 팬에 다진 마늘을 넣고 참기름을 둘러 볶아 향을 내고 얇게 채 썬 양파를 2~3번의 재료와 함께 볶는다.
5. 멸치육수를 붓고 파를 잘게 다져 넣은 뒤 푹 끓인다.

엄지 척! 콩나물황태해장국
★★★★★
정말 맛있게 먹었다는
블로그 댓글이
가득했어요.

콩나물황태해장국

국

【재료】 ▫**콩나물** 40g ▫**달걀** 1개 ▫**황태** 10g ▫**무** 20g ▫**멸치육수** 200mL

콩나물은 몸통 부분만 1/2 길이로 썬 뒤 멸치육수에 넣어 끓이다가 가늘게 채 썬 무를 넣고 계속 끓인다. 여기에 물에 불린 뒤 잘게 다진 황태와 달걀을 넣은 뒤 한소끔 끓여낸다.

소고기뭇국

국

한국인의 식단 중 빼놓을 수 없는 국류는 국물 속의 나트륨을 아이가 과다섭취할 수 있어 추천하기 어려워요.
따라서 국류는 특식으로 해주되 밥과 국물은 따로 먹게 하고,
간은 하지 않고 야채스톡이나 멸치육수를 활용하여 건더기의 비율을 많게 하세요.
이유식을 통해 음식의 질감과 식감, 맛을 배워나가야 하는 아이들에게
국에 밥을 말아 후루룩 넘기게 한다면 씹는 연습을 할 수가 없으니 주의가 필요합니다.

만드는 법

재료

- **소고기**(사태나 양지) 20g
- **무** 10g
- **파** 5g
- **참기름** 1/2작은술
- **다진 마늘** 1g
- **야채스톡** 100mL

1. 소고기는 핏물을 뺀 뒤에 삶아서 결대로 찢는다.
2. 무는 1cm 크기로 썰어 1번의 소고기와 함께 참기름과 다진 마늘을 넣고 볶는다.
3. 무가 투명하게 익으면 야채스톡을 붓고 끓이면서 중간 중간 불순물을 걷어낸다.
4. 파를 잘게 다져서 넣고 푹 끓인다.

국

소고기야채국

【재료】 ▫ **소고기** 20g ▫ **양파** 10g ▫ **당근** 10g ▫ **애호박** 10g ▫ **멸치육수** 100mL ▫ **참기름** 1/2작은술

소고기는 육수를 낸 뒤 찢어서 준비해두고, 양파, 당근, 애호박은 1cm 크기로 썰어서 찢어둔 소고기와 함께 참기름에 먼저 볶은 뒤 멸치육수를 넣어 끓여 준다.

건새우아욱국

국

'가을 아욱국은 사립문 닫고 먹는다'라는 속담이 있습니다.
그 정도로 가을의 아욱국은 참 맛이 좋아요.

만드는 법

재료

- **건새우** 3g
- **아욱** 20g
- **멸치육수** 100mL

1. 아욱은 잎 부분만 1cm 크기로 썬다.
2. 1번의 아욱은 멸치육수에 넣어 끓인다.
3. 건새우를 넣어 함께 끓이다가 건새우는 건져낸다.

건새우는 삶아도 아이가 먹기에는 불편해요. 체를 이용해 끓이고 건져냅니다.

승아가 인정한 맛! 아욱국

콩나물아욱국

국

[재료] **콩나물** 30g **아욱** 20g **멸치육수** 100mL

아욱은 잎 부분만 1cm 크기로 썰고, 콩나물은 몸통 부분만 1cm 길이로 송송 썬 뒤 멸치육수에 넣고 충분히 익을 때까지 끓인다.

들깨무채국

국

무채만 끓여내면 밋밋할 수 있는 국이
들깨가루를 넣어 구수한 영양탕으로 거듭났어요.
소금 없이 국이나 나물을 조리할 때 들깨가루를 잘 활용해보세요.

재료

- 무 30g
- 만송이버섯 20g
- 들깨가루 2작은술
- 멸치육수 200mL

만드는 법

1. 무는 가늘게 채 썬다.
2. 만송이버섯은 1cm 길이로 송송 썰어 멸치육수에 1번의 무와 함께 넣고 끓인다.
3. 들깨가루를 넣어 푹 끓인다.

1

2

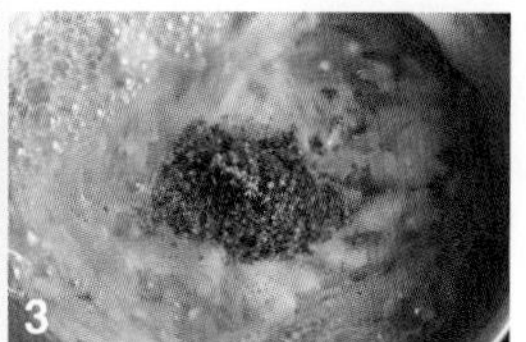
3

버섯배춧국

국

【재료】 ㅁ **만송이버섯** 30g ㅁ **배추** 30g ㅁ **멸치육수** 100mL

배추는 잎 부분만 1cm 크기로 썰고 만송이버섯도 1cm 크기로 송송 썰어 멸치육수에 넣고 끓인다.

맑은감자국

국

【재료】 ㅁ **감자** 30g ㅁ **양파** 10g ㅁ **멸치육수** 100mL

양파는 가늘게 채 썰고, 감자는 1cm 크기로 썰어 멸치육수에 넣고 끓인다.

청경채두붓국

국

【재료】 ㅁ **청경채** 20g ㅁ **양파** 10g ㅁ **두부** 20g ㅁ **멸치육수** 100mL

청경채 잎 부분과 양파는 1cm 크기로 썰어 멸치육수에 넣고 먼저 끓이다가 야채가 어느 정도 익으면 두부를 1cm 크기로 썰어 넣고 1~2분 정도 더 끓인다.

배추굴국

국

시원하면서 달기까지 한 맛있는 배추굴국은
조미료나 소금, 간장 없이도 아주 훌륭한 맛이 납니다.
양식굴보다 자연산 생굴을 사용하세요. 굴은 가을, 겨울이 제철입니다.
'바다의 우유'라고 불릴 만큼 영양만점이에요.

재료

- 굴 40g
- 배추 20g
- 멸치육수 100mL

만드는 법

1. 배추는 잎 부분만 1cm 크기로 썬다.
2. 손질한 굴과 1번의 배추에 멸치육수를 부어 끓인다.
3. 굴이 다 익을 때까지 끓으면 불에서 내린다.

전 바다의 우유!

만둣국

국

만두는 피를 아무리 얇게 만들어도 돌 이전의 아이가 먹기에 부담스러울 수 있어요. 그럴 땐 밀가루에 굴려 얇은 막으로 만든 굴림만두를 주세요. 새해 아침 떡국 대신 해주었는데 승아가 아주 잘 먹었어요. 떡볶이용 떡을 이용해 떡국을 하는 건 질식의 위험이 있어요. 아이가 웬만큼 씹어서 삼킬 수 있을 때까지 떡은 먹이지 마세요.

만드는 법

재료

- □ **야채스톡** 150mL
- □ **양파** 10g
- □ **애호박** 10g
- □ **달걀** 1/2개

굴림만두

- □ **돼지고기** 50g
- □ **소고기** 30g
- □ **두부** 60g
- □ **부추** 20g
- □ **양파** 20g
- □ **만송이버섯** 20g
- □ **달걀** (노른자) 1개
- □ **밀가루** 적당량

1. 양파, 만송이버섯, 부추는 잘게 다진다.
2. 면보에 싸서 물기를 꼭 짜준다.
3. 2번에 칼등으로 눌러 으깬 두부와 돼지고기, 소고기를 다져서 넣은 뒤 치대어 잘 섞는다.
4. 달걀은 노른자만 넣어 반죽한다.
5. 작고 둥글게 빚어 밀가루에 1차 굴린 뒤 10분 정도 상온에 두었다가 다시 한 번 굴린다.
6. 찜기에 젖은 면보를 깔고 5번을 한 번 쪄낸다.
7. 애호박과 양파는 아주 가늘게 채 썰어 야채스톡을 부어 끓인다.
8. 7번에 달걀을 풀어 넣는다.
9. 6번의 만두를 8번에 넣어 한소끔 끓인다.

밀가루를 묻히고 상온에 둔 뒤 다시 묻히면 골고루 잘 묻어요.

끓는 물에 익혀도 돼요.

새해 아침에 먹은 만둣국

어묵국

 국

수제어묵을 만들었다면 다음날 메뉴를 살짝 바꿔 어묵국을 끓여주세요.
성인의 어묵국과 크게 다르지 않을 정도로 맛이 좋아요.

만드는 법

재료

- 어묵 40g
- 무 10g
- 양파 10g
- 배추 10g
- 멸치육수 100mL

1. 무와 배추는 1cm 크기로 썰고 양파는 얇게 채 썰어 멸치육수를 부어 끓인다.
2. 야채가 투명하게 익으면 어묵을 넣고 한소끔 더 끓인다(수제어묵 만드는 법 800쪽 참고).

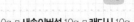

어묵전골

【재료】 ▫ **어묵** 40g ▫ **멸치육수** 200mL ▫ **당근** 10g ▫ **새송이버섯** 10g ▫ **래디시** 10g ▫ **배추** 10g ▫ **쑥갓** 10g ▫ **생선볼** 30g

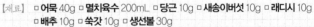

1. 당근과 새송이버섯, 래디시는 얇게 저미듯 썰어 멸치육수를 붓고 먼저 끓인 뒤 배추 잎 부분을 다져서 넣는다.
2. 어묵과 생선볼을 넣고 계속 끓이다가 쑥갓의 잎 부분을 썰어 넣는다(수제어묵 만드는 법 800쪽 참고, 생선볼 만드는 법 802쪽 참고).

오징어볼뭇국

국

오징어살을 갈아만든 오징어볼은 어묵과는 또다른 맛이 있어요.
더 쫄깃쫄깃하고 깔끔한 맛이랄까요.
오징어볼로 맑은 국을 끓여보세요. 오징어는 아무리 작게 썰어도
아이가 씹어 삼키기에는 무리가 있는 질감이에요.

재료

- **오징어볼** 50g
- **무** 20g
- **양파** 10g
- **배추** 5g
- **멸치육수** 100mL

만드는 법

1. 무는 1cm 크기로 썬다.
2. 멸치육수에 1번의 무와 얇게 채 썬 양파를 넣고 끓이다가 무가 투명하게 익으면 오징어볼과 배추 잎 부분을 썰어서 넣는다(오징어볼 만드는 법 804쪽 참고).
3. 야채가 익고 국물이 우러나면 불에서 내린다.

쫄깃쫄깃 맛있어요.

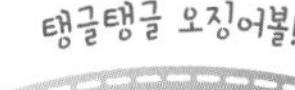

탱글탱글 오징어볼!

홍합스튜

특식

홍합을 쏙쏙 빼서 주었더니 넙죽넙죽 받아먹던 승아.
홍합은 토마토와 참 잘 어울려요.
두뇌활동에 좋은 오메가3 지방산이 풍부한 홍합으로 겨울의 식탁을 채워주세요.
넉넉히 만들어 남편의 안주로 준비해주어도 좋습니다.

재료

- **애호박** 10g
- **양파** 10g
- **토마토페이스트** 50g
- **멸치육수** 100mL
- **홍합** 약 10개

만드는 법

1. 홍합은 깨끗하게 손질하여 냄비에 넣는다(홍합 손질법 131쪽 참고).
2. 양파, 애호박은 1cm 크기로 썰어 1번과 함께 냄비에 담고 토마토페이스트를 넣어 함께 끓여 준다.
3. 2번에 멸치육수를 부어 조린다.
4. 홍합이 벌어지고 나면 3분 정도 더 끓인다.

아이 입 속으로 쏙!

먹을 준비 끝!

유부전골

전골

유부는 사용 전에 체에 올려두고 뜨거운 물을 끼얹어 기름기를 빼주세요.
유부에는 단백질, 지질, 칼슘, 철분의 함유량은 높지만 비타민A와 C가 없어요.
그래서 당근 등의 채소로 영양을 보충해주면 좋아요.

재료

- **유부** 4~5장
- **잡채** 50g
- **양파** 10g
- **새송이버섯** 10g
- **당근** 10g
- **애호박** 10g
- **부추**(혹은 실파) 10g
- **멸치육수** 200mL

만드는 법

1. 유부는 끝 1cm 정도를 잘라낸다.
2. 잡채는 잘게 다진다(잡채 만드는 법 790쪽 참고).
3. 잘게 다진 잡채를 1번의 유부에 넣는다.
4. 부추를 데쳐서 유부를 묶어준다.
5. 양파, 새송이버섯, 당근, 애호박은 얇게 썬다.
6. 멸치육수에 5번의 야채를 넣고 익을 때까지 끓인다.
7. 야채가 투명해질 정도로 익으면 4번의 유부주머니를 넣어 끓인다.

모양도 참 예쁜 유부

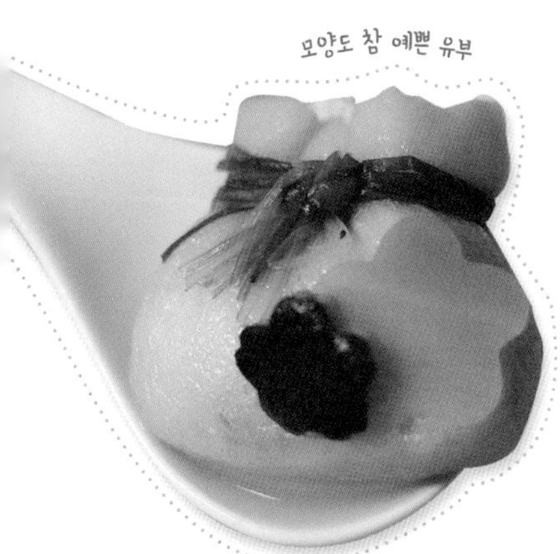

비지찌개

찌개

비지에는 식이섬유가 풍부한데 비지의 식이섬유는
물에 녹지 않는 성질의 셀룰로오스이기 때문에
체내에서 여분의 수분을 흡수해 부풀어 올라 장의 움직임을 돕습니다.
변비가 있는 아이에게 좋아요.

재료

- **멸치육수** 50mL
- **콩비지** 100g
- **돼지고기**(안심) 50g
- **배추** 20g
- **참기름** 1작은술

만드는 법

1. 배추는 잎 부분만 1cm 크기로 썬다.
2. 뚝배기에 갈아낸 돼지고기와 1번의 배추, 참기름을 넣고 약불에 볶는다.
3. 돼지고기가 어느 정도 익고 배추에 숨이 죽으면 콩비지를 넣어 끓인다.
4. 중간 중간 멸치육수를 조금씩 부어가며 자작하게 끓인다.

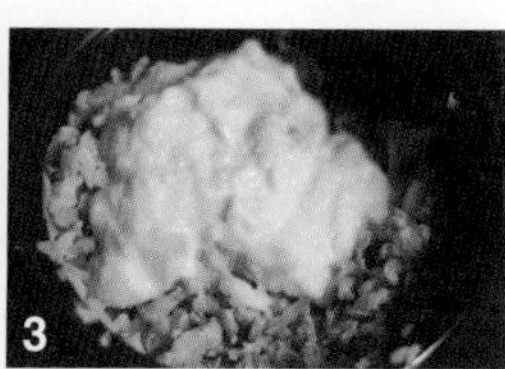

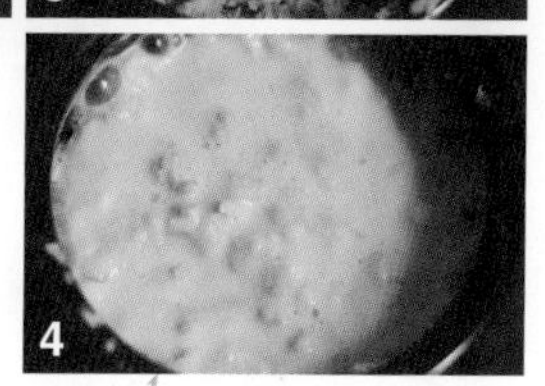

두 끼 분량이 나와요.

맛있는 비지가 입안에 쏙!

비지찌개와 함께한 승아의 한 끼

오리누룽지백숙

백숙

간이 안 되어 있다는 것이 믿기 힘들 정도로 맛이 좋습니다.
오리는 익히려면 시간이 많이 걸리니 압력솥을 활용해보세요.
찹쌀누룽지로 만들면 더 맛이 좋습니다.

재료

- **오리** 1마리
- **밤** 적당량
- **대추** 적당량
- **누룽지** 30g
- **당근** 20g
- **부추** 20g

만드는 법

1. 오리는 4등분한다.
2. 압력솥에 밤, 대추와 함께 오리를 넣고 물을 자작하게 부어 추가 움직이기 시작하고 10분 뒤에 불을 끄고 뜸을 충분히 들인다.
3. 2번의 오리는 살만 발라 잘게 쭉쭉 찢는다.
4. 오리를 삶은 물은 체에 면보를 깔아 한 번 걸러낸다.
5. 차가운 곳에 4번의 걸러낸 육수를 3시간 정도 두어 젤리처럼 굳은 기름을 걷어낸다.
6. 누룽지는 5번의 육수에 넣어 부들부들하게 익힌다.
7. 당근과 부추는 잘게 다져 6번에 넣고 한소끔 끓인다.
8. 3번의 오리를 7번에 넣고 끓이되, 중간 중간 떠오르는 기름 및 불순물은 건져낸다.

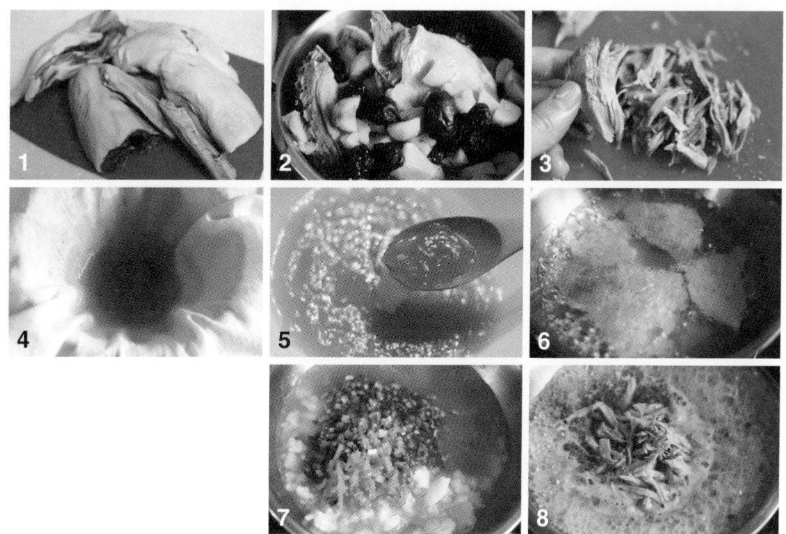

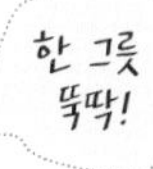

닭칼국수

국수

생협, 한살림 등을 포함하여 시중에 파는
칼국수면은 아이가 먹기에 나트륨 함량이 높습니다.
되도록 나트륨이 적은 제품으로 선택하거나 칼국수면을 직접 만들어보세요.

재료

- **닭고기** 20g
- **치킨스톡** 100mL
- **애호박** 10g
- **당근** 10g
- **칼국수면** 100g

만드는 법

1. 치킨스톡에 닭고기를 넣어 삶은 뒤 잘게 찢어둔다.
2. 칼국수는 7cm 길이로 자른다.
3. 애호박과 당근은 아주 가늘게 채 썰어 치킨스톡에 넣어 익힌다.
4. 치킨스톡에 칼국수면을 넣어 끓이다가 3번의 야채, 1번의 닭고기를 넣어 함께 끓인다.

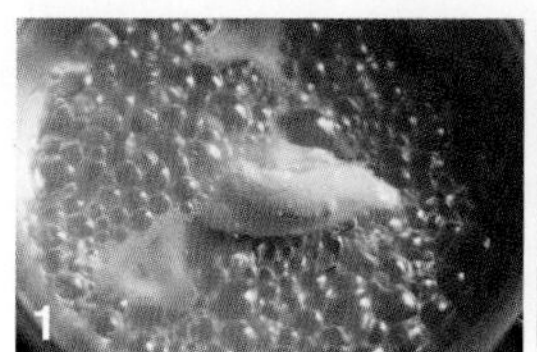

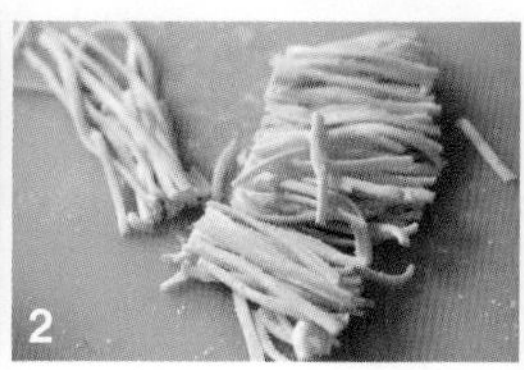

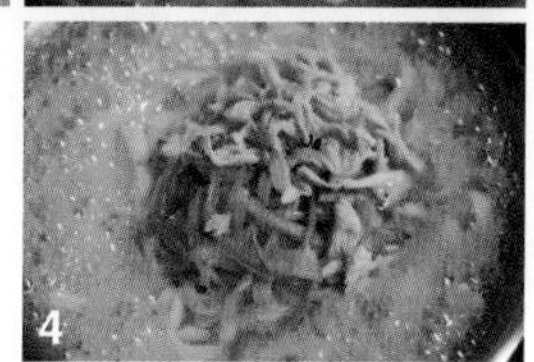

칼국수면은 시중에서 살 수도 있지만 손쉽게 만들 수도 있어요.

(칼국수면 만드는 법 171쪽 참고)

바지락칼국수

【재료】 ▫ **바지락** 20g ▫ **멸치육수** 100mL ▫ **양파** 10g ▫ **애호박** 10g ▫ **당근** 10g ▫ **달걀** 1/2개 ▫ **칼국수면** 100g

양파, 애호박, 당근은 가늘게 채 썰어 멸치육수를 부어 끓이다가 칼국수면과 잘게 다진 바지락살을 넣어 함께 끓인다. 면이 어느 정도 익을 때쯤 달걀을 넣어준다.

양지쌀국수

국수

Mom

쌀국수는 끓이면 쌀뜨물이 생기기 때문에 완전히 삶은 뒤 찬물에 헹구어주세요. 그러면 국물이 좀 더 맑게 됩니다.
승아의 쌀국수는 걸쭉한 국물을 만들기 위해 애벌로 익히고 육수에 넣어 마저 삶는 방법으로 만들었습니다.

재료

- **소고기**(양지) 30g
- **양파** 20g
- **대파** 20g
- **무** 30g
- **숙주** 30g
- **양파** 10g
- **애호박** 10g
- **고사리** 5g
- **쌀국수면** 20~30가닥

만드는 법

1. 소고기는 대파와 양파, 무를 넣고 물을 부어 끓인다.
2. 1번을 체에 걸러 육수를 준비한다.
3. 1번의 소고기는 얇고 가늘게 결대로 찢어둔다.
4. 숙주와 고사리는 1~2cm 길이로 자르고 양파와 애호박은 가늘게 채 썰어 2번의 육수를 부어 함께 끓인다.
5. 쌀국수는 애벌로 한 번 익힌다.
6. 4번에 5번의 쌀국수를 넣고 3번의 소고기를 넣어 마저 끓인다.

1
2
3
4
5
6

쌀국수도 뚝딱!

맛있게 먹었으니
신나게 놀아야지요!

삼색수제비

수제비

아이들이 쫄깃한 식감을 어색해할 수 있기 때문에
반죽을 약간 질게 만들어줍니다. 반죽을 할 때는 레시피의 분량을 기본으로 하되,
질기를 보면서 가루와 액체의 비율을 조절하세요.
야채로 만든 천연 색소로 참 예쁜 수제비, 승아도 마음에 쏙 들었는지
엉덩이를 들썩거리며 춤추고 옹알이를 하며 즐겁게 먹었습니다.

재료

- 멸치육수 200mL
- 밀가루(중력분) 120g
- 빨간색 파프리카 10g
- 노란색 파프리카 10g
- 시금치 10g
- 감자 30g
- 양파 20g
- 달걀 1/2개

만드는 법

1. 시금치, 노란색 파프리카, 빨간색 파프리카는 각각 믹서에 갈아서 즙을 내어 밀가루와 섞어 반죽한다.
2. 반죽은 손에 묻어나지 않을 정도로 너무 되거나 질지 않게 만들어 냉장고에 반나절 정도 숙성시킨다.
3. 멸치육수에 감자를 1cm 크기로 썰어 넣고 먼저 익히다가 같은 크기로 썬 양파를 넣고 계속 끓인다.
4. 2번의 반죽을 꺼내어 얇게 떼어 넣는다.
5. 모든 재료가 어느 정도 익어가면 달걀을 부어 한소끔 끓인다.

건더기와 국물이 있는 메뉴는 건더기만 따로 건져 그릇에 주고 국물은 식혀서 컵처럼 들고 마시게 해주세요.

갈비탕

탕

간을 하지 않는 대신 갈비육수에 멸치육수 재료를 넣고 끓여 맛을 내주세요. 승아는 손뼉 치면서 국물도 꿀꺽꿀꺽, 부드러운 고깃살까지 더 달라며 열심히 먹었던 메뉴예요.

재료

- **소고기(갈빗대)** 10개
- **무** 60g
- **양파** 30g
- **멸치** 10g
- **다시마** 1조각

만드는 법

1. 갈빗대는 찬물에 담가 한나절 정도 핏물을 뺀다.
2. 핏물을 뺀 갈비는 물을 자작하게 부어 한소끔 끓여낸 뒤 깨끗하게 씻는다.
3. 갈비에 붙은 지방과 힘줄 등을 떼어낸다.
4. 3번의 갈비를 다시 물에 넣어 중불에 30분 이상 끓인다.
5. 무 일부와 양파, 멸치, 다시마를 4번에 넣어 함께 우려낸다.
6. 갈빗대와 살코기가 쉽게 분리될 정도가 되면 불에서 내린다.
7. 체에 면보를 얹어 국물을 걸러낸 뒤 식혔다가 기름층을 걷어낸다.
8. 6번의 고기는 살코기만 찢어낸다.
9. 남은 무 일부는 1cm 크기로 썰어 7번의 육수에 넣고 무가 투명해질 때까지 끓으면 8번의 살코기를 넣어 한소끔 끓인다.

다시마는 국물이 끓어오를 때 잠시 넣었다가 10~15분 뒤에 건져내야 씁쓸한 맛이 나지 않아요.

승아가 박수를 치며 좋아했던 메뉴예요.

라따뚜이

특식

애니메이션 제목으로 더 유명한 라따뚜이ratatouille는
프랑스의 가정식으로 야채스튜입니다.
모든 재료를 함께 넣어 볶아도 되고, 오븐에 재료를 한데 넣어 익혀도 돼요.
간단한 야채스튜이지만 이렇게 이름을 알고 나니
왠지 더 멋진 요리를 아이에게 해준 것 같지 않나요?

재료

- 양송이버섯 20g
- 호박 20g
- 가지 20g
- 토마토 20g
- 토마토페이스트 2큰술
- 치킨스톡 10mL
- 현미유 1작은술
- 다진마늘 1작은술

만드는 법

1. 애호박은 얇게 썬다.
2. 가지도 얇게 썬다.
3. 양송이버섯도 얇게 썬다.
4. 토마토는 껍질을 벗기고 얇게 썬다.
5. 토마토페이스트와 치킨스톡을 섞어 오븐용기 바닥에 깐다.
6. 5번에 1~4번의 야채들을 빙 둘러 켜켜이 쌓는다.
7. 현미유와 다진 마늘을 섞어 뿌려준다.
8. 200도 오븐에서 25~30분 정도 구워준다.

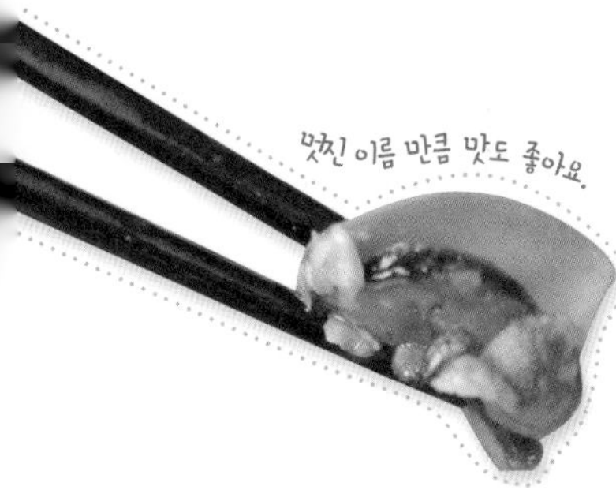

멋진 이름 만큼 맛도 좋아요.

맛있는 라따뚜이!

나가사끼짬뽕

짬뽕

강추 메뉴입니다. 정말 맛있어서 승아도 잘 먹었어요.
넉넉히 해서 어른들도 함께 먹으면 좋아요.
나가사끼짬뽕 국물은 원래 돼지뼈로 우려낸 육수를 쓰지만
아기에게 뼈 육수는 그리 좋을 것이 없다고 해요. 지방이 너무 많기 때문이지요.
승아의 짬뽕 국물은 치킨스톡에 멸치를 넣어 만들었습니다.

만드는 법

1. 치킨스톡에 멸치를 넣어 끓인 뒤 면보를 올린 체에 내려 육수를 준비한다.
2. 숙주와 양배추 잎 부분은 1cm 크기로 썰고 당근과 애호박, 양파는 가늘게 채 썰어 현미유를 둘러 야채를 먼저 볶는다.
3. 새우살와 바지락살, 게살을 잘게 다져 2번에 넣는다.
4. 3번에 오징어볼도 함께 넣어 볶는다(오징어볼 만드는 법 804쪽 참고).
5. 야채가 숨이 죽고 해물의 향이 은은하게 나기 시작하면 1번의 육수를 부어 한소끔 끓인다.
6. 칼국수면은 따로 삶아 그릇에 담는다.
7. 5번을 면 위에 올려낸다.

재료

- **칼국수면** 100g
- **바지락살** 10g
- **새우살** 10g
- **게살** 10g
- **오징어볼** 3개
- **당근** 10g
- **애호박** 10g
- **양파** 10g
- **양배추** 10g
- **숙주** 10g
- **현미유** 약간

육수

- **치킨스톡** 100mL
- **멸치** 여러 개

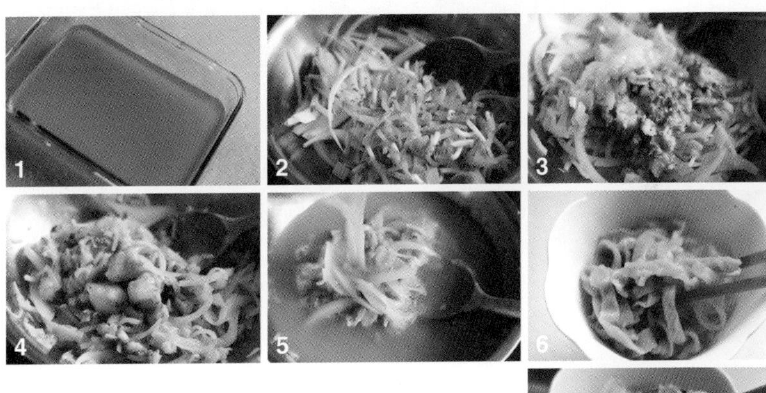
1
2
3
4
5
6
7

국수면 만드는 법 171쪽 참고

엄마는
요술쟁이에요!

봉골레스파게티

스파게티

원래 봉골레는 오일 파스타이지만 아이가 먹는 봉골레스파게티에는 오일을 많이 넣지 않는 게 좋아요.
육수를 넉넉히 넣어 바지락살이 우러나온 국물로 맛을 내주세요.

재료

- **바지락살** 10g
- **양파** 10g
- **피망** 10g
- **스파게티면** 30~40가닥
- **멸치육수** 150mL
- **현미유** 1/2작은술
- **다진 마늘** 1작은술

만드는 법

1. 바지락살은 잘게 다진다.
2. 다진 바지락살과 다진 마늘은 현미유를 넣고 볶는다.
3. 양파와 껍질을 깎은 피망은 가늘게 채 썰어 넣고 함께 볶는다.
4. 스파게티면은 아이가 먹기 편하도록 3등분하여 끓는 물에 넣고 삶는다.
5. 3번의 야채가 투명하게 익으면 멸치육수를 넣어 한소끔 끓여주고 4번의 면을 넣어 볶는다.

게살로제파스타

파스타

밀가루나 달걀, 콩이나 이스트 등등에 알레르기가 있는 아이들의
간식이나 특식이 참 어렵다는 사람들이 많습니다.
시중에 찾아보면 쌀과 옥수수가 주요 성분인 파스타를 찾을 수 있어요.
이를 이용하여 로제파스타를 만들어보았습니다.

재료

- □ **파스타면** 40~50g
- □ **양송이버섯** 10g
- □ **양파** 10g
- □ **다진 마늘** 1g
- □ **현미유** 1/2작은술
- □ **액상 생크림** 75g
- □ **토마토소스** 75g,
- □ **꽃게살** 50g

토마토소스

- □ **토마토** 1개
- □ **사과** 1/2개
- □ **양파** 20g
- □ **비트** 10g

만드는 법

1. 파스타면은 푹 삶아낸다.
2. 양송이버섯과 양파는 얇게 슬라이스한다.
3. 꽃게는 삶은 뒤 살만 발라낸다.
4. 토마토와 사과, 양파, 비트는 믹서에 간 뒤 끓여서 토마토소스를 준비한다.
5. 현미유와 다진 마늘을 팬에 넣고 볶다가 2번의 야채와 액상 생크림을 넣고 끓인다.
6. 5번에 4번의 토마토소스와 3번의 게살을 넣고 센불에 볶아 로제소스를 만든다.
7. 6번에 1번의 삶은 파스타를 넣어 다시 볶아준다.

후루루루룩~

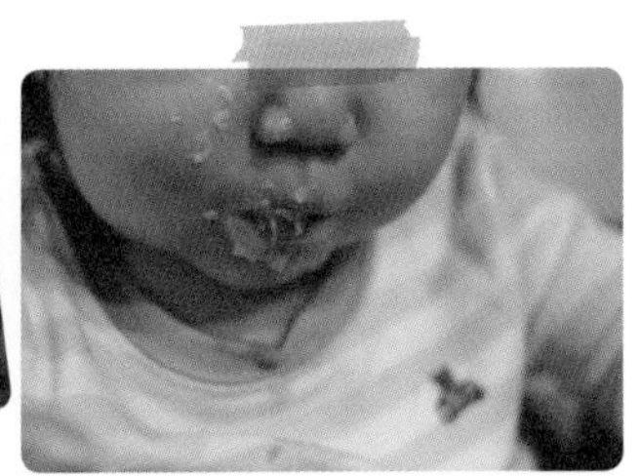

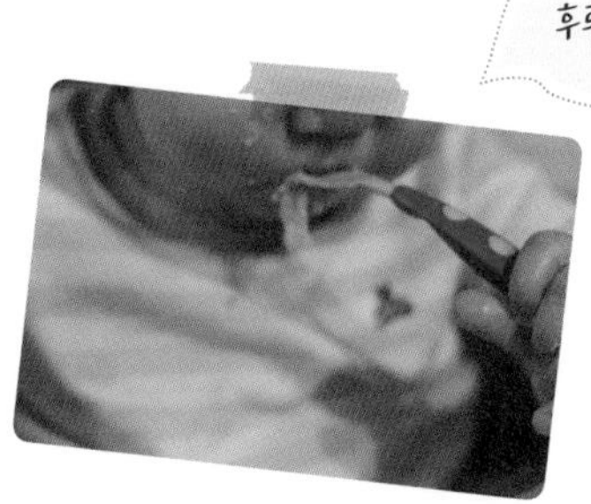

버섯퀴노아리조또

리조또

Mom

퀴노아는 잉카제국의 '슈퍼곡물'로 불렸다고 하는데 단백질·전분·비타민·무기질이 풍부하여 영양면에서 우유에 버금가는 곡물입니다. 퀴노아는 식감 자체가 매우 독특한데, 날치알처럼 터지는 듯한 느낌을 준답니다. 먹으면서 '이게 뭐지?' 하던 승아도 이내 적응하고는 한 그릇 싹싹 비워냈습니다.

만드는 법

재료

- 불린 퀴노아 40g
- 진밥 30g
- 소고기 15g
- 양송이버섯 15g
- 만송이버섯 15g
- 양파 10g
- 브로콜리 10g
- 우유 80mL
- 액상 생크림 30g
- 다진 마늘 1/2작은술
- 버터 3g

1. 퀴노아는 한나절 정도 물에 불려둔다.
2. 만송이버섯은 1cm 길이로 송송 썬다.
3. 양파는 1cm 크기로 썬다.
4. 브로콜리는 꽃 부분만 1cm 크기로 썬다.
5. 양송이버섯의 머리 부분은 얇게 슬라이스한다.
6. 버터에 다진 마늘을 넣어 약불에 볶아 향을 살린다.
7. 6번에 1~5번의 재료를 넣어 볶는다.
8. 7번에 삶아서 다진 소고기를 넣고 퀴노아가 투명해질 때까지 볶는다.
9. 퀴노아가 투명해지면 우유를 넣고 끓이다가 어느 정도 익었다고 생각이 되면 진밥을 섞고 마지막에 액상 생크림을 넣어 마저 끓여낸다.

찹스테이크

 특식

맛있는 찹스테이크도 아이용으로 만들어보았어요.
고기는 씹어 삼킬 정도가 못 될 테니 잘게 썰어주세요.

재료

- □ **소고기**(안심) 50g
- □ **양파** 10g
- □ **파프리카** 10g
- □ **양송이버섯** 10g
- □ **애호박** 10g
- □ **토마토케첩** 2큰술
- □ **토마토** 50g

만드는 법

1. 토마토는 껍질을 벗겨내고 잘게 다진다.
2. 양파는 1cm 크기로 썰고, 애호박과 양송이버섯, 껍질을 벗긴 파프리카는 가늘게 채 썬다.
3. 2번의 야채에 물 50mL를 넣고 볶다가 다진 소고기를 넣어 계속 볶는다.
4. 토마토케첩과 1번의 토마토를 넣어 국물이 자작해질 때까지 볶는다(토마토케첩 만드는 법 160쪽 참고).

1

2

3

4

언제나 먹방!

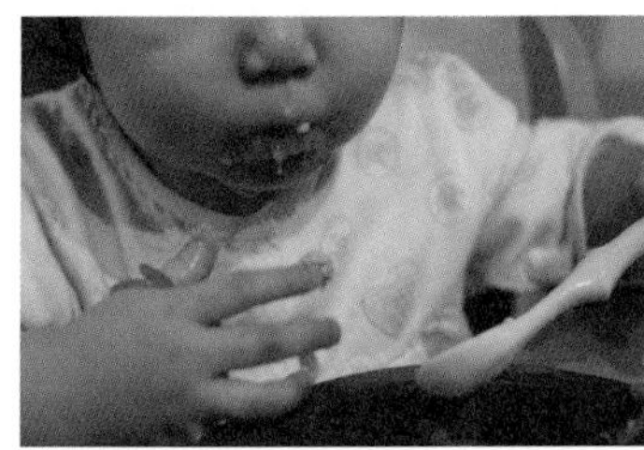

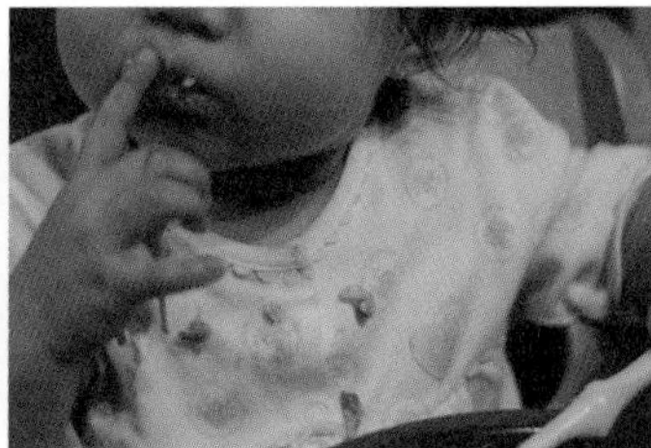

라비올리그라탕

그라탕

라비올리는 이탈리아의 '만두'라고 할 수 있어요.
라비올리는 집에서 만들어도 좋고 시중에 파는 것을 써도 좋아요.

재료

- 소고기 40~50g
- 밀가루 100g
- 달걀(흰자) 1/3개
- 양파 15g
- 양송이버섯 15g
- 아기치즈 1장
- 토마토페이스트 100g

만드는 법

1. 밀가루에 물 40mL, 달걀 흰자를 넣어 치대어 반죽한다.
2. 1번의 반죽에 밀가루를 살짝 뿌려가며 밀대로 피를 얇게 밀어준다.
3. 소고기는 다져서 2번의 피에 올리고 동그랗게 만두처럼 빚는다.
4. 포크로 가장자리에 모양을 내어 라비올리를 만든다.
5. 4번의 라비올리는 물에 동동 떠다닐 때까지 끓는 물에 삶는다.
6. 오븐용기에 담아 토마토페이스트를 올린다.
7. 양파와 양송이버섯은 얇게 썰어 올린다.
8. 아기치즈를 얹어 200도 오븐에서 15분 정도 구워준다.

1
2
3
4
5
6
7
8

속까지 맛있는 라비올리그라탕

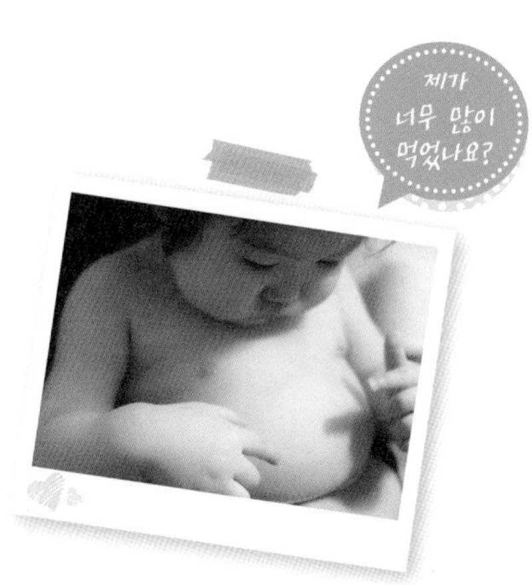
제가 너무 많이 먹었나요?

라이스크로켓

크로켓

바삭한 크로켓을 싫어하는 아이도 있을 수 있어요.
그럴 때는 생우유에 살짝 적셔주면 잘 먹습니다. 크로켓류를 만들 때
빵가루를 입히는 속재료는 부드러운 것으로 하세요.
그래야 식감에 부담이 없습니다. 빵가루는 반드시 습식을 쓰되 곱게 갈아내야
과하게 바삭거리거나 단단하지 않아요.

재료

- **진밥** 70~80g
- **소고기** 30g
- **양파** 20g
- **애호박** 20g
- **당근** 20g
- **달걀** 1/2개
- **밀가루와 빵가루** 적당량

만드는 법

1. 당근과 애호박, 양파는 다진 뒤 진밥과 삶아서 다진 소고기와 함께 볶아낸다.
2. 작고 둥글게 빚어서 밀가루에 굴린 뒤 달걀물에 적신다.
3. 빵가루에 다시 굴린 뒤 200도 오븐에서 10~15분 정도 구워준다.

1

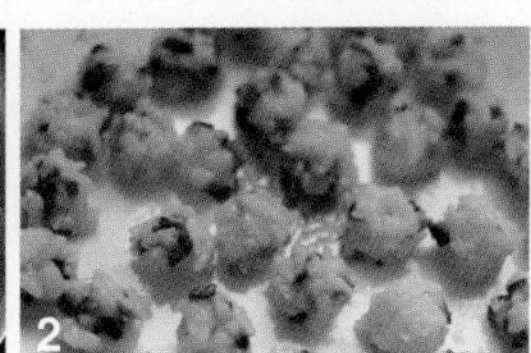
2

3

고구마크로켓

크로켓

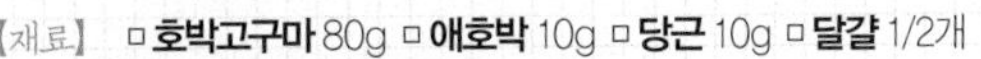
【재료】 ▫ **호박고구마** 80g ▫ **애호박** 10g ▫ **당근** 10g ▫ **달걀** 1/2개 ▫ **밀가루와 빵가루** 적당량

호박고구마는 구워서 으깬 뒤 애호박과 당근을 다져 넣고 반죽하여 작고 둥글게 빚는다. 밀가루에 1차 굴리고 달걀물을 2차 적신 뒤 3차 빵가루에 굴려 200도 오븐에서 10~15분 정도 구워준다.

굴크로켓

크로켓

【재료】 ▫ **생굴** 50g ▫ **달걀** 1/2개 ▫ **밀가루와 빵가루** 적당량

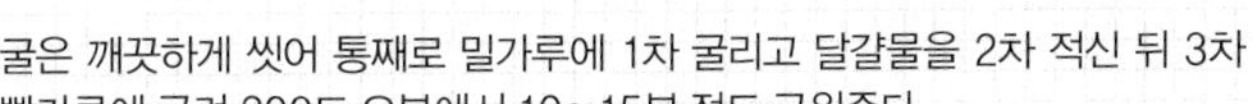
굴은 깨끗하게 씻어 통째로 밀가루에 1차 굴리고 달걀물을 2차 적신 뒤 3차 빵가루에 굴려 200도 오븐에서 10~15분 정도 구워준다.

감자크로켓

크로켓

【재료】 ▫ **감자** 80g ▫ **달걀** 1/2개 ▫ **밀가루와 빵가루** 적당량

감자는 삶아서 으깬 뒤 동그랗게 빚는다. 밀가루에 1차 굴리고 달걀물을 2차 적신 뒤 3차 빵가루에 굴려 200도 오븐에서 10~15분 정도 구워준다.

돼지고기땅콩구이

구이

갈아낸 두부와 고기를 넣어 안은 부드럽고 담백한데 겉은 고소합니다.
식감도, 맛도 아이가 좋아할 만한 요리예요.

재료

- **돼지고기** 50g
- **두부** 50g
- **빵가루** 20g
- **땅콩** 한줌

만드는 법

1. 두부는 칼등으로 으깬다.
2. 돼지고기는 갈아서 1번의 두부와 빵가루를 넣어 반죽한다.
3. 땅콩은 껍질을 까서 살짝 볶은 뒤 믹서에 곱게 갈아낸다.
4. 2번의 반죽은 작고 둥글게 빚어 3번의 땅콩가루에 굴린다.
5. 170도 오븐에서 20분 정도 구운 뒤 180도로 온도를 올려 10분 더 구워준다.

안은 부드럽고 겉은 고소해요.

돈가스

특식

돼지고기만 넣어 만든 식감을 아이가 먹기 힘들어 한다면 두부를 약간 으깨어 넣어 속을 만들 수 있어요.
한 번에 여러 개를 해서 일부는 냉동실에 얼려두었다가 해동 없이 오븐에 바로 구워주어도 좋아요.
보관기간은 냉장고에서 최대 2~3일, 냉동실에서는 10일까지 괜찮아요.

재료

- **돼지고기**(등심) 100g
- **달걀** 1/2개
- **밀가루와 빵가루** 적당량

만드는 법

1. 돼지고기는 믹서에 넣고 곱게 갈아낸다.
2. 납작한 완자 형태로 빚는다.
3. 밀가루에 1차 굴리고 달걀물에 2차 적신다.
4. 빵가루를 3차 묻힌 뒤 200도 오븐에서 10~15분 정도 구워준다.

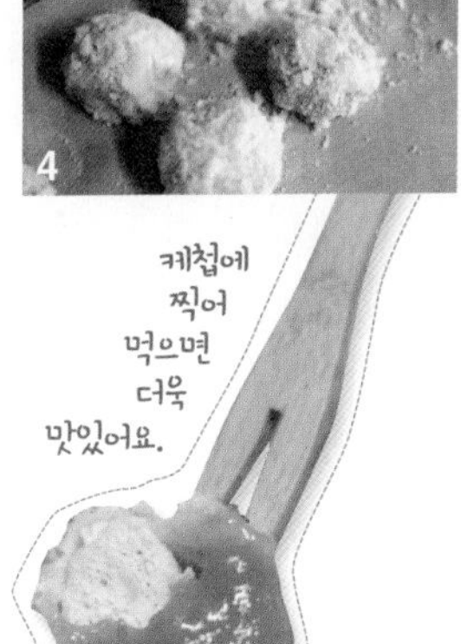

케첩에 찍어 먹으면 더욱 맛있어요.

특식

생선가스

【재료】 **대구살** 100g **달걀** 1/2개 **밀가루와 빵가루** 적당량

대구살은 믹서에 곱게 갈아내어 완자 형태로 빚은 다음 밀가루에 1차 굴리고 달걀물을 2차 적신 뒤 3차 빵가루에 묻혀 200도 오븐에 10~15분 정도 구워 준다.

미트볼토마토탕수

탕수

설탕이나 식초 없이도 과일의 새콤달콤한 맛으로
가능한 자극적이지 않고 맛있는 탕수를 만들 수 있어요.
레몬, 천혜향, 파인애플, 그리고 토마토까지
과일 본연의 맛이 그대로 있으면서 탕수 요리에 손색 없는 소스가 완성됩니다.
탕수 종류는 승아가 늘 아주 맛있게 먹었답니다.

만드는 법

재료

- **미트볼** 여러 개
- **당근** 20g
- **단호박** 20g
- **전분물** (전분 1작은술 + 물 3작은술)

탕수소스

- **토마토** 1/2개
- **사과** 1/2개

1. 미트볼은 쪄서 준비한다(미트볼 만드는 법 616쪽 참고).
2. 사과와 토마토는 믹서에 갈아낸 뒤 체로 즙만 걸러 탕수소스를 만들어둔다.
3. 당근과 단호박은 얇게 썰어 탕수소스를 부어 끓이다가 어느 정도 투명해지면 1번의 미트볼을 넣어 전분물로 농도를 맞춰준다.

1

2

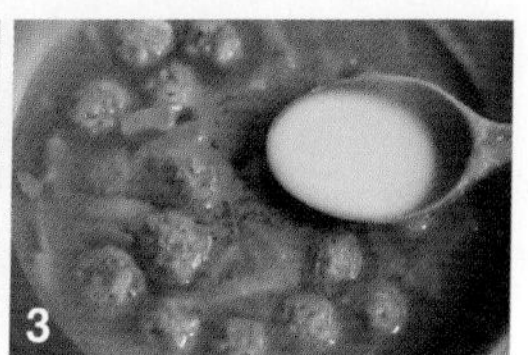
3

새우완자레몬탕수

탕수

【재료】 ㅁ**새우살** 60g ㅁ**양파** 10g ㅁ**오이** 10g ㅁ**파인애플** 10g ㅁ**브로콜리** 10g ㅁ**전분물** (전분 1작은술 + 물 3작은술) **탕수소스** ㅁ**사과** 1개 ㅁ**레몬즙** 2큰술

사과는 믹서에 갈아서 즙만 걸러낸 뒤 레몬즙을 섞어 탕수소스를 만들어둔다. 새우살은 당근과 함께 믹서에 갈아내어 완자 형태로 빚어 쪄내고, 브로콜리는 꽃 부분만 다지고, 파인애플과 양파, 오이는 아주 얇게 썰어 탕수소스에 넣어 끓이다가 전분물로 농도를 맞춘다.

게살완자천혜향탕수

탕수

【재료】 ㅁ**게살완자** 여러 개 ㅁ**당근** 10g ㅁ**애호박** 10g ㅁ**양파** 10g ㅁ**전분물** (전분 1작은술 + 물 3작은술) **탕수소스** ㅁ**천혜향** 1개

천혜향은 알맹이만 분리하여 믹서에 갈아서 즙만 걸러내어 탕수소스를 만들어둔다. 게살완자는 찌고, 당근, 애호박, 양파는 1cm 크기로 썰어 탕수소스에 넣어 끓이다가 전분물로 농도를 맞춘다(게살완자 만드는 법 814쪽 참고).

소고기완자파인애플탕수

탕수

【재료】 ㅁ**소고기완자** 여러 개 ㅁ**양파** 10g ㅁ**파인애플** 10g ㅁ**전분물** (전분 1작은술 + 물 3작은술) **탕수소스** ㅁ**파인애플즙** 100g

파인애플은 믹서에 갈아서 즙만 걸러내어 탕수소스를 만들어둔다. 소고기완자는 찌고, 양파와 파인애플은 슬라이스하여 탕수소스에 넣어 끓이다가 전분물로 농도를 맞춘다(소고기완자 만드는 법 576쪽 참고).

깻잎소고기찹쌀구이

구이

찹쌀가루를 묻혀 구워내면 바삭하고 맛이 좋아요.
깻잎향이 알싸한 깻잎 소고기
찹쌀구이로 맛과 영양을 챙겨주세요.

재료

- **깻잎** 3~4장
- **소고기** 50g
- **당근** 5g
- **양파** 5g
- **애호박** 5g
- **밀가루와 찹쌀가루** 적당량
- **현미유** 약간

만드는 법

1. 당근과 애호박, 양파는 잘게 다진다.
2. 소고기는 믹서에 갈아내어 1번의 야채와 함께 섞어 소를 만든다.
3. 깻잎은 깨끗하게 씻어 물기를 닦아내고 뒷면에 밀가루와 찹쌀가루를 얇게 묻혀 2번의 소를 넣어 반으로 접는다.
4. 찜기에서 5분 정도 찐다.
5. 현미유를 둘러 팬에 살짝 구워준다.

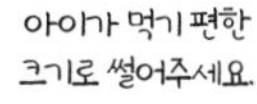

소고기전

전

완료기로 와서 소고기를 어떤 식으로 챙겨줄지 어렵다면
꼭 밥에 넣어줄 게 아니라 이렇게 아이가 좋아하는
핑거푸드 형태로 전을 만들어주세요.
소고기만 넣으면 뻑뻑하고 단단한 전이 되니 두부와 야채를 함께 넣어주세요.

재료

- **소고기** 100g
- **두부** 100g
- **당근** 10g
- **양파** 10g
- **부추** 10g
- **파프리카** 10g
- **현미유** 약간

만드는 법

1. 두부는 면보에 싸서 으깨며 물기를 뺀다.
2. 당근, 양파, 부추, 껍질을 깎은 파프리카는 잘게 다져 물기를 제거한다.
3. 소고기는 다진 뒤 1~2번의 재료와 함께 치대어 반죽한다.
4. 작고 둥글고 납작하게 모양을 빚는다.
5. 현미유를 살짝 두른 팬에 노릇하게 굽는다.

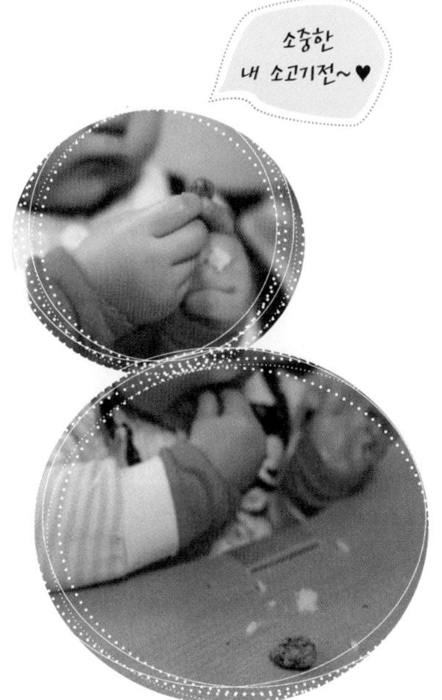

매생이굴전

전

매생이는 아이에게 부담스러울 것 같은 재료이지만 늘 승아가 잘 먹었어요.
특히 이 매생이굴전에는 홀딱 반해서 먹고 또 먹고를 반복했었어요.
매생이를 기름을 둘러 부치면 매생이에 부족한 지질을 보충할 수 있어요.
매생이 30g에는 엽산과 철의 하루 권장량이 들어 있습니다.

재료

- **매생이** 40g
- **굴** 40g
- **밀가루** 2큰술
- **달걀** 1/2개
- **현미유** 약간

만드는 법

1. 굴은 깨끗하게 씻어 다진다.
2. 매생이도 손질하여 다진다(매생이 손질법 132쪽 참고).
3. 밀가루와 물 50mL를 섞어 1~2번의 재료를 넣어 섞는다.
4. 달걀을 넣어 섞어주면 반죽이 완성된다.
5. 현미유를 두른 팬에 노릇하게 굽는다.

승아가 홀딱 반한 맛!

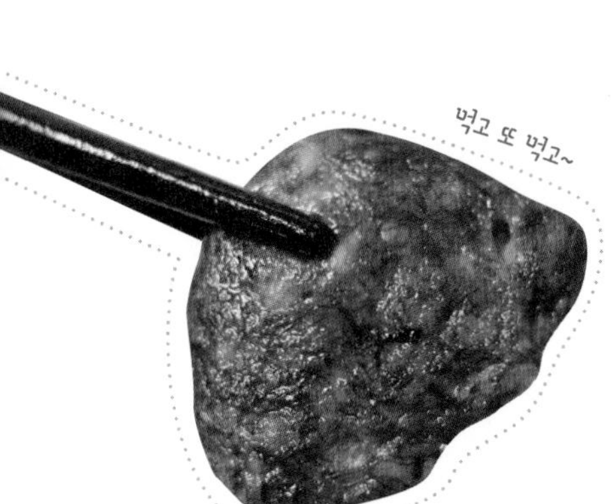

먹고 또 먹고~

대구전

전

어른들이 먹는 대구전의 미니 사이즈라고 생각하면 됩니다.
대구를 손질할 때에는 가시가 박혀 있지는 않은지 꼭 확인해주세요.

만드는 법

재료

- **대구살** 40g
- **현미유** 약간
- **밀가루** 적당량
- **달걀** 1/2개

1. 대구살은 아이가 먹기 편한 크기로 잘라 밀가루를 묻힌다.
2. 달걀물에 적신다.
3. 현미유를 두른 팬에 노릇하게 구워낸다.

약불에서 충분히
익혀주어야 해요.

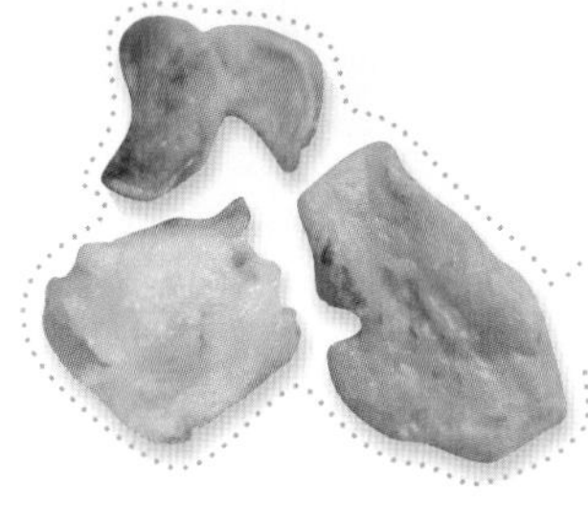

어른들의 전을
미니 사이즈로 만들면 돼요.

배추전

전

【재료】 ▫ **배춧잎** 40g ▫ **밀가루** 2큰술 ▫ **물** 5큰술 ▫ **현미유** 약간

배추는 작고 여린 잎만 솎아내어 끓는 물에 살짝 데친다. 밀가루에 물 5큰술을 섞어 데친 배춧잎을 적셔 현미유를 두른 팬에 노릇하게 구워낸다.

양송이버섯전

전

【재료】 ▫ **양송이버섯** 40g ▫ **밀가루** 적당량 ▫ **달걀** 1/2개 ▫ **현미유** 약간

양송이버섯은 머리 부분만 껍질을 벗기고 얇게 썰어 밀가루를 1차 묻히고 2차 달걀물에 적셔 현미유를 두른 팬에 노릇하게 구워낸다.

고사리비지전

전

마른 고사리는 무를 때까지 끓는 물에 삶아,
삶은 물에 그대로 담가두었다가
그 다음날 꺼내어 사용하면 더욱 좋아요.

만드는 법

재료

- **고사리** 40g
- **시금치** 20g
- **비지** 50g
- **양파** 20g
- **밀가루** 30g
- **멸치육수** 50mL
- **현미유** 약간

1. 밀가루는 멸치육수에 잘 풀어준다.
2. 삶아서 불린 고사리는 1cm 길이로 송송 썰고 양파는 1cm 크기로 썰어서 비지와 함께 반죽에 넣는다.
3. 시금치는 데쳐서 1cm 크기로 썬 뒤에 넣어 반죽을 완성하여 현미유를 두른 팬에 노릇하게 구워낸다.

새우애호박전

【재료】 □ **애호박** 40g □ **양파** 20g □ **새우살** 10g □ **밀가루** 3큰술 □ **멸치육수** 30mL □ **현미유** 약간

밀가루는 멸치육수에 잘 풀어 애호박과 양파를 가늘게 채 썰어 넣고 새우살도 잘게 다져 섞어 반죽을 완성한다. 반죽은 현미유를 두른 팬에 노릇하게 굽는다.

비트감자전

【재료】 □ **비트** 30g □ **감자** 100g □ **현미유** 약간

감자 1/3은 물 10mL와 함께 믹서에 갈고, 비트와 나머지 감자 2/3는 가늘게 채 썰어 섞어 반죽을 완성한다. 반죽은 현미유를 두른 팬에 노릇하게 굽는다.

팽이버섯게살전

【재료】 □ **게살** 60g □ **팽이버섯** 30g □ **달걀** 1개 □ **현미유** 약간

팽이버섯은 1cm 길이로 송송 썰고, 게살과 함께 달걀물과 섞어 반죽을 완성한다. 반죽은 현미유를 두른 팬에 노릇하게 굽는다.

떡갈비

반찬

갈빗살을 믹서에 가는 것보다 연해질 때까지
칼로 다지는 게 훨씬 식감이 좋습니다.
수고스럽고 일이 많은 반찬이지만 아이가 정말 잘 먹어요.

재료

- **소고기**(갈빗살) 60g
- **만송이버섯** 15g
- **불고기베이스** 15g

만드는 법

1. 소고기는 최대한 살코기 부분으로 잘게 다진다.
2. 다진 소고기에 불고기베이스를 넣는다(불고기베이스 만드는 법 162쪽 참고).
3. 만송이버섯은 잘게 다져 2번의 고기와 섞는다.
4. 치대어 반죽한 뒤 작고 둥글게 빚는다.
5. 175도 오븐에서 15분 정도 구워준다.

대나무통밥과도 잘 어울려요.
(대나무통밥 만드는 법 680쪽 참고)

두부배강정

강정

두부배강정은 만들기 간단하면서도
아이가 참 잘 먹는 반찬이었어요.

재료

- **두부** 100g
- **배시럽** 100g
- **전분** 20g
- **현미유** 약간

만드는 법

1. 두부는 1cm 크기로 썬다.
2. 두부에 전분을 묻힌다.
3. 현미유를 두른 팬에 두부를 바삭하게 구워낸다.
4. 배시럽을 넣어 조린다(배시럽 만드는 법 158쪽 참고).

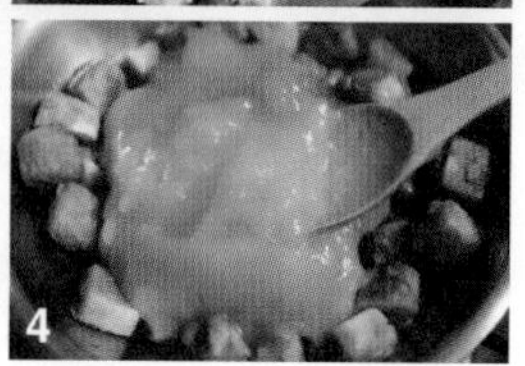

달짝지근 맛있어요.

갈비찜

찜

갈비는 꼭 지방과 힘줄을 제거한 후 조리해주세요.
불고기베이스와 비트 소스는 체에 걸러 맑은 소스만 쓰면
압력솥으로 만들 때 타는 것을 방지할 수 있답니다.

만드는 법

재료

- **소고기**(갈빗대) 5조각
- **불고기베이스** 100g
- **비트** 10g
- **양파** 적당량
- **대파** 적당량

1. 갈비는 찬물에 담가 한나절 정도 핏물을 뺀 뒤 양파, 대파와 함께 한 번 삶는다.
2. 1번의 갈비는 흐르는 물에 씻어낸다.
3. 불고기베이스에 비트를 넣어 믹서에 갈아낸 뒤 2번에 부어 한나절 정도 숙성시킨다.
4. 압력솥에 넣어 밥을 지을 때보다 5분 정도 추를 더 돌린 뒤 불에서 내린다.

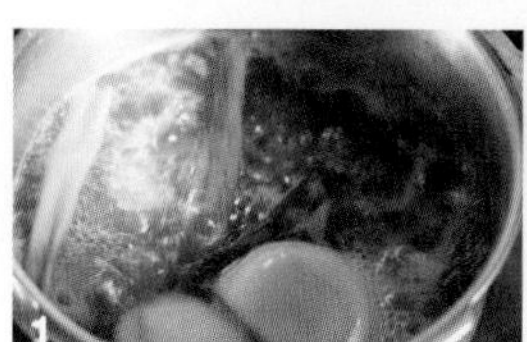
1

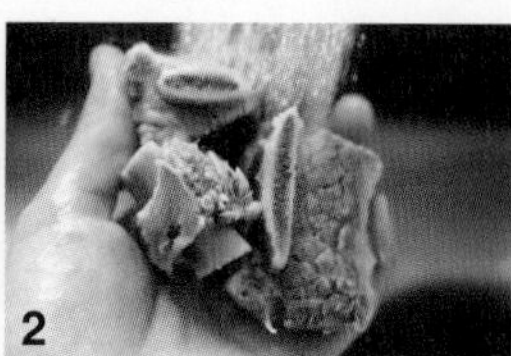
2

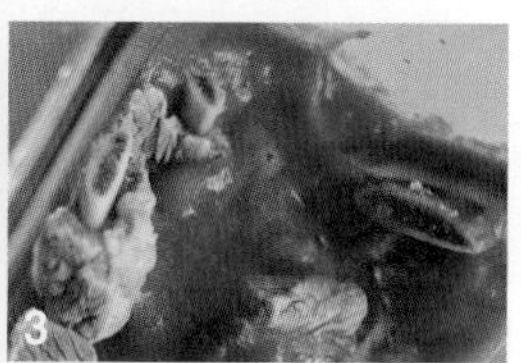
3

4

뚝배기불고기

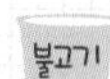

【재료】 **소고기**(불고깃감) 30g **불고기베이스** 50g **양파** 10g **당근** 10g **팽이버섯** 10g **멸치육수** 100mL **당면** 20g

불고기베이스에 3시간 이상 재운 소고기를 뚝배기에 깔고 멸치육수를 자작해질 정도로 부어 가늘게 채 썬 양파와 당근, 밑동을 잘라낸 팽이버섯을 올린다. 당면도 5cm 길이로 잘라 넣어 끓인다.

과일불고기

【재료】 **소고기**(불고깃감) 30g **새송이버섯** 10g **양파** 10g **불고기베이스** 50g **과일**(파인애플, 딸기, 키위 등) 적당량

불고기베이스에 3시간 이상 재운 소고기를 팬에 넣고 얇게 썬 양파와 잘게 찢은 버섯을 넣고 볶는다. 어느 정도 익으면 준비한 과일을 듬성듬성 썰어 넣고 더 볶는다.

잡채

반찬

모든 야채는 육수볶음하면 더 맛있어져요.
3대 영양소가 고루 갖춰져 있는 잡채는 국수처럼
한 끼 식사로도 좋습니다.

재료

- **소고기** 30g
- **양파** 20g
- **당근** 20g
- **피망** 20g
- **시금치** 20g
- **새송이버섯** 20g
- **당면** 80g
- **멸치육수** 100mL
- **참기름** 1작은술

만드는 법

1. 당근, 양파, 껍질을 깎아낸 피망은 가늘게 채 썰고, 새송이버섯은 머리 부분만 잘라내어 얇게 편으로 썰어 멸치육수에 먼저 볶는다.
2. 어느 정도 야채가 익으면 물에 불려둔 당면을 10cm 길이로 잘라 넣는다.
3. 시금치는 잎 부분만 끓는 물에 살짝 데친 뒤 1cm 크기로 썰고, 소고기는 삶은 뒤 채 썰어 넣는다.
4. 국물이 자작해질 때까지 볶아낸 뒤 참기름을 둘러준다.

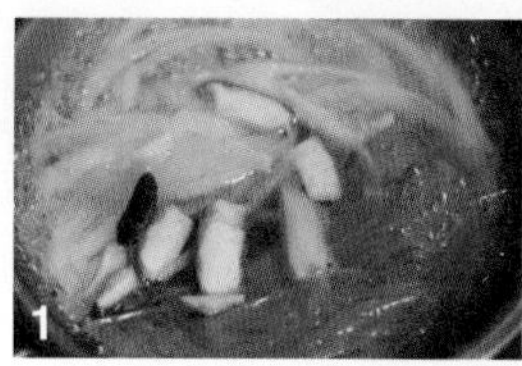
1

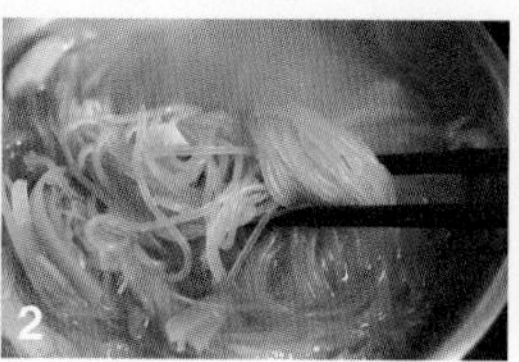
2

3

4

잘 다져서 잡채밥을 만들어도 아이가 좋아해요.

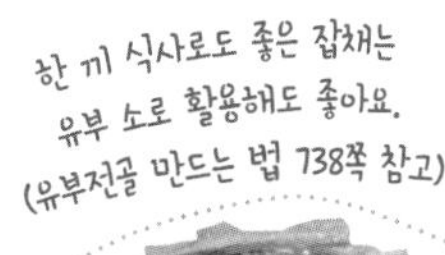

한 끼 식사로도 좋은 잡채는 유부 소로 활용해도 좋아요. (유부전골 만드는 법 738쪽 참고)

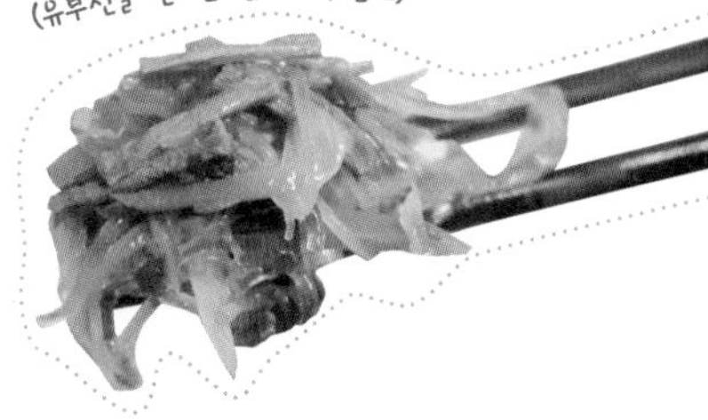

탕평채

반찬

영조 때 탕평책을 논하는 자리에서 먹은 음식이 바로 탕평채입니다.
노론 소론 싸움하지 말고 조화롭게 어우러지라는 깊은 뜻이 담긴
음식이라는 탕평채, 아이가 먹기 좋게 변형해보았어요.
탕평채는 본래 묵을 따로 데치고 야채를 볶아 버무려야 하지만
아기가 먹을 것이므로 소화하기 좋게 함께 끓였습니다.

재료

- **청포묵** 60g
- **멸치육수** 100mL
- **당근** 20g
- **오이** 20g
- **숙주** 20g
- **달걀** 1개
- **소고기** 30g
- **들기름** 1작은술

만드는 법

1. 청포묵은 가늘게 채 썬다.
2. 달걀은 흰자와 노른자를 나눠서 지단을 부친 뒤 채 썬다.
3. 오이와 당근은 가늘게 채 썰고, 숙주는 1cm 길이로 송송 썬 뒤 멸치육수에 당근, 오이, 숙주 순으로 넣어 익힌다.
4. 1번의 묵을 넣어 함께 끓인다.
5. 야채가 어느 정도 익으면 2번의 달걀과 삶아서 채 썬 소고기를 넣고 들기름을 둘러 볶는다.

삼색밀쌈말이

특식

밀쌈말이를 할 때 포인트는
밀전병을 최대한 얇게 부쳐야 한다는 거예요.
그래야 작고 예쁘게 만들 수 있답니다.

만드는 법

재료

- 비트즙 20mL
- 시금치즙 20mL
- 파프리카즙 20mL
- 밀가루 60g
- 파프리카 30g
- 새송이버섯 30g
- 소고기(안심) 30g
- 양파 30g
- 당근 30g
- 현미유 약간

1. 시금치와 파프리카는 색깔별로 각각 갈아내어 즙만 걸러낸다.
2. 각각의 즙에 밀가루를 나눠서 담는다.
3. 잘 섞어 반죽을 만들되, 살짝 흘러내릴 정도의 묽기여야 한다.
4. 현미유를 묻힌 키친타월로 팬을 살짝 닦아준 뒤 반죽을 얇게 펴서 부친다.
5. 작고 얇게 색깔별로 부친다.
6. 새송이버섯과 양파, 껍질을 벗긴 파프리카와 당근은 가늘게 채 썰어 육수볶음하고, 소고기도 삶은 뒤 가늘게 채 썰어 볶아준다.
7. 5번의 밀전병 위에 6번의 야채를 올려 돌돌 말아준다.

보관할 때는 이렇게!

알록달록 밀쌈말이

김달걀말이

반찬

엄마들 사이에서 '김 없으면 못 키운다'는 말이 나올 정도로
아기 밥 먹일 때 김 만한 반찬이 없다고 하지요.
밥에 싸서만 주지 말고 달걀말이에 넣어보세요.
향긋한 김의 향이 달걀말이를 더욱 특별하게 해줍니다.
김의 단백질은 소화, 흡수에 좋습니다.

만드는 법

재료

- **김** 1/4장
- **달걀** 1개
- **현미유** 약간

1. 달걀은 잘 풀어서 알끈을 제거하고 현미유를 두른 예열된 팬에 붓는다.
2. 김 1/4장을 바로 달걀 위에 올려 설익을 때쯤 말아준다.
3. 아이가 먹기 좋게 썬다.

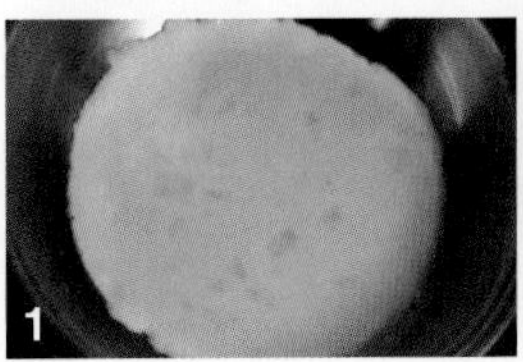

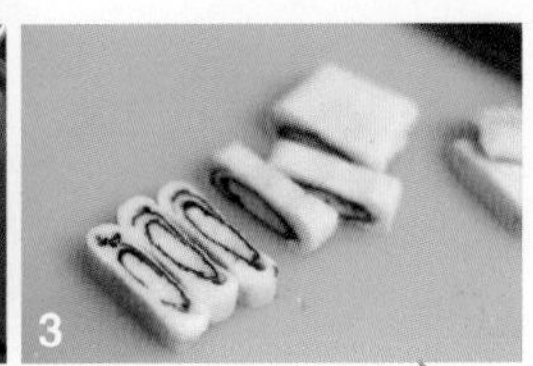

조금 식힌 뒤에 썰면 모양이 더 예뻐요.

돌돌돌 잘 말아졌어요.

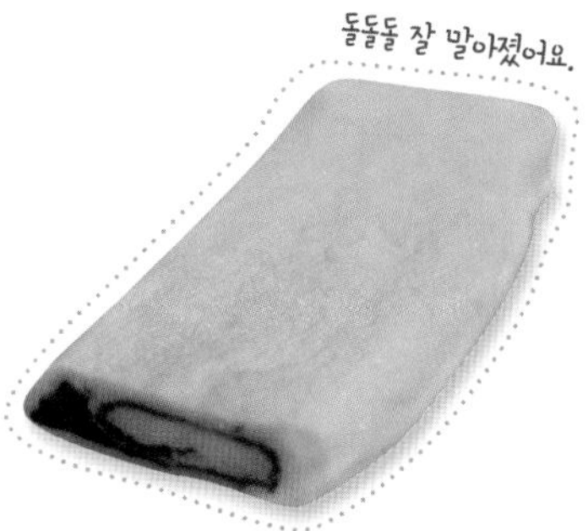

부추달걀말이

반찬

【재료】 ㅁ**부추** 10g ㅁ**달걀** 1/2개 ㅁ**현미유** 약간

부추는 송송 썰어 달걀과 잘 섞어 현미유를 두른 예열된 팬에 부어 설익을 때쯤 말아준다.

새우브로콜리스크램블

반찬

찜, 스크램블, 부침… 어떤 조리법으로도 맛있는 달걀.
달걀로 만든 반찬은 늘 승아에게 인기가 좋았어요.
달걀에는 두뇌 신경 전달물질의 주 원료인 레시틴이 풍부해
기억력, 집중력을 높여준다고 합니다.

재료

- □ **새우** 3g
- □ **브로콜리** 10g
- □ **양파** 10g
- □ **달걀** 1알
- □ **현미유** 2작은술

만드는 법

1. 새우는 손질하여 살만 잘게 다진다.
2. 양파도 잘게 다진다.
3. 달걀을 풀어 꽃 부분만 잘게 다진 브로콜리와 1~2번의 재료를 잘 섞는다.
4. 팬에 현미유를 두르고 3번을 부어 휘저어 익힌다.

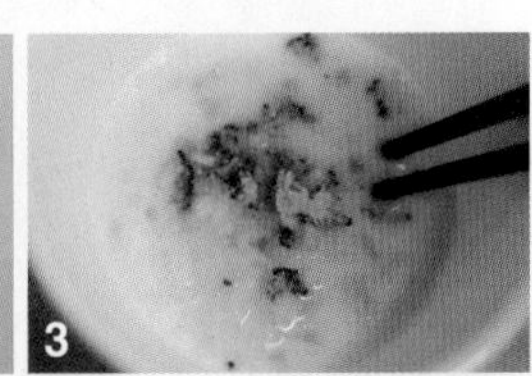

두부달걀찜

【재료】 □ **두부** 50g □ **새우** 10g □ **달걀** 1개 □ **멸치육수** 100mL □ **파프리카** 20g □ **애호박** 20g

손질한 새우, 애호박, 껍질을 벗긴 파프리카는 잘게 다지고, 두부는 칼등으로 눌러 으깨어 준비한다. 달걀은 잘 풀어 알끈을 제거하고 멸치육수를 부어 섞은 뒤 준비한 재료를 넣어 10분 정도 중탕한다.

야채달걀찜

【재료】 □ **당근** 10g □ **애호박** 10g □ **양파** 10g □ **달걀** 1개 □ **멸치육수** 30mL

달걀은 잘 풀어 알끈을 제거하고 멸치육수를 부어 섞은 뒤 양파와 애호박, 당근을 잘게 다져 넣고 10분 정도 중탕한다.

수제어묵

반찬

어묵은 보통 기름에 튀겨내지만 오일스프레이를 이용해
오일을 약간 뿌려서 오븐에 구워내면 식감은 비슷하고
기름지지 않은 수제어묵을 만들 수 있어요.
반찬뿐 아니라 구웠을 때 바로 내어주면 훌륭한 간식이 됩니다.

재료

- **대구살** 150g
- **새우살** 100g
- **양파** 15g
- **피망** 15g
- **당근** 15g
- **전분** 1큰술
- **밀가루** 1큰술

만드는 법

1. 당근과 양파, 피망은 아주 잘게 다진다.
2. 1번의 다진 야채는 약불에서 볶는다.
3. 새우살과 대구살은 면보에 올려두고 수분을 제거한 뒤 아주 잘게 갈아낸다.
4. 2번의 볶은 야채와 전분, 밀가루를 3번에 넣는다.
5. 질척하지만 찰기 있게 반죽을 만든다.
6. 도마에 올려두고 젓가락으로 떠서 모양을 잡는다.
7. 모양을 만든 반죽은 반나절 정도 냉장고에서 숙성시킨다.
8. 180도 오븐에서 10~15분 정도 구워준다.

삼색생선볼

반찬

삼색생선볼을 해줄 때 하루이틀 사이 연달아 삼색수제비와 삼색밀쌈말이도 해주었어요. 색을 내는 재료인 비트, 단호박, 시금치 등을 넉넉히 한 번에 갈아두었다가 여러 반찬에 활용해보세요. 그런데 비트는 익히고 나면 색이 바로 없어지기 때문에 새빨간 색을 원하면 딸기가루를 이용하세요.

만드는 법

재료

- 대구살 20g
- 게살 20g
- 새우살 20g
- 비트 10g
- 시금치 10g
- 단호박 10g

1. 비트와 단호박, 시금치는 믹서에 곱게 갈아낸다.
2. 게살, 새우살, 대구살은 물기를 제거한 뒤 믹서에 곱게 갈아낸다.
3. 1번의 갈아놓은 비트, 단호박, 시금치와 2번을 각각 섞어서 반죽한다.
4. 작고 둥글게 모양을 빚는다.
5. 찜기에 10분간 찐다.

시금치는 물을 약간 넣고 갈고 체를 이용해 건더기만 사용해요.

콩나물대구볼찜

【재료】 □ **콩나물** 30g □ **양파** 10g □ **피망** 10g □ **멸치육수** 100mL □ **대구살** 40g □ **전분물** (전분 1작은술 + 물 3작은술)

대구살은 믹서에 곱게 갈아내어 작고 둥글게 빚고 찜기에 5분 정도 쪄내어 대구볼을 완성한다. 멸치육수에 콩나물 몸통 부분을 3등분하여 넣고, 양파와 피망도 가늘게 채 썰어 대구볼과 함께 넣어 끓이면서 전분물로 농도를 맞춘다.

오징어볼

반찬

어묵과 비슷하게 생겼지만 좀 더 탱글탱글한 식감이고
오징어 특유의 맛이 나요. 아이가 식감에 잘 적응하지 못하면
먹기 편한 크기로 잘라서 주세요.

만드는 법

재료

- **오징어**(몸통) 1마리
- **애호박** 15g
- **당근** 15g
- **현미유** 약간

1. 오징어는 껍질을 벗겨 손질한다.
2. 듬성듬성 썬 뒤에 믹서에 갈아낸다.
3. 갈아낸 오징어는 다시 한 번 칼로 두드려 다진다.
4. 당근과 애호박은 아주 잘게 다져 3번의 갈아놓은 오징어와 섞는다.
5. 찰기 있게 반죽을 만들어 작고 둥글게 빚는다.
6. 현미유를 살짝 발라 185도 오븐에서 10분 정도 구워준다.

푸드프로세서를 이용해도 좋아요.

중간에 한 번 뒤집어주세요.

닭가슴살두부볼

반찬

【재료】 □ **닭가슴살** 50g □ **두부** 100g □ **시금치** 20g

두부는 물기를 제거하여 다진 닭가슴살과 섞어 치대어가며 반죽한다. 시금치는 잎 부분만 다져서 반죽에 섞은 뒤 작고 둥글게 빚어 찜기에 10분 정도 찐다.

브로콜리귤무침

반찬

비타민C가 풍부한 상큼한 반찬입니다.
완료기에 왔으니 식이섬유가 가득한 브로콜리의 줄기도
충분히 삶아서 사용해보세요.

재료

- **브로콜리** 30g
- **귤**(한라봉) 3~4개

만드는 법

1. 귤은 겉껍질만 벗겨 믹서에 갈아낸다.
2. 브로콜리는 끓는 물에 푹 삶아 1cm 크기로 썬다.
3. 1번을 부어 섞어준다.

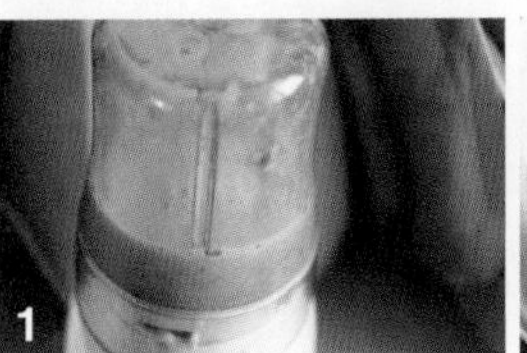
1

2

3

파래귤무침

반찬

【재료】 **파래** 100g **배** 30g **귤**(한라봉) 1/2개

파래는 끓는 물에 삶은 뒤 듬성듬성 썬다. 귤은 믹서에 갈아서 얇게 채 썬 배와 다진 파래와 함께 섞어준다.

브로콜리두부사과무침

반찬

【재료】 **브로콜리** 30g **두부** 10g **양파** 10g **사과** 50g

양파와 사과, 물 5큰술을 믹서에 아주 곱게 갈아내어 뭉근해질 때까지 끓인 뒤 1cm 크기로 썬 두부와 브로콜리에 부어 섞어준다.

부추오리고기배무침

반찬

식당에 오리고기를 먹으러 가면 항상 부추와 배를 함께 내어주더라고요. 그래서 승아에게도 이 조합으로 함께 무쳐주었더니 정말 잘 먹었어요.

만드는 법

재료

- **부추** 20g
- **오리고기** 50g
- **배** 40g

1. 오리고기는 삶아서 살만 가늘게 찢어둔다.
2. 배는 일부 믹서에 갈아서 즙을 내어 끓이다가 잘게 송송 썬 부추를 넣고 계속 끓인다.
3. 남은 배 일부는 가늘게 채 썰어 오리고기와 함께 그릇에 담고 2번의 소스를 얹어 섞어준다.

1

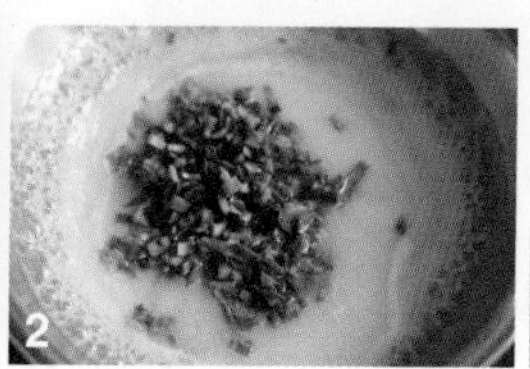
2

3

매생이배무침

【재료】 **매생이** 40g **배** 40g

배 일부는 즙을 내어 소스로 만들고, 남은 배 일부는 채 썬다. 깨끗하게 씻어 낸 매생이는 듬성듬성 썬 뒤에 끓는 물에 넣어 데쳐 채 썬 배와 함께 배즙을 얹어 섞어준다.

닭가슴살배무침

반찬

【재료】 **배** 50g **닭가슴살** 50g

배 일부는 즙을 내어 소스로 만들고, 남은 배 일부는 채 썬다. 닭가슴살은 푹 삶아 잘게 찢어서 채 썬 배와 함께 배즙을 얹어 섞어준다.

배추나물무침

반찬

【재료】 **배춧잎** 40g **참기름** 1작은술 **깨소금** 1작은술 **멸치육수** 100mL

배추는 잎 부분만 1cm 크기로 썰어 멸치육수에 삶은 뒤 찬물에 헹구어낸다. 물기를 꼭 짠 뒤에 참기름과 깨소금을 넣어 섞어준다.

세발나물딸기무침

반찬

향긋하고 상큼한 봄나물인 세발나물.
'봄' 하면 떠오르는 이 나물과 과일을 함께 무쳐주었더니
아이가 반찬을 간식처럼 잘 먹어요.
세발나물은 갯벌의 염분을 먹고 자라 짠맛이 약간 있을 수 있어요.

만드는 법

재료

- **세발나물** 200g
- **딸기** 4개

1. 세발나물은 끓는 물에 삶은 뒤 듬성듬성 썬다.
2. 딸기는 1cm 크기로 썬다.
3. 세발나물과 딸기를 함께 섞어준다.

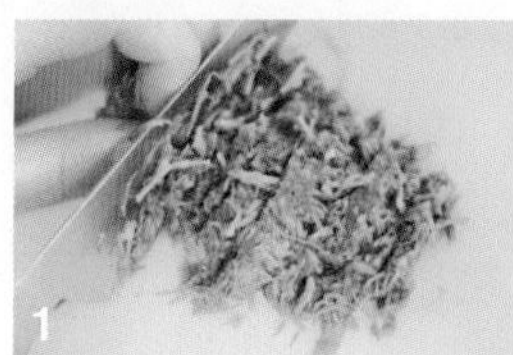

고사리두부무침

반찬

【재료】 ㅁ**고사리** 40g ㅁ**두부** 40g

고사리는 끓는 물에 무르게 푹 삶아 1cm 길이로 송송 썰고, 두부는 끓는 물에 삶아서 으깨어 함께 섞어준다.

시금치치즈무침

반찬

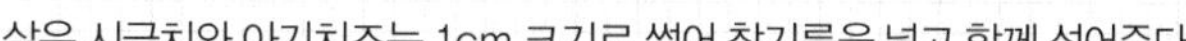

【재료】 ㅁ**시금치** 40g ㅁ**아기치즈** 1/2장 ㅁ**참기름** 1/2작은술

삶은 시금치와 아기치즈는 1cm 크기로 썰어 참기름을 넣고 함께 섞어준다.

소고기양파가지무침

【재료】 ㅁ**가지** 40g ㅁ**양파** 20g ㅁ**소고기** 15g ㅁ**참기름** 1/2작은술

양파와 가지는 얇게 채 썰어 찜기에서 찐 뒤에 삶아서 다진 소고기와 함께 참기름을 넣고 섞어준다.

브로콜리게살볶음

반찬

게살과 브로콜리는 스프, 파스타, 샐러드 등 다양한 요리에 함께 재료로 쓰일 만큼 궁합이 좋아요. 필수아미노산이 많이 들어 있는 게와 비타민이 풍부한 브로콜리로 간단하면서도 건강한 반찬을 만들어보세요.

재료

- **브로콜리** 50~60g
- **게살** 30g
- **현미유** 1작은술

만드는 법

1. 브로콜리는 끓는 물에 데친 뒤 꽃 부분만 1cm 크기로 썬다.
2. 팬에 현미유를 두르고 1번의 브로콜리와 듬성듬성 썬 게살을 넣어 볶는다.

콩나물게살볶음

【재료】 □ **콩나물** 40g □ **부추** 10g □ **게살** 30g □ **야채스톡** 100mL

콩나물과 부추는 1cm 길이로 송송 썬 뒤에 야채스톡을 부어 무를 때까지 끓이다가 어느 정도 익으면 게살을 넣어 볶는다.

팽이버섯게살볶음

반찬

【재료】 □ **게살** 15g □ **팽이버섯** 40g □ **가지** 10g □ **애호박** 10g □ **양파** 10g □ **야채스톡** 100mL

팽이버섯은 1cm 길이로 송송 썰고 애호박과 양파, 가지는 얇게 채 썰어 야채스톡을 부어 무를 때까지 끓이다가 어느 정도 익으면 게살을 넣어 볶는다.

숙주게살볶음

반찬

【재료】 □ **숙주** 40g □ **게살** 30g □ **피망** 20g □ **참기름** 1/2작은술 □ **다진 마늘** 1g □ **야채육수** 50mL

피망은 껍질을 벗겨 채 썰고, 숙주는 2cm 길이로 송송 썰어 다진 마늘과 게살을 넣고 야채육수를 부어 볶는다.

게살완자청경채볶음

반찬

게살완자와 데친 청경채를 그냥 볶아내도 맛있는 반찬이 되지만
잎채소를 볶을 때 전분물을 넣으면 한결 잎채소가 부드러워져요.
완자나 미트볼, 소시지, 동그랑땡은 그 자체만 주어도 좋지만
이렇게 볶음요리로 활용해도 아주 훌륭한 반찬이 됩니다.

만드는 법

재료

- **게살** 40~50g
- **청경채** 20g
- **전분물** (전분 1작은술 + 물 3작은술)
- **야채스톡** 100mL

1. 게살을 믹서에 갈아서 동그랗게 빚어 찜기에 10분 정도 찐다.
2. 청경채는 끓는 물에 살짝 데쳐 1cm 크기로 썬다.
3. 야채스톡에 1~2번의 재료를 넣고 끓이다가 전분물을 넣고 농도를 조절한다.

1

2

3

미트볼숙주볶음

반찬

【재료】 ▫ **미트볼 + 닭고기완자** 여러 개 ▫ **숙주** 40g ▫ **피망** 20g ▫ **야채스톡** 100mL

숙주는 깨끗하게 씻어 1cm 길이로 송송 썰어 야채스톡에 삶는다. 피망은 가늘게 채 썰어 숙주가 어느 정도 익었을 때 미트볼, 닭고기완자와 함께 넣고 볶는다(미트볼 만드는 법 616쪽, 닭고기완자 만드는 법 476쪽 참고).

소시지케첩볶음

반찬

【재료】 ▫ **소시지** 60g ▫ **토마토케첩** 30g ▫ **양송이버섯** 30g ▫ **양파** 30g ▫ **파프리카** 30g ▫ **야채스톡** 100mL

양송이버섯은 얇게 썰고, 양파와 파프리카는 껍질을 벗기고 가늘게 채 썰어 야채스톡을 부어 먼저 볶은 뒤에 야채가 어느 정도 익었을 때 소시지를 썰어 넣고 토마토케첩을 부어 좀 더 볶는다(수제소시지 만드는 법 580쪽, 토마토케첩 만드는 법 160쪽 참고).

동그랑땡애호박볶음

반찬

【재료】 ▫ **애호박** 100g ▫ **동그랑땡** 10개 ▫ **야채스톡** 100mL

애호박은 얇게 썰어 야채스톡에 먼저 볶은 뒤 어느 정도 익으면 동그랑땡을 넣어 함께 볶는다(동그랑땡 만드는 법 472쪽 참고).

돼지고기완자청경채볶음

반찬

중식요리 난자완스에서 힌트를 얻었어요. 소고기로만 만든 난자완스는 식감이 단단해 아이가 먹기 힘들어할 수도 있는데 돼지고기와 두부로 만든 이 완자는 정말 부드러워 승아도 먹기 편했어요. 동그랗게 만든 반죽을 처음부터 넣고 볶으면 부서질 수 있으니 먼저 완자를 찐 뒤에 넣어주세요.

만드는 법

재료

- **돼지고기** 50g
- **두부** 50g
- **청경채** 20g
- **전분물** (전분 1작은술 + 물 3작은술)
- **멸치육수** 100mL

1. 돼지고기와 두부는 갈아내어 반죽하여 작고 둥글게 빚은 뒤 납작하게 눌러준다.
2. 찜기에 1번을 넣고 5분 정도 찐다.
3. 청경채는 1cm 크기로 썰어 멸치육수를 붓고 끓인다.
4. 청경채가 어느 정도 익으면 2번의 완자를 넣는다.
5. 전분물을 넣어 농도를 맞춘다.

새송이버섯소고기볶음

반찬

【재료】 ▫ **새송이버섯** 30g ▫ **소고기** 20g ▫ **참기름** 1/2작은술

새송이버섯의 기둥 부분을 손으로 결대로 찢고, 소고기도 삶은 뒤 결대로 찢는다. 새송이버섯과 소고기에 육수 50mL를 부어 끓이다가 버섯이 연해질 정도로 잘 볶아지면 마지막으로 참기름을 넣어 볶는다.

토마토유부볶음

반찬

Dr.Oh

완료기가 되어 반찬과 밥을 따로 먹이기 시작하면서
소고기 섭취에 소홀할 수 있는데, 진밥을 할 때 고기 덩어리를 함께 넣어
익히고 나중에 고기를 다져서 밥에 비벼주는 형태로 먹이는 것을 추천합니다.
토마토를 먹으면 토마토에 함유된 칼륨이 나트륨을 체외로 배출하는 역할을 해줘요.
염분기 있는 재료와 함께 해주면 좋습니다.

만드는 법

재료

- **유부** 40g
- **방울토마토** 4개
- **가지** 20g
- **양파** 20g
- **멸치육수** 50mL

1. 유부는 가늘게 채 썬다.
2. 양파와 가지도 가늘게 채 썬다.
3. 토마토는 십자 모양으로 칼집을 내어 끓는 물에 살짝 데친 뒤 껍질을 벗기고 얇게 썬다.
4. 멸치육수에 1~3번의 재료를 넣고 국물이 자작해질 때까지 끓인다.

1

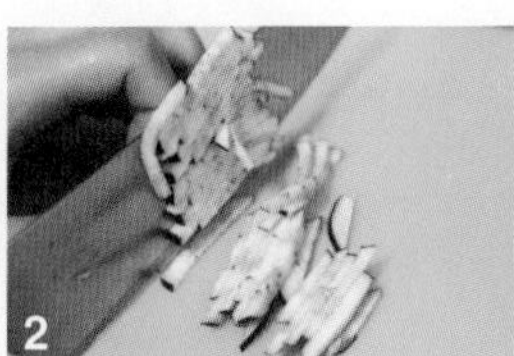
2

3

4

토마토가지볶음

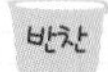

【재료】 ▫ **토마토** 1개 ▫ **소고기** 60g ▫ **양파** 20g ▫ **가지** 20g ▫ **현미유** 1작은술

껍질을 벗긴 토마토와 가지, 양파는 얇게 채 썰어 팬에 현미유를 두르고 볶다가 삶아서 다진 소고기도 함께 볶는다.

토마토브로콜리볶음

반찬

【재료】 ▫ **토마토** 40g ▫ **양파** 20g ▫ **브로콜리** 10g ▫ **소고기** 10g ▫ **현미유** 1작은술

껍질을 벗긴 토마토와 양파는 얇게 채 썰고 브로콜리는 꽃 부분만 1cm 크기로 썰어 팬에 현미유를 두르고 볶다가 삶아서 다진 소고기도 넣어 함께 볶는다.

애호박새우볶음

반찬

소금이 들어가지 않고 반찬을 했을 때 맛이 없을 거라고 생각하지만
사실 재료 본연의 맛으로 충분히 맛있어요.
간을 하는 것은 음식을 만들 때의 익숙함의 차이일 뿐,
최대한 아이에게 간을 하지 않은 음식을
주도록 하고 건강에도 좋은 저염식에 익숙하게 해주세요.

재료

- **애호박** 50g
- **새우살** 30g
- **참기름** 1작은술
- **야채스톡** 100mL

만드는 법

1. 애호박은 아주 얇게 반달썰기한다.
2. 새우살은 손질하여 잘게 다진다.
3. 팬에 1번의 애호박을 넣고 야채스톡을 부어 끓이다가 2번의 새우살과 참기름을 넣어 익을 때까지 볶는다.

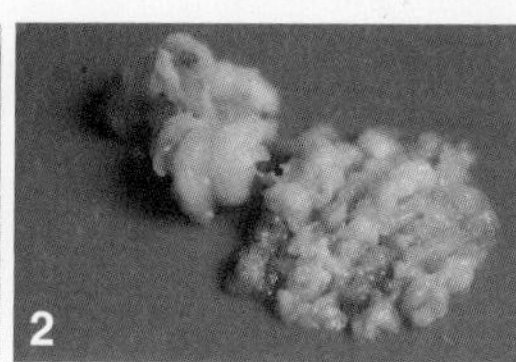

파래파프리카새우볶음

【재료】 ▫ **파래** 100g ▫ **파프리카** 40g ▫ **새우살** 30g ▫ **멸치육수** 100mL

파래는 1cm 크기로 다지고 파프리카는 껍질을 벗기고 가늘게 채 썰고, 새우는 손질하여 잘게 다진다. 파래와 파프리카에 야채스톡을 부어 먼저 볶다가 새우를 넣어 볶아준다.

콩나물부추볶음

반찬

【재료】 ▫ **콩나물** 40g ▫ **부추** 20g ▫ **야채스톡** 100mL ▫ **참기름** 1/2작은술

부추와 콩나물의 몸통 부분은 1cm 길이로 썬다. 야채스톡을 부어 팬에 볶다가 콩나물 숨이 죽을 때쯤 참기름을 넣고 센불에 한 번 볶는다.

콩나물파프리카볶음

반찬

【재료】 ▫ **콩나물** 40g ▫ **파프리카** 20g ▫ **야채스톡** 30mL ▫ **참기름** 1/2작은술 ▫ **통깨** 약간

콩나물은 몸통 부분만 1cm 길이로 썰고 파프리카는 껍질을 벗기고 얇게 채 썬다. 야채스톡을 부어 팬에 볶다가 콩나물 숨이 죽을 때쯤 참기름을 넣고 센불에 한 번 볶은 뒤 통깨를 뿌린다.

세발나물볶음

반찬

세발나물은 줄기를 제외한 연한 부분만을 잘라내어 써도 되지만,
그냥 손질 없이 사용해도 좋아요.
줄기 부분도 데치면 물러진답니다.

재료

- **세발나물** 200g
- **참기름** 1/2작은술
- **깨소금** 1/2작은술

만드는 법

1. 세발나물은 끓는 물에 1~2분 정도 데쳐낸 뒤 찬물에 헹구고 물기를 짜내 1cm 크기로 썬다.
2. 팬에 1번의 세발나물을 넣고 참기름을 넣어 볶는다.
3. 깨소금을 넣어 센불에 한 번 더 볶아낸다.

1

2

3

무나물볶음

반찬

【재료】 ㅁ**무** 40g ㅁ**멸치육수** 100mL ㅁ**참기름** 1/2작은술

무는 얇고 가늘게 채 썬 뒤 멸치육수를 넣고 볶는다. 무가 어느 정도 익으면 참기름을 넣고 한 번 더 볶아낸다.

야콘나물볶음

반찬

【재료】 ㅁ**야콘** 200g ㅁ**멸치육수** 100mL ㅁ**참기름** 1/2작은술

야콘은 껍질을 깎아 얇고 가늘게 채 썬 뒤 멸치육수를 부어 볶는다. 야콘이 으깨질 정도로 푹 익으면 참기름을 넣어 센불에 한 번 더 볶아낸다.

콜라비나물볶음

반찬

【재료】 ㅁ**콜라비** 100g ㅁ**멸치육수** 300mL ㅁ**참기름** 1작은술 ㅁ**깨소금** 1작은술

콜라비는 껍질을 깎아 얇고 가늘게 채 썬 뒤 멸치육수를 부어 볶는다. 콜라비가 으깨질 정도로 푹 익으면 참기름을 넣어 센불에 한 번 더 볶아내고 깨소금을 뿌려준다.

래디시나물볶음

반찬

각종 야채는 육수볶음으로 해보세요.
잘 익혀서 참기름을 약간 떨어뜨리면 달큰한 야채의 맛이
기가 막힌 매우 맛있는 기본 반찬이 만들어진답니다.

재료

- **래디시** 3~4개
- **멸치육수** 100mL
- **참기름** 1/2작은술

만드는 법

1. 래디시는 깨끗하게 씻어 양쪽 끝을 잘라낸 뒤 얇게 썬다.
2. 1번의 래디시는 멸치육수에 삶은 뒤 어느 정도 푹 익으면 참기름을 넣어 센불에 한 번 더 볶아낸다.

1

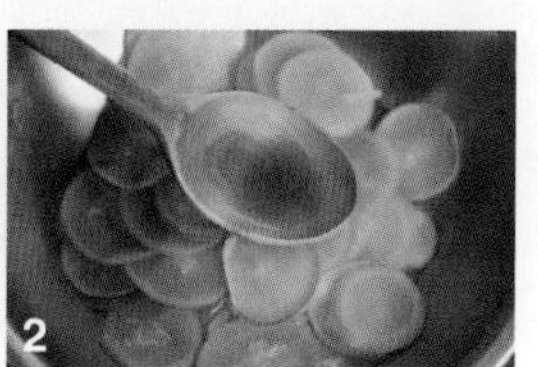
2

고구마나물볶음

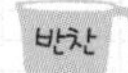

【재료】 □ **고구마** 300g □ **멸치육수** 50mL □ **현미유** 1작은술

고구마는 껍질을 깎고 가늘게 채 썰고 물에 헹구어 전분기를 뺀 뒤 멸치육수를 부어 끓인다. 고구마가 익으면 현미유를 둘러 볶는다.

고사리나물볶음

반찬

【재료】 □ **고사리** 40g □ **멸치육수** 100mL □ **참기름** 1/2작은술

고사리는 1cm 길이로 송송 썬 뒤 멸치육수를 부어 끓인다. 고사리가 어느 정도 익으면 참기름을 둘러 센불에 한 번 더 볶아낸다.

오이나물볶음

반찬

【재료】 □ **오이** 40g □ **멸치육수** 100mL □ **참기름** 1작은술 □ **깨소금** 1작은술

오이는 얇고 가늘게 채 썬 뒤 멸치육수를 부어 끓인다. 오이가 흐물흐물해질 정도로 익으면 참기름과 깨소금을 넣어 센불에 한 번 더 볶아낸다.

당근깻잎볶음

반찬

당근은 어떤 재료와도 잘 어울려요.
깻잎은 정말 향이 좋아요. 잔털이 많아 이물질이 붙어 있기 쉬우니
한 장씩 흐르는 물에 잘 씻어주세요.
칼슘과 칼륨 등 무기질이 풍부한 채소입니다.

재료

- **깻잎** 10장
- **당근** 30g
- **멸치육수** 100mL
- **참기름** 1/2작은술

만드는 법

1. 당근은 가늘게 채 썰어 멸치육수에 먼저 익힌다.
2. 깻잎은 꼭지와 중간의 심 부분은 제거하고 가늘게 채 썰어 1번에 함께 넣는다.
3. 깻잎이 푹 익으면 참기름을 넣어 센불에 한 번 더 볶아낸다.

1

2

3

당근감자양파볶음

반찬

【재료】 **감자** 40g **당근** 20g **양파** 20g **현미유** 1작은술 **멸치육수** 100mL

당근과 양파, 감자는 가늘게 채 썬 뒤 멸치육수를 넣고 약불에 볶는다. 야채가 어느 정도 익으면 현미유를 넣고 센불에 한 번 더 볶아낸다.

당근김볶음

반찬

【재료】 **김**(돌김) 1장 **당근** 10g **들기름** 1/2작은술 **사과** 5~10g

김은 팬에 살짝 구운 뒤 비닐봉지에 넣고 부순다. 당근은 얇게 채 썰어 김과 함께 들기름에 볶다가 당근이 어느 정도 익으면 사과를 강판에 갈아서 넣고 한 번 더 볶아낸다.

당근파래양파볶음

반찬

【재료】 **파래** 100g **당근** 20g **양파** 20g **사과** 50g **멸치육수** 100mL

파래는 깨끗하게 씻어 다지고 멸치육수를 부어 먼저 볶고 당근과 양파는 가늘게 채 썰어 넣는다. 야채가 어느 정도 익으면 사과를 강판에 갈아서 넣고 한 번 더 볶아낸다.

단호박양파볶음

반찬

반찬으로 여러 가지를 만들어주면 승아는 화려한 반찬에 먼저 손을 뻗습니다.
그만큼 완료기의 아이들은 눈으로 먼저 먹게 돼요.
따라서 이 시기에는 음식에 대한 아이의 호기심을 자극해주는 것이 중요하답니다.
색감과 모양이 다양한 재밌는 요리는 아이의 식욕을 돋구어줄 테니까요.

재료

- **단호박** 50g
- **양파** 20g
- **깨소금** 1작은술
- **야채스톡** 100mL

만드는 법

1. 단호박은 껍질을 벗겨 얇게 썬다.
2. 1번의 단호박에 야채스톡을 붓고 양파를 채 썰어 넣어 볶는다.
3. 단호박과 양파가 익을 때까지 볶은 뒤 깨소금을 뿌린다.

1

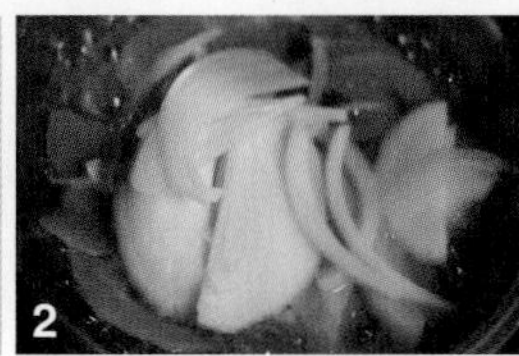
2

3

애호박양파볶음

반찬

【재료】 ▫ **애호박** 40g ▫ **양파** 20g ▫ **참기름** 1/2작은술 ▫ **야채스톡** 30mL

애호박은 반달 모양으로 얇게 썰고, 양파는 얇게 채 썰어 야채스톡을 붓고 끓이다가 어느 정도 야채가 익으면 참기름을 둘러 센불에 한 번 더 볶아낸다.

숙주나물볶음

【재료】 ▫ **숙주** 20~30개 ▫ **다진 파** 1/2작은술 ▫ **통깨** 1/2작은술 ▫ **참기름** 1/2작은술

숙주는 1cm 길이로 자른 뒤 끓는 물에 삶아 찬물에 헹구고 물기를 짠다. 팬에 담은 뒤 다진 파와 참기름을 넣어 볶는다. 어느 정도 숙주가 익으면 통깨를 뿌린다.

비트숙주나물볶음

【재료】 ▫ **숙주** 한줌 ▫ **비트** 40g ▫ **야채스톡** 100mL ▫ **참기름** 1/2작은술

비트는 얇게 채 썰고 숙주는 2cm 길이로 썬다. 야채스톡에 비트를 넣어 먼저 볶다가 푹 익으면 숙주를 넣고 함께 끓인다. 국물이 어느 정도 자작해지면 참기름을 넣어 센불에 한 번 더 볶아낸다.

전복야채버터볶음

반찬

버터에 복아낸 전복은 살이 의외로 질기지 않고 부드럽답니다.
더 부드러운 식감을 원하면 손질한 전복을 우유에 담가
한 시간 정도 두었다가 손질해보세요.
비타민과 미네랄이 풍부한 전복으로 만든 특별한 반찬입니다.

재료

- 양송이버섯 15g
- 양파 15g
- 파프리카 15g
- 전복 2개
- 버터 2~3g

만드는 법

1. 전복은 손질하여 얇게 썬다(전복 손질하는 법 132쪽 참고).
2. 양송이버섯도 얇게 썬다.
3. 파프리카는 껍질을 벗긴 뒤 채 썬다.
4. 양파도 채 썬다.
5. 팬에 분량의 버터를 녹여 2~4번의 재료를 먼저 넣고 볶는다.
6. 야채가 어느 정도 익으면 1번의 전복을 넣어 잘 볶아낸다.

바지락야채볶음

반찬

【재료】 ㅁ **바지락살** 30g ㅁ **양송이버섯** 50g ㅁ **양파** 10g ㅁ **야채스톡** 50mL

양송이버섯은 얇게 썰고 양파는 채 썰어 야채스톡에 먼저 볶는다. 야채가 어느 정도 익으면 바지락살을 듬성듬성 썰어 넣고 함께 볶아낸다.

잔멸치볶음

반찬

칼슘이 풍부한 뼈째 먹는 생선인 멸치는 성인에게는 참 친숙하죠?
잔멸치를 반나절 정도 쌀뜨물에 담가두면 짠맛도 빠지고
멸치도 굉장히 연해져서 먹기가 좋아요.

재료

- **잔멸치**(지리멸치) 30g
- **배** 50g
- **전분** 1작은술
- **참기름** 1작은술

만드는 법

1. 잔멸치는 반나절 정도 쌀뜨물에 담가 짠맛을 빼준다.
2. 배와 전분을 믹서에 갈아내어 배소스를 준비한다.
3. 1번의 잔멸치를 팬에 담아 참기름을 두르고 볶다가 2번의 배소스를 넣고 좀 더 볶아준다.

1

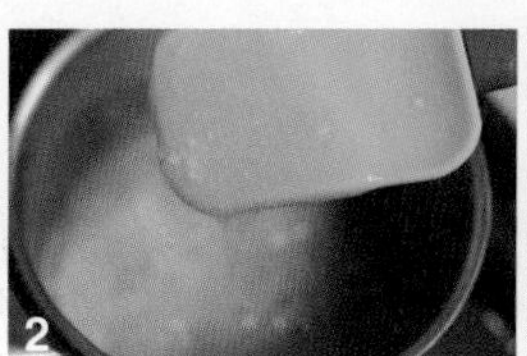
2

3

감자곶감볶음

반찬

【재료】 ㅁ **감자** 100g ㅁ **곶감** 1알 ㅁ **현미유** 1작은술 ㅁ **야채스톡** 100mL

감자와 곶감은 가늘게 채 썬다. 현미유를 두른 팬에 채 썬 감자와 야채스톡을 넣어 끓이다가 어느 정도 감자가 익으면 채 썬 곶감을 넣고 함께 볶아낸다.

유부피망단호박볶음

【재료】 ㅁ **유부** 40g ㅁ **피망** 20g ㅁ **단호박** 10g ㅁ **야채스톡** 100mL

유부는 끓는 물에 살짝 데친 뒤 채 썰고, 피망과 단호박도 채 썰어둔다. 단호박과 피망에 야채스톡을 부어 먼저 끓이다가 국물이 자작해지면 유부를 넣고 마저 볶는다.

황금송이버섯파프리카볶음

반찬

황금송이버섯은 '송이버섯'이 아닌 '팽이버섯'을 품종화해
인공재배한 버섯이에요. 팽이버섯을 먹여보았다면
부담없이 시도해봐도 좋습니다.
식이섬유가 풍부해 변비예방에 좋은 버섯입니다.

재료

- **황금송이버섯** 50g
- **파프리카** 30g
- **야채스톡** 50mL
- **참기름** 1/2작은술
- **깨소금** 1/2작은술

만드는 법

1. 황금송이는 밑동을 잘라내고 손으로 비벼 붙어 있는 송이들을 떨어뜨린다.
2. 파프리카는 가늘게 채 썬다.
3. 손질한 버섯과 파프리카에 야채스톡을 부어 볶고 어느 정도 국물이 자작해지면 참기름과 깨소금을 넣고 함께 볶는다.

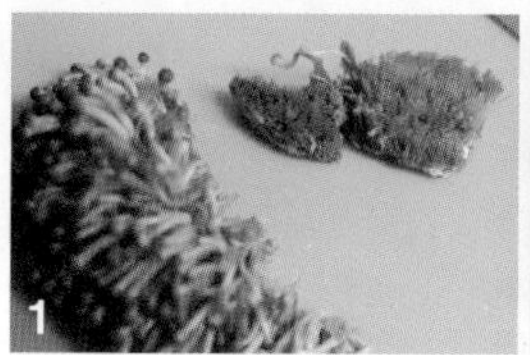
1

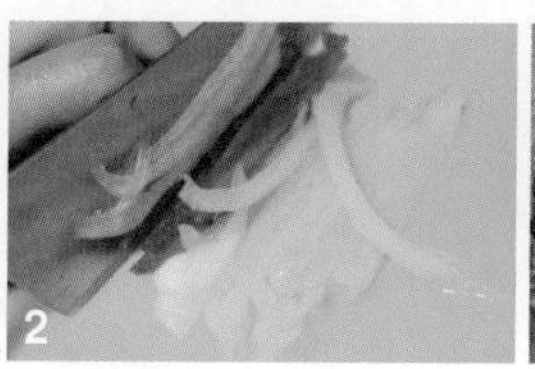
2

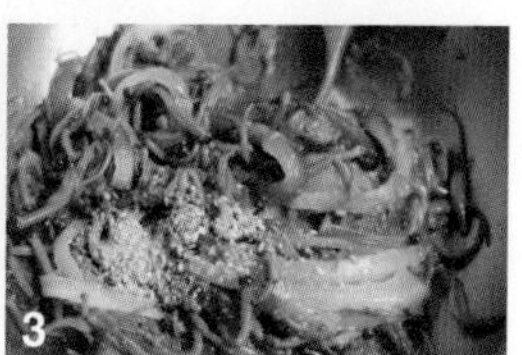
3

새송이버섯파프리카볶음

반찬

【재료】 ㅁ **새송이버섯** 30g ㅁ **파프리카** 15g ㅁ **양파** 10g ㅁ **야채스톡** 50mL

새송이버섯은 머리 부분 얇게 썰고 파프리카와 양파는 채 썰어 야채스톡을 부어 함께 볶아준다.

노루궁뎅이버섯파프리카볶음

반찬

【재료】 ㅁ **노루궁뎅이버섯** 50g ㅁ **파프리카** 30g ㅁ **멸치육수** 50mL ㅁ **참기름** 1/2작은술

노루궁뎅이버섯은 밑동을 잘라내고 결대로 잘게 찢고, 파프리카는 채 썰어 멸치육수를 부어 볶는다. 어느 정도 야채가 무르게 익으면 참기름을 둘러 한 번 더 볶아낸다.

목이버섯양파볶음

반찬

【재료】 ㅁ **건목이버섯** 5g ㅁ **양파** 20g ㅁ **야채스톡** 100mL ㅁ **다진 마늘** 1g ㅁ **들기름** 1/2작은술

양파는 채 썰고, 목이버섯은 깨끗하게 씻어 반나절 이상 물에 불린 뒤 1cm 크기로 썬다. 팬에 다진 마늘과 들기름을 부어 양파와 목이버섯을 볶다가 야채스톡을 부어 국물이 자작해질 때까지 볶아낸다.

청포묵김볶음

반찬

일상 반찬을 만들 때 그냥 볶아내면 밋밋한 재료들이 있어요.
아무리 간을 모르는 아이라 하더라도 맛이 없다 느낄 수 있지요.
브로콜리나 배춧잎, 묵 같은 것을 볶을 때는
이렇게 김을 부셔서 넣는 등 향과 맛을 내어주세요.

만드는 법

재료

- **청포묵** 40g
- **김** 1장
- **사과** 20g
- **들기름** 1작은술

1. 청포묵은 가늘게 채 썬다.
2. 김은 팬 위에서 바삭하게 굽는다.
3. 2번의 김은 비닐봉지에 넣고 부순다.
4. 들기름을 둘러 1번의 청포묵과 3번의 김을 볶는다.
5. 묵이 익어서 투명해지면 사과를 강판에 갈아서 넣어 마저 볶아낸다.

우거지나물들깨볶음

반찬

【재료】 ▫ **배추우거지** 40g ▫ **들깨가루** 2작은술 ▫ **멸치육수** 100mL

우거지는 데쳐서 깨끗하게 씻어낸 뒤 1cm 크기로 잘게 다진다. 멸치육수를 부어 끓이다가 국물이 자작해지면 들깨가루를 넣어 우거지가 충분히 물러질 때까지 볶아낸다.

브로콜리들깨볶음

【재료】 ▫ **브로콜리** 30g ▫ **들깨가루** 1.5작은술 ▫ **멸치육수** 20mL

브로콜리는 끓는 물에 살짝 데친 뒤 1cm 크기로 썰어 들깨가루를 뿌리고 멸치육수를 부어 중불에 볶아낸다.

배추들깨볶음

반찬

채소를 볶을 때 들깨가루를 넣는 것도 한 방법입니다.
들깨가루 덕분에 반찬이 매우 고소해지거든요.

재료

- **배춧잎** 40g
- **들깨가루** 2작은술
- **멸치육수** 100mL

만드는 법

1. 배추는 잎 부분만 1cm 크기로 썬다.
2. 멸치육수를 부어 끓인다.
3. 배추가 투명해질 정도로 익고 국물이 자작해지면 들깨가루를 넣어 볶는다.

고사리들깨볶음

반찬

【재료】 ▫**고사리** 40g ▫**들깨가루** 1큰술 ▫**멸치육수** 20mL ▫**다진 파** 1작은술

고사리는 2cm 길이로 송송 썰어 다진 파와 들깨가루, 멸치육수를 부어 함께 볶는다.

만송이버섯들깨볶음

【재료】 ▫**만송이버섯** 50g ▫**소고기** 30g ▫**들깨가루** 2작은술 ▫**참기름** 1작은술 ▫**멸치육수** 20mL

만송이버섯은 1cm 길이로 송송 썰어 멸치육수를 부어 끓이다가 국물이 자작해지면 들깨가루와 참기름, 삶아서 다진 소고기를 넣고 볶아낸다.

고등어무조림

반찬

Mom

된장이나 간장, 소금, 굴소스 등이 없이 조림을 가능하게 했던 재료가 바로 파프리카예요. 수분감 있는 채소는 모두 조림요리에 활용이 가능하지만 그래도 다양한 맛을 가지고 있는 파프리카는 조림요리에 정말 탁월합니다. 아이가 파프리카를 별로 좋아하지 않는다면 사과나 배를 함께 갈아 소스를 만들어도 좋고 시금치와 배를 갈아 소스로 써도 좋아요.

만드는 법

재료

- 고등어 1/2마리
- 무 200g
- 양파 30g
- 파프리카 60g
- 배 100g
- 멸치육수 200mL

1. 배와 파프리카는 믹서에 함께 갈아내어 소스로 만들어둔다.
2. 무는 나박썰기하여 냄비에 깐다.
3. 양파는 채 썰어 2번 위에 얹는다.
4. 손질한 고등어를 3번에 올리고 1번의 소스를 붓는다.
5. 멸치육수를 부어 조린다.

1

2

3

4

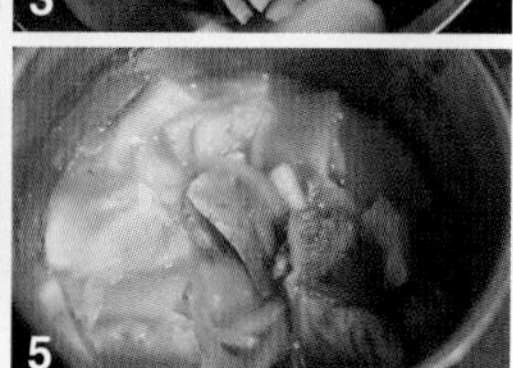
5

새우볼토마토조림

반찬

【재료】 ㅁ**새우살** 60g ㅁ**양파** 20g ㅁ**양송이버섯** 20g ㅁ**토마토** 1개

새우는 곱게 갈아내어 작고 둥글게 빚은 뒤 190도 오븐에서 10분 정도 구워낸다. 양파는 1cm 크기로 썰고 양송이버섯은 얇게 썰어 팬에 새우볼과 함께 넣고 토마토를 믹서에 갈아서 부은 뒤 조린다.

홍합조림

반찬

【재료】 ㅁ**건홍합** 20~30개 ㅁ**양파** 20g ㅁ**피망** 10g ㅁ**파프리카** 10g ㅁ**배** 1/2개 ㅁ**멸치육수** 50mL

건홍합은 반나절 정도 물에 불린 뒤 듬성듬성 썰고, 배와 멸치육수는 함께 믹서에 갈아 소스를 만들어둔다. 피망, 파프리카, 양파는 채 썰어 홍합과 함께 팬에 담고 소스를 부어 조린다.

연근사과조림

 반찬

비타민C가 풍부한 과일과 채소로 조림요리에 도전해보세요.
꼭 간장으로만 조림요리가 가능한 것은 아니랍니다.

만드는 법

재료

- **연근** 100g
- **사과** 100g
- **멸치육수** 50mL

1. 연근은 아주 무를 때까지 푹 삶아서 1cm 크기로 썬다.
2. 사과는 멸치육수와 함께 믹서에 간다.
3. 냄비에 연근을 넣고 2번을 부어 조린다.

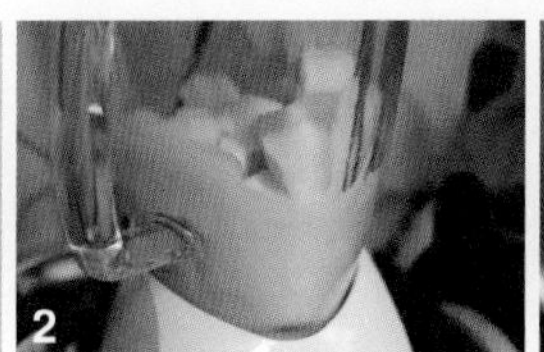
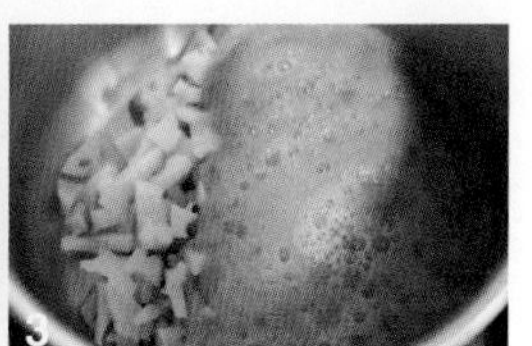

무배조림

【재료】 ▫ **무** 100g ▫ **배** 1개

무는 1cm 크기로 썰고, 배는 믹서에 곱게 갈아낸 뒤 무와 함께 냄비에 넣고 조린다.

두부귤조림

반찬

【재료】 ▫ **두부** 50g ▫ **귤**(한라봉) 1개 ▫ **깨소금** 1작은술 ▫ **현미유** 약간

두부는 1cm 크기로 썰어 현미유를 두른 팬에 살짝 구운 뒤 믹서에 곱게 간 귤을 부어 조린다.

참외조림

반찬

【재료】 ▫ **참외** 2개 ▫ **멸치육수** 50mL

참외는 껍질을 깎고 속을 파내고 일부 얇게 썰어둔다. 남은 참외 일부는 멸치육수와 함께 믹서에 갈아내어 썰어둔 참외에 붓고 함께 조린다.

무파프리카조림

반찬

상큼한 맛을 내는 파프리카도 조림 요리에 제격입니다.
다양한 조림 반찬에 도전해보세요.

만드는 법

재료

- 무 200g
- 파프리카 60g
- 멸치육수 100mL

1. 무는 1cm 크기로 썬다.
2. 파프리카는 멸치육수와 함께 믹서에 갈아낸다.
3. 1번에 2번을 부어 무가 익을 때까지 조린다.

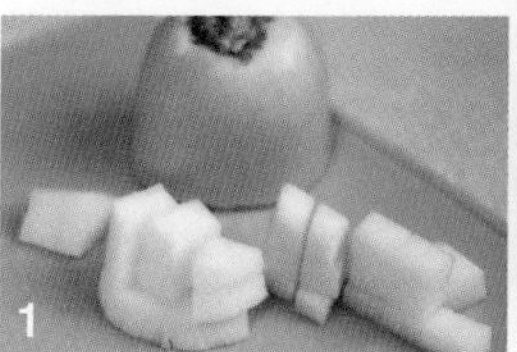
1

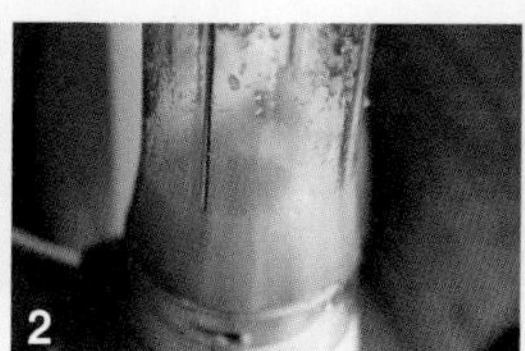
2

3

양배추파프리카조림

【재료】 ㅁ **양배추** 100g ㅁ **파프리카** 60g ㅁ **사과** 80g

양배추는 1cm 크기로 썰어 파프리카와 사과는 믹서에 갈아낸 뒤 부어 양배추가 익을 때까지 조린다.

새송이버섯파프리카조림

반찬

【재료】 ㅁ **새송이버섯** 50g ㅁ **파프리카** 1개 ㅁ **배시럽** 2작은술

새송이버섯은 머리 부분만 얇게 썰고, 파프리카는 믹서에 곱게 갈아 새송이버섯에 부어 조린다. 국물이 어느 정도 자작해지면 배시럽을 넣어 섞어준다.

노루궁뎅이버섯비트야콘조림

반찬

털이 난 모양이 노루의 엉덩이 같다고 해서 이름이 붙여진 노루궁뎅이버섯은 섬유소나 수분이 풍부하면서 칼로리는 낮아 당뇨에 좋은 식재료입니다. 만약 어른들 반찬으로 하려면 굴소스에 볶아도 되고, 된장찌개에 넣어도 맛있어요.

만드는 법

재료

- **노루궁뎅이버섯** 100g
- **비트** 50g
- **야콘** 100g
- **멸치육수** 100mL

1. 노루궁뎅이버섯은 결대로 잘게 찢어 흐르는 물에 헹구어 씻어낸다.
2. 비트와 야콘은 멸치육수와 함께 믹서에 갈아낸다.
3. 1번의 노루궁뎅이버섯에 2번을 붓는다.
4. 국물이 없어질 때까지 조린다.

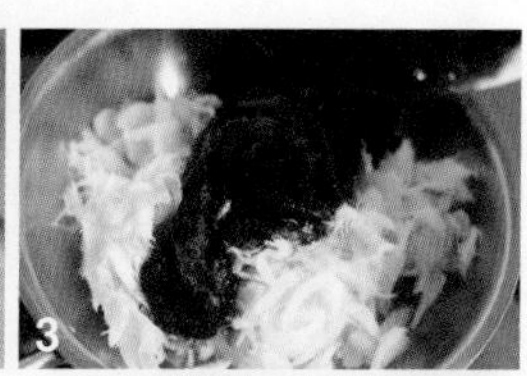

황금송이버섯콩나물조림

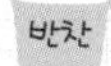

【재료】 □ **황금송이버섯** 100g □ **콩나물** 50g □ **파프리카** 50g □ **배** 80g

밑동을 제거한 황금송이버섯과 콩나물의 몸통 부분은 1cm 길이로 썬다. 파프리카와 배는 물을 조금 섞어 믹서에 곱게 갈아내어 버섯과 콩나물에 부어 함께 조린다.

콜리플라워적채조림

반찬

Mom

콜리플라워는 꽃 부분이 연해서 조리시간이 짧기 때문에 아직 어금니가 나지 않은 아이가 잇몸으로 으깨어 먹기 부담없는 채소예요. 적채를 갈아내어 조리면 신비로운 색깔의 콜리플라워조림이 완성된답니다.

재료

- **콜리플라워** 50~60g
- **적채** 50g
- **배** 50g
- **멸치육수** 200mL

만드는 법

1. 콜리플라워는 꽃 부분만 1cm 크기로 썬다.
2. 적채와 배는 멸치육수와 함께 믹서에 갈아낸다.
3. 1번의 콜리플라워에 2번을 부어 조린다.

1

2

3

세발나물감자조림

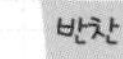

【재료】 ▫ **감자** 1개 ▫ **세발나물** 40g ▫ **멸치육수** 200mL ▫ **배시럽** 2큰술

세발나물과 멸치육수는 함께 믹서에 곱게 갈아낸 뒤 1cm 크기로 썬 감자에 부어 조린다. 어느 정도 감자가 익으면 배시럽을 넣어 잘 섞어준다.

가지조림

【재료】 ▫ **가지** 1개 ▫ **파프리카** 60g ▫ **배** 50g ▫ **멸치육수** 100mL

가지는 반달 모양으로 얇게 썰고, 파프리카와 배는 멸치육수와 함께 믹서에 갈아내어 가지에 부어 함께 조린다.

야콘당근조림

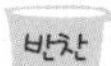

【재료】 ▫ **야콘** 300g ▫ **당근** 150g ▫ **파프리카** 60g ▫ **배** 50g ▫ **멸치육수** 100mL

야콘과 당근은 1cm 크기로 썰고, 파프리카와 배는 멸치육수를 부어 믹서에 갈아내어 야콘과 당근에 부어 함께 조린다.

후리가케

반찬

흔히 '뿌비'라 불리는 밥에 뿌려먹는 맛가루인 후리가케.
얼마 전 사료용 다시마와 채소로 만든 불량품이 유통되어
논란이 된 적이 있었어요. 엄마가 직접 재료를 선택하여 집에서 만들어주세요.
후리가케 하나면 각종 말린 야채와 해물 등을 먹을 수 있어 영양 면에서도 좋아요.
이 후리가케로 아주 귀여운 오니기리(주먹밥)도 만들어보세요.

만드는 법

재료

- **당근** 200g
- **애호박** 200g
- **파프리카** 100g
- **김** 3장
- **달걀**(노른자) 1개
- **건새우** 20g
- **지리멸치** 20g

1. 당근과 애호박, 파프리카는 얇게 썰어 오븐에 깐다.
2. 오븐의 자연건조 기능을 이용하여 80도로 맞춰 6~8시간 정도 건조시킨다(건조기를 이용해도 좋다).
3. 잘 건조시킨 2번은 믹서에 넣고 곱게 갈아낸다.
4. 김은 구운 뒤 믹서에 넣어 갈아낸다.
5. 건새우와 지리멸치는 팬에 볶은 뒤 각각 믹서에 갈아낸다.
6. 3~5번을 잘 섞는다.
7. 달걀은 삶은 뒤 노른자만 부셔서 6번과 섞는다.

겉면을 살짝 팬에 구워내면 더욱 고소해요.

만들고 2일 정도 냉장 보관하여 먹을 수 있는데, 더 오래두고 먹고 싶다면 삶은 달걀 노른자는 넣지 않고 냉동 보관하면 한 달 정도 두고 먹을 수 있어요.

오니기리

【재료】 □ **후리카케** 1큰술 □ **진밥** 100g □ **김** 1/2장

진밥에 후리카케를 넣어 잘 비벼준 뒤 작은 삼각형 모양으로 만들어 김을 잘라 붙인다.

완료기
간식

 오이파프리카키위샐러드

READY

□오이 30g □파프리카 20g □키위 1개 □요거트 1큰술

파프리카와 오이는 잘게 다진다.

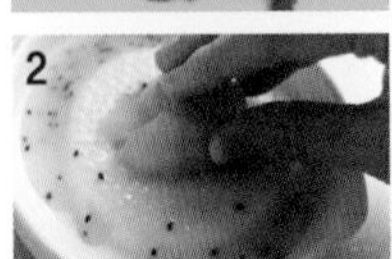

키위는 강판에 간다.

갈아낸 키위는 요거트와 섞어 드레싱을 만든다.

1번의 야채 위에 3번의 드레싱을 뿌린 뒤 섞어준다.

* 아이의 샐러드는 생채소를 먹기에 아직 어려우므로 정말 잘게 다져 과일이나 요거트 등으로 드레싱을 만들어 끼얹어주도록 해요.

 콜리플라워홍시샐러드

READY

□콜리플라워 30g □홍시 1/2개

콜리플라워는 꽃 부분만 1cm 크기로 썬다.

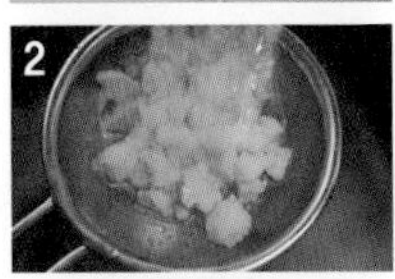

1번의 콜리플라워는 끓는 물에 데친 뒤 찬물에 헹구고 물기를 제거한다.

홍시는 믹서에 곱게 갈아낸다.

2번의 콜리플라워에 3번의 홍시를 드레싱으로 올려 버무려 준다.

* 홍시를 갈아낸 것만으로도 훌륭한 드레싱이 돼요.

두부흑임자샐러드

READY

□두부 30g □요거트 1큰술 □흑임자 1/2큰술

1. 두부는 1cm 크기로 썰어 끓는 물에 살짝 데친다.
2. 흑임자는 믹서에 곱게 갈아낸다.
3. 갈아낸 흑임자는 요거트와 섞어 드레싱을 만들어준다.
4. 1번의 두부에 드레싱을 올려준다.

* 샐러드용 두부는 잘 부서지지 않아요. 생식용 두부이지만 끓는 물에 살짝 데쳐서 씁니다.

파스타샐러드

READY

□파스타 30g □파인애플 10g □토마토 10g □파프리카 10g □래디시 10g □브로콜리 10g □요거트 2큰술 □단호박 20g

1. 파인애플과 토마토, 파프리카는 1cm 크기로 썬 뒤 끓는 물에 살짝 데친다.
2. 브로콜리는 꽃 부분만 1cm 크기로 썰고 래디시는 얇게 썰어 끓는 물에 살짝 데친다.
3. 파스타는 잘 삶은 뒤 식혀둔다.
4. 단호박은 삶아서 으깬 뒤 요거트와 섞어 드레싱으로 만들어둔 뒤 1~3번의 재료를 그릇에 담아 드레싱을 올린다.

* 파스타를 삶을 때 소금 간을 할 수 없기 때문에 그 자체로는 맛이 없어요. 드레싱을 따로 담아두고 찍어먹이면 더 맛있게 먹을 수 있어요.

고구마샐러드

READY

□호박고구마 50g □요거트 1.5큰술 □사과 20g

호박고구마는 구운 뒤 절구에 잘 으깬다.

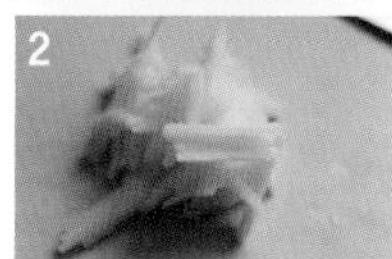

사과는 가늘게 채 썬다.

1번의 으깬 고구마에 2번의 사과를 넣고 요거트를 넣어 잘 섞는다.

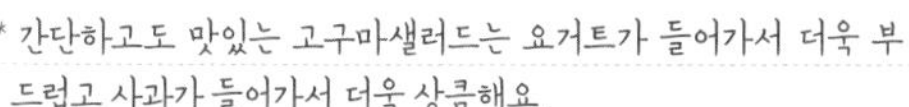

* 간단하고도 맛있는 고구마샐러드는 요거트가 들어가서 더욱 부드럽고 사과가 들어가서 더욱 상큼해요.

단호박샐러드

READY

□단호박 100g □액상 생크림 50mL
□반건조무화과(또는 푸룬) 20g

반건조무화과는 잘게 다진다.

단호박은 찐 뒤에 절구에 으깬다.

으깬 단호박에 1번의 무화과를 넣고 액상 생크림과 함께 섞어준다.

* 휘핑하지 않은 액상 생크림을 고구마나 단호박 등 다소 뻑뻑한 채소에 넣어 섞어내면 굉장히 맛과 식감이 부드러워요.

쿠스쿠스게살샐러드

READY

□게살 20g □오이 10g, 래디시 10g □파프리카 10g
□쿠스쿠스 100g □레드향 1/2개

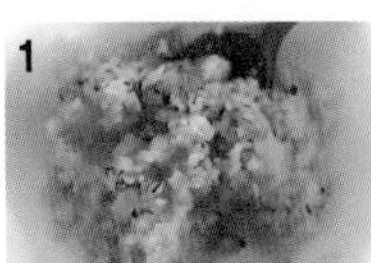

1 파프리카와 오이, 래디시는 잘게 다진다.

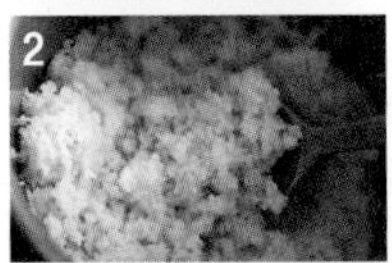

2 물 150mL를 팔팔 끓여 쿠스쿠스를 넣고 빨리 저어준 뒤 뚜껑을 덮고 5분 정도 뜸을 들인다.

3 레드향을 믹서에 갈아 1번의 야채에 붓고 잘 섞는다.

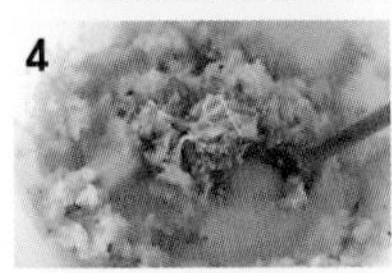

4 게살은 물에 데친 뒤 3번에 넣고 2번의 쿠스쿠스와 함께 섞어낸다.

* 뜸을 들이고 난 쿠스쿠스는 고슬고슬하고 포실포실한 식감이에요.

마카로니게살샐러드

READY

□마카로니 1컵 □게살 100g □브로콜리 20g
□두부마요네즈 3큰술 □올리브유 약간

1 마카로니는 충분히 푹 삶은 후 찬물에 헹구어내고 서로 붙지 않도록 올리브유를 약간 뿌려 버무린다.

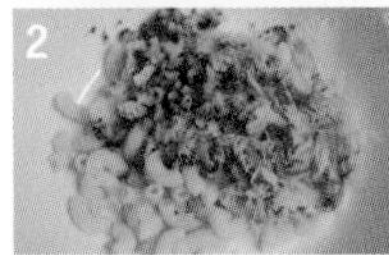

2 브로콜리는 꽃 부분만 1cm 크기로 썰고 게살은 한 번 데쳐 1번의 마카로니와 함께 그릇에 담는다.

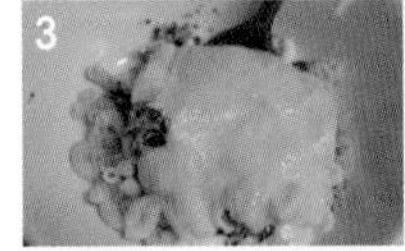

3 두부마요네즈를 넣고 버무려 준다(두부마요네즈 만드는 법 162쪽 참고).

* 두부마요네즈는 "두부로 만들었다고?"라는 말이 절로 나올 만큼 매우 고소합니다.

시금치감자크림수프

READY

□시금치 40g □감자 30g □양파 10g □우유 80mL
□액상 생크림 50mL

시금치는 깨끗하게 씻어 잎 부분만 감자, 양파, 우유와 함께 믹서에 갈아낸다.

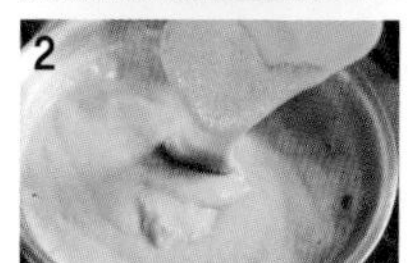

냄비에 붓고 눅진해질 때까지 끓인다.

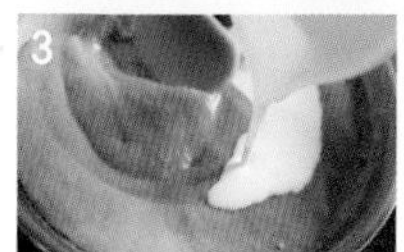

눅진해지면 액상 생크림을 넣어 끓이면서 갈아낸 감자가 익을 정도가 되면 불에서 내린다.

* 생우유를 시작하고 우유 맛에 약간의 거부감을 느끼는 아이들에게 이런 방법으로 우유 맛을 느끼게 해주면 좋아요.

브로콜리대파수프

READY

□브로콜리 30g □대파 5g □우유 200mL
□전분물(전분 1작은술 + 물 3작은술)

브로콜리와 대파, 우유를 믹서에 넣고 곱게 갈아낸다.

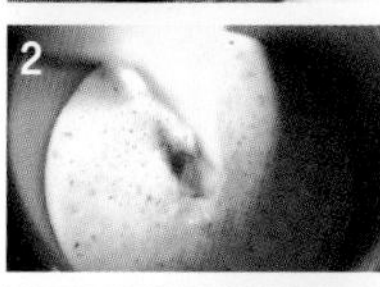

냄비에 넣고 끓인다.

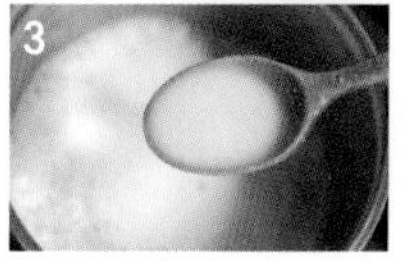

바글바글 끓어오르면 전분물을 넣고 저어가며 뭉근하게 끓인다.

* 대파는 흰 부분 위주로 사용하세요. 요리할 때는 흰 부분을 사용한답니다.

사과비트요거트스무디

READY

□사과 50g □비트 20g □요거트 100mL

사과와 비트는 껍질을 깎고 듬성듬성 썬다.

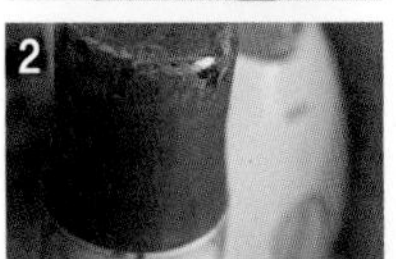

믹서에 곱게 갈아낸다.

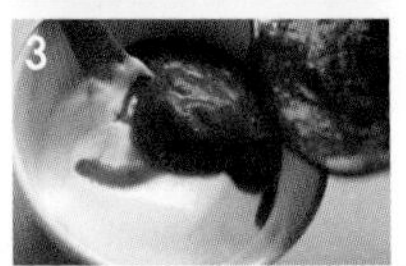

요거트와 함께 섞어준다.

* 딸기우유 같은 고운 색깔의 스무디예요. 달콤하면서도 맛이 좋은 건강주스랍니다.

 팥스무디

READY

□팥 80g □우유 60mL

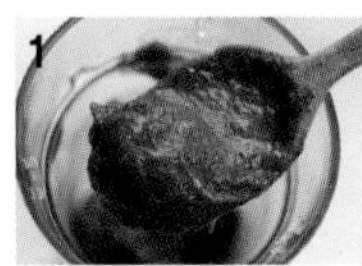

팥은 압력솥에 넣어 잠기도록 물을 붓고 밥을 지을 때보다 5분 정도 더 시간을 두고 익힌 뒤 믹서에 곱게 갈아낸다

1번에 우유를 넣고 다시 한 번 갈아낸다.

* 여름에는 살짝 얼려 긁어내어 아이스크림처럼 줄 수도 있어요. 돌 지난 완료기에는 간식이나 특식을 할 때 생우유를 사용하세요.

단팥죽

READY

□팥 1/2컵 □배즙 50g

팥은 압력솥에 넣어 잠기도록 물을 붓고 밥을 지을 때보다 5분 정도 더 시간을 두고 익힌다.

잘 익은 팥은 믹서에 곱게 갈아낸다.

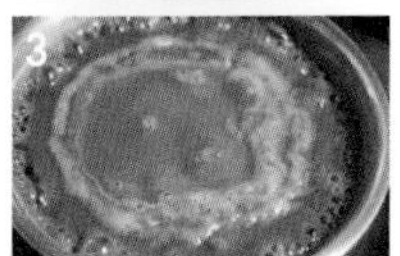

냄비에 넣고 끓이다가 배즙을 넣어 뭉근해질 때까지 끓인다.

* 찹쌀 등을 생략하여 간식으로 먹기 좋은 단팥죽을 만들어보았다. 새알은 흡인의 위험이 있으므로 넣지 않는다.

딸기우유푸딩

READY

아래 푸딩 □딸기 3개 □우유 100mL □한천가루 2g
위 푸딩 □딸기 2개 □한천가루 1g

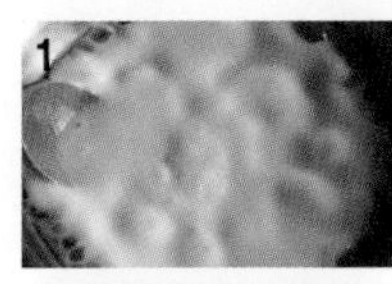

생우유에 한천가루 3g을 넣고 불려두었다가 한소끔 끓여낸다.

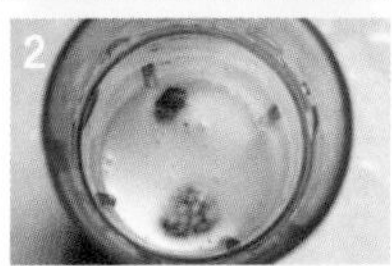

딸기의 1/3은 1번과 함께 믹서에 갈아낸다.

갈아낸 2번은 그릇에 담고 딸기 1/3을 다져서 넣은 뒤 냉장고에 10분 정도 둔다.

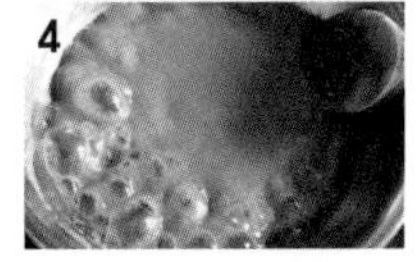

남은 딸기 1/3은 믹서에 곱게 갈아내어 한천가루를 넣어 불린 뒤 한소끔 끓여 3번 위에 올리고 다시 냉장고에 30~1시간 정도 둔다.

* 푸딩 안에도 딸기가 들어 있기 때문에 딸기를 좋아하는 아이에게는 최고의 간식이 돼요.

 귤푸룬찜케이크

READY

□귤 100g □배시럽 3큰술 □달걀 1/2개
□밀가루(중력분) 70g □베이킹파우더 1g □푸룬 2개

1 밀가루와 베이킹파우더는 체쳐서 그릇에 담고 달걀과 귤 일부는 즙을 내어 배시럽과 잘 섞는다.

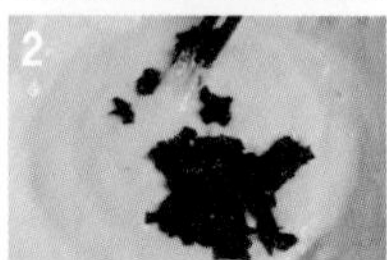

2 1번에 푸룬을 잘게 다져 넣는다.

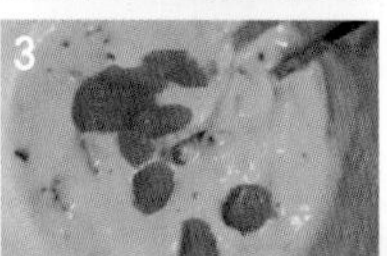

3 남은 귤 일부는 속껍질을 벗겨 다진 뒤 넣어 반죽을 완성한다.

4 그릇에 80%까지만 반죽을 채운 뒤 찜기에 넣고 15~20분 정도 찐다.

* 꼬치로 찔렀을 때 묻어나오는 것이 없으면 꺼내세요.

 요거트파운드케이크

READY

□버터 35g □밀가루(박력분) 100g □베이킹파우더 1g
□달걀 1개 □요거트 50g □배시럽 90g

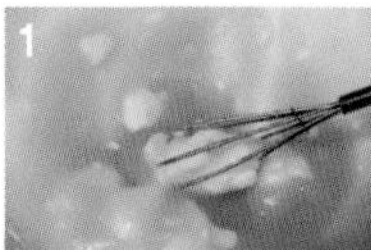

1 버터는 곱게 풀어 크림화시킨 뒤 배시럽과 잘 섞는다.

2 밀가루와 베이킹파우더는 체를 쳐서 요거트와 함께 넣고 잘 섞는다.

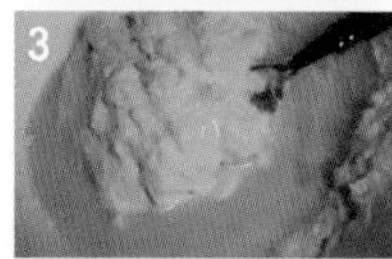

3 달걀을 풀어 넣은 뒤 반죽을 만든다(달걀은 1번 과정 중 버터를 크림화할 때 함께 풀어 섞어도 좋다).

4 오븐용기의 80%까지만 반죽을 채우고 175도 오븐에서 15분 정도 굽는다.

* 굽기 전에 파인애플을 얇게 썰어 올려도 좋아요. 요거트가 들어있어서 부드럽고 포슬포슬한 질감이에요.

 팥굴림찐빵

READY

□팥 100g □쌀가루와 밀가루(1:1 비율) 적당량

팥은 물에 불린 뒤 삶는다.

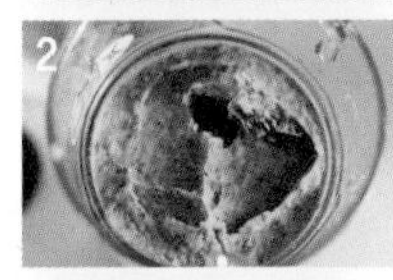

1번의 팥에 팥물을 약간 부어 믹서에 잘 갈아낸다.

작고 둥글게 빚는다.

밀가루와 쌀가루에 1차 굴린 뒤 한 번 찌고, 밀가루와 쌀가루에 2차 굴린 뒤 다시 쪄낸다.

* 3번 반죽이 수분감이 있어 질척해야 찔 때 갈라지지 않아요.

 무화과머핀

READY

□버터 50g □무화과 40g □달걀 1개 □밀가루(박력분) 55g □베이킹파우더 2g □액상 생크림 15g □우유 15g

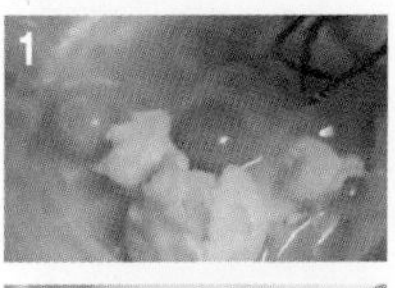

버터는 휘저어 크림화시킨 뒤 달걀을 넣어 잘 섞는다.

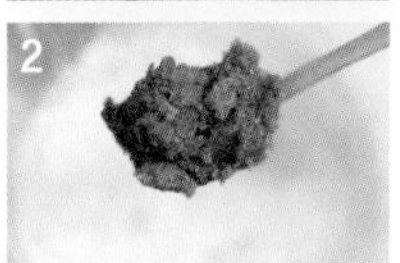

무화과는 일부 믹서에 넣고 갈아서 1번에 섞는다.

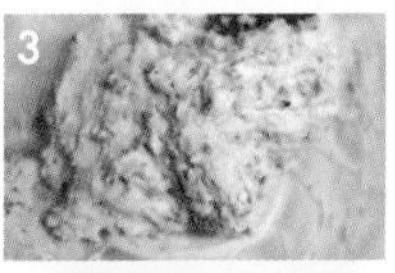

밀가루와 베이킹파우더, 액상 생크림과 우유를 넣어 반죽을 완성한다.

반죽을 오븐용기에 담은 뒤 남은 무화과 일부를 다져서 고명으로 올려주고 175도 오븐에서 15분 정도 구워준다.

* 예쁘고 맛이 좋은 무화과머핀. 설탕을 넣지 않아도 충분히 달고 맛있어요.

단호박부꾸미

READY

□단호박 150g □쌀가루 200g □현미유 약간

1. 단호박은 찐 뒤에 으깨어 일부는 쌀가루를 넣고 뜨거운 물을 부어가며 치대어 반죽을 완성한다.
2. 작고 둥글게 모양을 만들어 안에 으깬 단호박의 남은 일부를 넣어준다.
3. 반달 모양이나 원 모양으로 만든다.
4. 찜기에 15분 정도 한 번 쪄낸 뒤에 현미유를 두른 팬에 노릇하게 익혀준다.

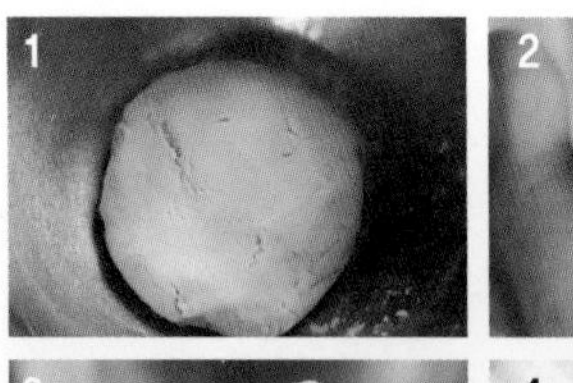

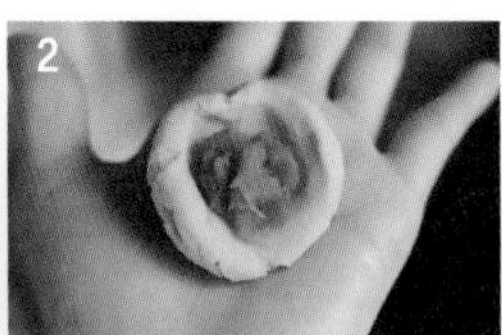

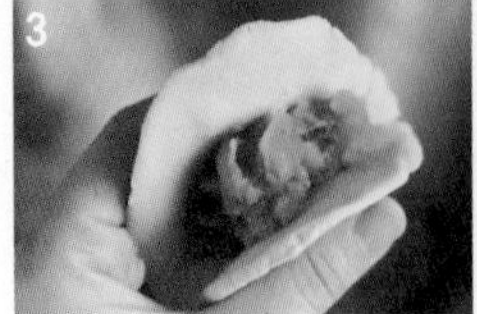

* 단호박 캐슈넛 꿀소스를 만들어 얹으면 성인용이 돼요.

단호박설기

READY

□단호박 100g □쌀가루 180g

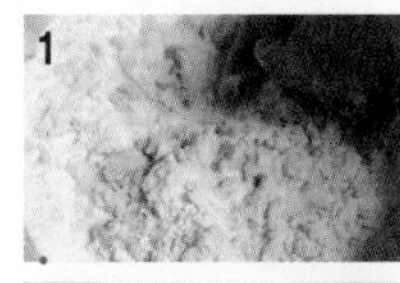

찐 뒤에 으깬 단호박과 쌀가루는 각각 체에 내려준 뒤 골고루 섞는다.

고루 섞인 반죽은 체에 한 번 내린다.

찜기에 면보를 깔고 2번의 가루를 1차로 깐다.

그 위에 찐 단호박을 조금씩 떼어 얹고 그 위로 가루를 다시 한 번 덮은 뒤 윗면을 고르게 하여 칼집을 내어 고명을 올리고 찜기에 쪄낸다.

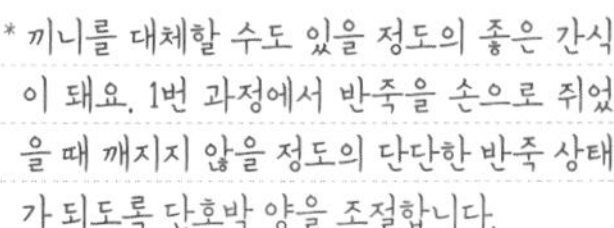

* 끼니를 대체할 수도 있을 정도의 좋은 간식이 돼요. 1번 과정에서 반죽을 손으로 쥐었을 때 깨지지 않을 정도의 단단한 반죽 상태가 되도록 단호박 양을 조절합니다.

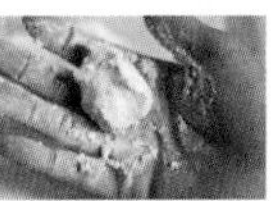

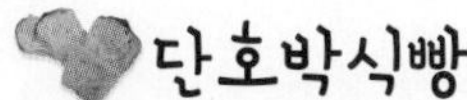

단호박식빵

READY

□우유 100mL □단호박 200g □버터 25g
□밀가루(강력분) 420g □단호박가루 20g □이스트 4g
□푸룬 2개 □무화과 2개 □달걀물 약간

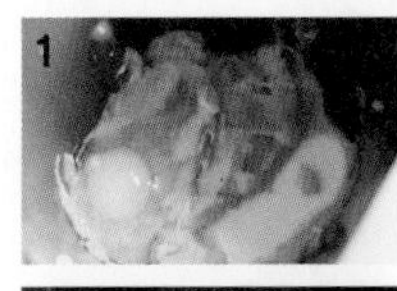

단호박은 쪄서 우유 80g과 함께 믹서에 갈아낸다.

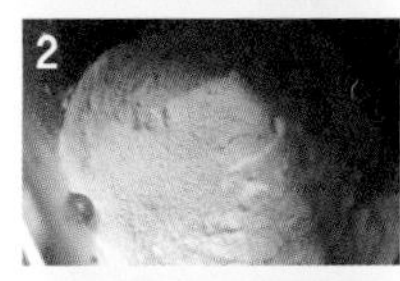

1번에 남은 우유 20g과 체친 밀가루와 단호박가루를 넣고 잘 섞어준다.

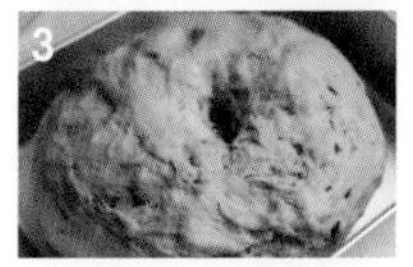

잘게 다진 무화과와 푸룬, 버터를 넣고 반죽을 완성한 뒤 1시간 정도 오븐에서 1차 발효시킨 후 3등분하여 15분 정도 휴지시킨다.

동그랗게 말아서 틀에 넣고 물 200mL를 부어 1시간 30분 정도 오븐에서 2차 발효시킨 뒤 윗면에 달걀물을 발라 175도 오븐에서 25~30분 정도 구워준다.

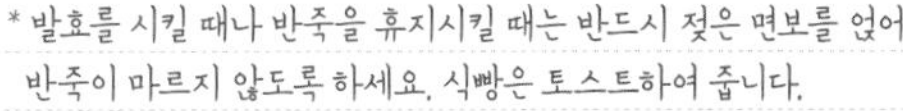

* 발효를 시킬 때나 반죽을 휴지시킬 때는 반드시 젖은 면보를 얹어 반죽이 마르지 않도록 하세요. 식빵은 토스트하여 줍니다.

 코코넛로쉐

READY

ㅁ달걀(흰자) 1개 ㅁ코코넛칩 40~50g

코코넛칩은 잘게 다진다.

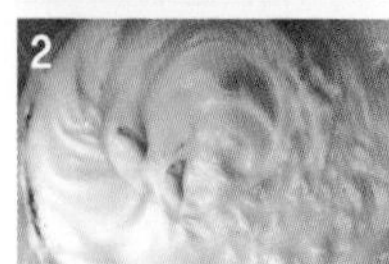

달걀 흰자는 머랭을 치되 너무 단단하게 내지 않고 60% 정도만 올린다.

1번의 다진 코코넛칩을 2번에 넣어 섞어 반죽을 완성한다.

작고 동그랗게 빚어 160도 오븐에서 15분 정도 구워준다.

* 말랑하거나 입에서 녹는 과자가 아니고 코코넛칩 자체가 바삭한 느낌이라 식감도 단단한 편이지만 승아는 한 자리에서 15개 가까이 먹어버렸어요.

 치즈마카로니

READY

ㅁ마카로니 40g ㅁ양파 20g ㅁ밀가루 1작은술 ㅁ버터 3g
ㅁ우유 60mL ㅁ아기치즈 1장

양파는 잘게 다져 버터와 밀가루를 넣고 볶는다.

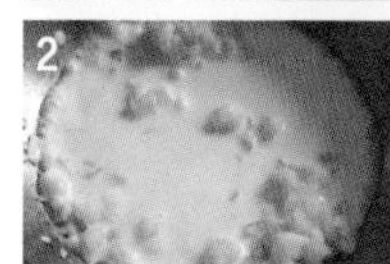

양파가 어느 정도 익으면 우유를 넣고 끓인다.

마카로니는 7~10분 정도 끓는 물에 삶은 뒤 2번에 넣고 함께 끓인다.

국물이 걸쭉해지면 치즈를 올려낸다.

* 미국 아이들이 간식으로 많이 먹는 Mac and Cheese 요리입니다.

 치즈볼쿠키

READY

□달걀(노른자) 2개 □아기치즈 2장
□전분물(전분 1작은술 + 물 3작은술)

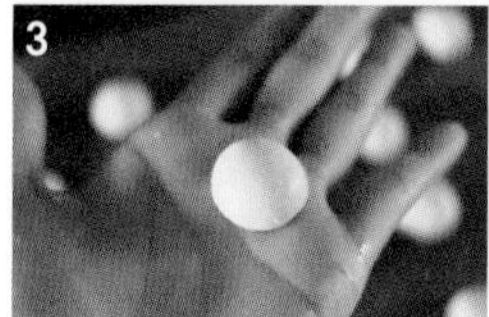

1. 삶은 달걀 노른자와 아기치즈는 함께 으깬다.
2. 전분물을 넣어 반죽한다.
3. 손가락으로 눌렀을 때 탱글한 느낌이 들 정도로 작고 동그랗게 빚는다.
4. 180도 오븐에서 15분 정도 구워준다.

* 쿠키나 단단한 쌀과자를 먹기 힘들어하는 아이에게 해주면 좋아요. 손으로 살짝 누르면 폭 꺼질 정도로 겉이 부드럽답니다.

Mom 이제 저의 이름 세 글자보다 '승아엄마'로 불리는 것이 많이 익숙해졌습니다. 아이를 낳고 엄마가 되는 일은 마치 오래 전부터 저에게 약속된 일 같았어요. 부른 배를 자랑이라도 하듯 내밀고 다니고, 매일 밤 잠들기 전 남편과 함께 뱃속의 아이에게 말을 걸었지요. 아이를 낳고, 눈을 맞추고, 기저귀를 갈아주고, 아이의 미소를 보는 모든 일들을 너무나 꿈꿔왔기 때문이에요. 그렇게 꿈꾸던 일이 현실이 되었던 2013년 1월 2일. 전 누구보다 행복한 엄마가 되었습니다.

본격적인 육아를 시작하면서 제가 가장 자신 있고, 기대하던 일이 바로 '아이에게 밥을 해주는 일'이었어요. 저 역시 기운이 없고 지칠 때마다 다시 어린 딸로 돌아가 엄마가 해준 밥이 먹고 싶어지거든요. 소풍날 아침 엄마가 만들어준 김밥과 김이 모락모락 나는 된장국, 수능시험날 엄마가 싸준 보온밥통의 온기 가득한 도시락, 출근길 아침 굶지 말라며 아침에 후다닥 끓여주신 김치 콩나물국밥 등 저의 추억 속에는 늘 '엄마의 밥'이 있었어요. 그래서 저도 늘 생각했어요.

승아가 살면서 힘들 때마다, 혹은 기쁘고 축하할 일이 생길 때마다 엄마가 해준 음식을 떠올렸으면 좋겠다, 언제든 내가 승아에게 따뜻하고 맛있는 밥을 해줄 수 있는 엄마였으면 좋겠다고 말이지요. 그랬기에 승아가 먹는 음식들은 더욱 특별하게 느껴졌습니다.

정성을 가득 담아 시작한 쌀미음부터 다양한 색과 건강하고 좋은 재료들로 만든 무염식 반찬까지……. 힘들었지만, 새로운 재료를 더할 때마다 잘 먹어주었던 승아를 보며 뿌듯하고 행복했습니다.

저도 항상 계획된 스케줄과 자로 잰 듯한 레시피로 매일 성공적인 이유식을 진행해왔던 건 아니에요. 어떤 재료가 어울릴까. 뭘 넣으면 아이가 한 그릇을 뚝딱 비워낼까 늘 고민이 많았죠. 그래서 성인식의 한 그릇 요리에 사용되는 궁합의 재료를 함께 사용하거나, 그냥 느낌상 어우러지는 재료를 넣고 만들기도 했어요.

성공적일 때도 있었지만, 먹으라고 하기 미안할 만큼 엉뚱한 맛이 나와 실패할 때도 있었어요. 그렇게 반복을 하다 보니 이유식을 만드는 제 손도 빨라지고, 승아가 좋아하는 식재료도 알게 되었고, 성공하는 끼니수가 훨씬 더 많아졌어요. 그렇게 아이 요리에 대한 자신감이 생겼습니다.

후반으로 가서 특식을 해줄 때는 성인식의 무염식 축소판이라는 생각으로 다양한 요리를 무염식으로 적은 분량을 만드는 조리를 했어요. 평소 요리에 관심이 많던 저는 그간 눈여겨보았던 요리들을 하나씩 시도해보았지요. 그러고 보니 아이에게 해줄 수 있는 요리는 이 세상 음식의 종류만큼 다양했고,

손은 많이 갔지만 저도 함께 먹을 만큼 맛이 좋았어요.

훗날 예쁜 소녀로, 숙녀로 자라날 승아에게 아침에는 매끄러운 달걀말이를, 점심에는 지글지글 생선을 구워주고, 저녁에는 보글보글 찌개도 끓여주며 행복한 식탁을 함께하겠지요? 생각만 해도 즐겁고 아름다운 일상일 것 같습니다.

블로그 속 승아의 이유식 레시피를 보며 힘을 내고, 도움을 받고 있다는 많은 어머니들, 엄마로서 가질 수 있는 특권인 '엄마의 밥상'을 커가는 아이에게 소중한 추억으로 남겨주세요. 이 책이 좀 더 쉽고 즐겁게 '엄마의 밥상'을 만들어나가는 매개체가 되길 바랍니다.

"승아의 성장을 늘 옆에서 함께 지켜봐주시는 어머님, 제가 이유식 만들 때마다 틈틈이 아이랑 놀아주시는 아버님, 늘 건강하세요. 사랑합니다. 제 일을 당신들의 일처럼 걱정해주는 친언니와 다름없는 승아의 고모들, 언니들 모두 고마워요. 그리고 사랑하는 아빠, 엄마, 내 동생, 늘 마음만큼 해드리지 못 하지만, 아빠 엄마의 딸이라서 내 동생의 누나라서 진심으로 자랑스럽고 행복합니다. 승아아빠, 여보! 당신은 저에게 늘 쉽고 올바른 육아관을 심어주었고, 제가 그것을 잘 지켜나갈 수 있도록 저의 신념을 지켜주었어요. 부족한 나를 항상 응원해주는 당신, 당신과 함께 승아의 웃음을 지켜볼 수 있어서 행복해요. 사랑합니다."

"아빠 엄마의 귀한 꽃 같은 우리 딸 승아, 연아야. 비가 온 다음날의 맑은 아침햇살 같은 너로 인해 엄마로서의 내 삶도 그렇게 함께 빛나고 있단다. 사랑한다. 사랑한다. 오늘도 온 힘을 다해 너를 사랑한다."

승아엄마

한 그릇 뚝딱 이유식

초 판 1쇄 발행 2014년 6월 18일
개정판 1쇄 발행 2017년 2월 5일
개정판 50쇄 발행 2022년 11월 4일

지은이 오상민, 박현영
펴낸이 고병욱

기획편집실장 윤현주 **기획편집** 김지수
마케팅 이일권 김도연 김재욱 오정민 **디자인** 공희 진미나 백은주
외서기획 김혜은 **제작** 김기창 **관리** 주동은 **총무** 노재경 송민진

펴낸곳 청림출판(주)
등록 제1989-000026호

본사 06048 서울시 강남구 도산대로 38길 11번지(논현동 63)
제2사옥 10881 경기도 파주시 회동길 173(문발동 518-6) 청림아트스페이스
전화 02)546-4341 **팩스** 02)546-8053
홈페이지 www.chungrim.com **이메일** life@chungrim.com
블로그 blog.naver.com/chungrimlife **페이스북** www.facebook.com/chungrimlife

ISBN 978-89-97195-02-2 (13590)

※ 책값은 뒤표지에 있습니다. 잘못된 책은 구입하신 서점에서 바꾸어 드립니다.
※ 청림Life는 청림출판(주)의 논픽션실용도서 전문 브랜드입니다.
※ 이 도서의 국립중앙도서관 출판예정도서목록(CIP)은 서지정보유통지원시스템 홈페이지(http://seoji.nl.go.kr)와 국가자료공동목록시스템(http://www.nl.go.kr/kolisnet)에서 이용하실 수 있습니다. (CIP제어번호: CIP2017000762)

Note

Note